W0039811

Marcel Schoch

Das große Traktor-Schrauberbuch

Reparatur • Restaurierung • Werkzeug

Impressum

Produktmanagement: Martin Distler
Schlusskorrektur: Michael Kraft, mimo-booxx | textwerk
Satz: Sabine Loos
Umschlaggestaltung: Jarzina Kommunikationsdesign, Holzkirchen, unter Verwendung von Fotos von Peter und Mariette Böhlke (große Abbildung) und Marcel Schoch
Repro: Cromika, Verona
Herstellung: Anna Katavic
Printed in Italy by Printer, Trento

Alle Angaben dieses Werkes wurden von den Autoren sorgfältig recherchiert und auf den aktuellen Stand gebracht sowie vom Verlag geprüft. Für die Richtigkeit der Angaben kann jedoch keine Haftung übernommen werden. Für Hinweise und Anregungen sind wir jederzeit dankbar. Bitte richten Sie diese an:
GeraMond Verlag
Lektorat
Postfach 40 02 09
D-80702 München
E-Mail: lektorat@verlagshaus.de

Die Deutsche Nationalbibliothek verzeichnet diese Publikation in der Deutschen Nationalbibliografie; detaillierte bibliografische Daten sind im Internet über http://dnb.d-nb.de abrufbar.

ISBN 978-3-86245-659-8

Bernhard Kramer

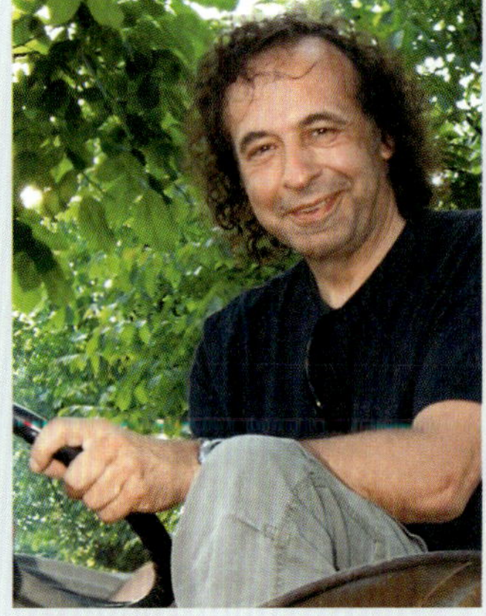

Marcel Schoch

VORWORT

Handlich

In keinem anderen historischen Fahrzeugbereich ist die Quote der Schrauber so hoch wie bei den Traktoren. Unsere Werkstattartikel in der TRAKTOR CLASSIC werden daher auch von Beginn an immer rege und aktiv aufgenommen – was wir aus etlichen Leserbriefen und Gesprächen am Dieselstammtisch wissen.

Nach mehr als vier Jahren war es nun mehr als an der Zeit, unsere Technik-Workshops für Sie in einem handlichen Format zusammenzufassen und auf den neuesten Stand zu aktualisieren, damit Sie nicht jedesmal Ihren Stapel TC-Hefte durchwühlen müssen. Es war uns eine Freude, gemeinsam die interessantesten Themen zusammenzustellen und dazu einige noch ausstehende Felder mit neuen Artikeln zu füllen.

Unser großer Dank gilt allen beteiligten Schraubern und Werkzeugspezialisten für die langjährige spannende Zusammenarbeit, die nicht zuletzt – wie es sich fürs Traktorschrauben gehört – immer viel Spaß gemacht hat!

Marcel Schoch und Bernhard Kramer

Inhalt

Grundlagen

Räder und Lenkung

Motor und Peripherie

Elektrische Anlage

Beispiel einer hochwertigen Restaurierung: der Eicher Königstiger von Felix Eckert aus Kuchelbach im Breisgau

Blecharbeiten

Komplettrestaurierung

Wartung und Pflege

Mike Thomas

Full Speed oder kraftvolle Zugarbeit: Mike ist beides recht, denn seit mehr als zehn Jahren restauriert er sowohl Oldtimer-Motorräder als auch historische Schlepper – die er dann weiterverkauft. Manchmal fällt es ihm jedoch schwer, sich von einem zu trennen. Dann kommt es schon einmal vor, dass er ihn in seine eigene Sammlung stellt. In seiner Werkstatt im bayerischen Geisenfeld wird Mike tatkräftig unterstützt von seinem Vater Jürgen.
Mehr dazu auf seiner Homepage:
www.mt-traktor.de

Peter Steger

Restaurierungen sind das Hauptaufgabenfeld des Organisationstechnikers Peter Steger. Der Mitgeschäftsführer der Firma R&R Kfz Reparatur GmbH verbindet seine Leidenschaft auch mit sozialem Engagement. Als Partner des Jugendrings Fürstenfeldbruck hilft Peter Jugendlichen, den Übergang von der Schule zur Ausbildung oder zur Arbeit zu meistern. In der „Starthilfe", einem Projektbetrieb der R&R, bekommen sie alles mit auf den Weg, was sie für ein erfolgreiches Berufsleben benötigen – hierzu gehört auch das Schrauben an Traktoren!

Robert Pollner

Seit 1986 arbeitet Robert Pollner, Partner von Peter Steger bei R&R, fast täglich an Oldtimern. Seine Spezialität sind die besonders kniffligen Reparaturen. Als Kfz-Meister kümmert er sich in seinem Betrieb auch um Tuning und Service von modernen Fahrzeugen. Eine seiner größten Leidenschaften ist aber das Schrauben an Traktoren. Kein Wunder, liegt die Firma R&R mitten auf dem Land, direkt am Rand von Überacker, einem Dorf im Landkreis Fürstenfeldbruck, westlich von München.
www.rr-kfz.de

PROFIWISSEN
Leicht verständlich

DAS GROSSE WERKZEUG-KOMPENDIUM

Werkzeugtipps und -tücken

Sollten Sie sich am Anfang Ihrer Schrauber-Laufbahn befinden, gehört die Wahl des Werkzeugs zu einer Aufgabe, die meist schwieriger ist als zunächst angenommen. Hier die wichtigsten Tipps und Fallstricke

Bevor man losstürmt, sollte man als begeisterter Traktorist zuerst die Entscheidung treffen, zu welcher Art von Schlepper der eigene überhaupt gehört. Denn gerade die Auswahl des Basiswerkzeuges wie Schlüssel und Nüsse hängt stark von Herkunft und Bauweise der Traktoren ab.

Metrisch oder angloamerikanisch?

Will man sich auf Traktoren stürzen, die in Deutschland, Österreich oder in der Schweiz gebaut wurden, sind metrische Werkzeuggrößen – wie man sie bei uns üblicherweise erhält – das Richtige. Sobald aber an Traktoren britischer oder dänischer Herstellung gearbeitet werden soll, wird Werkzeug in Zoll-, bei amerikanischen Traktoren in Inch-Größen (1 Inch = 1 Zoll = 2,54 Zentimeter), benötigt.

Die Ausrüstung muss selbstverständlich genau passen – schon allein wegen der enormen Verletzungsgefahr bei nicht richtig passendem Werkzeug. Auch Billigwerkzeug leiert schnell aus und kann sehr gefährlich werden – dazu aber später mehr.

Und noch ein Grundsatz ist von vornherein streng zu beachten: Voreiliges Handeln führt meist zu größerem Reparaturbedarf. Überlegung ist alles, auch wenn so manche Reparatur auf den ersten Blick einfach ausschaut: Betriebs- und Reparaturanleitungen sollten immer zur Hand sein, Ihr Traktor wird es Ihnen danken.

Spezialisten ranlassen!

Bereits im Vorfeld sollte man auch Kontakte für die Durchführung von echten Spezialarbeiten knüpfen. Zu diesen Aufgaben, die auch der erfahrene Hobbyschrauber nur selten übernimmt oder übernehmen kann, gehören z.B. das Planschleifen von Flächen, Bohren und Honen von Zylindern oder Laufbuchsen, oder auch die Instandsetzung von Kühlern.

Traktor überdachen

Erste Voraussetzung ist natürlich: ein geeigneter Ort, an dem geschraubt werden kann. Für kleinere Traktoren reicht schon eine Garage oder ein Schuppen. Wenn nicht im direkten Einflussbereich vorhanden, sollte die Werkstatt auch abgesperrt und gesichert werden können.

Hat man dort bereits Strom, ist das schon einmal ein guter Anfang. Bevor man jedoch die Leitung stark belastet, sollte geklärt werden, mit wie viel Watt sie belastet werden darf. Die meisten Stromleitungen in Garagen vertragen gerade mal das kleine Schummerlicht an der Decke als Belastung. Wird eine gute Beleuchtung installiert, ein kleiner Kompressor angeschlossen und lässt man dann gleichzeitig die Bohrmaschine laufen, kann schon mal die Sicherung herausfliegen oder die Leitung schmoren. Bedenken Sie auch, dass die Stromleitungen spritzwassergeschützt sein müssen.

Was man sich mitten im Sommer vielleicht noch nicht vorstellen kann: Die Möglichkeit der Anwärmung des Arbeitsplatzes ist essenziell, um nicht mit klammen Händen werkeln zu müssen. Das dient nur zum Teil dem allgemeinen Wohlbefinden, Sinn und Zweck liegt hier vor allem im Vermeiden von Unfällen.

» Achtung: Ami-, Briten- und auch Dänenschlepper verwenden Inch- bzw. Zollgrößen! (1 Inch = 2,54 cm)

KNOW-HOW

Wo gibt's was?

1. **Betriebsanleitungen** und Reparatur-Anleitungen sowie **Ersatzteil-Listen** für Traktoren etlicher Hersteller gibt es bei **www.buecher-meister.de** oder **www.bauerundprince.de**
2. **Werkzeug** zu angemessenen Preisen findet man im Internet bei www.werkzeugweber.de. Ein Besuch im örtlichen Baumarkt ist jedoch bei Werkzeugen, die man vorher einmal in der Hand gehabt haben muss, vorzuziehen. Generell handelt es sich um eine gute Adresse, wenn ein Händler der EDE, Einkaufsbüro Deutscher Eisenwarenhändler, angeschlossen ist: **www.ede.de**

Grundausrüstung

Man braucht für den Anfang auf jeden Fall Schlüssel und Schraubendreher in den gängigen Größen.

Achtung: Schraubendreher sollten von der Qualität so gewählt werden, dass sie auch mal einen Hammerschlag vertragen können. Das kann beim Öffnen festsitzender Schrauben von Bedeutung sein. Hierzu wird der Schraubendreher auf die Schraube gesetzt und mit den Hammer auf den Griff geschlagen. So wird die Schraube „gestaucht". Rost oder Klebeverbindungen im Gewinde brechen auf und die Schraube löst sich meist ohne Probleme aus dem Gewinde. Große Schraubendreher sollten zusätzlich vor dem Heft mit einem Sechskant versehen sein, damit man Ring- oder Gabelschlüssel ansetzen

Basiswerkzeug

Ein hochwertiges Basiswerkzeug-Sortiment – wie diese Kombination von Facom – bringt Ordnung, hält nahezu ein Leben lang und ist nicht so teuer wie der Kauf der einzelnen Werkzeuge. Von links oben nach rechts unten:

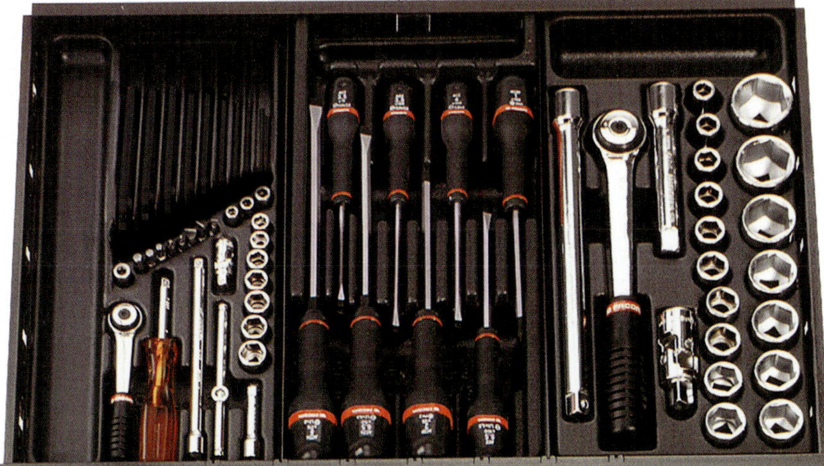

Innen-Sechskant-Schlüssel
Ab den 1980er-Jahren werden zunehmend Innensechskantschrauben verbaut. Üblich sind die Größen zwei bis zehn Millimeter

Ratschensatz ¼-Zoll
Nützlich für die kleinen Muttern und Schrauben am Traktor: ein ¼-Zoll-Ratschensatz. Am besten mit den Nussgrößen vier bis 14 Millimeter

Schraubendrehersatz
Muss Schlitzschraubendreher für einfache Längs- oder Flachschlitzschrauben und Kreuzschlitzschraubendreher für herstellerspezifische Kreuzschlitzschrauben enthalten

Ratsche groß, ½-Zoll
Ein ½ -Steckschlüsselsatz, der die Größen acht bis 34 Millimeter umfasst, ist meist auch für Oldtimer-Traktoren groß genug

Gabelringschlüssel
Unentbehrlich! Ein Gabelringschlüsselsatz mit den Größen acht bis 32 Millimeter

Schlosser- und Kunststoffhammer
Fürs Grobe sollte es ein Schlosserhammer mit 300 Gramm sein. Ein Kunststoffhammer ist bei Blecharbeiten unentbehrlich

Durchtreiber und Körner
Stecken Schrauben oder Splinte fest, helfen Durchtreiber. Ein Körner hilft, Bohrlöcher exakt zu setzen

Gabelschlüssel
Werkzeugklassiker! Der Gabelschlüsselsatz mit den Größen acht bis 32 Millimeter

Wasserrohrzange (Rohrzange)
Klare Sache – unverzichtbar!

Klemmzange
Ersetzt bei Gelegenheit die „dritte Hand" und sollte von Beginn an dabei sein

Kombizange: standard und spitz
Die Kombinationszange ist der (Fast)-Alleskönner unter den Zangen. Mit spitzen Backen lassen sich auch kleine Teile sicher fassen.

Seitenschneider
Er schneidet unterschiedlichste Materialien wie Draht, Kabel oder Splinte.

Sicherungsringzangen (auch Seegerringzangen)
Sie helfen bei der Montage und Demontage von Sicherungsringen, die Lager auf Wellen oder in Bohrungen fixieren

WERKSTATT-ABC

Wichtiges Werkzeug

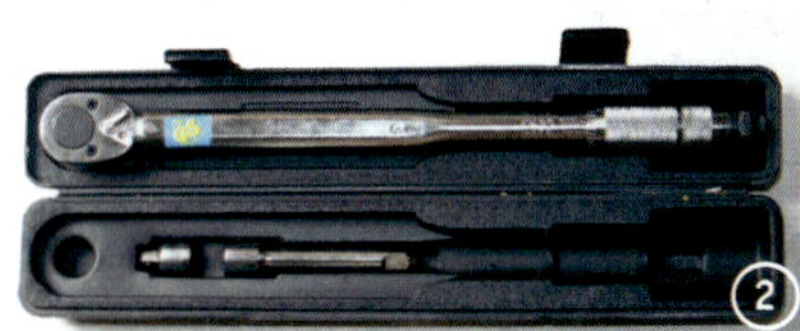

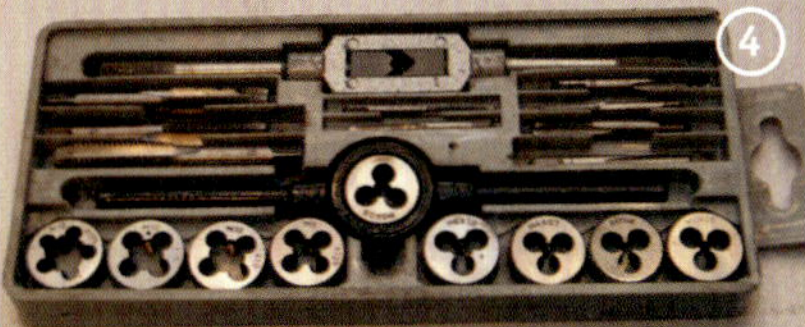

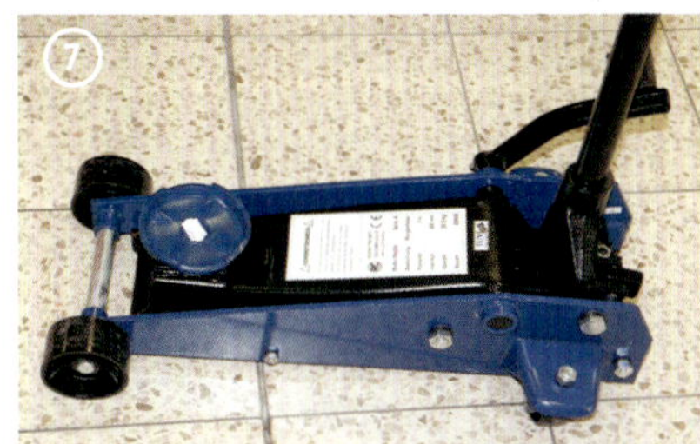

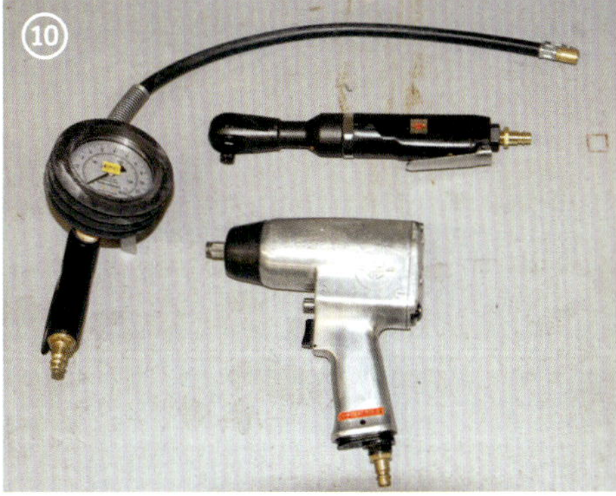

Montiereisen (Bild 1)
Kein Reifenwechsel läuft ohne sie

Drehmomentschlüssel (Bild 2)
Mit ihm lässt sich die maximale Kraft einstellen, mit der Schraubverbindungen angezogen werden

Seegerringzange (Bild 3)
oder auch Sicherungsringzange: liegt auf Seite 7 noch im Körbchen, hier im Einsatz am Hanomag, am Seegerring des Kupplungspedals

Gewindebohrer/-schneider (Bild 4)
Beim Flottmachen des Oldtimers kommt man nicht daran vorbei, ausgeschlagene oder verrostete Gewinde neu zu schneiden. Wichtig: auf das richtige Größensystem achten (metrisch, Zoll oder Inch)

Abzieher (Bild 5 und 6)
Ein Satz Zweiklauen-Abzieher ersetzt in der Regel einen Hammer und die bei dessen Gebrauch unnötigen Zerstörungen. Kugelgelenkabzieher leisten am Lenkgestänge wertvolle Dienste (Bild 5). Im Bild 6 wird per Zweiklauenabzieher ein Lager von einer Getriebewelle abgezogen

Wagenheber (Bild 7)
Der Rangierwagenheber wird rasch zu einem wichtigen Helfer in der Werkstatt

Flaschenzug (Bild 8)
Alternative zum Wagenheber. Sehr praktisch zum Motor liften und/oder zur Reinigung von unten

kann, um das Drehmoment zu erhöhen. Bei den Schlüsseln bilden einfache Gabelringschlüssel die Basis jeglicher Schraubarbeit. Wer es sich eleganter leisten will, besorgt sich einen Satz mit Umschalteinrichtung an den Ringenden. Vorteile bietet ein Satz gekröpfter Ringschlüssel, da einige Schrauben damit leichter zu erreichen sind.

Nüsse mit Qualität

Ein Nuss- bzw. Ratschenset kann mit seinem Inhalt ebenfalls gute Dienste leisten. Um sich abscherende Verlängerungen oder platzende Nüsse zu ersparen, unbedingt auf Qualität achten (siehe Kasten Seite 13).

Mit einem normalen Werkzeugkoffer mit verschiedenen Hämmern, einer Rohrzange und einem Satz Gabelringschlüsseln kann man einkaufstechnisch beginnen, wird aber bald an seine Grenzen stoßen, denn bei Oldtimer-Traktoren braucht man früher oder später ales eine Nummer größer, wie etwa Schlüssel jenseits der 24er-Größe. Besser Sie gehen gleich bis zur 32. Sehr wichtig bei der Arbeit am Schlepper

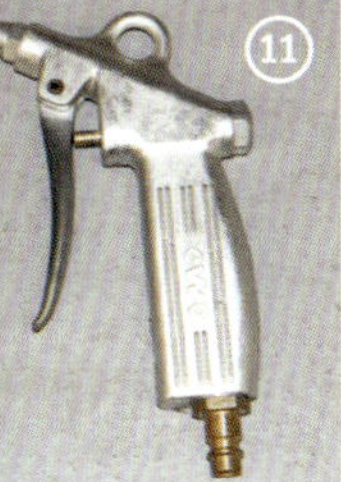

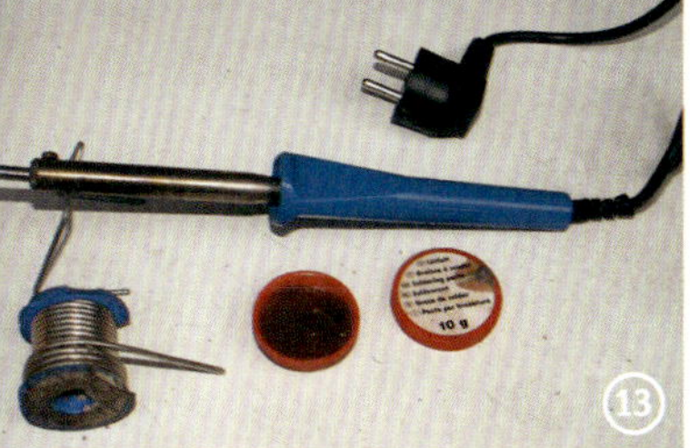

Kompressor (Bild 9)
Im Bild ein mobiler Kompressor, 2-Zylinder mit 96-Liter-Tank und elektrischem Antrieb, 230 Volt, noch nicht zum Farbspritzen geeignet, jedoch zum Ausblasen und zum Betrieb von Druckluftwerkzeugen

Druckluftwerkzeug (Bild 10 und 11)
Auf Bild 10 ein Reifenfüllgerät mit Druckanzeiger per Rundmanometer, darunter ein auf Rechts- und Linkslauf umschaltbarer Schrauber mit 1/4-Zoll-Vierkant. Dazwischen eine flache, ebenfalls umschaltbare Knarre mit 1/4-Zoll-Vierkant zum Einsatz an weniger gut zugänglichen Stellen. Mittels Luftpistole (Bild 11) kann man Hohlräume ausblasen, Werkstücke von Spänen reinigen und vieles mehr

Handschleifmaschine (Bild 12)
Schleifen, Trennen, Polieren: Geht alles damit! Trennen erfordert am meisten Kraft, hier vor allem auf die Leistung schauen, z.B. bei 125 Millimeter Schleifscheibendurchmesser ab 1.000 Watt aufwärts

Lötkolben (Bild 13)
Wer am Bulldog die Elektrik erneuert, verzichtet auf die Crimpzange und nimmt den Lötkolben zur Hand

Bohrmaschine (Bild 14)
Am besten man legt sich gleich zwei zu: Eine standfeste mit 500 bis 750 Watt für Bohrarbeiten, und einen Akkuschrauber

Ein Schutzgas-Schweißgerät (Bild 15) ...
... ist nur eine von vielen Möglichkeiten. Mehr dazu auf Seite 138

Gasbrenner (Bild 16)
zum Beispiel zum Erhitzen von Übermaßpassungen

ist ein Drehmomentschlüssel. Viele Schrauben (beispielsweise am Zylinderkopf) müssen mit einer vorgeschriebenen Kraft angezogen werden, die auf den Datenblättern der Hersteller zu finden sind.

Ran ans Getriebe

Wer sich an die Überholung des Getriebes wagt, für den ist je ein Satz Zwei- und Dreiklauenabzieher wichtig. Hiermit lassen sich Lager oder Zahnräder von der Welle ziehen. Auch für festsitzende Lenkräder, Riemenscheiben und generell bei Motorarbeiten sind sie gut zu gebrauchen. Wer auch die Überholung von Lenk- und Spurstangen plant, benötigt zusätzlich einen Kugelgelenkabzieher.

Gewinde sind ein empfindlicher Bereich, auf den der geneigte Traktorist früher oder später trifft und zwar zunächst in vergammelter Form. Um hier nicht plötzlich vor einem Problem zu stehen, sollte man sich je einen Satz Gewindebohrer und -schneider in den gängigen Größen zulegen.

» Oft ist die Flex der letzte passende „Schlüssel" für eine seit 50 Jahren dahinrostende Schraubverbindung

Wellen und Bolzen beherrschen

Neben der Rohrzange ist die Spreng- bzw. Seegeringzange (Seite 7 und Seite 8, Bild 3) für die Traktor-Schraubarbeit sehr wichtig. Viele Bolzen und Wellen sind mit dementsprechenden Ringen gesichert. Da auch sehr oft Splintverbindungen benutzt wurden, sollte man sich einen Satz Splintentreiber besorgen, denn oft brechen die alten Splinte nur noch ab und bleiben stecken.

Traktor stemmen

Ein bis zwei Rangierwagenheber mit einer Mindesttraglast von zwei Tonnen sowie zwei bis vier hydraulische Wagenheber mit auch wenigstens zwei Tonnen Tragkraft können für den Traktorschrauber sehr wichtig sein. Unterstellböcke mit mindestens drei Tonnen Tragkraft sind ebenfalls vonnöten. Die höhere Tragkraft für die Böcke ist deswegen erforderlich, weil sie unter Umständen auch seitliche Kräfte aufnehmen müssen.

Ein auf Rollen fahrbarer Kran, ein so genannter Motorkran, wird dann nötig, wenn schwerere Teile ab- oder anmontiert werden müssen. Falls die Werkstatt die Möglichkeit bietet, kann man auch auf einen Flaschenzug, am besten mit Laufschiene, ausweichen. Dies hat einige Vorteile, allerdings muss eine geeignete Tragmöglichkeit an der Werkstatt-Decke gegeben sein, beispielsweise in Form eines Stahlträgers.

Grobes Reifenbesteck

Je nach körperlicher Verfassung und Traktorgröße ist das selbstständige Aufziehen neuer Bereifung in Betracht zu ziehen. Dazu sollten wenigstens zwei Montiereisen vor Ort sein.

Ein Schutzgas-Schweißgerät ist für Schweißarbeiten – häufigster Anlass: Kotflügelblech – die beste Wahl. Licht-

WERKSTATT-Tipps vom Fachmann

WERKSTATT-ABC

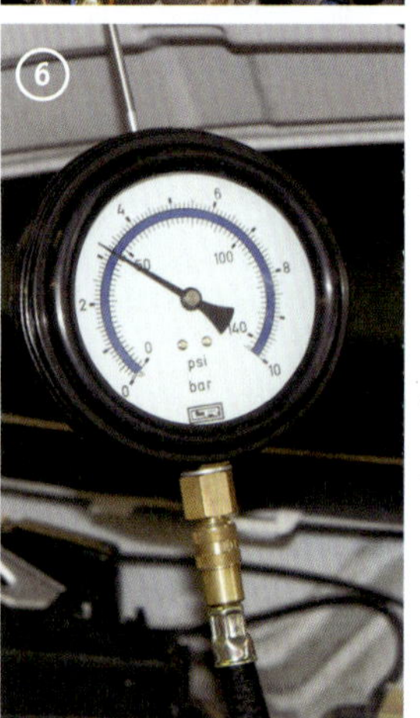

Messgeräte

Stromprüfer (Bild 1 und 2)
Anfangs genügt eine als Schraubenzieher ausgebildete Prüflampe (Phasenprüfer, Bild 1). Später hilft ein Voltmeter, für weit Fortgeschrittene gibt es Multimeter (misst zusätzlich noch den Widerstand und vieles mehr, Bild 2)

Messschieber/Schieblehre (Bild 3)
Essenzieller Helfer für feinere Arbeiten. Wird auch gerne als „Messbeißzange" bezeichnet. Noch genauer wird die Arbeit an Wellenzapfen, Bolzen und Schrauben mit der Bügelmessschraube

Fühlerlehren (Bild 4)
Ventile einstellen läuft nicht ohne sie ...

Kompressionsmessgerät
Das wichtigste Instrument für die Diagnose des eigenen Motors oder eines gebrauchten Exemplars vor dem Kauf; ab 50 Euro im Handel erhältlich

Öldruckmesser (Bild 5)
hilft bei der Fehlerdiagnose

Benzindruckmesser (Bild 6)
Für den Vorkriegs-IHC: analoges Anzeigegerät zur Messung des Drucks in der Kraftstoffleitung

bogen- oder Elektrodenschweißgeräte haben zwar aufgeholt, aber unterm Strich hat das Schweißen mit Schutzgas noch die Nase vorn. Allerdings haben die gängigen Verfahren alle ihre Vor- und Nachteile – schauen Sie einfach auf Seite 138, was für Sie das beste ist. Und lassen Sie sich am besten auch im Fachhandel beraten. Schweißkunst ist nichts für „Eben-mal-so" – im Zweifel wenden Sie sich an Ihre Dorfschmiede, wenn Schweißarbeiten in überschaubarem Maß vonnöten sind.

» Mit einer Grundausrüstung von Elektrikwerkzeug ist die Reparatur der Oldtimer-Kabelage kein Problem

Nischenanwendung Autogen

Nur noch eine Nischenstellung nimmt mittlerweile das früher weit verbreitete Autogenschweißen mit Acetylen und Sauerstoff ein. Es erfordert am meisten handwerkliches Geschick.

Ein Vorteil bleibt jedoch – man kann den benötigten Sauerstoff in Verbindung mit einem Gasbrenner zum Vorwärmen von Fahrzeugteilen verwenden – zum Beispiel beim Lösen von Übermaßpassungen bei Wellen-Lager-Verbindungen.

Bohren und Flexen

Handbohr- und Handschleifmaschine (Seite 8, Bild 12) werden bei der Restauration nicht nur für Schleifeinsätze zum Zuge kommen. Oft ist die Flex der letzte passende Schlüssel für eine seit 50 Jahren dahinrostende Schraubverbindung. Auch zum Ausschneiden von Rostlöchern, um beispielsweise an Karosserieteilen neue Bleche einzusetzen, ist die Flex unabdingbar.

Allesschaffer Kompressor

Ein Kompressor für den Antrieb von Druckluftwerkzeug (Seite 8, Bild 10) und zur Reinigung (ausblasen) (Seite 9, Bild 11) bei der Arbeit macht sich in der Werkstatt rasch beliebt. Die zusätzlichen Möglichkeiten sind vielfältig. Wer eine Top-Hochglanzlackierung nicht als Standard setzt, kann auch als Laie mit einer Lackierpistole sehr zufriedenstellende Ergebnisse erhalten. Man sollte sich allerdings vorher in die Praxis des Lackierens einlesen. Wer einen leistungsstärkeren Kompressor sein Eigen nennt, hat auch die Möglichkeit, Bauteile selbst sandzustrahlen und sich auf diese Weise viel Schleifarbeit zu sparen.

Mess- und Prüfgeräte

Neben Zollstock und Bandmaß ist die handliche Schiebelehre mit Nonius eines der in der Technik häufig gebrauchten Messgeräte. Mit dem Nonius lassen sich Differenzen bis zu einem Zehntel Millimeter genau messen und ablesen. Bei Arbeiten am Motorinneren lässt sich darauf nicht verzichten.

Auch von der Art der Motoren hängt die Beschaffung bestimmter Messgeräte ab. Bei Benzinmotoren, mit denen früher englische und US-amerikanische Traktoren ausgerüstet waren, hilft eine sogenannte Zündzeitpunktpistole (Stroboskop) zur Einstellung der Zündung. Für die Einstellung des Schließwinkels am Unterbrecher im Verteiler wird ein kleiner Satz Fühlerlehren (Bild 4) erforderlich. Die Methode „Pi mal Daumen" ist hier nur im Notfall und für kurze Zeit für die ganze Zündeinstellung anzu-

Know-how verschaffen!

Danny Loch ist Mitarbeiter des Internetforums www.traktorhof.de, studiert Maschinenbau und restaurierte bisher eigenhändig einen Hanomag R324, einen Gutbrod 1050, einen Allgaier P111 Porsche System und einen Bautz AS122. TRAKTOR CLASSIC fragte ihn nach dem „richtigen Rüstzeug". An erster Stelle steht für ihn das überlegte Vorgehen. Dazu gehört auch, sich gut umzuschauen. Die meisten Hobby-Traktoristen stehen gerne mit Rat und Tat zur Seite.

DER EXPERTE

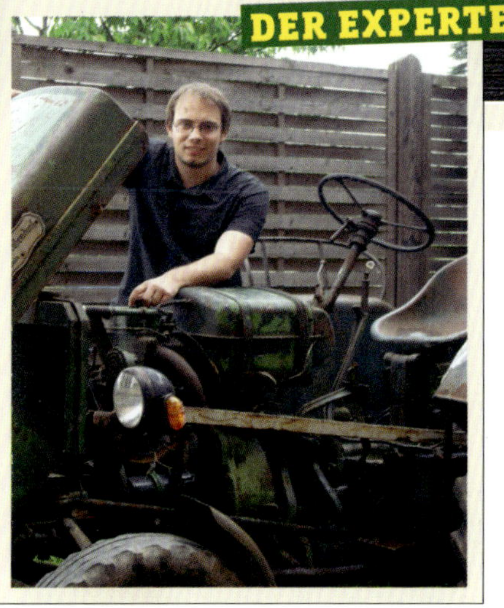

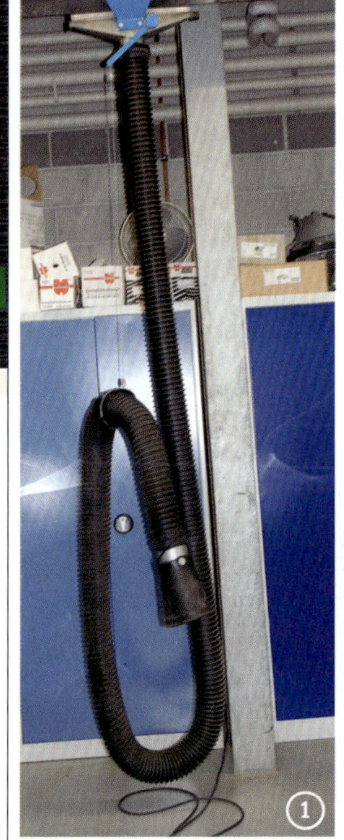

Ab- und Anlagen

Werkstattwagen
Ein fahrbarer Werkstattwagen hält das benötigte Werkzeug parat und ermöglicht raschen Zugriff zu Schraubenziehern, Schlüsseln und was man sonst so braucht

Abgasableitung (Bild 1)
Die Abgasableitung einer Profiwerkstatt. Der Schlauch als solcher kann für den Heimwerker richtungsweisend sein

Aufräumen! (Bild 2)
Ein kleiner und übersichtlicher Arbeitsplatz

Feuerlöscher (Bild 3)
Eine absolute Selbstverständlichkeit beim Schrauben am Oldtimer-Traktor

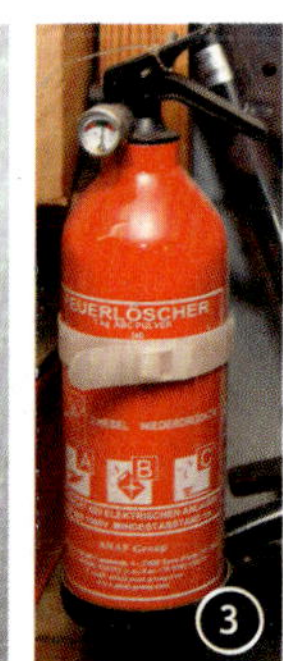

wenden. Ein Fühlerlehrensatz ist freilich auch für einen Dieselmotor vonnöten. Ohne diesen ist ein sauberes Einstellen der Ventile zum Beispiel nicht möglich.

Zur Standardmotorprüfung ist der Kauf eines Kompressionsmessers zu empfehlen, weil sich damit bereits vor dem Öffnen des Motors Rückschlüsse auf dessen Zustand schließen lassen. Messgeräte für Benzin- (Seite 10, Bild 6) und Öldruck (Seite 10, Bild 5) sind dann schon Geräte für weiter Fortgeschrittene.

Keine Angst vor der Elektrik

Weil ältere Traktoren in der Regel mit einphasigen Gleichstromanlagen für die Bordelektrik eingerichtet sind, sind auch dafür Prüf- und Messgeräte erforderlich. Für den Anfang genügt noch ein Phasenprüfer in Form eines kleinen leichten Schraubenziehers (Seite 10, Bild 1). Bald darauf kann man sich jedoch ein handliches Multifunktionsmessgerät beschaffen. Damit kann man Gleich- und Wechselspannung in Volt und Widerstand in Ohm messen (Seite 10, Bild 2), auch wenn man kein ausgebildeter Kfz-Elektriker ist. Aber Achtung: Gute Exemplare sind entsprechend teuer!

Mit einer kleinen Sammlung von Elektrikwerkzeug ist die Reparatur eines Standardkabelbaums auch für den Laien kein Problem. Viele schrecken vor dieser Arbeit zurück, doch mit ein wenig technischem Verständnis und dem nötigen Schaltplan sollte es gut klappen (Achtung: Vorher Batterie abklemmen!).

Zur Erneuerung von Kabeln reichen zunächst bereits ein Seitenschneider, eine Abisolierzange, ein Satz kleiner Schraubenzieher (für Lüsterklemmen, Sicherungskasten und vieles mehr) und eine sogenannte Crimp-Zange zum Verpressen von Kabelkontakten (siehe Seite 12, Bild 2). Auch eine komplette Kabelbaumerneuerung ist hiermit bereits möglich (siehe auch Seiten 116 bis 129).

Will man am Vorkriegstraktor die Elektrik bearbeiten, oder auch grundsätzlich auf das moderne (und haltbare) Verpressen von Kabelkontakten verzichten, ist ein kleiner Lötkolben unumgänglich. Eine Heizstärke von 25 bis 50 Watt ist für unsere Zwecke vollkommen ausreichend. Solche Geräte gibt es mit dem nötigen Zubehör (Lötzinn, Lötfett und gegebenenfalls ein kleiner Ablageständer) für wenig Geld in jedem Baumarkt.

» Will man die Elektrik des Vorkriegstraktors fachgerecht erneuern, muss zum Lötkolben gegriffen werden

Weil Batterien sich bei Nichtgebrauch, also gerne im Winter, wenn der Oldtimer wenig bewegt wird, entladen, ist zudem die Beschaffung eines Batterieladegerätes ins Kalkül zu ziehen.

Wartung und Pflege

Wer seinen Motor oder das Getriebe auseinander baut, muss sich auch mit dem darin befindlichen Öl beschäftigen. Hierzu sollten in einer Werkstatt geeignete Behälter griffbereit sein (Achtung: Kraftstoffe und Öle müssen ordnungsgemäß entsorgt werden!). Und schließlich sollte zur Wartung der mechanisch-beweglichen Verbindungen in keiner Werkstatt eine Fettpresse fehlen.

WERKSTATT-ABC

Schrauben

Schraubenkleber (Bild 1)
Kann dafür sorgen, dass sich eine Schraube nie wieder löst. Unbedingt beraten lassen!

Billigware (Bild 2)
Absolut keine Kennung: gefährlicher Schrott, Finger weg!

Qualitätsschraube (Bild 3)
Die ordentliche Kennung (8.8) ist für die meisten Zwecke voll ausreichend, mehr unter www.schrauben-normen.de

Edelstahlschrauben (Bild 4)
Sehen schön aus, aber Vorsicht: es sind nicht die belastbarsten

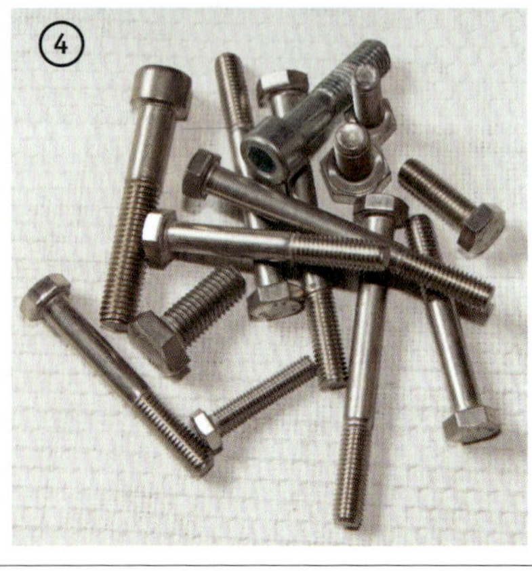

WERKSTATT-ABC

Elektrikzangen

Abisolierzange (Bild 1)
Unten im Bild beim Isolationstest mit 1.000 Volt beim Hersteller Tracht-Odenthal

Crimpzange (Bild 2)
Zum modernen Verquetschen von Kabeln und Anschlüssen. Gequetschte Verbindungen halten besser als gelötete. Und mit etwas Übung geht es auch weitaus schneller

Crimpzange YYT-7, erhältlich bei Conrad und Westfalia;

Eine Werkbank mit Schraubstock erleichtert die Arbeit an kleineren Teilen. Wenn dann noch ein Hängeregal mit beschrifteten Schubladen für Schrauben, Muttern, U-Scheiben, Splinte und anderem Kleinmaterial für eine gewisse grundsätzliche Ordnung sorgt, lässt sich wesentlich flüssiger arbeiten und die Abfolge einzelner Handgriffe wird nicht vom ständigen Suchen nach irgendeinem Teil unterbrochen.

In die Rubrik Ordnung gehört auch ein fahrbarer Werkzeugwagen oder ein geordnetes Wandhängesystem für das Werkzeug. Legendär und wenig zu empfehlen sind frühere Vorgänge wie der gezielte Wurf eines 24/27er-Ringschlüssels durch die halbe Werkstatt. Dass die Abgase laufender Motoren ins Freie geleitet werden sollen und dann keinen Schaden anrichten können, ist zwar hinlänglich bekannt, sollte dennoch nicht unerwähnt bleiben (Seite 11, Bild 1). Ein temperaturbeständiger Schlauch vom Auspuff ins Freie reicht in der Regel dem Heimwerker.

» Neben dem hohen Preis ist der Nachteil selbstsichernder Muttern, dass man sie nur einmal verwenden kann

Schrauben: aufs Material achten!

Außerdem sollte man sich einen Vorrat an Muttern, Schrauben und diversen Unterlegscheiben zulegen. Achten Sie beim Kauf darauf, dass die Qualität der Teile mindestens der der Originalteile entspricht, sonst könnte es passieren, dass die neuen Schrauben den Belastungen nicht standhalten (zum Beispiel an den Motorhalterungen).

Die richtige Qualität erkennen sie an der Zahlenkennung, die jede ordentliche Mutter oder Schraube trägt. Sie brauchen lediglich die Zahlen vergleichen. Ist sie identisch, sind Sie auf der sicheren Seite. Neues Material im Baumarkt, dass keine Kennung trägt, – und das kommt öfter vor – können Sie getrost liegen lassen. Kaufen Sie im Schraubenfachhandel! Dort werden Sie auch kompetent beraten.

Die drei goldenen Regeln:

1. Überlegtes Handeln

Know-how aneignen und Werkzeuganschaffung je nach Traktor sinnvoll eingrenzen! ✓

3. Qualität

Von billigem Werkzeug hat man selten länger etwas. Nur beim Fachhändler kann man sich informieren und zur Not Werkzeug reklamieren! ✓

3. Sicherheit

Bei allen Arbeiten sind entsprechende Schutzbrillen, Handschuhe und kräftige Schuhe selbstverständlich! ✓

Neben der Zugfestigkeit einer Schraube oder Mutter ist auch ihre Oberflächenvergütung von Bedeutung, damit sie nicht rosten oder oxidieren. Gutes Material ist mindestens verzinkt. Seien Sie vorsichtig bei sogenannten Edelstahlschrauben und Muttern. Obwohl diese versprechen, auch in vielen

» Vorsicht bei Edelstahlschrauben und -muttern: Sie sind spröde und können unter Zug schneller brechen

Jahren noch metallisch glänzend auszusehen, haben sie einen entscheidenden Nachteil. Sie sind sehr spröde und können unter Zug- oder Scherbelastung schnell brechen. Das Gleiche gilt für eloxierte Aluschrauben, auch wenn diese heute in allen Farben angeboten werden. Ein Austausch mit diesen Schrauben kann sogar regelrecht gefährlich werden, da sie so gut wie keine Zug- und Scherkräfte aushalten. Sie sollten, wenn überhaupt, nur für die Befestigung von Zierrat verwendet werden.

Scheiben = Sicherung

Zu Ihrem Sortiment gehört auch ein Satz von verschiedenen Unterlegscheiben. Neben gewöhnlichen flachen Unterlegscheiben, sind auch Federringe und Zahnscheiben im Vorrat sehr nützlich. Sie dienen als Öffnungssicherung von stark belasteten Schrauben und Muttern. Wer mit Muttern zu kämpfen hat, die sich immer wieder durch Vibration lösen, kann diese durch sogenannte selbstsichernde Muttern ersetzen. Sie haben einen kleinen Bund um das Gewinde, in dem ein zäher Kunststoffring eingelassen ist. Ihr Nachteil – neben dem etwas höheren Preis – ist, dass man Sie nur einmal verwenden kann, da sich der Kunststoff beim Verschrauben ins Schraubengewinde verbeißt. Öffnet man die Mutter, verliert der Kunststoff seine Spannung. Wer eine solche Mutter trotzdem weiterverwenden möchte, sollte dies dann nur an Stellen machen, wo eine Selbstsicherung keine größere Bedeutung hat.

Schrauben und Muttern vor ungewolltem Öffnen zu schützen, geschieht oft auch mit chemischen Mittel. Wer sich jedoch mit den sogenannten chemischen Schraubenklebern nicht auskennt, sollte lieber seine Finger von diesem Zeug lassen. Diese Mittel gibt es nämlich in verschieden Varianten – von leicht klebend, damit die Schraube wieder gelöst werden kann, bis extrem fest, für Schrauben die nie mehr geöffnet werden müssen. Hier das richtige auszusuchen, sollte, wenn überhaupt, dem Fachmann überlassen bleiben. Meine Erfahrung hat gezeigt, dass man auf diese Mittel, bis auf ganz wenige, spezielle Ausnahmen, gut verzichten kann. Gute Muttern und Schrauben, mit dem richtigen Drehmoment angezogen, öffnen sich nämlich nicht ungewollt.

Was du nicht kaufen kannst, miete!

Werden bestimmte Werkzeuge aller Voraussicht nach nur ganz selten benötigt und ist deren Anschaffung relativ teuer, gibt es eine Alternative: Bei Mietwerkstätten kann man Spezialwerkzeug zu festen Tages- oder Wochensätzen mieten.

So, und nun wünschen wir viel Spaß beim Selbstwerkeln!

Marcel Schoch/Danny Loch/dt-press

INFO

Warum Qualität?

Warum soll ich mir ein Set mit Schraubenschlüsseln für 240 Euro besorgen, wenn es im Baumarkt auch welche für 30 Euro gibt? Das fragt man sich bei so manchem Werkzeug, die Preisspannen sind oft enorm. Die Antwort ist im Prinzip ganz einfach: weil die Qualität besser ist. Aber was bedeutet das eigentlich?

Was Qualität bedeutet

Qualität garantiert nicht nur gute Funktion, sondern auch Haltbarkeit und Sicherheit sind gewährleistet. Unter Umständen kann Werkzeug ein Leben lang halten. Der Autor selbst benutzt zuweilen Werkzeug, dass einst sein Urgroßvater um 1910 herum gekauft hat. Es ist nach wie vor voll einsatzfähig und zeigt trotz häufigem Gebrauch kaum Verschleißerscheinungen.

Das Beste: Chrom-Vanadium

Generell läst sich Qualitätswerkzeug bereits am Material und einer gültigen DIN-Norm erkennen. Schraubenschlüssel und Schraubenzieher sollten immer aus Chrom-Vanadium-Stahl hergestellt sein. Ein entsprechender Vermerk auf dem Werkzeug gibt darüber Auskunft. Achten Sie auch auf die Oberflächenvergütung. Glatte Oberflächen sind schön und leicht zu pflegen, aber man rutscht auch gerne an ihnen ab – vor allem wenn die Werkzeuge ölig sind.

Oberflächenbeschaffenheit

Raue Oberflächen sind hingegen sehr griffig – lassen sich aber oftmals schlecht reinigen. Beide Oberflächenvergütungen sind bei hochwertigem Werkzeug heute üblich.
Entscheiden Sie daher nach ihrer persönlichen Vorliebe.

Marcel Schoch

GRUNDGEDANKEN ZUR RESTAURIERUNG

Restaurieren mit Konzept

Fahrzeuge im Originalzustand sind die begehrtesten und publikumsträchtigsten. Wichtig ist dabei die Art der Restaurierung. „Besser als neu" ist nicht mehr gefragt, sondern die weitestgehende Erhaltung der Originalsubstanz

Auf Schleppertreffen hat man bis vor rund 15 Jahren oft Fahrzeuge gesehen, die sich in technisch und optisch quasi perfektioniertem Zustand befanden. Bei der Restaurierung wurde dabei ohne Rücksicht auf die alte Substanz alle konstruktiven Mängel beseitigt, Motoren zum Teil ausgetauscht, die Technik „verbessert", Blechteile nachgefertigt und neu lackiert und die Spuren des Gebrauchs an allen Fahrzeugteilen getilgt.

Von der Oldtimerszene werden solche Fahrzeuge daher oft mit dem Prädikat „besser als neu" bezeichnet. Obwohl ihre Optik sehr ansprechend sein kann, haben solche Oldtimer mit dem ursprünglichen Fahrzeug meist nicht mehr viel gemein.

Trend zur Originalerhaltung

Heute geht der Trend allerdings wieder mehr zur Originalerhaltung. Nicht mehr nur die Zurücksetzung in den Neuzustand ist die oberste Prämisse, sondern die Erhaltung des originalen Charakters, der die damalige Ära und die jeweilige langjährige Arbeit dokumentiert (Kfz-Restauratoren sprechen vor diesem Hintergrund von einem Wandel der „Restaurierungsethik"). Damit werden Oldtimertraktoren auf dieselbe Stufe wie alte Gemälde, völkerkundliche Objekte oder historische Kunstgegenstände gestellt – denn sie geben Zeugnis von ihrer Entstehungszeit und Aufschluss über die Zeit ihrer Arbeit.

Der Konservierungsansatz

Voraussetzung hierfür ist aber, dass auch alle Spuren des Gebrauchs tatsächlich so weit wie möglich erhalten bleiben. Ist das der Fall, kann jedoch kaum mehr von einer Restaurierung gesprochen werden. Viel eher trifft dann der Begriff Konservierung zu. Mag ein solcher Restaurierungsansatz für Museen noch vertretbar sein –

Substanzerhaltung durch gute Pflege: Dieser Landini VL 30 Velite wird seit 60 Jahren regelmäßig instand gehalten

hier werden die Fahrzeuge meist nicht gefahren –, so ist er für private Restauratoren kaum anwendbar. Hier überwiegt der Wunsch nach einem fahrbaren repräsentativen Fahrzeug meist mehr, als die vollständige Erhaltung der Originalsubstanz.

Die Gewissensfrage

Old- und Youngtimer-Traktorbesitzer stehen damit heute vor einer ernsthaften Gewissensfrage, wenn es an die Restaurierung geht. Einerseits will man einen fahrfähigen, optisch ansprechenden Traktor, andererseits bedeutet jeder restauratorische Eingriff die unwiederbringliche Zerstörung von Zeitspuren. Um aus diesem Dilemma herauszukommen, wurden deshalb von der Szene verschiedene Restaurierungsansätze entwickelt, die dieses Dilemma beseitigen helfen:

Fabrikneu-original

Ein Ansatz, der nach wie vor hauptsächlich von Museen, aber auch von zahlreichen Privatpersonen verfolgt wird, ist die sogenannte Fabrikneu-Restaurierung. Sie hat zum Ziel, den Originalzustand des Fahrzeuges zum Zeitpunkt seiner Auslieferung wiederherzustellen. Unter Einsatz von Originalteilen, alten Fertigungsmethoden und Materialien (Leder, Lacke, Hölzer, Kabelstränge u. a.) soll dabei die volle Funktionstüchtigkeit wiederhergestellt werden, jedoch ohne dabei konstruktiv bedingte technische Mängel zu beheben beziehungsweise die originale Technik zu verbessern. Obwohl bei der Fabrikneu-Restaurierung der Originalzustand eine sehr wichtige Rolle spielt, nimmt dieser Ansatz keine Rücksicht auf Spuren der individuellen Fahrzeuggeschichte (Lackschäden, Dellen, Umbauten u. Ä.). Im Gegenteil – Sie werden vollständig getilgt. Dieser Ansatz kann dennoch als Kompromiss gesehen werden, wenn man sich einen optisch und technisch einwandfreien Zustand wünscht.

» Bei der Gebrauchtzustands-Restaurierung gibt es kein präventives Austauschen von Verschleißteilen

Substanz erhalten

Die substanzerhaltende Restaurierung hat wiederum – wie der Name schon sagt – das Ziel, die Substanz im Istzustand zu erhalten, um alle Informationen zur Technik aber auch individueller Geschichte (etwa technische Veränderungen und Reparaturen) dauerhaft zu bewahren.

Der Oldtimer wird als Träger von Informationen seiner Herstellung, seines Gebrauchs und seiner Historie verstanden. Dieser Ansatz kommt vor bei Museums- oder Sammlerfahrzeugen, die als (stehende) Anschauungsobjekte früherer Techniken und Handwerkskünste dienen sollen.

Da hier von einem Stillstand des Fahrzeugs ausgegangen wird, und alle überlieferten Spuren zu Herstellung, Gebrauch und Stilllegung akzeptiert werden, ist die Eingriffstiefe nur minimal. Im Unterschied zur klassischen Restaurierung kommen daher bei substanzerhaltenden Restaurierungen vor allem konservatorische Maßnahmen zum Einsatz.

Gebrauchszustands-Restaurierung

Um die Fahrfähigkeit zu erhalten oder wiederherzustellen, gibt es zwei weitere Abstufungen der substanzerhaltenden Restaurierung: Bei Fahrzeugen, die sehr selten bewegt werden, kann der Ansatz der Gebrauchszustand-Restaurierung verfolgt werden. Dabei sieht das Fahrzeug gebrauchsfähig aus, ist es aber nur bedingt, weil seine Funktion nicht zur Gänze wiederhergestellt wurde. Dabei wird die technische Funktionsfähigkeit nur so weit wiederhergestellt, wie es die Fahrsicherheit gerade erfordert.

Präventives Austauschen von Verschleißteilen findet weitgehend nicht statt. Alle Herstellungs-, Nutzungs-, Gebrauchs- und Pflegespuren werden hier erhalten. Dazu gehören auch Fehl- und Schadstellen und Reparaturen, die durch die fahrzeugtypische Nutzung entstanden sind. Die Eingriffstiefe der Restaurierung ist hier bereits deutlich größer als bei reinen substanzerhaltenden Restaurierungen beziehungsweise Konservierungen.

Der Reaktivierungszustand

Eine weitere Abstufung ist der so genannte Reaktivierungszustand, bei der es Ziel ist, das Fahrzeug auch tatsächlich zu fahren. Die Oberflächenbehandlung gleicht dem Gebrauchszustand, jedoch wird die Gebrauchsfähigkeit des Fahrzeugs durch Austausch von Verschleißteilen und Überarbeitung der Technik wieder voll hergestellt. Die Eingriffstiefe der Restaurierung ist dadurch noch größer als bei

Reaktiviert: gute Technik , aber schlechte Optik. Den richtigen Restaurierungansatz auszuwählen, ist selbst für Profis nicht immer leicht (Fahr D 177).

dem Restaurierungsziel Gebrauchszustand. Im Gegensatz zur Fabrikneu-Restaurierung werden jedoch äußere Gebrauchsspuren nicht getilgt.

Restaurieren = respektieren

Egal welcher Ansatz verfolgt wird, bedeutet heute Restaurieren nicht mehr „wieder neu machen", sondern vielmehr respektieren. Egal ob Profi oder Hobbyschrauber – Restauratoren wissen, dass sie es mit unersetzlichen Originalen zu tun haben. Vor jeder restauratorischen Maßnahme sollte deshalb eine ausführliche Bestandsaufnahme stattfinden, die den Schlepper in allen seinen Eigenschaften untersucht.

Diese Voruntersuchung besteht dabei aus der Identifizierung des Fahrzeugs, der Bestimmung seiner Bestandteile (Materialien, Herstellungssmethoden) sowie der Beurteilung seines historischen und kulturellen Ranges. Zudem müssen Art und Umfang der bisherigen Veränderungen identifiziert und die Ursachen für Schäden ermittelt werden.

Danach gilt es, die Ergebnisse der Untersuchung korrekt zu interpretieren, ein Restaurierungskonzept zu entwickeln, stets die Konsequenzen seiner restauratorischer Tätigkeit zu überschauen und die Verantwortung für die Ausführung zu übernehmen.

Restaurieren = ergänzen

Restaurieren bedeutet aber eventuell auch zu ergänzen, das heißt, Teile werden durch neue Originale ersetzt oder nachgefertigt. Durch solche Ergänzungen, Ersetzungen oder Austauschteile wird der Originalzustand natürlich verändert oder verfälscht. Um diesen Eingriffen zu begegnen, beachten gewissenhafte Restauratoren heute auch die Reversibilität des Eingriffs (= Die Möglichkeit, ohne großen Schaden an der originalen Substanz den ursprünglichen Zustand wiederherzustellen). Das heißt, müssen Teile getauscht werden, sollte man das alte, defekte Originalteil angemessen konserviert aufbewahren und die Veränderung dokumentieren. Werden Karosserieteile nachgefertigt, sollten diese nur mit den handwerklichen Methoden des Originals hergestellt werden. Egal welche Maßnahmen dabei durchgeführt werden: Vergessen Sie nicht, die Voruntersuchung und die Restaurierung zu dokumentieren.

„Wieder-neu-machen"

Auch in diesem Buch wird von Restaurierung gesprochen, wenn eigentlich renovierende oder rekonstruierende Tätigkeiten gemeint sind, die dem Old- und

Beispiel einer peniblen "Besser-als-neu"-Restaurierung: Dieser Eicher EA 400s Allrad-Königstiger wurde radikal technisch und optisch verändert. Gut gemacht und interessant, trotzdem letztlich Geschmackssache

Youngtimer ein neuwertiges Aussehen verleihen. Restaurieren heißt aber genau genommen nicht „wieder neu machen". Der häufig gewünschte, deutliche „Vorher-Nachher-Effekt" fällt daher nach einer behutsamen, also substanzerhaltenden Restaurierung mitunter überraschend verhalten aus.

Fundierte Entscheidungen!

Die fachgerechte Restaurierung ist kein standardisierbarer Vorgang. In jedem einzelnen Fall bewegt sich die sachgemäße Behandlung des Schleppers im Spannungsfeld von Restaurierungskonzept, -qualität und -aufwand, und den Wunschzielen des Besitzers. Diese vier Eckpunkte gilt es miteinander zu verbinden, wenn man vor dem Losschrauben fundierte Entscheidungen treffen will.

Marcel Schoch

Dieser Schlüter AS 15 D ist ein gelungenes Beispiel für eine Fabrikneu-Restaurierung

Für die Dreharbeiten zur ZDF-Krimiserie „Die Rosenheim-Cops" wurde dieser McCormick 353 fabrikneu restauriert

JAGD AUF ERSATZTEILE

Teilhaber gesucht!

Die Restaurierung und Wartung eines jeden Old- oder Youngtimertraktors steht und fällt mit der Ersatzteilversorgung. Oft sind hier Probleme zu überwinden, die speziell für die Kostenkalkulation von besonderer Bedeutung sind

Mit dem anhaltenden Traktorboom hat sich die Ersatzteilversorgung in den letzten Jahren deutlich verbessert. Selbst im Bereich der Zuliefer- und Verschleißteileindustrie haben viele Teilehersteller die Marktlücke erkannt und ihr Produktportfolio auf Old- und Youngtimer-Traktorteile erweitert. So kann zum Beispiel bei Bosch heute nahezu jedes elektrische Bauteil bezogen werden, das jemals ausgeliefert wurde. Auch der Motorteile-Spezialist Mahle hat sein Produktprogramm auf Old- und Youngtimerteile erweitert. Hier können vorrangig Kolben, Kolbenringe und Lagerschalen für Motoren bestellt werden. Auch im Bereich Reifen ist wieder vieles lieferbar. Bei der Münchner Oldtimer Reifen GmbH (www.oldtimer-reifen.de) zum Beispiel können heute für jeden Old- oder Youngtimertraktor die passenden Reifen bestellt werden. Sogar der Batteriehersteller Banner hat wieder die sogenannten schwarzen Batterien im Programm. Sie unterscheiden sich optisch nicht von den damals in Erstausrüstung verbauten Batterien. Ihre Technik ist hingegen auf neuestem Stand.

» Durch den anhaltenden Traktorboom hat sich die Ersatzteilversorgung deutlich verbessert

Problematisch kann jedoch die Ersatzteilversorgung bei einigen ausländischen Marken werden. Hier treten bei mehr als 20 Jahre alten Schleppern zum Teil große Lieferschwierigkeiten auf. Bei nicht mehr bestehenden Marken wie zum Beispiel

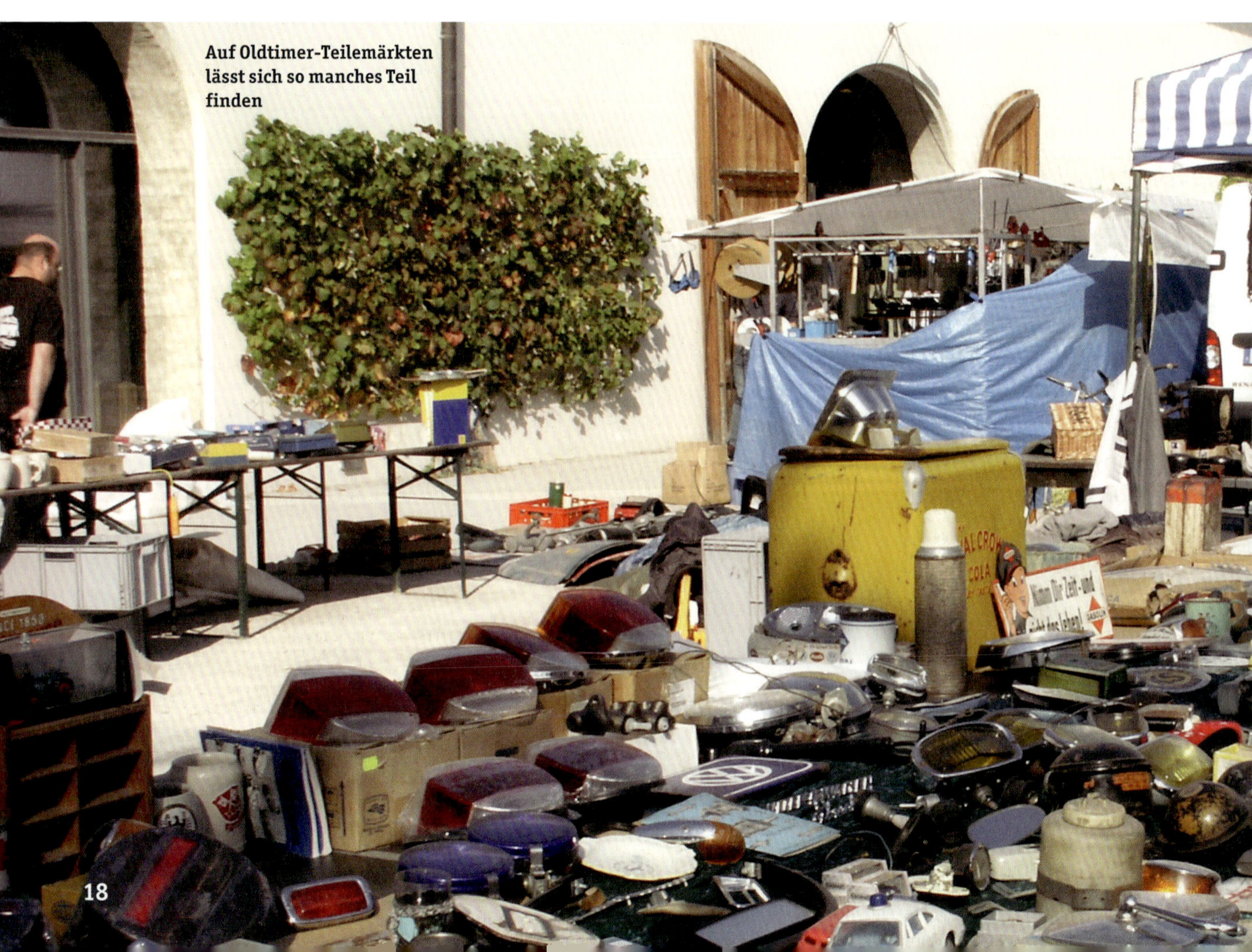

Auf Oldtimer-Teilemärkten lässt sich so manches Teil finden

Für alte Einspritzpumpen von Bosch gibt es heute jedes Ersatzteil

Hela, Güldner, Zanker oder Kögel sind Teile oft nur gebraucht oder als Nachbauteil zu bekommen – sofern sie überhaupt angeboten werden.

Qualität von heute oft besser

Das sollte klar sein: Je seltener ein Fahrzeug und je exotischer der Hersteller ist, desto weniger Ersatzteile sind auf dem Markt erhältlich. In diesem Bereich werden jedoch von Clubs, IGs aber auch von Restaurierungsbetrieben selbst Teile nachgefertigt. Oft übertrifft die Qualität der Nachbauteile die der Originalersatzteile erheblich, da sie aus besseren Materialien und mit modernen Präzisionswerkzeugmaschinen produziert werden.

Für Hobbyschrauber sind daher gute Kontakte zu Clubs, IGs oder Restaurierungsbetrieben für die Sicherung der Ersatzteilversorgung von hoher Bedeutung.

Internet und Schrottplätze

Neben den Neu- oder Nachbauteilen hat sich in der Szene seit Jahrzehnten ein großer Markt für gebrauchte Teile entwickelt. Gebrauchtteilemärkte sind daher eine der wichtigsten Bezugsquellen. Manchmal lohnt sich auch der Blick ins Internet, zum Beispiel bei Ebay. Vorteile sind hier die schnelle Recherche und die Möglichkeit, Preise zu vergleichen.

Nicht vergessen sollte man auch bei Schrottplätzen oder Recyclingfirmen nachzufragen. Anhand der Teilenummern lassen sich dort viele Elektrik- und Anbauteile ergattern. Nicht selten sind gleiche Teile auch an anderen Fahrzeugen verbaut worden und noch entsprechend

MARKEN-HÄNDLER

DEUTZ
Michael In het Panhuis
Giesenfeldstraße 137; 47239 Duisburg
Tel. (02151) 40 30 05; Fax 94 05 76
E-Mail: deutzersatzteile@gmx.de
www.deutz-ersatzteile.de

EICHER
Eicher Landmaschinen-Vertriebs GmbH
Raiffeisenstraße 5; 94431 Ganacker
Tel. (09953) 93 07 0
E-Mail: info@eicher-ersatzteile.eu
www.eicher-ersatzteile.eu

FAHR
Rath Motorentechnik
Dieter Rath
Im Kai 5; 78259 Mühlhausen-Ehingen
Tel. (07733) 12 11; Fax (07733) 26 74

FENDT
Landmaschinenfachwerkstatt, FENDT-Ersatzteile; Thomas Bracht
Füssener Straße 31; 87675 Stötten
Tel. (08349) 232; Fax (08349) 533
www.bracht-landtechnik.de

GÜLDNER UND KRAMER
Wilfried Michel
Güldner- und Kramer-Ersatzteile
Königsberger Straße 12; 34549 Edertal-Anraff
Tel. (05621) 732 12; Fax (05621) 732 31
E-Mail: info@teile-service-michel.de

HANOMAG
Gebraucht- und Neuteile für Hanomag
Hans-Heinrich Munk
Schützenstraße 13a; 31719 Wiedensahl
Tel. (05726) 706

HANOMAG, PORSCHE U. A.
Wilhelm Fricke GmbH
Zum Kreuzkamp 7; 27404 Heeslingen
Tel. (04281) 71 27 57; Fax 71 27 27
www.granit-parts.com

HOLDER
Udo Weisser Ersatzteileservice
Röhrach 8; 71546 Aspach
Tel. (07191) 238 96; Fax (07191) 202 36
E-Mail: udo.weisser@t-online.de

IHC
Landmaschinen GmbH & Co.KG
Johann Exo
Reeser Straße 1 ; 46419 Isselburg
Tel. (02874) 718; Fax (02874) 451 52
E-Mail: info@exo-landmaschinen.de

LANZ
Profi Gigant GbR
Augsburgerstraße 110; 86668 Karlshuld
Tel. (08454) 960 49; Fax 960 48
E-Mail: kontakt@ProfiGigant.de
www.bulldogkini.de

MAN
Peter Sreiber
Michael-Aumüller-Str. 27; 82291 Mammendorf
Tel. (0172) 902 89 30
E-Mail: info@man-traktoren.de
www.streiber-verlag.de
Tel. (0316) 28 16 45 12
Fax: (0316) 28 16 45 40

weiter gehts auf Seite 21

Sollte klar sein: Für exotische Traktoren wie diesen Zanker ist viel mehr Eigeninitiative bei der Ersatzteilbeschaffung gefordert

zahlreich. Diese Art der Ersatzteilsuche ist bei Profis als Referenzmethode bekannt. So sind zum Beispiel bei Deutz oder Eicher, die jahrzehntelang von Bosch beliefert worden sind, zahlreiche Elektrikteile, von der Lichtmaschine bis zum E-Starter, oftmals identisch oder sehr ähnlich. Man muss allerdings oft genau hinsehen, denn solche Teile sind nicht selten auch mit herstellerspezifischen Teilenummern versehen wurden. Ein direkter Vergleich der Teile schafft Klarheit.

Ausweg Nachfertigung

Sind Ersatzteile über die genannten Quellen nicht lieferbar, besteht die Möglichkeit, bei einem Metall-, Kunststoff- oder Holzfachbetrieb eine Nachfertigung des gesuchten Ersatzteils in Auftrag zu geben. Hierzu müssen sie natürlich die genauen

UNTEN: **Auch in Reparturhandbüchern finden sich sich Hinweise auf Ersatzteile**

UNTEN RECHTS: **Original-Ersatzteilisten sind die ideale Voraussetzung für eine erfolgreiche Ersatzteilsuche**

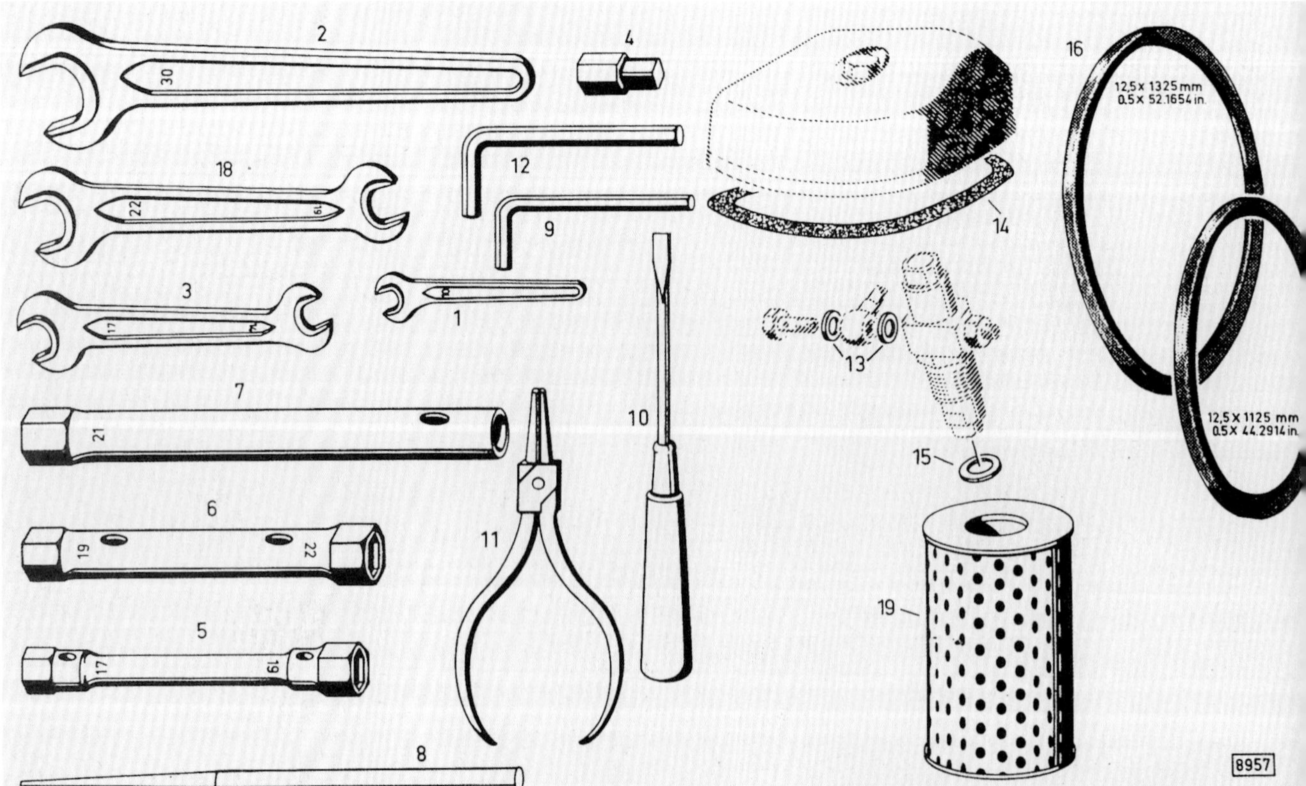

Daten, vor allem das Material und die Vermaßung des Ersatzteils, angeben. Manchmal genügt auch das verschlissene Teil als Vorlage. In Hinblick auf die von der Stückzahl abhängigen Fertigungskosten muss hier jedoch sehr genau abgewogen werden, wann sich eine Nachfertigung rentiert. Der leergefegte Markt kann jedoch Beweis dafür sein, dass das Ersatzteil auch von anderen Traktorbesitzern benötigt wird. Restauratoren, Clubs und IGs versuchen daher meist über einen Zusammenschluss, die Kosten einer Nachfertigung zu drücken.

Auf Normteile achten

Auch wurden von vielen europäischen Traktorherstellern vielfach Normteile verwendet. Identische Lager, Schrauben, Stecker, Dichtringe, Armaturen, Griffe und vieles mehr finden sich daher weitverbreitet bei zahlreichen Traktormodellen. Die Unterschiede der gesuchten Teile beschränken sich dann meist nur in der Farbgebung oder Verpackung. Es lohnt sich daher, die Geschichte der Fahrzeugmarken und vor allem die der Zulieferer genauer zu kennen.

Es kommt aber auch vor, dass markenspezifische Ersatzteile verschiedener Fahrzeughersteller, beispielsweise für Motoren und Getriebe, quasi durch Zufall identisch sind. Informationen hierüber finden sich in Referenzteilelisten, die häufig auf den Internetseiten vieler IGs und Clubs angeboten werden. Auch einige Teilehändler verfügen über diese. Nach solchen Referenzlisten für die eigene Marke zu suchen oder sie selbst über die Laufe der Jahre aufzustellen, kann sich lohnen, da mit ihnen die Ersatzteilprobleme zweier oder auch mehrerer Fahrzeugtypen gelöst werden können.

Marcel Schoch

» Bekommt man ein Ersatzteil nicht, kann man natürlich nachfertigen lassen. Das ist aber auf jeden Fall teurer

HÄNDLER

Fortsetzung von Seite 19

MASSEY FERGUSON U.A.
www.Schlepper-Teile.de
Der Onlineshop für Traktorteile
Tel. (06127) 70 57 696
Fax:(06127) 70 57 695
E-Mail: info@Schlepper-Teile.de

SCHLÜTER
Willi Grillenberger
Ortsstraße 26; 90574 Roßtal-Defersdorf
Tel. (09127) 63 69
E-Mail: gwilli60@aol.com
www.schlueterwilli.de

STEYR
Gady Handelsges. m. b. H
Kaerntnerstraße 573; A-8054 Graz-Seiersberg
Tel. +43 (0316) 28 16 45 12
Fax +43 (0316) 28 16 45 40

UNIMOG
Rainer Schmidt, Restauration & Service
Plückersburg 89; 42289 Wuppertal
Tel. (0202) 62 42 42; Fax (0202) 264 25 21;
Mobil (0172) 200 50 20
E-Mail: info@restauration-service.de
www.restauration-service.de

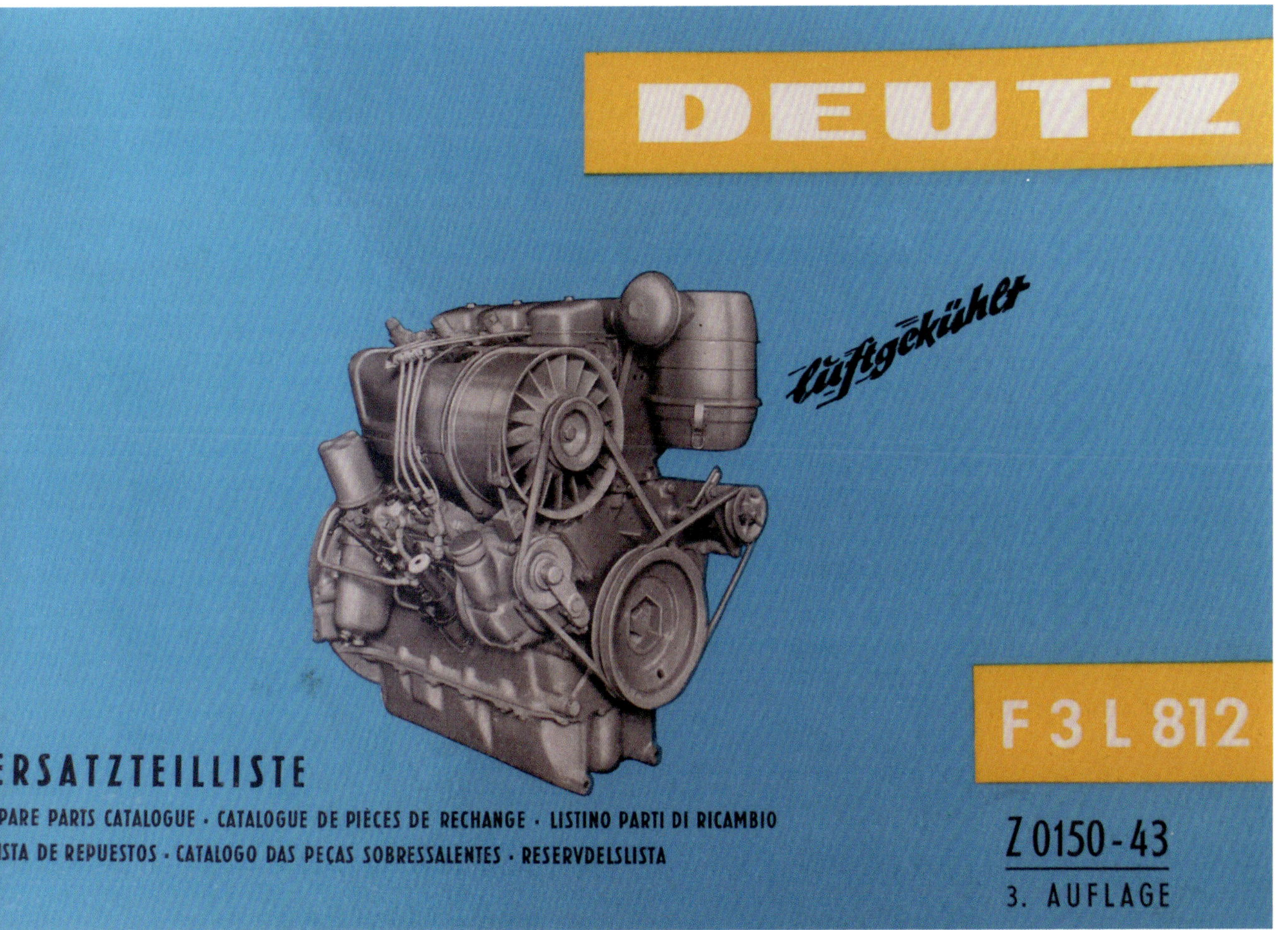

GROSSE CHECKLISTE
AUF DEN SEITEN 28-31

TIPPS UND TRICKS ZUM GEBRAUCHTKAUF

Verhandlungsbasis

Verlockende Angebote gibt es im Internet und in Zeitungen genug – aber sind die gebrauchten Preziosen auch ihren Preis wert? Mike Thomas zeigt, wie Sie den Schlepper-Oldtimer ganz genau unter die Lupe nehmen

Der Kauf eines Oldtimer-Traktors birgt immer ein gewisses Risiko – mängelfreie Fahrzeuge soll es ja geben, aber wir haben noch keines gesehen. Um Ihnen Ärger und finanziellen Verlust vermeiden zu helfen, haben wir unserem Experten Mike Thomas beim Gebrauchtkauf eines Hanomag R 12 von 1954 über die Schulter gesehen.

Mitnahmesache

Als professioneller Traktor- und Motorradhändler hat er uns dabei seine wichtigsten Tricks und Kniffe beim Kauf verraten. „Das wichtigste beim Kauf eines Oldtimer-Traktors ist, die ganze Sache mit einem klaren Kopf anzugehen", sagt Mike. „Denn oft ist man regelrecht verblendet, weil man nach langem Suchen endlich seinen Wunschtraktor gefunden hat. Spürt ein Verkäufer diese Begeisterung und weiß dies auszunutzen, hat er leichtes Spiel, den geforderten Preis durchzusetzen." Zur Besichtigung des Wunschtraktors sollte daher immer eine zweite Person mitgenommen werden. Dabei muss es sich nicht einmal um einen Traktorexperten handeln. Im Gegenteil sogar, je nüchterner und sachfremder der Begleiter ist, desto eher wird er auf offensichtliche Mängel aufmerksam machen, die man sich selbst sonst gerne schönredet, nur weil man den Traktor unbedingt haben möchte. Außerdem ist eine zweite Person als Zeuge für das Verhandlungsgespräch und den Vertragsabschluss manchmal sehr nützlich, vor allem dann, wenn es nach dem Kauf doch Probleme geben sollte, weil zum Beispiel mündliche Zusagen nicht eingehalten werden.

„Ganz wichtig ist es auch, sich bereits vor dem Kauf genauestens über den gesuchten Traktor zu informieren", empfiehlt Mike, „Welche Modellvarianten gab es? Welche Teile sind original?

» Ganz wichtig: sich über den Traktortyp vorher genau informieren, damit man nicht originale Teile erkennt

BEGUTACHTUNG SCHRITT FÜR SCHRITT

1. Das Öl sollte zwischen Mitte und oberer Markierung stehen und nicht verbraucht wirken

2. Die Motor- und Getriebeunterseiten dürfen keine Ölspuren zeigen. Aber es gibt Laufspuren am Motor, von oben kommend

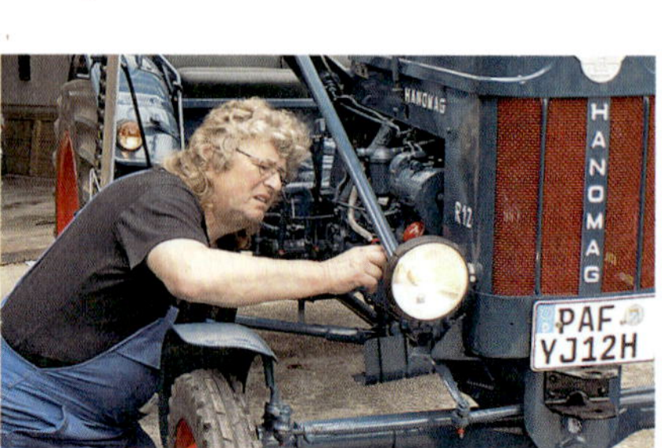

3. Jürgen Thomas, der Vater von Mike, sucht die Ölquelle

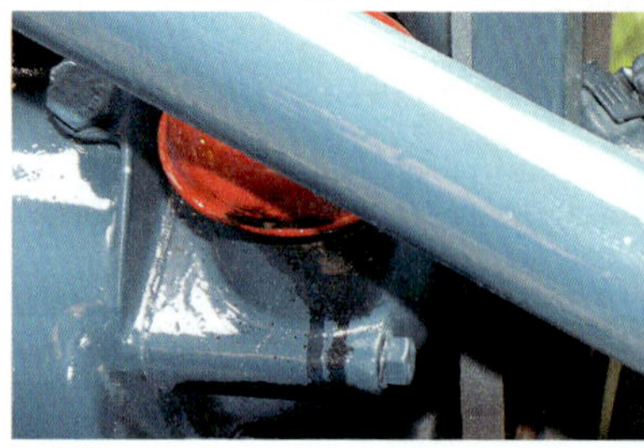

4. Ölquelle gefunden. Die Motorentlüftung war der Grund für den Ölaustritt

5. Der Zapfwellenzustand gibt Aufschluss über die Menge der geleisteten Arbeit

Der soll's sein: Ein Hanomag R 12 steht zum Angebot. Aber taugt er auch etwas?

Welche werden oft ersetzt? Was gab es für Zubehör? Wie steht es um Ersatzteile? Und ganz wichtig: Welche technischen Mängel, also Roststellen, Konstruktionsfehler und so weiter, sind typisch für den Wunschtraktor?"

„Keinesfalls sollte man vergessen, die Marktpreise für das gesuchte Modell zu ermitteln", so Mike weiter. „Für welchen Preis wird der gesuchte Traktor in den verschiedenen Erhaltungszuständen angeboten?" Mit der Preisbeobachtung, die man am besten in einem oder mehreren Online-Gebrauchtfahrzeugportalen durchführt, sollte dabei möglichst früh begonnen werden. Dann kann man leicht feststellen, ob sich der Preis für das gesuchte Modell innerhalb der letzten Monate geändert hat.

Vorsicht beim Angebotspreis!

Die Praxis zeigt oft, dass Oldtimer-Traktoren längere Zeit für ein und denselben Preis angeboten werden, obwohl dieser bereits gefallen oder gestiegen ist. Kennt man jedoch den aktuellen Marktpreis, weiß man sofort, wie schnell man auf ein Verkaufsinserat reagieren muss. Ist der Traktor teuer, wird er sicher noch lange angeboten werden und man hat Zeit zum Überlegen. Ist er aber sehr billig, sollte man schnell reagieren, damit einem nicht ein anderer den Traktor vor der Nase wegschnappt – schnell reagieren darf aber niemals heißen, einen Traktor unbesehen zu kaufen!

Klare Sache: Nur bei Tag!

Zur Besichtigung vereinbaren Sie mit dem Verkäufer immer einen Termin tagsüber. „Es macht keinen Sinn einen Traktor abends bei Dunkelheit oder in einer schlecht beleuchteten Scheune oder Garage anzusehen", erklärt Mike. „Zu viele optische Mängel, vor allem im Lack, aber auch technische Mängel würden einem entgehen. Bei Tageslicht zeigt sich der Traktor hingegen so, wie er tatsächlich ist." Selbstverständlich lässt sich bei Tageslicht auch der Farbton des Lacks genau erkennen. Bei künstlichem Licht wird dieser jedoch immer verfälscht.

Noch bevor der Verkäufer den Traktor aus dem Schuppen holt, sollte ein Blick dem Standplatz gelten. Schauen Sie unter den Traktor. Sind Ölflecken oder Spuren anderer Betriebsflüssigkeiten am Boden vorhanden? Wenn sie da sind, kann man sich bei der anschließenden Mängelsuche gleich auf Ursachenforschung begeben. Nicht vergessen sollte man, auch die Fahrzeugpapiere mit dem Typenschild und der

FORTSETZUNG AUF SEITE 24

zu ersetzen! Die Rück- …ter wurden zwar erst …zlich montiert, aber passen nicht zum R 12

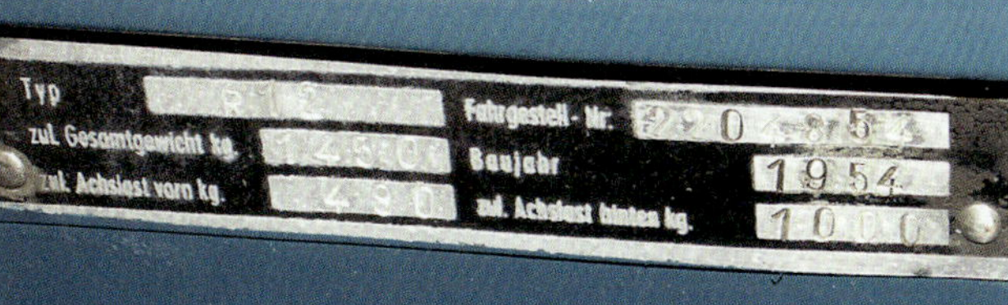

8. Das Typenschild darf keinesfalls fehlen, sonst gibt es Probleme bei der Zulassung oder der nächsten HU

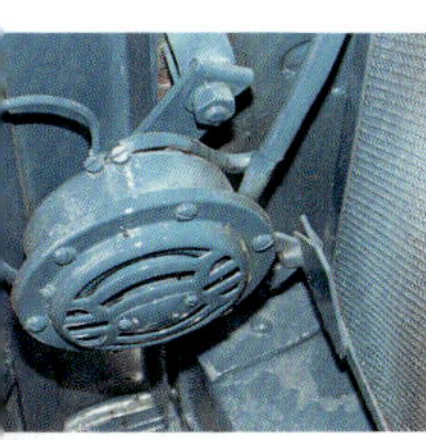

Die Hupe ist original, …r gnadenlos mit- …kiert – also runter mit …n Lack …

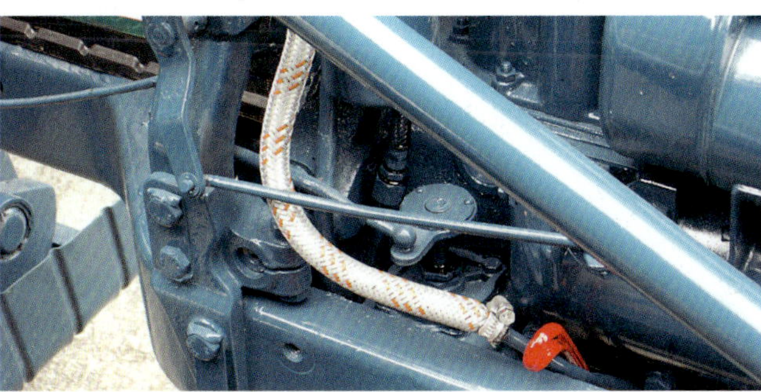

9. So eine moderne, bunte Kraftstoffleitung hat an einem Oldtimer nichts verloren. Da gibt es originalgetreueren Ersatz

10. Bei der Durchsicht der Blechteile niemals vergessen, auch die Rückseiten anzusehen. Die Motorhaube des Hanomag R 12 ist auch von innen einwandfrei

Fahrgestellnummer zu vergleichen. Hier muss alles zu 100 Prozent übereinstimmen. Vergewissern Sie sich dabei auch, dass der Verkäufer rechtmäßiger Eigentümer ist oder das Fahrzeug im Auftrag verkaufen darf.

Hat man die Papiere schon in der Hand, können auch gleich die Reifengrößen und spezielle Eintragungen mit dem Traktor abgeglichen werden. Oft werden auch Reparatur- oder Restaurierungsrechnungen vom Verkäufer vorgelegt. Ob die Arbeiten wirklich durchgeführt wurden, sollte bei der Durchsicht immer gleich mit kontrolliert werden. „Bevor der Verkäufer den Traktor startet, überprüfe ich zuerst, ob der Motor bereits warm ist. Viele Verkäufer lassen nämlich den Traktor, bevor der Kaufinteressent kommt, warm laufen, damit dieser bei der Besichtigung zuverlässig anspringt."

Nicht immer in böser Absicht

Dahinter muss kein Täuschungsversuch liegen. „Meine Erfahrung hat aber leider gezeigt, dass viele Traktoren, deren Motoren bei der Besichtung bereits warm waren, meist einen schwerwiegenden Defekt hatten. Die Mängel, die ich hier feststellen musste, reichten von verschlissenen Einspritzpumpen bis ausgeschlagenen Kurbelwellenlagern", berichtet Mike. Ist der Motor hingegen kalt, ist der nächste Kontrollpunkt der Ölstand im Motor. Fehlt es hier an Öl, wurde der Traktor sicher lange Zeit sehr vernachlässigt. Bei dieser Gelegenheit sollte auch die Öleinfüllschraube beziehungsweise der -deckel geöffnet werden. Zeigt sich hier an der Deckelunterseite eine sulzig-braune bis ockergelbe Substanz, ist das Motoröl bereits sehr alt und hat sehr viel Wasser gezogen. Bei wassergekühlten Motoren kann dies auch ein Anzeichen für eine defekte Kopfdichtung sein, durch die Wasser über den Zylinder in das Öl gelangt. Liegt dieser Verdacht nahe, ist gleich die Kühlflüssigkeit zu kontrollieren.

Ist der Füllstand in Ordnung? Zeigen sich auf der Kühlflüssigkeit Ölschlieren? „Wenn sich in der Kühlflüssigkeit Öl findet, ist sicher die Kopfdichtung defekt – oder schlimmer – der Motorblock könnte einen Riss haben (Frost- oder Überhitzungsschaden). „Stelle ich

BEGUTACHTUNG SCHRITT FÜR SCHRITT

11. Keinerlei Dellen: Der Kühler des R 12 zeigt sich im Bestzustand

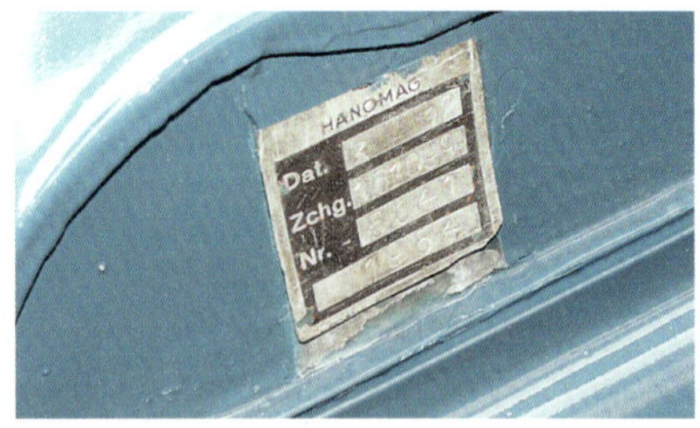

12. Erfreulich! Auf der Rückseite des Kühlers findet sich noch das Teile-Typenschild

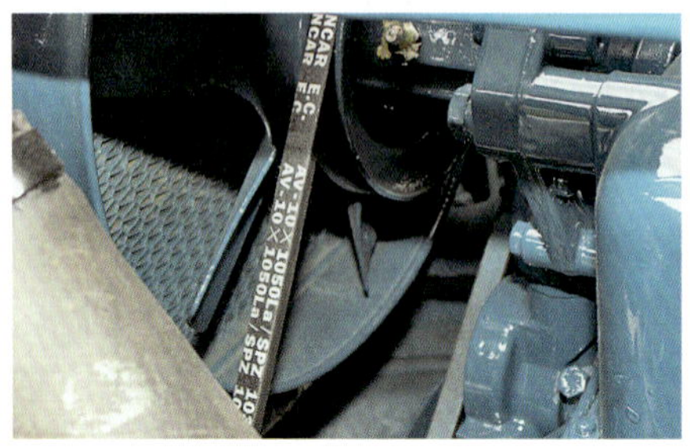

13. Der Motor wurde regelmäßig gewartet – das zeigt auch der neue Keilriemen

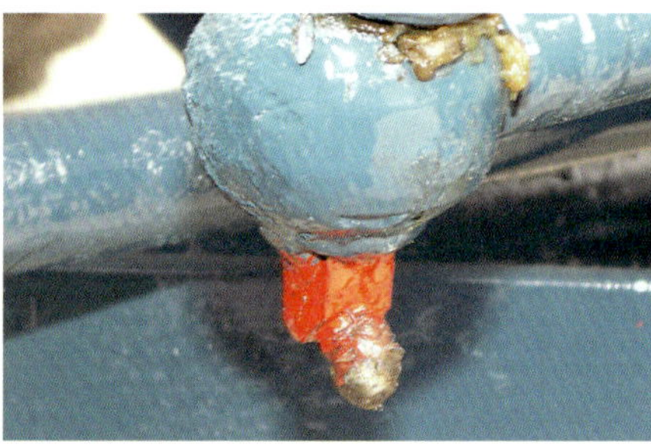

14. Alle Schmierstellen müssen abgeschmiert, funktionstüchtig und sauber sein. Am R 12 war hier alles in Ordnung

15. Der Achsbolzen der Vorderachse wird gerne beim Schmierdienst vergessen. Auf Spielfreiheit und gute Schmierung achten

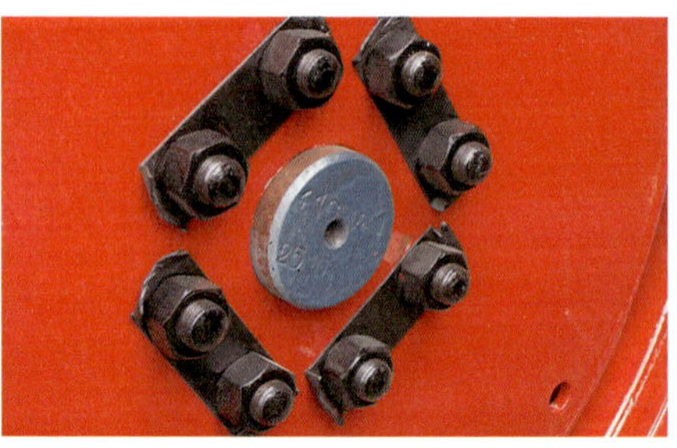

16. Bei der Hinterradmontage wurden die Sicherungsbleche nicht umgeschlagen ...

17. ... der Grund: Beide hinteren Reifen sind überaltert und müssen gewechselt werden

18. Die Felgen müssen rund laufen und die Felgenhörner unbeschädigt sein

hier einen solchen Schaden fest, nehme ich in der Regel aufgrund teurer Reparaturfolgekosten Abstand vom Kauf, es sei denn, es handelt sich um einen ganz seltenen Traktortyp", sagt Mike. Ist hier jedoch alles im grünen Bereich, sucht Mike nach Ölundichtheiten. Hierzu legt er sich unter den Traktor und inspiziert Motorblock, Getriebe und Differenzial. Hier zeigten sich am Hanomag R 12 im Bereich der Ölwanne stärkere Ölspuren. Beim genauen Hinsehen und Verfolgen der Ölspur stellte sich aber schnell heraus, dass das Öl nicht aus einer defekten Ölwannendichtung oder verschlissenen Kurbelwellendichtring kommt, sondern aus der an der rechten Seite des Motors auf Höhe des Kurbelwellengehäuses liegenden Motorentlüftung. „Ein solcher Ölaustritt kann harmlos sein und kommt immer wieder mal vor. Er kann aber auch ein Hinweis darauf sein, dass die Kompression des Motors aufgrund eines verschlissenen Kolbens oder Zylinders schlecht ist", erklärt Mike. Sicherheit in Sachen Kompression gibt hier nur ein Kompressionstest. Er sollte immer beim Kauf eines Oldtimer-Traktors durchgeführt werden. Die Kompressionswerte finden sich hierzu meist im Werkstatthandbuch. Beim Hanomag R 12 konnte ein solcher Schaden jedoch ausgeschlossen werden, da der Verkäufer erst vor Kurzem einen Kompressionstest durchgeführt hatte und das Testprotokoll vorlegen konnte (vgl. S. 70 f.).

» Sicherheit in Sachen Kompression gibt nur der entsprechende Test: am besten nie darauf verzichten!

Bei der Suche nach Öllecks ist es von Vorteil, wenn der Traktor sauber ist. Dann zeigen sich die undichten Stellen sofort. Ist der Traktor jedoch stark verschmutzt, breitet sich das Öl in der Schmutzschicht großflächig aus und Lecks können nur schwer lokalisiert werden. Aber Vorsicht bei zu sauberen Traktoren! Hier kann es sein, dass der Besitzer das Fahrzeug vorher noch

FORTSETZUNG AUF SEITE 26

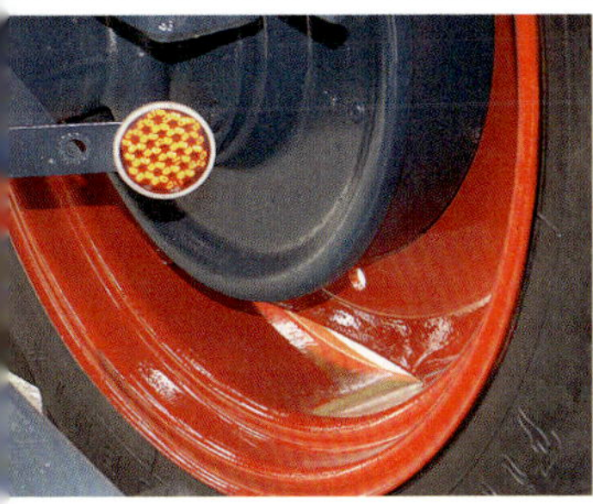

. Der Blick von innen in den hinten Felgenrand offenbart, ob der :hstrichter bzw. die Achse dicht ist

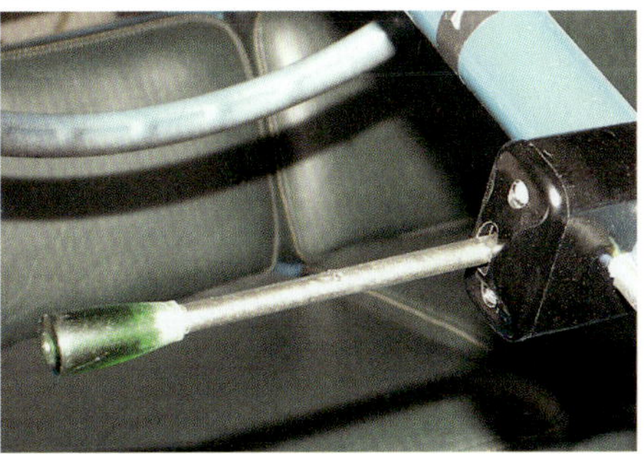

22. Der Blinkhebel ist nachgerüstet. Die Blinkanlage ist ein Zugeständnis an die StVZO

24. Im Kühler befindet sich genügend Kühlflüssigkeit. Auch gibt es keine Spuren von Öl darin

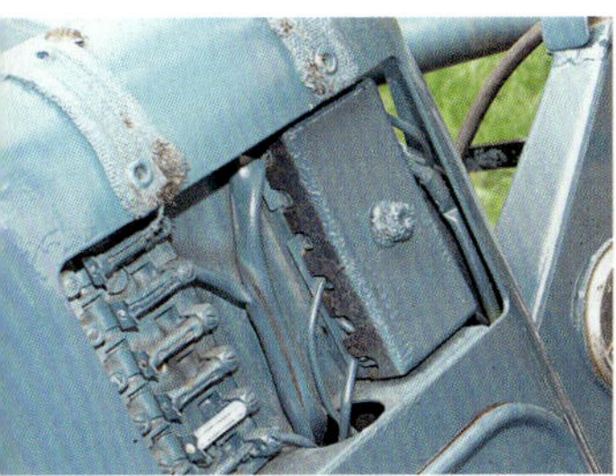

. Eine der Bakelitabdeckungen der vei Sicherungskästen fehlt

. Zündschloss, Glüh- und Ladekonolle funktionieren und sind original

23. Rostfrei! Der Tank präsentiert sich von außen und innen im Bestzustand

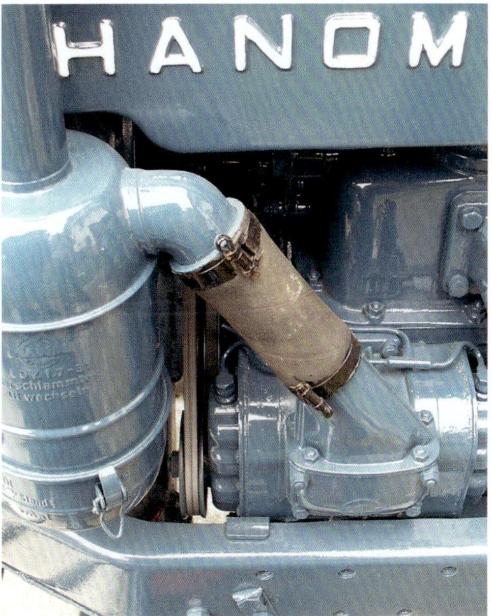

25. Der Luftansaugschlauch vom Luftfilterkasten zum Motor wurde erst kürzlich erneuert

gründlich gewaschen hat, um alle Ölspuren zu beseitigen. „Wenn ich so was vermute, bitte ich den Verkäufer, den Traktor mindestens 15 Minuten warm laufen zu lassen und dann ein Stück zu fahren. Dann zeigen sich mit Sicherheit sämtliche vorhandenen Öllecks“, so Mike. Klassiker für Öllecks sind hier übrigens der Zylinderkopf, der Ventildeckel, die Getriebeeingangs- und -ausgangswelle und die Zapfwelle(n) des Traktors. Auch letztere überprüft Mike immer. Dabei sieht er sich ihre Verzahnung an. Ist sie stark verschlissen, lässt das Rückschlüsse auf die übrige Mechanik zu, da der Traktor dann in der Vergangenheit stark beansprucht wurde.

Elektrik-Check

Bei der folgenden Durchsicht des Traktors überprüft Mike den Zustand der Elektrik. Sind alle Kabel ordnungsgemäß verlegt und in gutem Zustand? Arbeitet die Lichtmaschine (mit Voltmeter überprüfen)? Funktionieren alle Schalter, die Beleuchtung, die Blinker, die Hupe, die Glühkontrolle, der E-Starter und alle Warnlämpchen? Auch die Batterie sollte dabei in Augenschein genommen werden. Hier ist auf Polfett und Säurestand zu achten.

Danach checkt Mike immer die Lenkungs- und Fahrwerk-Mechanik. Kontrollpunkte sind hier das Lenkungsspiel (Spiel des Lenkgetriebes, der Lenkhebel, aller Kugelgelenke, des Spurstangenrohrs, der Achsfäuste und des Achsbolzens), das Spiel der Radlager, Rundlauf der Felgen (hier auf Beschädigungen des Felgenhorns achten) und die Federung.

„Bei Blattfedern achte ich darauf, dass keine Feder gebrochen oder das Federpaket verrissen ist und die Sprengung (Durchhang des Federpakets) stimmt. Auch dürfen die Federaufnahmen nicht ausgeschlagen sein“, erklärt Mike. „Ist hier alles in Ordnung, kontrolliere ich die Spur. Oft lässt sich eine falsche Spur am ungleichmäßigen Verschleißbild der Reifen erkennen.

Zusätzlich sehe ich mir den Traktor genau von vorn und hinten an und peile über die Reifen, ob der Fahrzeugaufbau waagrecht auf dem Fahrwerk ruht. Stellt man hier eine Schräglage fest, könnte der Rahmen verzogen sein.“ Um die Unfallfreiheit des Traktors zu überprüfen, sollten alle Blechteile (Kotflügel, Kabine, Kühlermaske, Verkleidungen) auf korrekte Form, Sitz (Spaltmaße) und Rost überprüft werden. Auch der Fahrzeugrahmen darf dabei weder Stauchungen, Verzug noch Korrosion zeigen. „Verdächtig sind hier immer Reparaturschweißungen, die nicht von einem Fachmann ausgeführt wurden“, warnt Mike. Bei Zweifeln immer einen Experten fragen.

» Am Zustand der Schraubverbindungen kann man gut erkennen, wie viel am Traktor geschraubt worden ist

Tank muss top sein

Wichtig ist auch der Zustand von Kühler und Tank. Die Kühlerlamellen dürfen nicht beschädigt und die Rohrwendeln und Kühlwasserschläuche müssen dicht sein. Das gleiche gilt für den Tank. Hier ist zusätzlich auf Rost im Tankinneren zu achten. Rostkrümel könnten sonst den Kraftstofffilter verstopfen.

„Wer übrigens wissen will, ob der Traktor verbastelt ist, sollte sich immer alle Schraubverbindungen genau ansehen. Sind hier viele Schrauben oder Muttern vernudelt, weiß man sofort, dass hier viel geschraubt wurde“, erklärt Mike. „Der Zustand von Gummiteilen und Reifen verrät viel über die Pflege. Sind sie brüchig oder rissig, wurde am Traktor in der Vergangenheit viel gespart. Dann wundert es meist auch nicht, dass die Lagerstellen (Fahrwerk, Pedalerie, Scharniere u. a.) trocken

BEGUTACHTUNG SCHRITT FÜR SCHRITT

26. Das ist nicht schön. Mitlackierte Schaltmanschette (oben) und Kraftstoffleitungen (unten). Insgesamt hat Mike beim R 12 noch viel Entlackungsarbeit vor sich

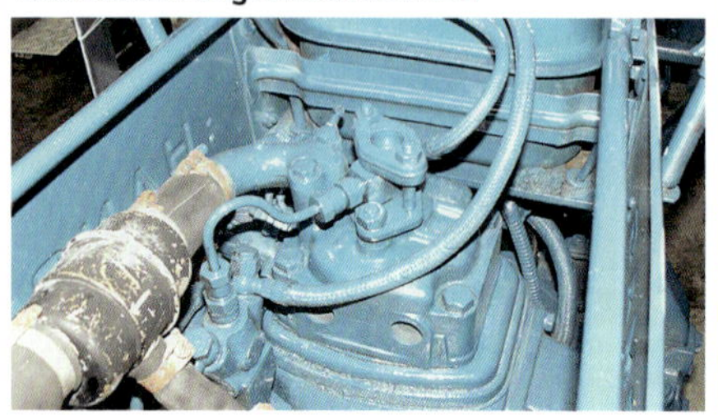

27. Der Auspuff ist original und wurde noch nie getauscht. Kein Wunder auch, der R 12 ist ein Diesel-Zweitakter. Unverbrannter Diesel- und Motoröl wirken als Korrosionsschutz

28. Mike testet die Lenkung auf Spiel

sind, weil der Schmierdienst vernachlässigt wurde". Jetzt kommt die Überprüfung der Originalität an die Reihe. Neben der Technik begutachtet Mike hier vor allem den Lack, sämtliche Anbauteile (Schalter, Beleuchtung etc.), Ausstattungen (Verdeck, Geräte) und das Vorhandensein aller Typenschilder.

Knackpunkt Originalität

„Bei den Technikteilen sind oft der Auspuff, die Lima und die Beleuchtung nicht original. Das sind Verschleiß- beziehungsweise Bruchteile, die bei Reparaturen gerne durch billigere ersetzt werden", berichtet Mike aus seinen Erfahrungen. Am Hanomag R 12 zeigte sich, dass die Scheinwerfer, die Rücklichter, der Sitzbankbezug und Teile der Lackierung nicht original sind. „Speziell bei der Lackierung wurden Leitungen, Kabel, Muttern, Schrauben, Sicherungskästen, Antriebselemente und Gummiabdeckungen gnadenlos mitlackiert – aber immerhin stimmt der Lackton und die Qualität des Lackauftrags (keine Nasen und Glanzgrad)."

Hier ist also noch viel Nacharbeit nötig, um die mitlackierten Teile wieder zu entlacken. Bei der folgenden Probefahrt kontrolliert Mike das Startverhalten und Rundlauf des Motors, die Kupplung, die Schaltbarkeit des Getriebes, die Funktion der Lenkung und den

Ein Kauf! Mike und Jürgen sind insgesamt recht zufrieden mit dem R 12. Mit ein wenig Arbeit kann er sicherlich noch zum richtigen Schmuckstück werden

Rundlauf der Reifen. „Der Motor muss spätestens nach drei Startversuchen starten und nach gut einer Minute ruhig im Standgas laufen. Ansonsten könnte etwas mit der Dieseleinspritzung (undicht?) oder dem Vergaser (Choke, Verschmutzung) nicht stimmen.

Wichtig: Praxistest!

Der Einrückpunkt der Kupplung muss in etwa mittig auf halben Kupplungspedalweg liegen. Das Einrücken muss deutlich spürbar sein und darf nicht verzögert erfolgen. Zum Testen des Einrückverhaltens lässt Mike die Kupplung bei leichtem Gas abrupt einkuppeln. „Springt" der Traktor, ist die Kupplung in Ordnung. Setzt er sich dagegen sanft wie bei einem Automatikgetriebe in Bewegung, ist wahrscheinlich die Reibscheibe verschlissen.

Das Getriebe hingegen darf keine übermäßigen Geräusche beim Schalten oder im Leerlauf machen. Das Geräusch könnte dann vom Hauptlager der Getriebeeingangswelle oder vom Kupplungsausrücklager kommen. Auch dürfen keine Gänge unter Last (Beschleunigen) herausspringen, sonst sind wahrscheinlich Zahnräder (Schaltverzahnung) oder Schaltgabeln defekt.

Zum Schluss: Lenkung und Bremse

Bei der Lenkung ist auf Leichtgängigkeit und Geräusche zu achten (Spiel wurde ja schon kontrolliert). Hoppelt der Traktor bei der Probefahrt, könnte dies an den Reifen oder einem Standplatten vom langen Stehen liegen. Abschließend testet Mike die Funktion der Bremse. „Ideal ist eine Vollbremsung auf losen Untergrund (Kies, Sand oder Ähnlichem). An den Bremsspuren erkennt man deutlich, wie gleichmäßig die Bremse arbeitet.

Bei ungleichmäßigen Bremsverhalten müssen die Bremstrommeln und -scheiben auf Rost beziehungsweise Rundlauf (Rubbeln) geprüft werden. Außerdem zu kontrollieren ist der Zustand des Belags und – bei mechanischen Bremsen – die Freigängigkeit des Bremsgestänges (oder der Seilzüge). Anschließend bleibt noch, je nach Anzahl der Mängel, über den Preis zu verhandeln. Mike und Jürgen zumindest haben jetzt einen Schlepper mehr.

Wir wünschen allen Beteiligten ein zufriedenstellendes Geschäft!

Marcel Schoch

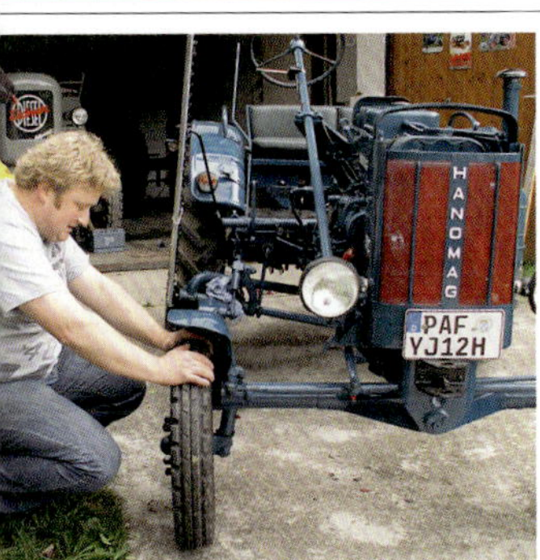

29. Das Radlagerspiel kann durch seitliches Ziehen am Rad geprüft werden. Es darf sich nichts rühren

30. Der rechte hintere Kotflügel zeigt deutlich einen Blechschaden! Warum wurde er nicht vor dem Lackieren instand gesetzt?

31. Der R 12 ist bekannt für seine Sitzbank. Der Bezug stammt hier aber von einem alten Sessel!

32. Hier ging dem Lackierer bei der Vorbereitung wohl die Lust am Schleifen aus

Checkliste für den Gebrauchtkauf

Was Sie beim Kauf eines gebrauchten Traktors beachten sollten

- **Informationen sammeln (Modellvarianten, häufige Mängel, Ersatzteilversorgung, Marktpreise usw.)**
- **Besichtigungstermin nur bei Tageslicht vereinbaren**
- **Experten oder neutrale Person zum Kauf mitnehmen**
- **Bei Beginn der Besichtigung kontrollieren, ob der Motor bereits warm war**

Prüfpunkte	o.k.	nicht o.k.	Erläuterung (bzw. Datum, Alter etc.)
Rechtliches			
Fahrzeugpapiere mit Fahrzeug vergleichen	☐	☐	
Besitzrechte abklären	☐	☐	
Ölkreislauf: Füllstände und Konsistenz			
Standplatz auf Spuren von Öl (Motor-, Getriebe-, Hydrauliköl), Kühlflüssigkeit und Bremsflüssigkeit prüfen	☐	☐	
Motoröl kontrollieren			
Ölstand	☐	☐	
Konsistenz bei kaltem Motor (Öl darf nicht sehr dünnflüssig sein und nach Diesel oder Benzin riechen)	☐	☐	
Motoröleinfülldeckel auf Ölschlamm überprüfen	☐	☐	
Übrige Ölstände kontrollieren (Füllstand, Konsistenz)			
Getriebe	☐	☐	
Differenzial	☐	☐	
Hydraulik	☐	☐	
Lenkgetriebe	☐	☐	
Servoöle (ggf. Lenkung u. a.)	☐	☐	
Dichtheit Ölkreislauf			
Motor:			
Zylinderkopf	☐	☐	
Ventildeckel	☐	☐	
Kurbelgehäuse	☐	☐	
Dekompressionshebel	☐	☐	
Motorentlüftung	☐	☐	
Stirnräderwellen	☐	☐	
Getriebe:			
Getriebeeingangs- und -ausgangswelle	☐	☐	
Schalthebelwelle	☐	☐	
Entlüftung	☐	☐	
Zapfwelle an Heck und/oder Front	☐	☐	
Differenzial: Kardan und Achswellen	☐	☐	
Räder (Felgeninnenrand): Achstrichter	☐	☐	
Hydraulikpumpe	☐	☐	
Hydraulikschläuche	☐	☐	
Hydraulikzylinder	☐	☐	
Bremsanlage (Dichtheit)			
Bremskraftverstärker	☐	☐	
Bremsschläuche	☐	☐	
Bremszangen bzw. Bremstrommeln	☐	☐	

Prüfpunkte	o.k.	nicht o.k.	Erläuterung (bzw. Datum, Alter etc.)
Zapfwelle(n)			
Zustand der Verzahnung	☐	☐	
Elektrik			
Alle Kabel prüfen:			
Verlegung ordnungsgemäß	☐	☐	
Isolation in Ordnung	☐	☐	
korrosionfrei	☐	☐	
Alle Schalter und Relais auf Funktion testen:			
Beleuchtung	☐	☐	
Blinker	☐	☐	
Hupe	☐	☐	
Glühkontrolle	☐	☐	
E-Starter	☐	☐	
Warnlämpchen	☐	☐	
Rostprüfung			
Lampentöpfe	☐	☐	
Rücklichter	☐	☐	
Lichtmaschine auf Funktion überprüfen (mit Voltmeter Ladestrom testen)	☐	☐	
Batterie			
Alter	☐	☐	
Polfett (Menge und Zustand)	☐	☐	
Säurestand kontrollieren	☐	☐	
Lenkung/Spiel prüfen an			
Lenkgetriebe	☐	☐	
Lenkhebel	☐	☐	
alle Kugelgelenke	☐	☐	
Spurstangenrohr	☐	☐	
Achsfäuste/Achsbolzen	☐	☐	
Räder			
Radlagerspiel	☐	☐	
Rundlauf der Felge (auf Beschädigungen des Felgenhorns achten)	☐	☐	
Radbefestigung	☐	☐	
Reifen			
Profil/Alter	☐	☐	
gleichmäßiger Verschleiß	☐	☐	
Ordnungsgemäßer Luftdruck	☐	☐	
kein „Standplatten"	☐	☐	
Blattfedern (wenn vorhanden)			
Federbruchfreiheit, kein Verriss des Federpakets	☐	☐	
Sprengungsfrei (kein Durchhang des Federpakets)	☐	☐	
Federpaketaufnahmen: nicht ausgeschlagen	☐	☐	
(bei Spiralfedern: Bruch und Einsinktiefe beachten)			
Kühler und Kühlerschläuche			
Kühlflüssigkeitsstand	☐	☐	
keine Spuren von Öl in der Kühlflüssigkeit?	☐	☐	
beschädigungsfrei	☐	☐	

Prüfpunkte	o.k.	nicht o.k.	Erläuterung (bzw. Datum, Alter etc.)
alle Lamellen dicht	☐	☐	
keine Spuren von Kalk an Schlauchverbindungen, Lamellen oder Kühlerdeckel?	☐	☐	
Frostschutz im Kühler Frostschadensfrei (keine Risse im Motorblock)?	☐	☐	
Tank und Kraftstoffleitungen			
Dichtheit	☐	☐	
Tank rostfrei	☐	☐	
Füllstandsanzeige funktionsfähig	☐	☐	
Schmierpunkte/erkennbare regelmäßige Schmierung			
Achsen	☐	☐	
Lenkung	☐	☐	
Räder	☐	☐	
Blattfedern	☐	☐	
Fahrwerk	☐	☐	
Schraubverbindungen			
unverbraucht, nicht „abgenudelt"	☐	☐	
Gummiteile (Schläuche, Manschetten, Abdeckungen)			
keine Brüche oder generelle Brüchigkeit	☐	☐	
Dichtheit	☐	☐	
Motor			
Startverhalten	☐	☐	
starker Auspuffqualm (Auslass auf übermäßige Ölspuren prüfen)	☐	☐	
Gasannahme	☐	☐	
mechanische Geräusche	☐	☐	
Rundlauf (kalter und warmer Motor)	☐	☐	
kein Ölaustritt an der Motorentlüftung	☐	☐	
Kompression? (ggf. in Fachwerkstatt durchführen lassen)	☐	☐	
Kupplung			
Eingriff/Geräusche	☐	☐	
Kupplungseinrückpunkt	☐	☐	
bei Trockenkupplung: kein Ölaustritt vom Motor oder Getriebe (Check am Schauloch in der Kupplungsglocke)	☐	☐	
Getriebe			
Geräusche (Leerlauf und bei eingelegten Gängen)	☐	☐	
Schaltbarkeit/herausspringende Gänge?	☐	☐	
Kardangelenke und Kardanlagerung			
ohne Spiel	☐	☐	
Differential			
keine Geräuschentwicklung (Test bei enger Kurvenfahrt, Rückwärtsfahrt und bei Vollgas)	☐	☐	
Bremsen			
Rostfreiheit an Bremsscheiben bzw. Bremstrommeln	☐	☐	
ohne Einlaufspuren	☐	☐	
tadelloser Rundlauf	☐	☐	
Spielfreiheit des Bremsgestänges	☐	☐	

Prüfpunkte	o.k.	nicht o.k.	Erläuterung (bzw. Datum, Alter etc.)
kein Bremsverzug/gleich lange Bremsspuren auf losem Untergrund	☐	☐	
Funktion der Feststellbremse	☐	☐	
Zustand/Dicke der Bremsbeläge (nach Herstellerangabe)	☐	☐	
Verdeck: keine Brüche oder Risse an			
Gummidichtungen	☐	☐	
Verdeckstoff	☐	☐	
Kunststoffverglasungen	☐	☐	
Lack			
keine Nasen?	☐	☐	
keine Orangenhaut?	☐	☐	
Glanzgrad/Lackglätte	☐	☐	
kein Lacknebel auf benachbarten Teilen ?	☐	☐	
Keine überlackierte Kederleisten, Kabel, Schläuche etc.?	☐	☐	
Pflege			
letzter Kundendienst: Ölwechsel, (Motor-, Getriebe-, Differenzial-, Hydraulik-, Lenkgetriebe- und Servoöl)	☐	☐	
letzte Ventileinstellung	☐	☐	
letzte Vergaserüberholung bzw. -einstellung	☐	☐	
regelmäßige Wartung bzw. Einstellung der Dieseleinspritzung	☐	☐	
Alter/Zustand der Glühkerzen	☐	☐	
Alter und Zustand der Zündkerzen und Zündkontakte	☐	☐	
Alter/Zustand der Keilriemen	☐	☐	
Alter/Zustand der Scheibenwischergummis	☐	☐	
Rahmen und Karosserie (Unfallfreiheit und Korrosion)			
Rahmen verzugs-, stauchungs, knick- und korrosionsfrei waagrechte Lage des Traktors? korrekte Spur?	☐	☐	
Karosserieteile: Spaltmaße, Knicke, Korrosion, Beilackierungen (Farbton, Glanzgrad, Sprühnebel)	☐	☐	
Reparaturspuren			
wurden Karosserieneuteile verwendet (original oder neu)	☐	☐	
Schweißungen, eingefügte Bleche (fachgerechte Ausführung der Schweißnähte bzw. -punkte)	☐	☐	
fachgerechte Rostschutzmaßnahmen	☐	☐	
einwandfrei funktionierende Scharniere	☐	☐	
keine dicke Unterbodenschutz-, Silikon- oder Lackschichten (kaschieren evtl. starken Rost)	☐	☐	
Originalität			
Anbauteile (Schalter, Beleuchtung u. a.)	☐	☐	
Auspuff	☐	☐	
Ausstattung (Verdeck, Geräte)	☐	☐	
Lack	☐	☐	
Lichtmaschine	☐	☐	
Luftfilter	☐	☐	
Schläuche	☐	☐	
Typenschilder	☐	☐	
Verschleiß- bzw. Bruchteile (z. B. Bremsbeläge, Luftfilter, Ölfilter, Verglasungen u. a.)	☐	☐	

Einen Oldtimerkaufvertrag findet man z.B. auf www.adac.de (in der Suchleiste „Oldtimerkaufvertrag" eingeben). Wichtig: Reparatur- und Restaurierungsrechnungen mit dem Traktor vergleichen. Die Liste ist nach bestem Wissen sorgfältig erstellt worden. Uneindeutige bzw. vieldeutige Symptome, wie beispielsweise Farbe des aus dem Auspuff im Betrieb austretenden Rauchs, wurden bewusst ausgelassen. Die hier aufgeführten Prüfpunkte können genauere, aber sehr viel teurere Prüfmethoden nicht ersetzen. Genauere Analysen des Motorzustands erlauben beispielsweise Motoröltests (z.B. auf www.oelcheck.de). Bei Fragen und Zweifeln: Experten bzw. Landmaschinen- oder Kfz-Schlosser konsultieren.

ALLES WISSENWERTE ÜBER OLDTIMERREIFEN

Runde Sache

Wenn ein neues Paar Reifen fällig wird, gibt es für den Traktoristen einiges zu beachten. Kfz-Restaurator Robert Pollner gibt Tipps dazu

Bei der Restaurierung oder beim gewöhnlichen Reifenwechsel achten viele Traktorfans darauf, dass Originalreifen montiert werden. Doch was ist original und was nicht? Vor diesem Problem stehen Robert und sein Team jedes Mal, wenn es darum geht, „neue" Reifen für den Alten zu besorgen.

„Traktoren waren und sind immer universell einsetzbar", erklärt Robert. „Bereits ab Werk sind Traktoren desselben Typs mit unterschiedlichen Reifen ausgeliefert worden, um den Wünschen der Kunden zu entsprechen." Auch während eines langen Arbeitslebens wurden die Bereifungen den verschiedenen Anforderungen angepasst. So finden sich oft Reifen für den Forsteinsatz, aber auch Pflegebereifungen oder die beliebten AS-Reifen an klassischen Traktoren. „Welche Reifen beim Wechsel montiert werden sollen, hängt daher in erster Linie vom Restaurierungsansatz und vom Einsatzzweck ab", sagt Robert. Heutzutage können nahezu alle Reifenwünsche erfüllt werden (siehe Tabelle auf den Seiten 36/37). „Man sollte jedoch immer auf das Profil und den Typ des Reifens achten", sagt Robert.

Die ganz alten Reifen sind aus

„Auf einem Traktor der 1930er-Jahre hat ein AS-Profil im Grunde nichts verloren, da zu dieser Zeit noch Reifen mit Wellenprofil üblich waren." Jedoch muss man hier einen Kompromiss machen, da solche Reifen heute nicht mehr lieferbar sind. Erst in den 1940er-Jahren fand der Übergang zum geschlossenen und später zum offenen Profil mit Stollenwinkeln um die 45 Grad statt (AS-Profil). „Auch hier gibt es zahlreiche Varianten, die vor allem die Stollenhöhe, -breite, aber auch den Profilauslauf an den Flanken sowie die Gummimischung der Laufflächen betrifft", ergänzt Robert.

Standard: Diagonalreifen

Bei leichten und mittelschweren Traktoren, die vor Ende der 1960er-Jahre gebaut wurden, sind Diagonalreifen der übliche Standard.

Robert: „Die meisten Diagonalreifengrößen für diese Traktoren sind auch heute noch lieferbar." Nur in wenigen Fällen muss man heute auf Stahlgürtelreifen umrüsten (siehe Tabelle). Tut man es dennoch, wird man aber unter anderem mit mehr Zugkraft auf dem Acker und besserem Fahrkomfort belohnt.

Der Schlüssel zum passenden Reifen sind die Kennungen auf der Reifenflanke (siehe Kästen). Auf jedem heute zugelassenen Reifen – auch Oldtimerreifen – müssen die Angaben zur Größe, Profilierung, Bauart, Herstellungsdatum, Einsatzzweck, Lastindex und Geschwindigkeitsklasse stehen. „Diese Angaben dürfen niemals von denen in den Fahrzeugpapieren angegebenen Werten abweichen. Ausnahme sind hier nur Lastindex und Geschwindigkeitsklasse. Sie dürfen höher (!) liegen", warnt Robert.

Marcel Schoch

Der Deutz F2L 612/54-I von 1956 wird gerade von Robert Pollner und seinen Kollegen restauriert

Heutiger Standard: AS-Profil mit offener V-Forr

Der richtige Luftdruck ist für die Lebensdauer eines Reifens entscheidend. Je nach Einsatzzweck und Betriebsvorschrift kann er zwischen 1,5 und 2,0 bar liegen

REIFENALTER

Das Reifenalter

Auf der Reifenflanke findet sich ein erhabenes oder ovales Feld zum Produktionsdatum. Die ersten beiden Ziffern – z. B. „34" – geben die Kalenderwoche an; die Ziffer „0" das Herstellungsjahr, hier also 1980 oder 1990. Die Zusatzkennung „◂" gibt an, dass der Reifen in den 90er-Jahren hergestellt wurde. Eine dreistellige DOT-Nummer steht für die 80er-Jahre. Seit 2000 haben Reifen eine vierstellige Nummer. Die ersten zwei Ziffern stehen für die Kalenderwoche, die dritte und vierte für das Jahr.

Beispiel: 320/85R24 (12.4R24) 122 A8 (119 B)

320 = Reifennennbreite in mm
85 = Verhältnis Flankenhöhe/Nennbreite in %
12.4 = Reifennennbreite in Zoll (1 Zoll = 25,4 mm)
R = Kennbuchstabe für Bauart, hier: R = Radial
24 = Felgendurchmesser in Zoll
122 = Nennlastindex 122 = max. 1.500 kg
A 8 = Geschwindigkeitsindex A 8 = max. 40 km/h
119 = Zusatzlastindex 119 = max. 1.360 kg
B = Zusatzgeschwindigkeit B = max. 50 km/h
(Die Zusatzkennung „119 B" erlaubt eine höhere Geschwindigkeit bei reduzierter Last.)

INDEX-KNOW-HOW

Geschwindigkeitsindex

Landwirtschaftsreifen, die für die Straße zugelassen sind, müssen mit einem Geschwindigkeitsindex gekennzeichnet sein. Daraus lässt sich erkennen, bis zu welcher maximalen Geschwindigkeit der Reifen freigegeben ist.

A1 = 5 km/h	B = 50 km/h
A2 = 10 km/h	C = 60 km/h
A3 = 15 km/h	D = 65 km/h
A4 = 20 km/h	E = 70 km/h
A5 = 25 km/h	F = 80 km/h
A6 = 30 km/h	G = 90 km/h
A7 = 35 km/h	J = 100 km/h
A8 = 40 km/h	K = 110 km/h

Lastindex

Der LI oder Lastindex (auch landläufig Tragfähigkeitsindex genannt) gibt die maximale Tragfähigkeit eines Reifens in Kilogramm an. Auf alten Diagonalreifen, aber vereinzelt auch auf modernen, findet sich als Tragfähigkeitsangabe auch die sogenannte PR-Zahl (PR plus Zahl; PR = ply rating). Die PR-Zahl bezeichnet als Kenngröße die Karkassenfestigkeit. Sie gibt in der Regel die Anzahl der Gewebeunterlagen an (z. B. 8 PR = acht Lagen). PR ist eine veraltete Tragfähigkeitskennung. Heute dient sie noch als Kennzahl der Reifenfestigkeit für unterschiedliche Fahrzeuggewichte.

50 LI = 190 kg ... 86 LI = 530 kg ... 120 LI = 1.400 kg ... 152 LI = 3.550 kg ... 189 LI =10.300 kg

Abkürzungen

AS = Ackerschlepper
ASF = Ackerschlepper Front
AS Pflegereifen = Ackerschlepper-Pflegereifen
AW = Ackerwagen
GSY = Geschwindigkeitssymbol
EM = Erdbaumaschinen
IMP = Implement (Transport- oder Anhängerreifen)
MPT = Mehrzweckreifen (Multi Purpose Tyres)
R = Radial- bzw. Stahlgürtelreifen
TL = tubeless (schlauchlos)
TT = tube type (mit Schlauch)
Ohne Kennung oder PR = Diagonalreifen

Reifen in Diagonalbauweise sind mit „PR" gekennzeichnet. Die Zahl gibt die Anzahl der Gewebelagen an

KONTAKTADRESSEN

REIFENHERSTELLER

CGS Reifen Deutschland GmbH
Großer Kolonnenweg 23, 30163 Hannover
Tel. (0511) 93 61 76 10
info@cgs-tyres.com
www.cgs-tyres.com

Firestone/Bridgestone
Bridgestone Deutschland GmbH
Industriestr. 1
61352 Bad Homburg v.d.H.
Tel. (06172) 408 01
christian.aberle@bridgestone.eu
www.firestone.de

Goodyear GmbH. & Co. KG.
Xantener Str. 105, 50733 Köln
Tel. (0221) 97 66 60
www.goodyear.de

Münchner Oldtimer Reifen GmbH
Gewerbering 14, 83607 Holzkirchen/Obb.
Tel. (08024) 67 94
info@oldtimerreifen24.de
www.oldtimer-reifen.com

Reifenbörse Arnold GmbH
Werner Straße 188; 59192 Bergkamen
Tel.: (02307) 830 24
kontakt@reifenboerse-arnold.de
www.agrarreifenonline.de

Trelleborg Wheel Systems GmbH (Pirelli)
Neckarstr. 71, 64711 Erbach
Tel. (0180) 200 03 50
info.tws.de@trelleborg.com
ws.trelleborg.com/wheelsystems_de

Vredestein GmbH
Rheinstr. 103
Postfach 1370, 56173 Vallendar
Tel. (0261) 807 66 00
customer.de@vredestein.com
www.vredestein.com

ONLINE-REIFENHANDEL

www.schlepperreifen.de
www.truckpoint.de
truckpoint Nutzfahrzeugservice GmbH
An der Autobahn 3, 29690 Schwarmstedt
Tel. (05071) 96 08 13
verkauf@truckpoint.de

www.schlepperreifen.eu
www.derTraktor.de
Norbert Werheid
Häuschen 1, 51515 Kürten
Tel. (02268) 38 36
mail@norbert-werheid.de

MONTAGEPASTEN

Flutschen muss es!

Gleitmittel sind unverzichtbar bei der Reifenmontage. Je nach Anwendung kommen Cremes, Pasten oder Fluids zur Anwendung. Ihnen allen sind zwei Funktionen gemein. Sie erhöhen die Gleitwirkung des Gummis, damit der Sprungdruck des Reifens in das Felgenbett möglichst niedrig liegt, und sie trocknen schnell, damit der Reifen unter Belastung nicht auf der Felge wandert. Bei der Landmaschinen-Reifenmontage werden bevorzugt Montagecremes verwendet. Aufgrund ihrer Konsistenz kann sehr viel Montagemittel mit dem Pinsel auf große Flächen aufgetragen werden. Dort bleiben sie über den Zeitraum der Montage und darüber hinaus gleitfähig. Selbst nach Jahren lassen sich die Reifen so wieder problemlos demontieren.
Auch flüssige Mittel kommen gelegentlich zum Einsatz. Sie bieten wegen ihrer lang anhaltenden Gleitwirkung den Vorteil, dass der Gleitfilm nicht während der Montage abgestrichen wird. Sie dringen zudem in jede Unebenheit der Felge und des Wulst ein. Um kleine alters- oder verschleißbedingte Undichtheiten an Reifenwülsten auszugleichen, können sogenannte Bead Sealer verwendet werden. Sie eignen sich jedoch nicht als Dichtmittel bei größeren Schäden. Sie sollten immer bei Zweifelsfällen – wie verrosteten Felgen – zur Anwendung kommen.

Boxenstopp!

Haben sich Ihre Schlepper-Pneus kaputt gefahren, kaputt gestanden oder dank UV-Strahlung in kleine Brösel aufgelöst? Dann steht ein Reifenwechsel auf dem Plan. Zumindest, wenn Sie das geliebte Gerät auf öffentlichen Straßen und ordentlich zugelassen bewegen möchten. So ein Wechsel ist aber gar nicht so schwer, wie man meinen könnte ...

Reifenwechsel ist kein Hexenwerk

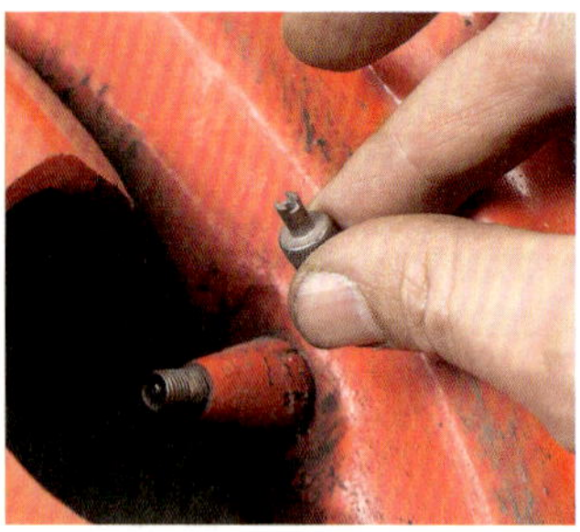

1. Zuerst muss die Luft komplett raus, per Ventilausdreher. Hier für „Schrader"- oder Autoventile

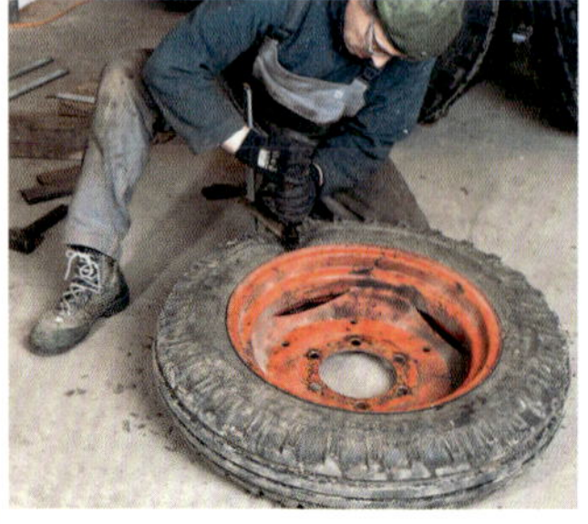

2. Dann: Reifen vom „Hump" lösen. Schraubzwinge möglichst weit an der Felge ansetzen

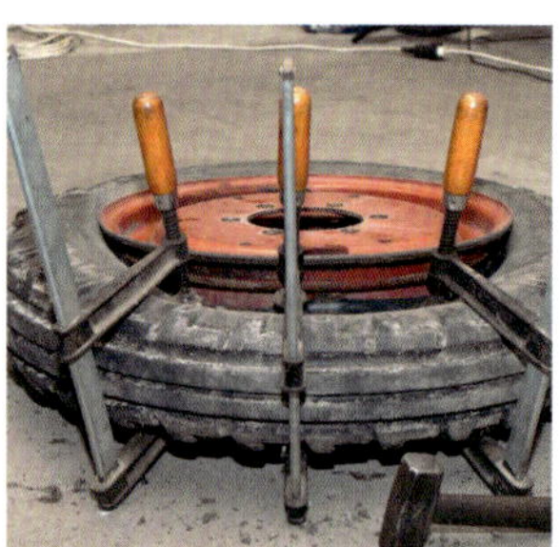

3. Voilà – Reifen vom Hump zur Felgenmitte gedrückt. Drei Schraubzwingen sind gut

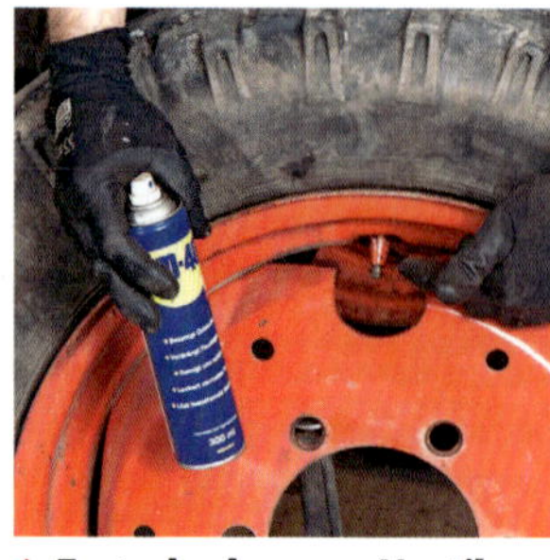

4. Festgebackenenes Ventil bzw. Ventilschaft mit einem Sprühstoß WD40 und/oder ...

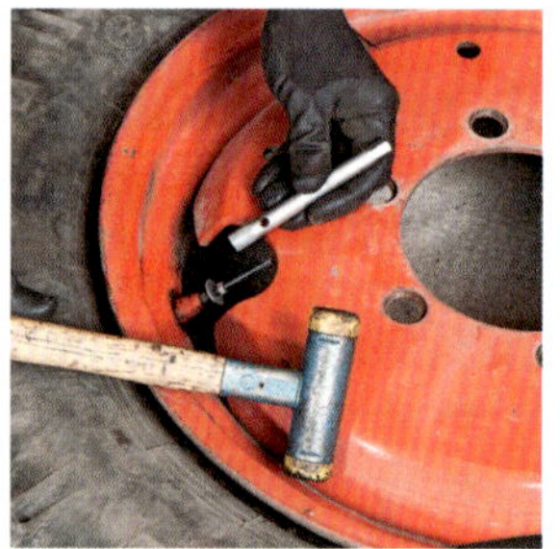

5. ... leichten Schlägen auf eine in den Schaft eingedrehte M5-Schraube lösen

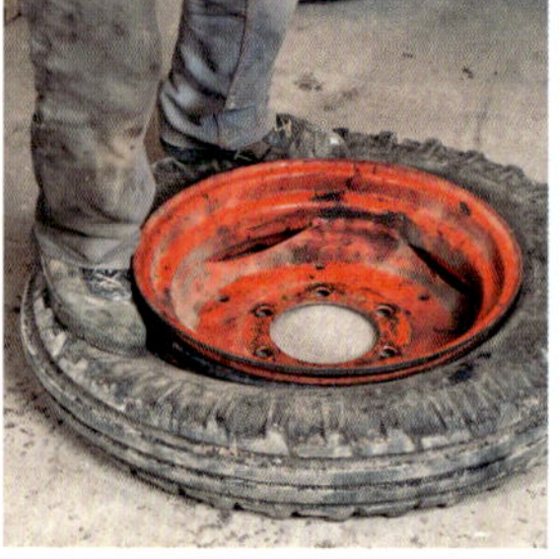

6. Jetzt kann die Rück- und Vorderseite heruntergetrampelt werden

7. Dann die Reifendecke über das Felgen horn (also die „Kante" der Felge) heben Und zwar per Montiereisen

8. Mit einem zweiten Montiereisen nachfassen, bis die gesamte Decke rundum vom Felgenhorn gelöst ist

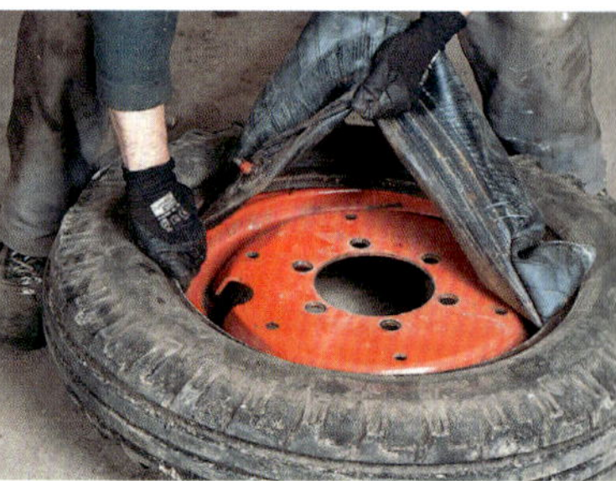

9. Jetzt ist auch der Schlauch frei. Den vorsichtig, aber bestimmt aus dem Reife herausziehen

10. Wenn nur noch eine Seite der Decke von der Felge geschoben werden muss, schlägt die Stunde der Holzklötze

.. Prima auf Holz gelagert. Aber will immer ɔch nicht? Sprühstoß und Montiereisen ɛlfen weiter

15. … einfacher, weil das Gummi weicher ist. In jedem Fall ist hier Vorsicht geboten, weil man dieses Gummi mit dem …

19. Knitter- und faltenfreie Lage des Schlauchs kontrollieren, man sieht es an der Position des Ventilschafts. Dann …

:. Geschafft. Die Felge liegt frei. Je nach ɛdarf könnte man sie nun auch sand-rahlen und neu lackieren

16. … Montiereisen leicht verletzen kann. Nach dem Aufziehen: eine Seite wieder komplett herunterziehen, damit …

20. … kann die Decke vollständig montiert werden. Ventil festhalten, damit es beim Aufpumpen nicht hineinflutscht

:. Jetzt kommt der neue Reifen. Achtung: ɛiner Pfeil – große Wirkung. Verkehrt auf-ɛzogen, meckert der TÜV-Prüfer

17. … der (alte oder) neue Schlauch Platz hat. Ist kein Reifendienst-Spezialwerkzeug vorhanden, tut es wieder die M5-Schraube …

21. Aufpumpen. Der Schlauch muss sauber im Reifen liegen, dann drückt er sich gleichmäßig auf den Hump

:. Liegt die neue Decke auf der Felge, werden ɛide Seiten über das Felgenhorn gehoben. Das ɛht bei frischen Decken meist deutlich …

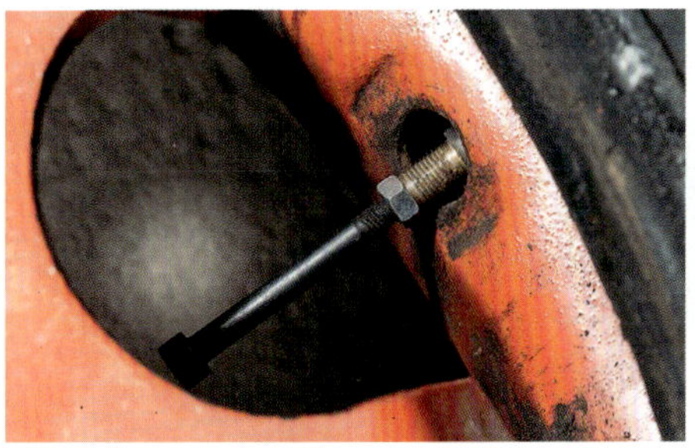

18. … mit langem Schaft – dank dieser Verlängerung lassen sich Schlauch und Schaft in die Felge fädeln und fixieren

22. Richtig aufgezogen? Die Ringe zeigen, ob der Schlauch korrekt liegt. Sie müssen gleichmäßig sichtbar sein

GRÖSSEN UND MARKEN ALLER GÄNGIGEN OLDTIMERREIFEN

Die Reifenliste

Sie suchen passende Reifen für Ihren Schlepper, wissen aber nicht die neue Größenbezeichnung? Kein Problem, die Antwort finden Sie hier. Und außerdem die Umrüstgrößen auf Radialreifen für nicht mehr lieferbare Diagonalreifen

LIEFERBARE YOUNG- UND OLDTIMER-TRAKTORREIFEN MIT ALTERNATIVEN*

Standardkennung (Diagonalreifen)	Alte Kennung (Diagonalreifen)	Marke
4.00-12 (F)		Firestone
4.00-12		Trelleborg, Vredestein
5.00-12		Trelleborg
7.00-12 (F)		Firestone
7.00-12		Trelleborg
9.50-12 (F)		Firestone
5.00-14		Trelleborg
4.00-15 (F)		Firestone, Goodyear
5.00-15 (F)		Firestone, Goodyear, Trelleborg
5.00-15		Trelleborg
7.50-15 (F)		Carlisle
4.00-16 (F)		Continental
4.50-16 (F)		Continental
5.00-16 (F)		Continental, Goodyear
5.50-16 (F)		Firestone, Goodyear, Trelleborg, Vredestein
6.00-16 (F)		Firestone, Continental, Goodyear, Vredestein
6.00-16		Trelleborg
6.50-16 (F)		Firestone, Continental, Goodyear, Vredestein
6.50-16		Continental, Trelleborg
7.00-16 (F)		Firestone
7.50-16 (F)		Firestone, Continental, Goodyear, Vredestein
7.50-16		Continental, Trelleborg
8.25-16		Trelleborg
9.00-16 (F)		Goodyear, Vredestein
10.00-16 (F)		Firestone, Goodyear, Vredestein
11.00-16 (F)		Firestone, Goodyear, Vredestein
6.00/6.50-18		Deka
7.50-18 (F)		Firestone, Goodyear, Vredestein
7.50-18		Deka, Trelleborg, Vredestein
10.5-18	10-18	BKT, Mitas
12.5-18	12-18	BKT, Mitas
4.00-19		Firestone (F), Goodyear, Continental (F)
4.50-19		Trelleborg
6.00-19 (F)		Firestone, Goodyear, Vredestein
6.00-19		Trelleborg
6.50-20		Deka
6.50-20 (F)		Firestone, Goodyear
7.50-20		BKT, Mitas, Petlas
7.50-20 (F)		BKT; Firestone, Mitas, Goodyear, Petlas, Vredestein
8.00-20		Petlas
8.3-20		Mitas, Voltyre
9.50-20 (F)		Firestone
9.5-20		BKT, Firestone, Goodyear, Petlas
10.5-20	10-20	Mitas
11.2-20		Voltyre
12.4-20 (Umrüstgröße Radialreifen siehe Tabelle unten 1)		
12.5-20	12-20	Alliance, Altura, BKT, Firestone, Mitas, Petlas
4.00-21		Trelleborg
4.00/4.50-21 (F)		Trelleborg
4.00/4.50-21		Firestone
5.00/5.25-21		Firestone
8.3-22		Bridgestone
	750-22	Firestone
	7-24	Firestone
8.3-24	8-24	Continental, Cultor, Goodyear, Mitas, Petlas
9.5-24	9-24	Continental, Cultor, Firestone, Fulda, Goodyear, Mitas, Petlas
11.2-24	10-24	Continental, Cultor, Dunlop, Firestone, Goodyear, Mitas, Petlas, Vredestein
12.4-24	11-24	Continental, Cultor, Firestone, Goodyear, Malhotra, Vredestein, Mitas, Nokian, Petlas
13.6-24	12-24	Cultor, Dunlop, Firestone, Goodyear, Nokian, Petlas
14.9-24	13-24	Alliance, Continental, Dunlop, Firestone, Goodyear, Malhotra, Mitas, Nokian, Petlas, Vredestein
16.9-24	14-24	Mitas
15.5/80-24		BKT, Mitas
16.5/85-24		BKT
14.9-26	13-26	Continental, Cultor
16.9-26	14-26	Cultor, Malhotra
18.4-26	15-26	Continental, Goodyear, Mitas, Petlas
23.1-26	18-26	BKT, Cultor, Firestone, Mitas, Petlas
8.3-28	8-28	Alliance, Continental, Cultor
9.5-28	9-28	Michelin
11.2-28	10-28	Continental, Cultor, Firestone, Fulda, Goodyear, Malhotra, Mitas, Petlas, Vredestein, Ford (alte Größe)

** Stand: 09/2012*

LIEFERBARE YOUNG- UND OLDTIMER-TRAKTORREIFEN MIT ALTERNATIVEN

Standardkennung (Diagonalreifen)	Alte Kennung (Diagonalreifen)	Marke
12.4-28	11-28	BKT, Continental, Cultor, Firestone, Fulda, Goodyear, Malhotra, Mitas, Petlas, Vredestein
13.6-28	12-28	Continental, Cultor, Firestone, Fulda, Goodyear, Mitas, Nokian, Petlas, Vredestein
14.9-28	13-28	Continental, Firestone, Fulda, Goodyear, Mitas, Petlas, Vredestein
16.5/85-28		Alliance, Petlas
16.9-28	14-28	Continental, Cultor, Firestone, Malhotra, Mitas, Nokian, Petlas
18.4-28	15-28 (Umrüstgröße Radialreifen siehe Tabelle unten 2)	
7.2-30	7-30	BKT
9.5-30	9-30	BKT, Continental
13.6-30	12-30	Goodyear
14.9-30	13-30	Cultor, Firestone, Fulda, Goodyear, Malhotra, Petlas
16.9-30	14-30	Cultor, Continental, Firestone, Fulda, Goodyear, Malhotra, Mitas, Nokian, Petlas, Vredestein
18.4-30	15-30	Alliance, Cultor, Continental, Firestone, Fulda, Goodyear, Malhotra, Mitas, Petlas, Voltyre
23.1-30	18-30	Firestone, Petlas
8.3-32	8-32	BKT, Continental, Cultor, Malhotra
9.5-32	9-32	BF Goodrich, Mitas, Continental, Cultor
12.4-32	11-32	BKT, Continental, Fulda, Mitas, Petlas, Vredestein, Goodyear
12.4/11-32	11-32	Petlas
24.5-32		Firestone
14.9-34 (Umrüstgröße Radialreifen siehe Tabelle unten 3)		
16.9-34	14-34	Alliance, Continental, Cultor, Firestone, Malhotra, Mitas, Nokian, Petlas
18.4-34	15-34	Alliance, Continental, Cultor, Firestone, Goodyear, Malhotra, Mitas, Nokian, Petlas
7.2-36	7-36	Trelleborg
8.3-36	8-36	Cultor, Continental
9.5-36	9-36	Cultor
12.4-36	11-36	Cultor, Goodyear, Mitas, Petlas
13.6-36	12-36	Continental, Cultor, Firestone, Fulda, Goodyear, Mitas, Petlas
12.4-38	11-38	Mitas
13.6-38	12-38	Goodyear, Mitas, Petlas
14.9-38	13-38	Cultor, Mitas
15.5-38		Firestone, Petlas
16.9-38	14-38	Continental, Firestone, Mitas, Petlas
18.4-38	15-38	Alliance, Continental, Cultor, Firestone, Goodyear, Mitas, Nokian, Petlas
20.8-38		Firestone, Goodyear, Nokian
9.5-40 (Umrüstgröße Radialreifen siehe Tabelle unten 4)		
9.5-42	9-42	Continental, Voltyre
18.4-42 (Umrüstgröße Radialreifen siehe Tabelle unten 5)		
20.8-42		Firestone
13.6-42		Firestone
14.9-46 (Umrüstgröße Radialreifen siehe Tabelle unten 6)		
18.4-46 (Umrüstgröße Radialreifen siehe Tabelle unten 7)		
20.8-46 (Umrüstgröße Radialreifen siehe Tabelle unten 8)		

(F) = Frontreifen
ohne Klammerbezeichnung: Treibradreifen

UMRÜSTGRÖSSEN

	Moderne Radialreifen gleichen Durchmessers*	Marke
1)	360/70R20	Continental, Goodyear
	420/65R20	Continental, Goodyear
2)	600/65R28	Continental, Goodyear
3)	380/85R34	Continental
4)	230/95R40	Kleber
5)	520/85R42	Continental, Goodyear
	580/70R38	Continental, Goodyear
	650/65R42	Continental, Goodyear
6)	380/85R46	Continental
7)	460/85R46	Continental
8)	520/85R46	Continental, Goodyear

** Maßgeblich für eine Umrüstung ist vor allem die Felgenbreite. Beim Kauf eines Alternativreifens ist abzuklären, ob dieser auch auf die Felge aufgezogen werden kann.*

Für nicht mehr lieferbare Reifen enthält die Tabelle die Umrüstgrößen in der für Radialreifen gängigen Kennung (z. B. 320/85R20 als Umrüstgröße für 12.4-20) oder breitere Reifen gleichen Durchmessers (z. B. 360/70R20). Die gelisteten Diagonalreifen sind zum Teil mit älteren Profiltypen ausgestattet. Da sich das Profil der einzelnen Reifen je nach Marke und Einsatzzweck erheblich unterscheiden können, sollte man vor dem Kauf das Profilbild klären. Alternativ erhält man bei folgenden Herstellern moderne Radialreifen entsprechender Größen: Czech Rubber Group (mit den Marken Barum, Continental, Euzkadi, Mitas und Semperit), Danubia, Goodyear (mit den Marken Dunlop, Falken, Fulda und Pneumant), Michelin (mit den Marken B. F. Goodrich, Kléber, Kormoran, Stomil und Taurus), Nokian, Trelleborg (mit den Marken Pirelli und Viskafors) und Vredestein.

Zur Entstehung der modernen Größenkennungen

Bis vor einigen Jahren wurde die Größenangabe von Reifen immer in Zoll durchgeführt. 20.8-38 bezeichnete zum Beispiel einen Reifen mit einer Breite von 20,8 Zoll, der auf einer 38-Zoll-Felge montiert ist (1 Zoll = 2,54 cm). Aus dieser Angabe geht jedoch nicht das Verhältnis von Flankenhöhe zur Reifenbreite (Laufflächenbreite) in Prozent hervor. Theoretisch könnte es sich daher bei einem solchen Reifen auch um einen Niederquerschnittsreifen handeln. Aus diesem Grund hat man die für Autoreifen üblichen Bezeichnungen übernommen: Ein Reifen mit der Größe 20.8-38 entspricht heute daher der Größe 520/85-38 (520 Millimeter entsprechen rund 20,8 Zoll). Die zweite Zahl gibt dabei das Verhältnis der Reifenflanke zur Reifenbreite an, hier also 85 Prozent (entspricht etwa 442 Millimeter).

RADLAGERWECHSEL

Spielfrei

Ein Radlagerwechsel ist keine alltägliche Reparatur. Doch ist er manchmal einfach unvermeidlich. Wie und ob man die Sache am besten selbst erledigt, und welches Rüstzeug man benötigt, zeigt uns Mike Thomas

Mike hat in seiner Sammlung ein besonderes Schmuckstück: einen Schlüter S 450 von 1963. Der Schlepper wurde 1975 stillgelegt, ist aus erster Hand und wurde gelegentlich bewegt, um Standschäden zu vermeiden. Obwohl er technisch in Ordnung ist und sein wassergekühlter Dreizylinder-Diesel-Motor (31 kW/42 PS) einwandfrei läuft, muss Mike die Radlager überprüfen, da er demnächst den Traktor verkaufen will.

Ergebnis des Ausschlussverfahrens

„Als ich neulich mit dem Schlüter unterwegs war, fiel mir auf, dass er deutlich nach rechts zieht", erzählt Mike, der uns über den anstehenden Radlager-Check informiert hat. „Da Lenkgetriebe, -gestänge und vordere Achsaufhängung spielfrei sind, aber ein leichtes Rumpeln hörbar ist, kommen nur die vorderen Radlager als Ursache für die Spuruntreue und der Geräusche in Betracht", erklärt er uns. „Um sie zu überprüfen, muss ich die beiden vorderen Radlager ausbauen." Besonders das vordere rechte Radlager hat Mike in Verdacht. Für den Ausbau legen sich Mike und sein Vater Jürgen, der ihm bei der Arbeit helfen wird, zuerst alle Werkzeuge zurecht. Hierzu gehören Wagenheber, Unterlegkeil, Radkreuz, Rohrzange, Schraubendreher, Unterstellbock und viel Werkstattpapier zum Reinigen verschmutzter Teile.

» Da Lenkgetriebe, -gestänge und Achsaufhängung in Ordnung sind, kommen nur die Radlager in Betracht

Bei solchen Arbeiten ist besonders auf die Sicherheit zu achten: Damit der Schlüter bei der Raddemontage nicht vom Wagenheber rutschen kann, hinterlegt Jürgen eines der Hinterräder mit einem Keil. Zusätzlich stützt er die Vorderachse mit

RADLAGERDEMONTAGE

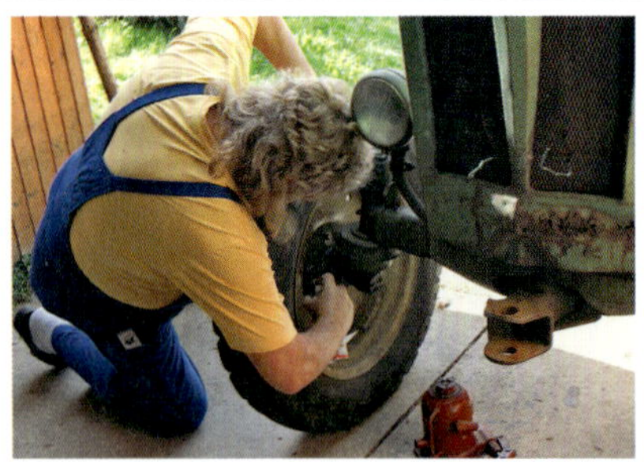

1. Vor dem Öffnen der Radschrauben sprüht Jürgen sie mit Kriechöl ein. Das Öl sollte gut zehn Minuten einwirken

2. Da die Radschrauben bereits gelockert sind, kann Jürgen sie mit einem Radkreuz bequem herausschrauben

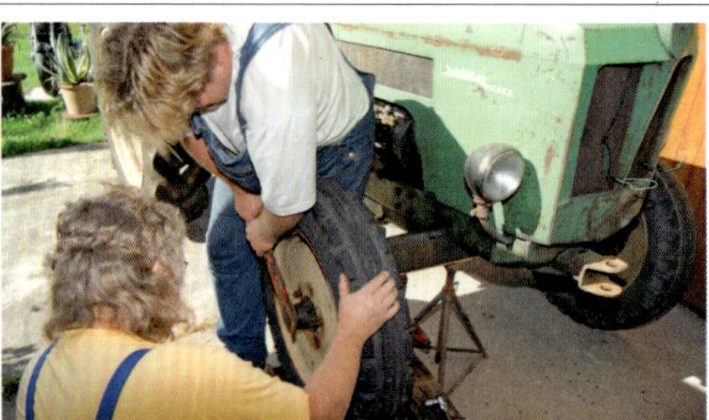

3. Zum Öffnen der Fettkappe muss Jürgen das Vorderrad nochmals montieren. So kann die Nabe besser festgehalten werden

4. Das Fett in der Fettkappe ist schwarz, da es viel Schmutz aufgenommen hat. Ein Fettwechsel ist dringend notwendig

5. Unter dem alten Fett kommen die Kronmutter und der Sicherungssplint zum Vorschein

6. Nach dem Ziehen des Sicherungssplints kann Jürgen die Kronmutter mit einer 32er-Nuss leicht öffnen

Der Schlüter S 450 zieht beim Fahren nach rechts. Jürgen wird die vorderen Radlager prüfen

einem Bock ab. Doch bevor er den Schlüter vorn anhebt, lockert er schon einmal die Radschrauben. „Das erleichtert die Raddemontage, da das Rad beim Öffnen der Radschrauben nicht mitdrehen kann. Nicht vergessen sollte man auch, die Radschrauben vorher mit Kriechöl einzusprühen“, so Jürgen.

Beim Schlüter ist dies besonders sinnvoll, da die Gewinde der Schrauben auf der Rückseite der Radnabe hervorstehen. Jürgen sprüht auch hier Kriechöl auf die Schrauben. Dann heben die beiden den Schlüter mithilfe eines Lkw-Wagenhebers vorn an. Sofort nach dem Anheben zieht und drückt Mike ruckartig am Vorderrad. Deutlich macht sich das Spiel bemerkbar. Auch lässt sich das Rad nur schwer

>>> SEITE 40

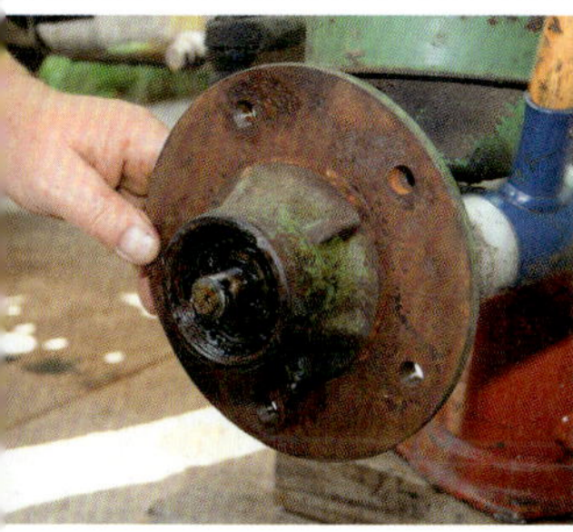

Zusammen mit dem Kegelrollen-
ɟer schlägt Jürgen die Nabe mit
m Plastikhammer von der Achse

9. Jürgen reinigt Radnabe und Lager mit Motorreiniger, um sich einen Überblick über den Zustand der Teile zu verschaffen

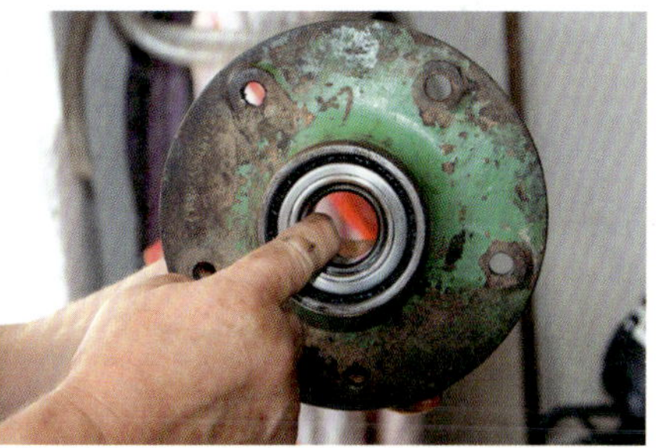

11. Durch Drehen und Ziehen überprüft Jürgen den Zustand des hinteren Traglagers. Das Lager ist in Bestzustand

Das Kegelrollenlager ist nur
cht auf die Achse gepresst. Es löst
h zusammen mit der Radnabe

10. Nach der Reinigung werden an den Lagern auch die Teilenummern sichtbar. Sie haben oftmals noch heute Gültigkeit und erleichtern die Ersatzteilbeschaffung

12. Mit dem Hammer, einem geeignetem Metallstift und der Hilfe eines Schraubstocks wird das Lager aus seinem Sitz getrieben

drehen. „Beides sind eindeutige Zeichen dafür, dass etwas mit dem Radlager nicht stimmt", sagt Jürgen und nimmt das Radkreuz in die Hand, um die Schrauben jetzt ganz herauszudrehen.

Reihenfolge beachten!

Noch bevor Mike ihn davon abhalten kann, hat Jürgen das Rad demontiert. „Jetzt hast du einen Fehler gemacht", sagt Mike zu seinem Vater.

„Wir müssen nämlich noch die Fettkappe von der Radnabe abschrauben und das geht einfacher, wenn das Rad noch montiert ist. So können wir leichter die Radnabe beim Öffnen der Kappe am Mitdrehen hindern." Sofort montiert Jürgen wieder das Vorderrad. Er fixiert es aber lediglich mit zwei Schrauben.

„Das genügt völlig, um die Fettkappe zu lösen", erklärt Mike die Vorgehensweise seines Vaters und nimmt die zurechtgelegte Rohrzange in die Hand. Während Jürgen das provisorisch montierte Vorderrad festhält, öffnet Mike die Fettkappe. Hierzu kann einige Kraft nötig sein, besonders dann, wenn sie lange nicht mehr geöffnet wurde. Nachdem die Kappe runter ist, überprüfen beide sofort, wie viel Fett sich im Radlager befindet. „Das Radlager war immer gut geschmiert", stellen beide erleichtert fest. Doch das Fett ist verbraucht, da es völlig schwarz ist. Vor allem gebundener Schmutz und auch Metallabrieb führen zu dieser Verfärbung.

Komplettdemontage

Jürgen und Mike müssen das Radlager komplett ausbauen, um dem Spiel auf den Grund zu gehen. Hierzu reinigt Jürgen zunächst die Kronmutter, die das Kegelrollenlager fixiert, von Fett, um den Sicherungssplint lösen zu können. Mit einer Kombizange und einem Seitenschneider biegt er den alten Splint auf und zieht ihn aus dem Splintloch, um dann mit einer 32er-Nuss die Kronmutter zu öffnen.

Da die Kronmutter auf der starren Radachse verschraubt ist, muss hier nicht gegengehalten werden. Anschließend klopft Jürgen die Radnabe vorsichtig von ihrer Rückseite mit einem Kunststoffhammer über Kreuz von der Radachse herunter. Damit hierbei nicht das Kegelrollenlager auf den Boden fällt, sollte man beim Herausklopfen der Radnabe, die Hand vorsichtshalber vor die Radnabe halten.

Anschließend werden von Mike und Jürgen alle Teile gründlich gereinigt. „Wer nicht genau weiß, welche Lagertypen in der Radnabe verbaut sind, kann dies nach der Reinigung der Radlager leicht selbst feststellen", sagt Jürgen. „Meist sind die Bestell- beziehungsweise Teilenummer des Radlagers im äußeren Lagerkranz eingestanzt."

Da es sich auch bei Oldtimertraktoren oft um Standardteile handelt, können über diese Nummern entsprechende Lager heute noch bei den einschlägigen Händlern bestellt werden.

» Bei der Montage des neuen Rad- beziehungsweise Traglagers muss die Radnabe leicht erhitzt werden

RADLAGERDEMONTAGE

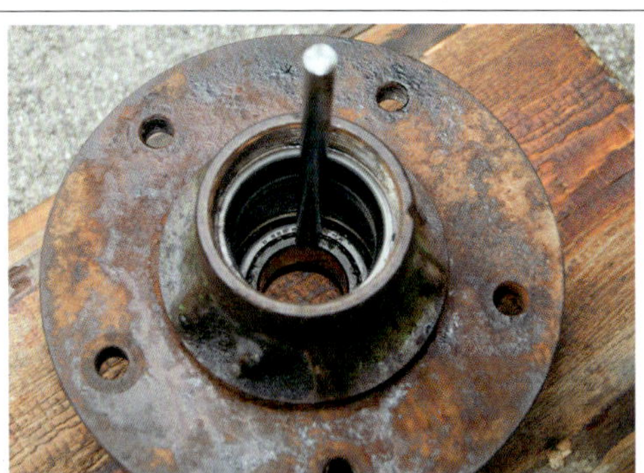

13. Ansatz beim Herausschlagen des Traglagers. Da man auf den inneren Lagerkranz schlagen muss, wird das Radlager immer zerstört

14. Jürgen reinigt den Schmiernippel, um ihn zu prüfen. Auch den Felgenbund, der das Rad auf der Nabe zentriert, reinigt Jürgen von Rost

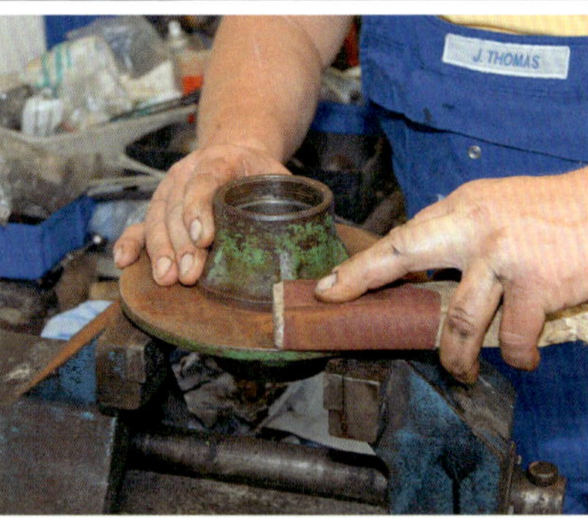

15. Damit die Felge plan auf der Radnabe sitzt, schleift Jürgen die Auflagefläche noch mit Sandpapier ab

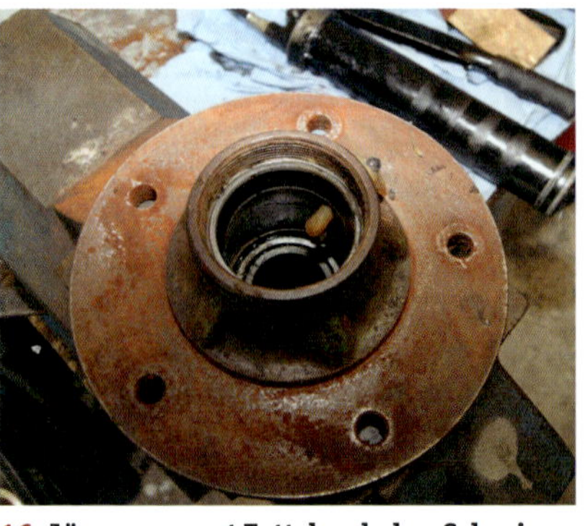

16. Jürgen pumpt Fett durch den Schmiernippel, um altes Restfett aus der Schmierstelle herauszutreiben

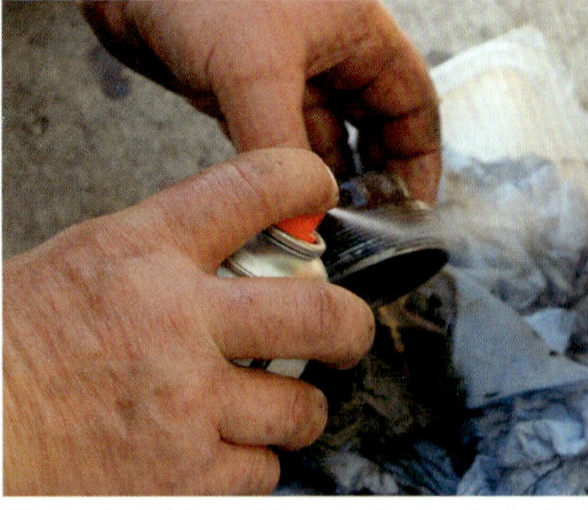

17. Hartnäckiger Schmutz im Gewinde der Fettkappe kann mit Motorreiniger abgelöst werden

18. Auch die Achse muss vor der Montage selbstverständlich akribisch von Schmutz befreit werden

Jetzt, da alle Teile gereinigt sind, prüft Jürgen das hintere Traglager in der Radnabe.

Das Traglager ist unschuldig

Hierzu steckt er einen Finger in das Lager und dreht es. Auch zieht er axial am Lager, um zu prüfen, ob es seitliches Spiel hat. Das Traglager des Schlüters präsentiert sich in einem sehr guten Zustand. Jürgen wird es daher nicht ausbauen. Jedoch will er uns zeigen, wie der Ausbau im Falle eines Lagertausches durchgeführt werden muss. Jürgen: „Die Radnabe sollte hierzu so auf die geöffneten Backen eines Schraubstocks gelegt werden, dass man das Lager von der Vorderseite der Nabe nach unten heraustreiben kann."

Da zu diesem Zweck mit einem geeigneten Stahlstift (Durchtreiber oder Ähnliches) auf den inneren Lagerkranz geschlagen werden muss, bedeutet das jedoch immer die Zerstörung des Lagers. Jürgen deutet daher nur an, wie es funktionieren würde. „Das Lager kann kalt herausgeschlagen werden", erklärt Jürgen weiter. „Nur wenn es extrem festgerostet ist, sollte man die Radnabe mit einer Lötlampe vorsichtig gleichmäßig erwärmen (auf Verzug achten), um dann das Radlager herauszuschlagen." Bei der Montage des neuen Rad- beziehungsweise Traglagers muss jedoch die Radnabe leicht erhitzt werden. Dies sollte möglichst gleichmäßig geschehen, um einen Verzug der Radnabe zu vermeiden. Das neue, kalte Lager wird dann in die heiße Radnabe montiert. „Wenn alles richtig gemacht wurde und die Temperatur der Radnabe stimmt, fällt das neue (kalte) Lager meist ohne Widerstand in den Lagersitz", sagt Jürgen. „Man muss dann nur alles abkühlen lassen, damit das neue Radlager wieder fest sitzt."

» Lediglich die Dichtung der Abdeckung des Traglagers muss durch eine neue ersetzt werden

Reinigungsarbeiten

Jetzt, da die Radnabe vor Jürgen liegt, kümmert er sich auch um den Schmiernippel. Im Fall unseres Schlüter ist der Nippel mit einer festen Dreckkruste bedeckt. Jürgen kratzt sie zunächst mit einem Schraubendreher ab, bevor er mit Motorreiniger die Nabe abwäscht. Anschließend kümmert er sich noch um den Felgenbund auf der Radnabe. Hier kratzt er ebenfalls allen Schmutz ab, um dann die Kontaktflächen zwischen Radnabe und Felge noch mit Sandpapier abzuschleifen. „Das muss gemacht werden, da sonst die Gefahr besteht, dass die Felge wegen des Schmutzes leicht schief auf der Radnabe sitzt", erklärt Mike. Jetzt setzt Jürgen die Fettpresse auf den Schmiernippel an und presst Fett in die Nabe. Danach wischt er das durchgedrückte Fett von der Innenseite der Nabe. Jürgen: „Das Durchdrücken von Fett durch den Schmiernippel noch vor der Montage der Radnabe stellt sicher, dass auch das alte Fett im Nippel beseitigt wird. Macht man das nicht, könnte altes Fett und Schmutz beim Abschmieren in das gereinigte Radlager kommen und dort erhöhten Verschleiß verursachen."

>>> SEITE 42

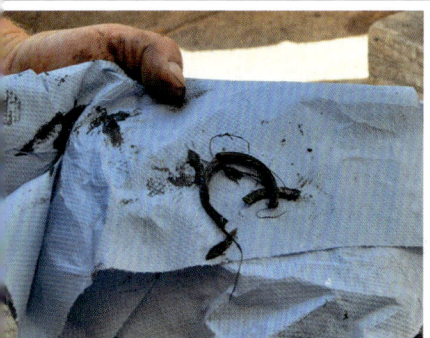

Bei der Reinigung der hinteren Traglager- leckung kommt ein defekter Dichtring zum schein. Er wird durch einen neuen ersetzt

21. Das alte vordere Kegelrollenlager zeigt sich im Bestzustand. Rollen und Lagerkäfig sind unbeschädigt und verschleißfrei

Die gereinigte und geprüfte Kronmutter vor Montage. Vor allem ihr Gewinde muss unbe- ädigt sein

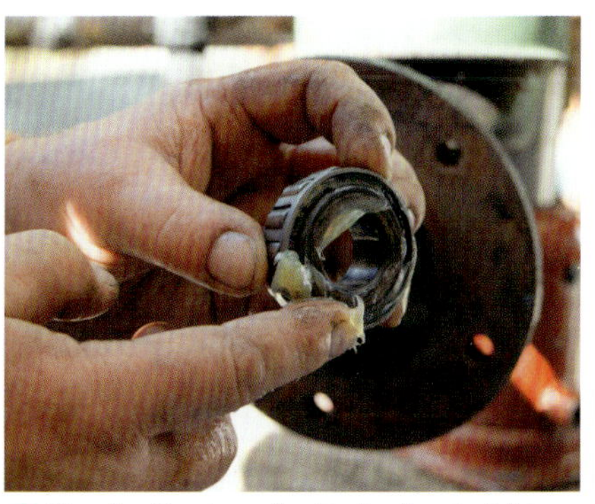

22. Vor der Montage der Radnabe streicht Jürgen die Lagersitze und das Kegelrollenlager dick mit Fett ein

Gängig machen

Bevor Jürgen mit der Montage der Teile beginnt, kümmert er sich um die Fettkappe. Bei vielen Traktoren ist sie nur auf die Radnabe gesteckt. Beim Schlüter ist sie hingegen verschraubt. Da das Gewinde sehr exponiert liegt, muss Jürgen es genau in Augenschein nehmen. „Im Gewindegang setzt sich gerne Schmutz ab", sagt Jürgen und kratzt ihn mithilfe eines Schraubendrehers heraus. Um den Schmutz zu lösen, sprüht er dabei wiederholt Motorreiniger auf die Kappe. „Das Gewinde ist erst dann sauber, wenn es sich per Hand leicht auf die Nabe schrauben lässt", ergänzt Jürgen noch.

Da er schon bei der Reinigung der Teile ist, säubert er auch gleich noch die Kronmutter, die Achse und das Kegelrollenlager. Alle Teile zeigen sich in Bestzustand. Lediglich die Dichtung der Lagerabdeckung des Traglagers muss durch eine neue ersetzt werden. Sie war im Laufe der Jahre brüchig geworden. Jürgen: „Beim vorderen Kegelrollenlager sind stets die Rollen zu überprüfen. Sie müssen in ihrem Käfig leicht laufen, dürfen kaum Spiel haben und keinerlei Pitting – also kleinste Risse und Ausbrüche in Folge von Materialüberlastung – zeigen.

Auch der Lagersitz (Lauffläche des Lagers in der Nabe) muss frei von Beschädigungen sein. Hier ist ebenfalls auf Pitting, aber auch auf Druckspuren zu achten. Ist ein Lager hingegen rostig, muss es immer getauscht werden.“ Da alle Teile sich bisher in einem sehr guten Zustand präsentieren, vermuten Mike und Jürgen, dass das Radlagerspiel auf ein falsch eingestelltes Radlager zurückzuführen ist.

Wo liegt er denn nun, der Fehler?

Mike erläutert: „Radlager werden meist über die Vorspannung des Kegelrollenlagers eingestellt. Je nachdem, wie stark die das Lager vorspannende äußere Mutter, also die Kronmutter, angezogen wird, hat das Rad zu viel Luft auf der Achse (macht sich bemerkbar durch Lagerklappern aufgrund seitlichem Spiels) oder zu wenig. Dann lässt es sich nur sehr schwer drehen und ist überlastet.

Die Kunst der korrekten Einstellung eines Radlagers ist es, den richtigen Einstellpunkt zwischen Lagerklappern und Überlastung zu finden.“ Bevor Mike und Jürgen nun daran gehen, alles zusammenzubauen und das Spiel richtig einzustellen, werden sämtliche Teile kräftig eingefettet. Hierzu verwendet Jürgen gewöhnliches Wälzlagerfett. (vgl. Artikel „Gut geschmiert“ ab Seite 178).

Bei der Montage der Radnabe und des Kegelrollenlagers muss Jürgen darauf achten, beide Teile möglichst zentrisch zu montieren. Hierzu treibt er das Kegelrollenlager zunächst vorsichtig mithilfe eines Stahlstiftes und eines Hammers unter leichten Schlägen auf den inneren Lagerring in seinen Sitz. Dabei achtet er darauf, dass es nicht verkantet. Erst als das Lager einigermaßen fest sitzt, nimmt er eine Nuss, die genau auf den inneren Lagerring passt, und schlägt das Lager endgültig in den Sitz. Danach kann die Kronmutter aufgeschraubt werden. Diese zieht er zunächst mit der Hand fest, um sie schließ-

RADLAGERWECHSEL

Die drei goldenen Regeln:

1. Ursachenforschung!

Lenkgetriebe, -gestänge und Achsaufhängung vor dem Radlagerwechsel immer auf Spielfreiheit prüfen!

2. Gewusst wo!

Ersatzteilnummern finden sich oft auf den Radlagern eingeschlagen

3. Regelmäßig prüfen und schmieren!

Die Überprüfung und das Abschmieren der Radlager sind abhängig von den Einsatzbedingungen. Einmal im Jahr sollte dies jedoch auch bei geringem Einsatz gemacht werden

RADLAGERDEMONTAGE

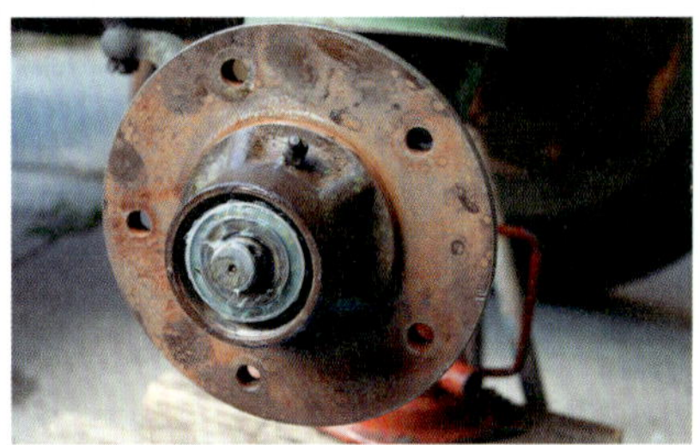

23. Radnabe und Kegelrollenlager zur Montage zentriert auf die Achse stecken

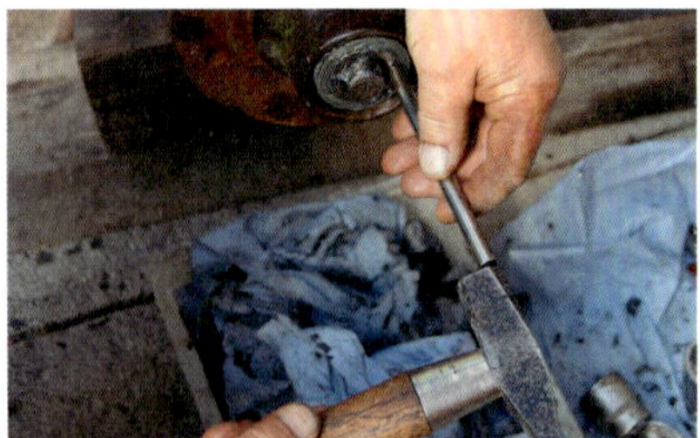

24. Das Radlager über Kreuz vorsichtig in seinen Sitz schlagen. Dabei nur auf inneren Lagerring schlagen!

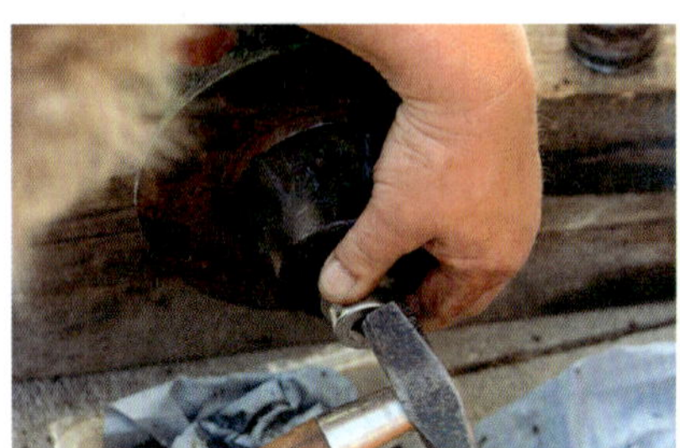

25. Mit einer auf den inneren Lagerring passenden Nuss den Feinsitz vollenden

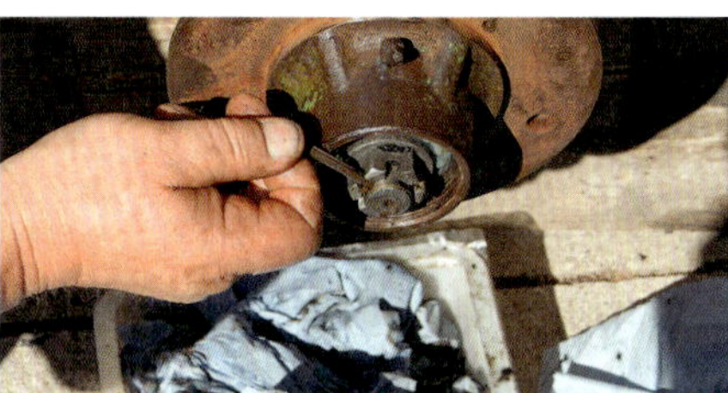

26. Die Kronmutter muss so aufgeschraubt werden, dass der Splint montiert werden kann und das Lager noch geringes Spiel hat

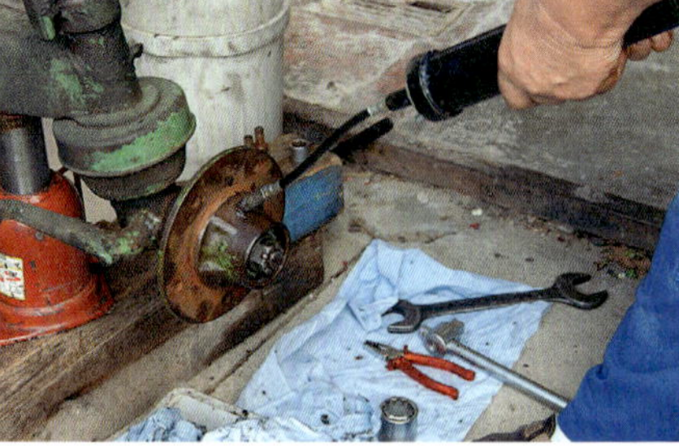

27. Testweise pumpt Jürgen noch vor Montage der Fettkappe Fett in das Lager

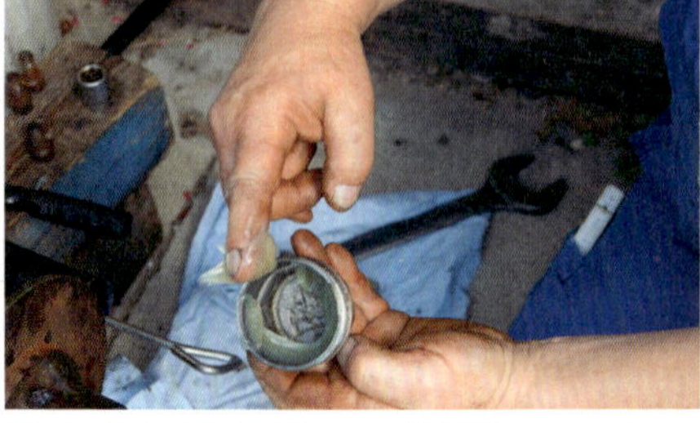

28. Auch in die Fettkappe gibt Jürgen noch reichlich Fett. Es dient als Schmierreserve

29. Wasserschutz: Jürgen trägt Dichtungsmittel auf das Fettkappengewinde auf

30. Zum Schluss sprüht Jürgen auf die Nabe noch ein Antikorrosionsspray

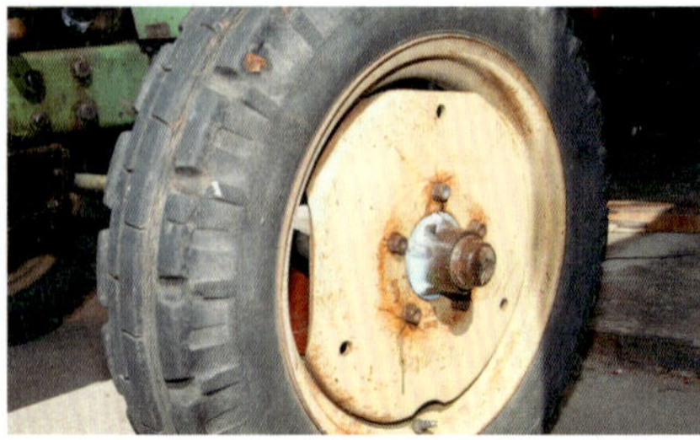

31. Das Radlager ist nun spielfrei, das Rad wieder montiert

lich mit einem Drehmomentschlüssel mit dem vorgeschriebenen Drehmoment (s. Werkstatthandbuch) anzuziehen. „Nicht vergessen darf man, die Kronmutter anschließend wieder ungefähr eine Vierteldrehung zu lösen. Sonst sitzt das Lager zu stramm", warnt Jürgen. Anschließend sichert er die Kronmutter mit einem neuen (!) Splint. Ihn steckt Jürgen durch das Splintloch der Achse und biegt sein vorderes Ende nach außen, das andere kürzt er mit einem Seitenschneider etwa um die Hälfte und schlägt es mit einem Hammer nach innen. So montiert, können die Enden des Splintes nicht an der Innenseite der Nabe reiben.

Bevor Jürgen die Fettkappe montiert, schmiert er alles nochmals gründlich ab, um zu prüfen, ob das Fett alle Schmierstellen erreicht.

Nicht vergessen zu fetten!

Auch in die Fettkappe gibt er reichlich Fett und trägt anschließend auf das Gewinde der Kappe noch ein Dichtungsmittel auf. Es verhindert, dass weder Fett nach außen noch Wasser in das Lager eindringen kann. Zum Schluss sprüht er noch die Radnabe mit einem Antirostschutzmittel zum Schutz der Kontaktflächen zwischen Nabe und Felge ein. Mike bleibt jetzt nur noch, das Rad mit dem richtigen Drehmoment festzuschrauben. Nachdem dies geschehen ist, überprüfen beide nochmals am Rad durch Ziehen und Drücken, ob Spiel vorhanden ist. Alles ist spielfrei. Auch lässt sich das Rad jetzt wieder leicht drehen. Nachdem der Schlüter wieder auf seinen Rädern steht und die Fettkappe noch festgezogen wurde, geht Mike sofort auf Probefahrt. Jetzt zieht der Traktor nicht mehr nach rechts, dafür aber leicht nach links. Mike: „In den nächsten Tagen werden wir das linke Radlager noch demontieren. Wie beim rechten, dürfte eine Reinigung und Einstellung des Radlagers wohl völlig genügen".

Wie wir später erfahren, hatte Mike mit seiner Einschätzung recht. Nachdem er gemeinsam mit Jürgen auch das linke Radlager überholt hat, läuft der Schlüter wieder einwandfrei geradeaus.

Marcel Schoch

» Die Radnabe und das Kegelrollenlager muss Jürgen möglichst zentrisch montieren

Radlagerspiel neu eingestellt: der Schlüter S 450 ist fast wieder fit

LENKUNGS-CHECK AM HELA D16

TRAKTORLENKUNG ÜBERPRÜFEN UND WARTEN

Zielgenau

Die Lenkung eines Traktors zu überprüfen, kann Detektivarbeit werden. Mike Thomas kennt die besten Tricks. Wir zeigen, wie er vorgeht ...

Mike Thomas ist unter Freunden bekannt für seine spontanen Entschlüsse. Im Januar 2010 bot ihm ein Kunde einen Hela D 16 von 1955 an, den er noch am selben Tag kaufte. Ob es ein guter Kauf war, wusste er lange nicht. Denn erst mal hatte er das gute Stück bei sich in die Lagerhalle gestellt. Sein Tagegeschäft ließ ihm einfach keine Zeit für den Traktor. Im Frühjahr 2011 wollte er es aber wissen. Kurz entschlossen rief er bei uns in der Redaktion an und fragte, ob wir bei der Durchsicht dabei sein wollten.

Natürlich wollten wir – vor allem, weil Mike sich zuerst die Lenkung vornahm. Die machte nämlich bereits bei der Abholung erhebliche Probleme. Sie war schwergängig und verursachte seltsame Geräusche. „Zur Durchsicht und Wartung der Lenkung muss diese immer entlastet werden", sagt Mike und bockt mit einem geeigneten Wagenheber zuerst die Vorderachse auf.

Den Gaul von hinten aufzäumen

Haben die Vorderräder keinen Kontakt mehr zum Boden, muss sich die Lenkung über seitlichen Druck auf die Vorderräder bewegen lassen. „Mit diesem ersten Test kann man leicht feststellen, ob Spiel in den einzelnen Lenkungskomponenten an der Vorderachse vorhanden ist. Würde ich hinter dem Lenkrad sitzen und dort die Lenkung betätigen, könnte ich nicht gut erkennen, wo sich Spiel in den vorderen Bauteilen der Lenkung befindet." Um dabei das Spiel in den Kugelgelenken der Lenkung sicher zu überprüfen, legt Mike zusätzlich seine Hand an die jeweiligen Teile und bewegt sie ruckartig hin und her, während er gleichzeitig das Vorderrad dreht. Ist Spiel in einem der vorderen Lenkungsteile, kann es so gut erfühlt und lokalisiert werden.

Der Test gibt zudem Auskunft darüber, ob eines der Lenkungsteile blockiert. „Dreht man die Lenkung über die Vorderräder, verraten sich solche Blockaden sehr schnell, da hier die Leichtgängigkeit bewirkende Lenkungsuntersetzung fehlt", erklärt Mike.

Fehlerquelle Radlager

Bei der Überprüfung der Lenkung darf man nicht vergessen, die Radlager zu testen. Mike: „Ist eines sehr schwergängig oder sogar festgelaufen, kann das der Grund dafür sein, dass der Traktor auf ebener Strecke in die eine oder andere Richtung zieht." Das Radlagerspiel kann leicht durch seitliches Ruckeln am Rad überprüft werden: Es darf kein merkliches Spiel vorhanden sein.

Um den Zustand des Radlagers zu testen, dreht man das Rad in Laufrichtung. Dabei muss es ruhig und gleichmäßig laufen. Hört man ein metallisches Laufgeräusch, ist das Radlager entweder defekt oder es fehlt gehörig an

LENKUNGS-CHECK AM HELA D 16

1. Lässt sich die Lenkung auch über die Vorderräder bewegen? Wenn ja – ein gutes Zeichen!

2. Spiel an den einzelnen Gelenken prüft man mit der Hand

3. Das Radlagerspiel hat großen Einfluss auf das Lenkverhalten – immer prüfen!

4. Hier fehlt schon lange di[e] Nabenabdeckung. Die Mutt[er] wurde zudem vermurkst au[f]geschraubt

5. Noch gut abgedichtet: da[s] Lenkgetriebe

Schmierung. Bei unserem Hela D 16 stellte Mike am rechten Vorderrad sowohl ein erhebliches Spiel als auch sehr laute Laufgeräusche fest.

„Ob das Radlager defekt ist, wird sich erst nach einem ersten Abschmieren zeigen. Auch wenn es dann ruhig läuft, empfiehlt es sich, immer einen Blick auf das geöffnete Lager zu werfen," erklärt Mike. „Das Radlagerspiel sehe ich aber zunächst mal unkritisch, denn manchmal lässt es sich nachstellen, sofern es sich um ein Rollenlager handelt. Kugellager müssen bei Spiel immer getauscht werden", spricht Mike und wendet sich dem Lenkstock zu.

Winterlicher Spontankauf: Hela D 16, Baujahr 1955

Besichtigung des Lenkstocks

Mikes Hauptsorge gilt dabei immer noch der bei der Abholung des Traktors festgestellten Schwergängigkeit der Lenkung. Bisher hat er nichts Auffälliges gefunden. Daher wird nun der Lenkstock in Augenschein genommen. Wichtig ist, dass er über die gesamte Länge hin gerade ist. Das Lenkrad muss korrekt mit der Lenkspindel, also dem drehmomentübertragenden Strang im Inneren der Lenksäule, verschraubt sein. Hier ist speziell auf die obere Lenkradverschraubung zu achten. Bei unserem Hela D 16 fehlte hier bereits beim Kauf die Nabenabdeckung, sodass die darunterliegende Lenkradmutter zu sehen ist. Dass die Abdeckung seit einiger Zeit fehlt, lässt sich leicht am Schmutz und der korrodierten Mutter im Nabengehäuse erkennen. Bei näherer Betrachtung musste Mike zudem feststellen, dass im Zuge einer dubiosen Reparatur die Lenkradmutter schräg auf das Lenkspindelgewinde aufgeschraubt worden ist. „Das Gewinde ist sicher defekt und muss nachgearbeitet werden", stellt Mike fest. „Das mache ich aber erst, wenn ich den Lenkstock und die Lenkspindel bei der Restaurierung ausgebaut habe. Zum Gewindeschneiden sollte die Lenkspindel gut in einem Schraubstock fixiert werden können, sonst ist die Gefahr zu groß, ein schiefes Gewinde zu schneiden." Da sich das Lenkrad ohne Schleifen am Lenkrohrgehäuse bewegen lässt, ist Mike der Ursache der Schwergängigkeit jedoch noch nicht näher gekommen. Als

» Ist ein Radlager schwergängig, kann das der Grund für das Ziehen in eine Richtung auf ebener Strecke sein

FORTSETZUNG AUF SEITE 46

6. Das Lenkgetriebe des Hela D 16 liegt gut zugänglich hinter den Pedalen

7. Die Lenkschubstange ist freigängig. Sie wurde immer gut geschmiert

8. Auch am Lenkhebel fehlt der Sicherungssplint der Mutter nicht

9. Einfache Hebelei. Die Achsfaust, die Lenkschubstange, die beiden Lenkhebel und das Spurstangenrohr

10. Nicht einstellbar: Die Achsfaust bestimmt jeweils den Sturz der Vorderräder

Nächstes nimmt er sich daher das direkt bei den Pedalen liegende Lenkgetriebe vor. Es handelt sich um ein Schneckengetriebe – „eine einfache und robuste Konstruktion", wie Mike meint.

Zur Schnecke gemacht

Schneckengetriebe gehören zur Kategorie der Schraubwälzgetriebe und bestehen aus einer schraubenförmigen Schnecke, die bei Drehbewegung in ein Zahnrad (Schneckenrad) greift und dessen Drehung bewirkt. Die Achsen der beiden Komponenten sind um 90 Grad versetzt und ermöglichen so die Umlenkung über einen Hebel auf die Lenkschubstange. Diese wirkt wiederum auf den vorderen Lenkhebel, der bei unserem Hela D 16 oberhalb des linken Achsschenkel-Radträgers (auch: Achsfaust) montiert ist. Um die Lenkbewegung synchron auch auf das rechte vordere Rad zu übertragen, ist oberhalb der Achsfaust ein zweiter nach hinten ausgerichteter Lenkhebel montiert, der über ein Kugelgelenk mit einem Spurstangenrohr verbunden wird (Seite 45, Bild 9). Das Spurstangenrohr seinerseits wirkt über ein weiteres Kugelgelenk auf den Lenkhebel des rechten Vorderrads.

Noch bevor sich Mike jetzt an das Öffnen des Lenkgetriebes macht, kontrolliert er alle Kugelgelenke auf gute Schmierung und Leichtgängigkeit. „Bei der Durchsicht sollten auch alle Einstellschrauben des Lenkungshebelwerks in Augenschein genommen werden. „Ich überprüfe hier, ob alle Verschraubungen fest angezogen sind und die Kontermuttern an den Hebeln nicht fehlen", erklärt Mike sein Vorgehen. Wichtig ist auch, dass noch alle Splinte zur Sicherung der Einstellmuttern vorhanden sind, da die Lenkung ein sicherheitsrelevantes Bauteil ist. Bei der Durchsicht wird gerne der Achsbolzen (Achsauge) an der Vorderachse ver-

» Wichtig: Sind noch alle Splinte zur Sicherung der Einstellmuttern vorhanden?

LENKUNGS-CHECK AM HELA D 16

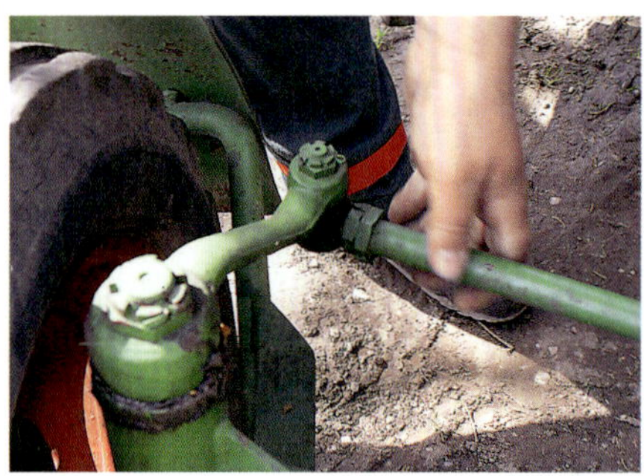

11. Auch das Spurstangenrohr darf kein Spiel haben

12. Dem Achsbolzen (Achsauge) an der Vorderachse fehlt etwas Fett

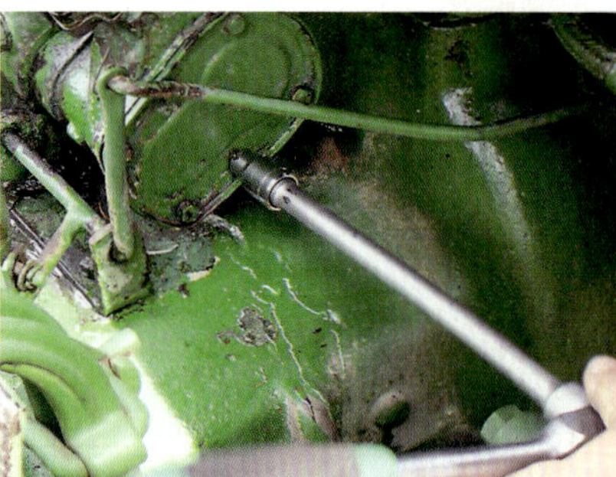

14. Kein Quell der Freude. Beim Öffnen des Lenkgetriebes kommt Mike Wasser entgegen

13. Der Revisionsdeckel des Lenkgetriebes ist leicht zugänglich, und die sechs Schrauben sind schnell geöffnet

15. Glück gehabt! Die Ölfüllung des Lenkgetriebes hat es vor Korrosion bewahrt

16. Erst nach gründlicher Reinigung kann der Zustand der Schnecke beurteilt werden

gessen. Durch kräftiges Ziehen an der Achse kann zunächst kontrolliert werden, ob sie eventuell Spiel hat. Die Durchsicht der Teile ergibt aber erfreulicherweise, dass hier alles im grünen Bereich ist. Auch die Fettreste an den Lagerstellen der Lenkungs-Kugelgelenke zeigen, dass regelmäßig abgeschmiert wurde. Lediglich der Achsbolzen braucht etwas Fett. Auch sind alle Sicherungssplinte an den Einstellmuttern dort, wo sie hingehören.

Büchse auf – Ursache gefunden

Auf seiner Fehlersuche bleibt Mike jetzt nichts anderes übrig, als das Lenkgetriebe auf seinen Zustand hin zu überprüfen. Hierzu schraubt Mike den Revisionsdeckel an der rechten Lenkgetriebeseite ab. Schon beim Lösen der ersten Schrauben kommt Mike die Fehlerursache für die schwergängige Lenkung im wahrsten Sinne des Wortes entgegen geflossen. Ein kräftiger Wasserstrahl schießt aus dem Lenkgetriebe. Für Mike ganz klar – das Wasser war im Winter gefroren und hat deshalb das Lenkgetriebe fast blockiert.

Auch wie das Wasser hinein kam, ist ihm beim Anblick des Lenkstocks kein Geheimnis: Die offene Lenkradnabe ist schuld. Die Nabenabdeckung dient nicht nur zur Zierde, sondern auch als Schutz davor, dass Wasser und Schmutz über den Lenkstock in das Lenkgetriebe gelangen. Da sie sicher bereits seit Jahren fehlt, sammelte sich bei jedem Regen Wasser im Lenkgetriebe an, bis es schließlich voll war. „Zum Glück war genügend Öl im Lenkgetriebe und hat die Innereien vor Korrosion bewahrt“, sagt Mike, nachdem er es mit Motorreiniger zu einer ersten Diagnose vorgereinigt hat.

Diagnose: abgenutzt!

Nach der Reinigung kann auch der Zustand der Schnecke und des Schneckenrades im Lenkgetriebe besser beurteilt werden. Die Schnecke zeigte in der Mittelstellung – also wenn geradeaus gefahren werden soll – deutliche Abnutzungsspuren. Mike: „Die Dicke des Schneckengewindes ist dort deutlich geringer als bei Rechts- oder Linkseinschlag“. Damit erklärt sich auch das große Lenkradspiel bei Geradeausfahrt.

FORTSETZUNG AUF SEITE 48

17. Zur Reinigung des Lenkgetriebes eignet sich Motorreiniger. Ein Auffanggefäß unter dem Traktor verhindert, dass giftige Stoffe in die Umwelt geraten

19. Mike dreht an der Lenkung, um den Verschleiß an der gesamten Schnecke zu kontrollieren

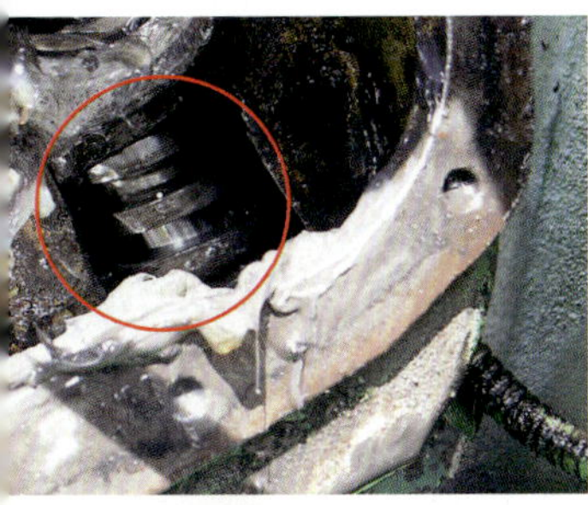

18. Das Gewinde der Schnecke ist in der Mittenstellung deutlich eingelaufen. Ein Nachstellen bringt nichts mehr (roter Kreis)

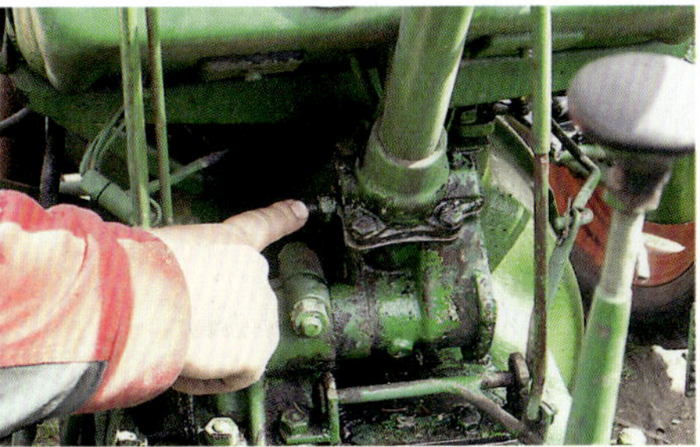

20. Das seitliche Spiel der Schnecke und des Schneckenrades kann an dieser Schraube korrigiert werden. Etwas aufwendiger ist die Einstellung des Höhenspiels: Dazu müssen ...

21. ... verschieden dicke Unterleg- beziehungsweise Dichtungsscheiben in die waagerechte Trennfuge zwischen oberem und unterem Getriebegehäuse gelegt werden

Ungleichmäßiger Verschleiß einer Lenkung kann übrigens auch entstehen – nämlich durch permanente Überbeanspruchung in einer bestimmten Stellung. Das ist zum Beispiel der Fall, wenn aus tiefen Ackerfurchen immer wieder durch kraftvolles Einschlagen des Lenkrads in dieselbe Richtung herausgefahren wird.

Neuteile müssen her

„Ein Einstellen oder Wegdrehen der verschlissenen Stelle durch Drehung der Linkspindel macht hier keinen Sinn. Bestenfalls verschiebt sich das Lenkradspiel dann auf die eine oder andere Seite. Versucht man hingegen, dass Spiel in der Mitte der Schnecke (geradeaus fahren!) einzustellen, geht die Lenkung dann sowohl beim Einschlagen nach links als auch nach rechts sehr schwer, weil die beiden Schnecken bei diesen Stellungen kein Spiel zueinander mehr haben und sich im schlimmsten Fall sogar festpressen. Bei solchem Verschleiß hilft daher nur das Austauschen des Lenkgetriebes samt Lenkspindel", fasst Mike seine Diagnose zusammen. „Eine Reparatur der Lenkspindel wäre nur unter zu großem Aufwand möglich. Da jedoch auch die Lenkradverschraubung defekt ist, kommt ein Neuteil billiger als eine Überholung." Ein Einstellen des Lenkgetriebes wäre übrigens gar nicht so schwer. Hierzu befindet sich nämlich auf der linken Seite des Lenkgetriebes eine gesicherte Einstellschraube.

LENKUNGS-CHECK

Die drei goldenen Regeln:

1. In die Luft!

Um Gelenkspiele und Freigängigkeit der Lenkung besser prüfen zu können, muss die Vorderachse angehoben werden

2. Hand anlegen!

Zur Prüfung des Spiels immer die Hand an das zu überprüfende Bauteil legen. Handgefühl ist sicherer als bloßer Augenschein

3. Niemals sparen!

Verschlissene Lenkungsteile sollten immer ausgetauscht werden. Hier würde man sonst auf Kosten der Sicherheit sparen!

So funktioniert es

Durch Drehen dieser Schraube kann das seitliche Spiel der Schnecken ausgeglichen werden. Um das wichtigere Höhenspiel einzustellen, müssen hingegen verschieden dicke Unterleg- beziehungsweise Dichtungsscheiben in die waagerechte Trennfuge zwischen oberem und unterem Getriebegehäuse gelegt werden. Mehr Scheiben bedeuten hier weniger Spiel.

Die Einstellung stimmt, wenn kein horizontales und vertikales Spiel in den Schnecken mehr fühlbar ist und sich das Lenkrad in allen Positionen leicht drehen lässt. Aber wie gesagt, das funktioniert nur, wenn die Schnecken gleichmäßig verschlissen sind.

Korrekte Füllung

Wer lediglich das Öl im Lenkgetriebe wechseln möchte, sollte sich hier hinsichtlich Füllmenge und Ölqualität immer an die Vorgaben des Herstellers halten. Oft kommen bei Oldtimertraktoren unlegierte, sehr dickflüssige Getriebeöle oder spezielle Getriebefette zum Einsatz. Da das Lenkgetriebe am Hela D 16 jedoch bald restauriert wird, hat Mike zum Schutz vor Korrosion der noch brauchbaren Teile vorübergehend ein konventionelles modernes Getriebeöl eingefüllt, da es Korrosionsschutz-Additive enthält. Jetzt wo Mike alle Komponenten der Lenkung durchgesehen hat und ihren Zustand kennt, macht er sich daran, die Kugelgelenke, den Achsbolzen, die Achsfäuste und die Radlager mit einer Fettpresse abzuschmieren. Um zusammen mit dem Fett

LENKUNGS-CHECK AM HELA D 16

22. Alle Lager, die direkt oder indirekt mit der Lenkung zu tun haben, müssen regelmäßig abgeschmiert werden

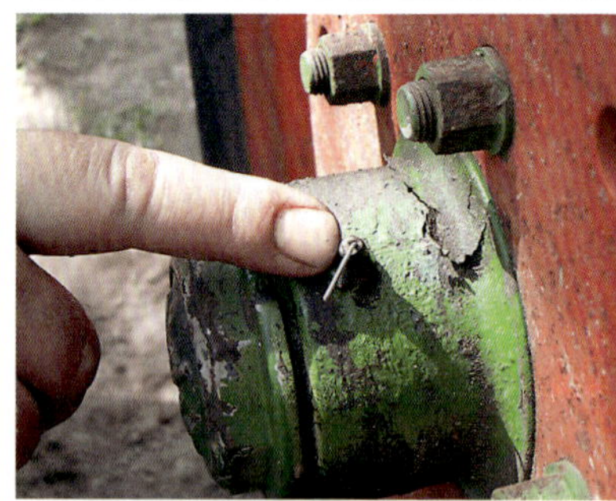

23. Dem Schmiernip des rechten Radlagers fehlt die Dichtungskugel. Mik hat einen Draht hine gesteckt, u die Öffnun zu reinigen

24. Der Schmiernip des Achsbolzens sit versteckt u ter dem Mot block. Aus d sem Grund man ihn wo gelegentlic vergessen, schmieren

keine Verunreinigungen in die Lager zu pressen, reinigt er zuerst die Schmiernippel. Als er dabei den Schmiernippel des rechten Radlagers sauber wischt, erkennt Mike sofort die Ursache für die Laufgeräusche des Rades. Die kleine Dichtungskugel im Schmiernippel fehlt. So konnten über die Jahre Wasser und Schmutz in das Lager gelangen, das nun mit Sicherheit korrodiert ist. Mike hat es dennoch einmal abgeschmiert, um zu testen, ob sich eine Besserung einstellt. Das Ergebnis ist ernüchternd. Das Lager macht weiter Geräusche und muss daher bei der Restaurierung getauscht werden. Zuletzt bleibt noch, die Spur der Vorderräder einzustellen und den Luftdruck zu prüfen.

Nicht glücklich, aber zufrieden! Auf Mike kommt mit dem Hela D 16 doch noch so einige Restaurierungsarbeit zu

Spur einstellen

Die Spur beschreibt die Abweichung der Radstellung aus der Geradeausstellung. Prinzipiell wird die Spur der Vorderräder immer leicht negativ (Vorspur), also leicht V-förmig nach innen eingestellt (die Spitze des imaginären V zeigt in Fahrtrichtung). Die Vorderräder müssen dabei vor der Achsenmitte einen kleineren Abstand (circa 4 bis 10 Millimeter – abhängig von Typ) haben als hinter der Achsenmitte. Bei der sogenannten Nachspur-Einstellung ist es umgekehrt. Die Vorspur verspannt die Radaufstandsflächen und baut so Druck auf das Spiel der Radaufhängung auf. Letztendlich verhindert sie so Spiel in der Lenkung, was zu einem ruhigeren und verschleißfreieren Lauf der Räder führt – korrekte Einstellung vorausgesetzt! Das Einstellen der Spur erfolgt immer an beiden Vorderrädern. Wer es selbst machen will, kann zwei lange, gerade Holz- oder Alulatten parallel jeweils an die Hinterräder legen und dann vorn den Abstand der Felgenränder der Vorderräder zu den Latten ausmessen. Die Werte müssen auf beiden Seiten des Traktors bei Geradeausstellung gleich sein. Vor allem bei modernen, stark beanspruchten Allradschleppern ist im Hinblick auf den Reifenverschleiß jedoch die exaktere Laservermessung zu empfehlen. In der Regel nicht einstellbar, sondern – auch beim Hela D 16 – durch den Winkel der Achsfaust vorgegeben ist der Sturz, also die Abweichung der Vorderräder aus der Senkrechten. Negativer Sturz bedeutet einen „breitbeinigen“ Stand, positiver Sturz einen schmaleren.

Jetzt bleiben noch die Prüfung und gegebenenfalls die Korrektur des Luftdrucks der Reifen, dann steht einem unbeschwerten (und zielgenauen) Fahrvergnügen nichts mehr im Weg.

Marcel Schoch

25. Nach dem Abschmieren aller Lenkungsteile verschließt Mike auch das Lenkgetriebe wieder. Damit der Deckel dicht ist, neue Dichtung einbauen und Schrauben über Kreuz anziehen

26. Die Öleinfüllöffnung des Lenkgetriebes sitzt gleich rechts neben dem Lenkstock

27. Doch Korrosion! Das Wasser im Lenkgetriebe hat die Ölverschlussschraube leicht korrodieren lassen

28. Nur präventiv füllt Mike modernes Getriebeöl in das Lenkgetriebe. Seine Korrosionsschutzadditive schützen das Getriebe bis zur Restaurierung

THEORIE UND PRAXIS TROMMELBREMSEN

Bremsen – das Basiswissen

Die Zahl unterschiedlicher Bremsentypen im Oldtimerschlepper ist überschaubar. Dieser Artikel stellt die Grundtypen vor und zeigt, was man selbst machen kann

Damit man 16 Tonnen Futterrüben auch auf abschüssigen Feldwegen sicher zum Stehen bekommt, verfügen Schlepper über Bremsen, allermeistens an der Hinterachse.

Grundsätzlich unterscheidet man zwischen Scheiben- und Trommelbremsen. Erstere sind – oftmals als im Ölbad laufende Lamellenbremsen – in vielen modernen Schleppern anzutreffen. In Oldtimern überwiegen hingegen die Trommelbremsen, sei es als Band- oder als Backenbremsen.

Bilder: Archiv W. Gehr

Backenbremse

Im letztgenannten Fall sind die Backen mit Reibbelägen versehen und stehen fest. Die Trommel ist am Rad befestigt und dreht sich. Drückt man die Backen nach außen, reibt es – die Bremstrommel wird verzögert, die Rüben langsamer. Wie schon die Kupplung werden die Bremsen beim Oldtimer mit Gestängen betätigt. Der Traktorist tritt ins Pedal und bewegt damit schlussendlich einen kleinen Nocken, der beide Backen auseinanderdrückt. Dabei können die Backen an der nicht betätigten Seite entweder fest gelagert oder gelenkig miteinander verbunden sein. Besondere Bauformen betätigen beide Seiten der Backe und heißen Duplexbremse. Der drehbare Nocken verdient besondere Aufmerksamkeit: Mit zunehmendem Drehwinkel werden die Backen nur noch wenig auseinandergedrückt – bringen aber sehr viel Kraft auf. Zusammen mit der großen Reibfläche ergibt das eine enorme Selbstverstärkung der Bremse. Richtig eingestellt, bringt so eine simple Konstruktion auch schwere Fuhren zum Stand – ganz ohne Hydraulik, Pneumatik und Bremskraftverstärker. Nachstellen lässt sich die Mechanik über Hebel und Gestänge. Ist man im Lauf der Zeit am Ende des Einstellwegs angekommen, wird der kurze Weg des Nockens aber zur Falle: Weil sich der Nocken bei sehr kurzem Weg und hoher Kraft schon in die Stirnseite der Backen eingräbt, reicht ein Trippelschritt aufs Pedal – und die Bremse blockiert. Damit einem die Futterrüben nicht in den Nacken rauschen, müssen deshalb die Beläge erneuert werden.

Die Bandbremse ist quasi eine Trommelbremse „andersherum". Ein Bremsband läuft um die sich drehende Bremstrommel. Zieht man die Schlinge zu, bremst es. Diese schlichte Konstruktion erzeugt keine besonders großen Kräfte und wurde daher meist nur für Handbremsen verwendet.

BAUARTEN BREMSE

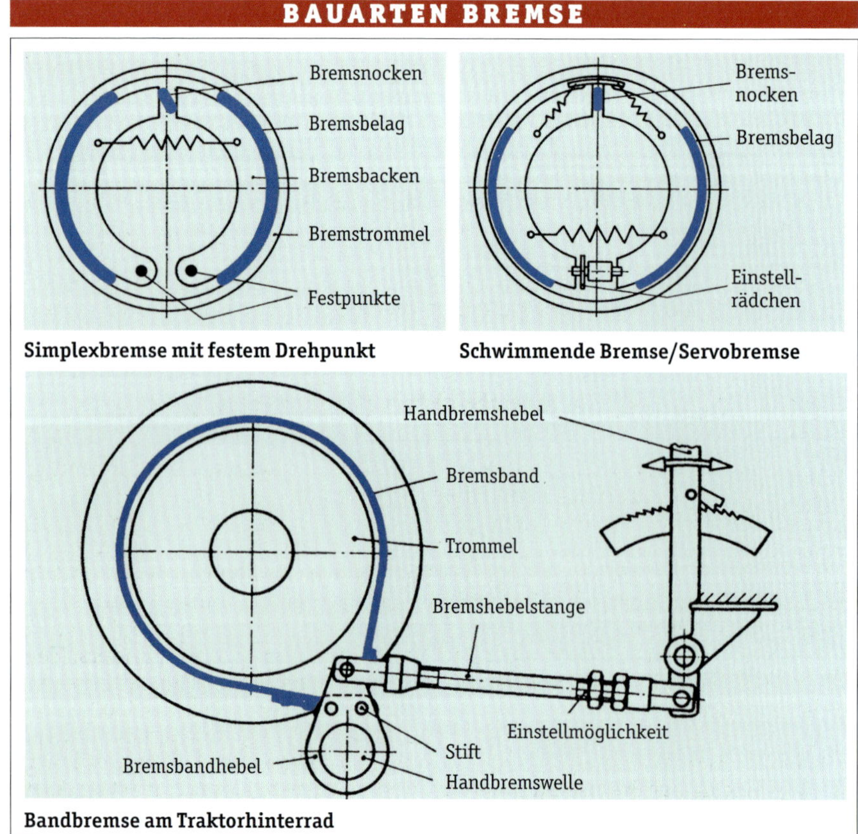

Simplexbremse mit festem Drehpunkt

Schwimmende Bremse/Servobremse

Bandbremse am Traktorhinterrad

Bremsbeläge ...

... können entweder genietet oder geklebt sein. Das Kleben fing in den 60er-Jahren an und ist genauso stabil wie eine Nietverbindung. Sind die Beläge knapp über den Nieten angekommen oder ist der geklebte Belag an seiner dünnsten Stelle nur noch zwei Millimeter stark, ist die Zeit für eine Erneuerung gekommen, die der versierte Schrauber auch selbst erledigen kann. Wenn die Bremsleistung trotz nachgestellter Bremse und gutem Belag gegen null geht, sind die Beläge meist verölt oder verglast. Ärgerlicherweise ruinieren schon wenige Tropfen Getriebeöl aus der Hinterachse einen Satz schöne, teure Bremsbeläge. Hat man die Heck-Konstruktion ohnehin gerade auseinander, lohnt sich die Investition in ein paar neue Wellendichtringe, um die Bremsbeläge vor dieser Ölpest zu bewahren. Wichtig: neue Beläge nicht mit dreckigen Fingern anfassen oder ungeschützt herumliegen lassen. Beläge mit glatter und „glasiger" Oberfläche bremsen ebenfalls nicht mehr. Diese extrem harte und wenig griffige Schicht bildet sich durch Übertemperatur – meist bei einer schleifenden Bremse.

Gehr/Meyer

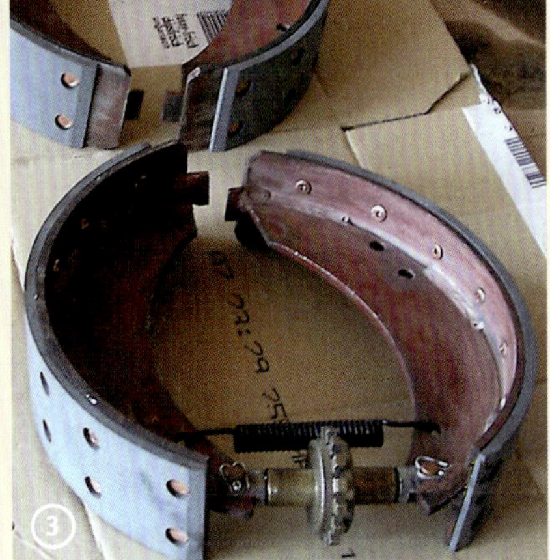

1. Durch Demontage des Achstrichters freigelegte Bremsbacken

2. Bremszylinder und ausgebaute Kolben zeigen Verschleißspuren und sollten überholt oder erneuert werden

3. Bremsbacken mit neuen Belägen, Rückholfeder und Nachstelleinrichtung (Rändelrad)

NEUE BREMSBELÄGE AM ZF-GETRIEBE

Praxis Bremsen

Klaus Tietgens berichtet vom Belagwechsel an der hydraulisch betätigten Trommelbremse eines Schlüter Super 950 V mit dem ZF-Getriebe T-330 II

Diesen Bremsentyp findet man häufig: Er gehört zur ZF-Getriebeserie T-300 beziehungsweise T-3000, die von 1966 bis 1996 in zahlreichen Großschleppern von Deutz, Eicher, Fendt, Güldner, Lindner, Schlüter und Steyr verbaut wurde.

Im Prinzip entspricht die Anlage der links abgebildeten schwimmenden Bremse, doch wird sie in diesem Fall nicht mechanisch, sondern hydraulisch betätigt. Für die Aktivierung sorgt ein Hydraulikzylinder, aus dem beim Bremsvorgang seitlich zwei Kolben herausgedrückt werden und die Backen an die Trommel pressen.

Die Nachstellung hat direkt an der Bremse zu erfolgen. Zu diesem Zweck sind die beiden Backen mit einer Gewindestange verbunden, die sich mittels eines Rändelrades auseinander- und zusammendrehen lässt. Das Rändelrad ist durch eine Öffnung im inneren Bereich des Achstrichters zu erreichen – sofern der Zugang nicht durch eine Melange aus Öl, Abrieb und von außen eingedrungenen Staubpartikeln versperrt wird. Nach dem dann fälligen „kleinen Frühjahrsputz" lässt sich die Klinge eines gebogenen Schraubenziehers in das Rändelrad einhaken und die Bremse bedarfsgerecht nachstellen.

Bei einer ab 1975 schrittweise eingeführten Weiterentwicklung erfolgt die Nachstellung automatisch über eine Klemmvorrichtung im Bremszylinder, so dass ein operativer Eingriff in der Regel erst bei verschlissenen Belägen erforderlich wird.

» Nachteil: zum Austausch der Beläge muss der ganze, nicht eben leichte Achstrichter demontiert werden

Operativer Eingriff

Die Anordnung der Bremse im inneren Bereich des Achstrichters hat einen einleuchtenden Grund: Weiter außen reduzieren Planetengetriebe die Drehzahl, sodass am Rad die erforderlichen hohen Drehmomente, im Inneren des Getriebes jedoch die erwünschten geringeren Momente walten. Entsprechend kleiner fallen die zur Verzögerung notwendigen Bremskräfte – und damit auch die Dimensionierung der gesamten Anlage – aus. Nachteil: Zum Austausch der Beläge muss der gesamte, nicht eben leichte Achstrichter demontiert werden. Bei dieser Gelegenheit lohnt sich eine Begutachtung des Bremszylinders. Zeigt dieser Verschleißspuren, sollte er von fachkundiger Hand überholt oder komplett erneuert werden, um die notwendige Leichtgängigkeit zu gewährleisten und den Austritt von Bremsflüssigkeit zu vermeiden.

Klaus Tietgens

TEIL 1: AUSBAU, FEHLERSUCHE UND REINIGUNG

Trennungsgrund

Einscheiben-Schraubfederkupplungen finden sich in etlichen Oldtimer-Traktoren. Sie sind relativ wartungsarm und robust, aber sie verschleißen mit der Zeit. Wenn trotz Nachstellens nichts mehr hilft, muss man nachschauen: Wie aufwendig das sein kann, zeigen uns Mike, Gerd und Marcel Schoch ...

In Mikes Traktorfundus verbirgt sich so manches Kleinod. Zum Beispiel ein Bungartz T 8-34 Schmalspurtraktor aus dem Weinbau. Obwohl optisch nicht mehr der Schönste, befindet sich der Liliputaner in einem guten technischen Zustand. Sein 34 PS starker Perkins-Vierzylinder-Diesel springt sofort an, das Hurth-Getriebe lässt sich mühelos schalten und die Bucher-Hydraulik arbeitet einwandfrei. Einziger Wehrmutstropfen ist die Kupplung. Trotz Widerstand am Kupplungspedal trennt sie nicht mehr. Für uns die Gelegenheit, dem Traktorexperten bei der Reparatur der Kupplung über die Schulter zu sehen.

Zeit ist das Wichtigste

„Das Wichtigste bei Arbeiten an der Kupplung ist Zeit", sagt Mike Thomas. „Der Bungartz ist zwar klein und übersichtlich, trotzdem bedeutet allein der Ausbau der Kupplung gut einen Tag Arbeit. Zudem kann man die Arbeit nicht allein machen, da man viel Kraft benötigt, den Traktor nach Öffnen der Kupplungsglockenverschraubung auseinanderzuziehen. Immerhin wiegt der Bungartz fast eine Tonne." Hilfe bekommt Mike jedoch von seinem Freund Gerd Müller und vom Autor dieses Artikels.

Die Vorbereitungen zum Zerlegen des Bungartz beginnen bereits früh morgens um halb acht. Mit einer Tasse Kaffee in der Hand sucht Mike zunächst einen geeigneten Platz. „Da viel abgeschraubt werden

KUPPLUNG DEMONTIEREN

1. Um besser arbeiten zu können, muss die Haube runter. Die Haubenachse hat sich ihrem Ausbau stark widersetzt

2. Bei der Demontage des E-Starters stellt Mike fest, dass zuerst der Auspuff weggeschraubt werden muss

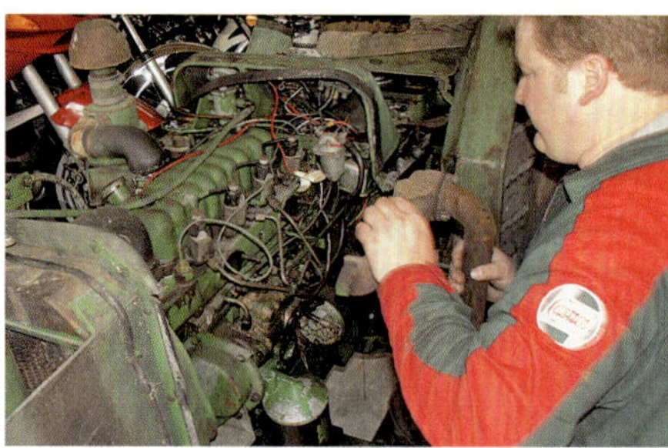

3. Mike schraubt den Auspuff am Krümmer ab. Hier lassen sich die Schrauben noch problemlos lösen

4. Der E-Starter kann nach Abklemmen der Kabel und Herausdrehen der zwei Halteschrauben leicht ausgebaut werden

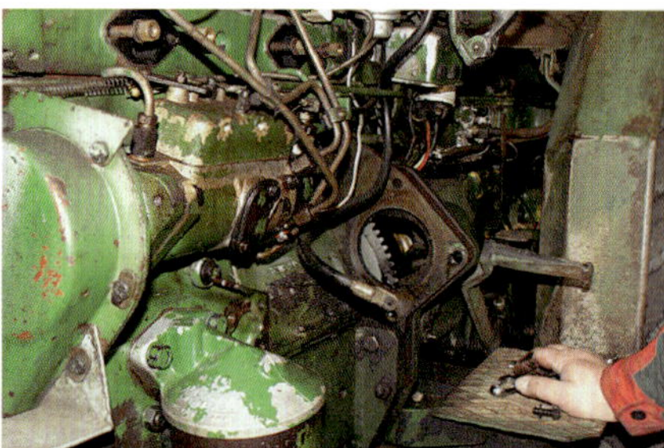

5. Deutlich ist die Verzahnung des Starterkranzes an der Schwungscheibe der Kupplung zu erkennen

6. Mike öffnet die ersten Schrauben der Kupplungsglocke. Der Halbrahmen darunter hält Getriebe und Motor noch zusammen

e Kupplung des Bungartz T 8-34 nmalspurtraktors von 1968 will nicht, e sie soll. Mike geht auf Fehlersuche – cher muss man allerdings eine Menge montieren

muss und der Traktor sicherlich einige Tage zerlegt in der Werkstatt steht, sollte die Reparatur an einem Ort geschehen, wo keine anderen Arbeiten blockiert werden", erklärt Mike. Der Platz ist dann auch schnell gefunden – Mikes Motorradhalle. Doch bevor wir beginnen, muss Ruhe einkehren: Vor der Demontage sollte man sich den Traktor erst einmal genau ansehen. Hilfreich ist natürlich immer eine Reparaturanleitung. In Ermangelung dieser muss Mike sich aber jeden Arbeitschritt am Bungartz genau überlegen, bevor er die ersten Schrauben löst. Bevor er loslegt, klemmt Mike noch die Batterie ab – Sicherheit steht immer an erster Stelle.

Auf die Haube

„Um mir einen Überblick zu verschaffen und keine wichtige Schraube zu übersehen, werde ich mit der Demontage der Motorhaube beginnen. So kommt man an alle Schrauben heran und schützt gleichzeitig das Haubenblech vor Beschädigungen", erklärt Mike sein Vorgehen. Eigentlich ist der Abbau einer Motorhaube kein Problem. Die des Bungartz wehrt sich jedoch heftig. Das Hindernis ist die Steckachse am Bug. Durch zahlreiche kleine Rempler ist sie verbogen und lässt sich nicht aus den Achstüllen ziehen. Doch bevor Mike hier mit schwererem Gerät der widerspenstigen Achse zu Leibe rückt, versucht er es zunächst mit Kriechöl und Ansetzen eines Ringschlüssels (vorher klemmt er noch die Scheinwerferelektrik auf der Innenseite der Haube ab). Beim Drehversuch mit dem Ringschlüssel bricht jedoch der Sechskantkopf der Achse ab. Jetzt helfen nur noch ein passender Durchtreiber und ein schwerer Hammer. Nach gut einer Viertelstunde Arbeit ist die Steckachse dann so weit aus ihrem Sitz getrieben, dass die Motorhaube abgehoben werden kann.

Der Auspuff muss runter

Jetzt beginnt Mike mit dem Abschrauben von E-Starter und Auspuff. „Der Auspuff muss runter, da sich der Starter sonst nicht von der Kupplungsglocke abschrauben beziehungsweise ausfädeln lässt." Hier ist Mike dann auch schon mit dem nächsten Problem konfrontiert. Weder die Schrauben an der Klemmschelle des Aus-

>>> SEITE 54

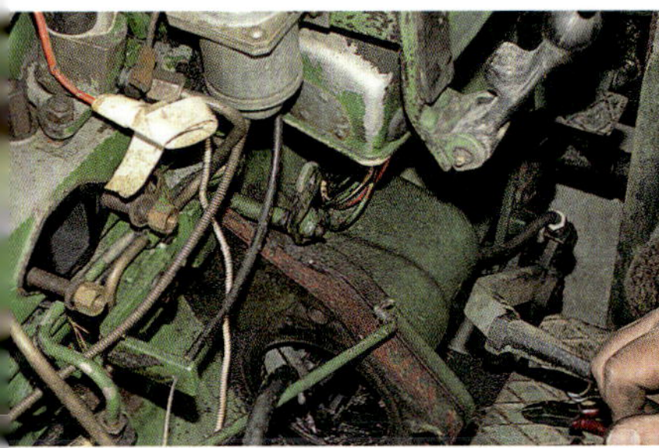

Auch das Gasgestänge muss ausgehängt erden, um später die Kupplungsglocke fnen zu können

9. Damit die Hydraulikleitungen nicht beschädigt werden, muss man zwei gut passende Maulschlüssel verwenden

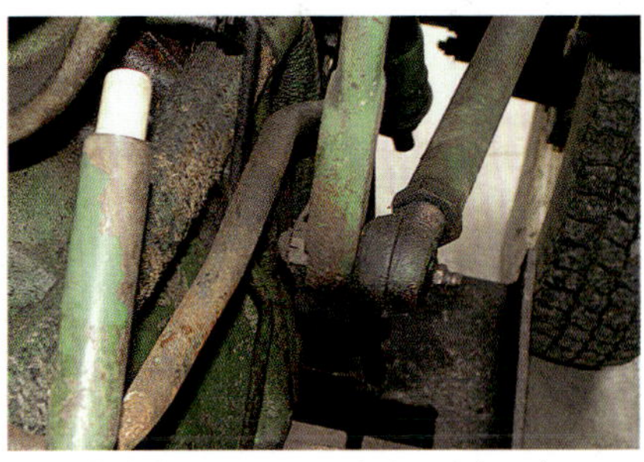

11. ... bei der man nur mit Spezialwerkzeug weiterkommt: Das Kugelgelenk muss mit einem speziellen Ausdrücker gelöst werden

Auf der rechten Seite des Bungartz T 8-34 : das Gasgestänge bereits vom Gaspedal sgehängt

10. Das zähflüssige Hydrauliköl braucht Zeit zum Ablaufen. Derweil macht sich Mike an die Demontage der Lenkschubstange ...

12. Der Ausdrücker steht unter Spannung. Sekunden nach der Aufnahme dieses Bildes sprang das Kugelgelenk aus seinem Sitz

pufftopfs noch die beiden Schrauben an der Verbindung von Auspuffrohr und Krümmer lassen sich ohne größere Beschädigungen öffnen. Sie sind verrostet und stark „vernudelt". Um nicht unnötig lange bei der weiteren Demontage aufgehalten zu werden, schraubt Mike kurzerhand den gesamten Auspuff am Krümmer vom Motor ab. Die verrosteten Schrauben sprüht er mit Kriechöl ein. Nach genügend Einwirkzeit wird Mike den Auspufftrakt dann auf der Werkbank zerlegen und entrosten.

Zustand des Starterritzels

Jetzt schraubt Mike nach Lösen des Starterkabels den E-Starter von der Kupplungsglocke ab. Bei dieser Gelegenheit überprüft er den Zustand des Starterritzels. Es ist im einwandfreien Zustand und zeigt keinen Verschleiß. Den Starterkranz an der Kupplung wird Mike kontrollieren, wenn er das Gehäuse geöffnet hat. Bereits jetzt sieht man einen Teil des Kranzes durch das Flanschloch des E-Starters. Mike: „Man könnte den Kranz bereits jetzt durch Drehen des Motors überprüfen. Das ist aber nur sinnvoll, wenn die Kupplung nicht geöffnet wird".

Anschließend löst Mike alle Schrauben der Kupplungsglocke. Dies kann am Bungartz gefahrlos geschehen, da der Kleintraktor über einen Halbrahmen unterhalb des Motors und des Getriebes verfügt, der beide Antriebskomponenten zusammenhält. Ist ein Hilfsrahmen nicht vorhanden,

» Bei der Lenkschubstange kommt man ohne Spezialwerkzeug nicht weiter

kann dieser Arbeitsschritt erst erfolgen, wenn Motor und Getriebe sicher abgestützt sind und alle übrigen mechanischen, hydraulischen und elektrischen Verbindungen getrennt wurden.

Verbindungen lösen

Mike geht bei der Trennung der Elektrik, des Gasgestänges, der Lenkschubstange und des Gaspedalgestänges natürlich systematisch vor, um nichts zu übersehen. Dabei bewegt er sich quasi einmal rund um die Kupplungsglocke. Als Erstes trennt er das Gasgestänge auf der linken Seite des Motors durch Lösen der Splinte und zieht es aus der Hebelaufnahme. Auch das Gasgestänge auf der rechten Seite des Motors wird getrennt.

Nun kommen die Hydraulikschläuche an die Reihe. Eine Ölauffangschüssel steht unter dem Traktor schon bereit. Zum Öffnen der Schraubverbindung müssen immer zwei gut passende Maulschlüssel verwendet werden: einer zum Kontern, der andere zum Drehen. Nach Trennen der Zu- und Rücklaufleitung läuft das Hydrauliköl aus. Da es sehr zähflüssig ist, benötigt das seine Zeit.

Derweil demontiert Mike die Lenkschubstange. Hier kommt man ohne Spezialwerkzeug nicht weiter , denn nach Herausziehen des Sicherungssplintes und Öffnen der Kranzmutter muss das Gummikugelgelenk mit einem speziellen Ausdrücker aus seiner Aufnahme gedrückt werden (siehe Seite 53, Bilder rechts). Nachdem die Lenkung getrennt ist, wird es kompliziert, weil das Cockpit mit allen seinen elektrischen und mechanischen Verbindungen teilweise demontiert werden muss.

Am besten: Fotos machen!

Ohne Schaltplan ist das eine Arbeit nur für Experten. Mike beginnt mit dem Lösen der Kabel am Verteilerkasten. Dabei überprüft er die Farben der Kabel, damit

KUPPLUNG DEMONTIEREN

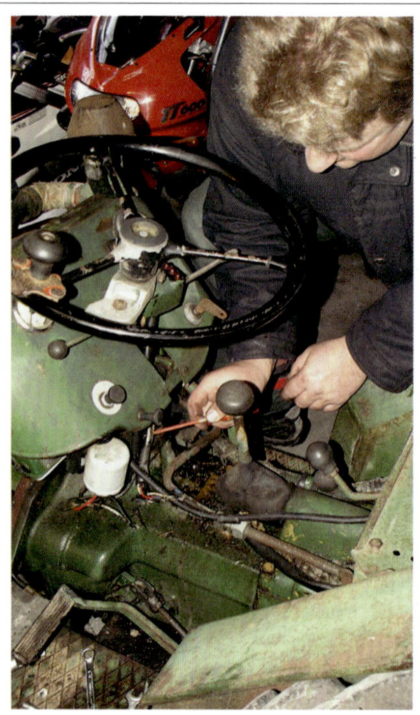

13. Nicht alle müssen getrennt werden: Mike prüft jede Leitung am Armaturenbrett, das spart hinterher viel Arbeit

14. Das Blech des Armaturenbrettes muss gelöst werden, damit das darunterliegende Lenkgetriebe mit dem Heck des Traktors nach hinten weggezogen werden kann

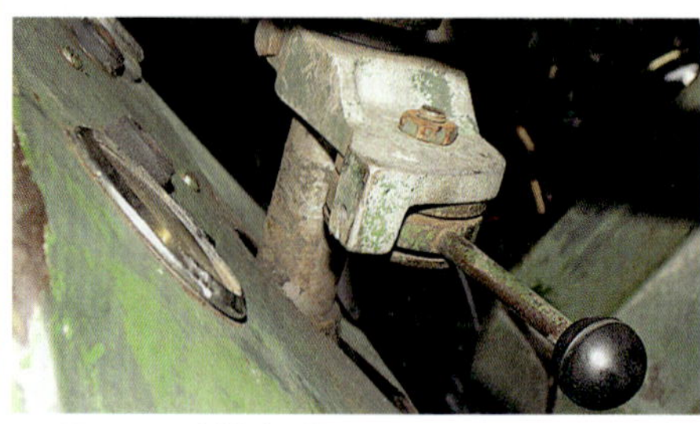

15. Unvermeidlich: die Demontage sämtlicher Züge vom Armaturenbrett zum Motor

16. Ohne starken Motorkran geht nichts. Er hä den Motor, wenn später das Heck nach hinten weggezogen wird

bei der späteren Montage die richtigen Kabel wieder zusammengeschlossen werden. „Oft wurde im Laufe der Jahre der Kabelbaum mehrfach repariert und die Kabelfarben stimmen nicht mehr. Ist das der Fall, muss man sich die Farben genau aufschreiben, damit hinterher wieder alles stimmt. Besser ist es, gute Digitalfotos zu machen. Da sich am Bungartz jedoch alles im Originalzustand befindet, wird die spätere Zusammenführung der richtigen Kabel kein Problem sein.

Ärger mit dem Armaturenbrett

Das Armaturenbrett muss komplett gelöst werden, damit es später angehoben werden kann. Denn das Lenkgetriebe, das unter dem Armaturenbrett mit der Getriebeglocke verschraubt ist, muss nach hinten weggezogen werden, ohne hängen zu bleiben. Alle Verbindungsschrauben mit dem Aufnahmerahmen und etliche Stützwinkel müssen nun mühsam abgeschraubt werden. Danach sind noch der Blinkerstock und der Zug für das Abstellen des Motors abzubauen.

Jetzt sind sämtliche Verbindungen zwischen Vorder- und Hinterbau des Traktors gelöst. „Nun wird es ernst", sagt Mike und beginnt, den Motor des Bungartz an einem Motorkran zu sichern. Hierzu befinden sich spezielle Ösen am Motor, in die die Haken der Kranketten eingehängt werden können. „Noch hält der Hilfsrahmen Vorder- und Hinterteil zusammen. Bevor ich seine Schrauben am Vorderbau herausdrehe, muss der Rahmen, der am Hinterteil verbleiben wird, so unterstützt werden, dass das Heck des Traktors nach hinten weggezogen werden kann", erklärt Mike seinem Freund Gerd Müller, der zwischenzeitlich zu Hilfe gekommen ist, das weitere Vorgehen. Große Holzblöcke unter dem Hilfsrahmen und ein Lkw-Wagenheber zur Sicherung lösen jedoch das Problem. Anschließend trennen Mike und Gerd den Traktor mithilfe einer Eisenstange und kräftigem Ziehen an den Hinterrädern. Nach rund sieben Stunden Arbeit liegt jetzt die Kupplung frei.

Sofort macht sich Mike daran, den Fehler an der Kupplung zu suchen. Er wird schnell fündig. Zwei der drei Ausrückgabeln der Einscheiben-Schraubenfederkupplung sind gebrochen. Richtig ersichtlich wird der Schaden, nachdem Mike den Ausrückmechanismus (siehe Schema Seite 57 oben) von der Schwungscheibe abgeschraubt hat. Die Eingreiflaschen und zwei Rückstellfedern sind gebrochen (siehe Bilder Nr. 24, 28, 29).

Reibscheibe: besser austauschen

„Beim Lösen der Schrauben des Kupplungsautomaten muss man vorsichtig vorgehen und die sechs Schrauben möglichst gleichmäßig rundherum herausdrehen, denn sie stehen unter Federdruck", warnt Mike. Ist der Ausrückmechanismus heraus, fällt einem die Reibscheibe in die

>>> SEITE 56

KUPPLUNGS-CHECK

Die drei goldenen Regeln:

1. Niemals allein!

Bei Kupplungsreparaturen ist aufgrund der hohen Gewichte von Motor und Getriebe dringend ein zweiter Mann notwendig!

2. Sicherheit geht vor!

Verwenden Sie nur Unterlegklötze, Böcke und Hebezeug, die auch dem hohen Gewicht ihres Traktors sicher standhalten

3. Trennen – aber richtig!

Bevor Sie die Kupplungsglocke öffnen, vergewissern Sie sich, dass alle Kabel, Anschlüsse und Leitungen, die Heck und Bug des Traktors verbinden, auch wirklich getrennt sind

. Noch lässt Mike jeweils zwei Schrauben schlossen, bis der Hilfsrahmen mit Holzötzen und einem Wagenheber gesichert ist

19. Langsam wird es spannend: Jetzt werden die letzten Schrauben des Hilfsrahmens herausgeschraubt

21. Die Schlacht ist fast gewonnen. Deutlich zeigt sich der erste Spalt zwischen Kupplungsglocke und Getriebe

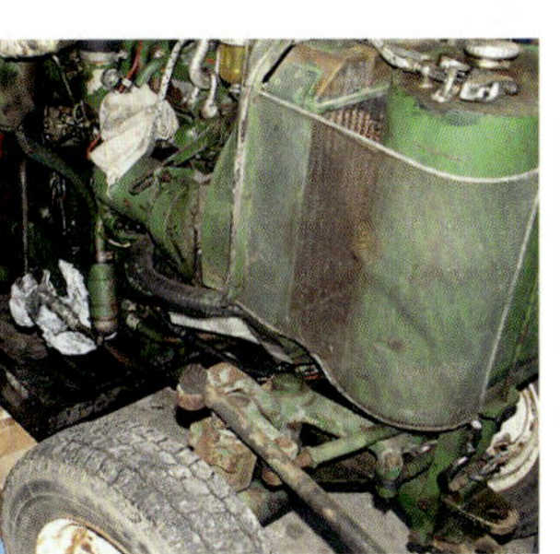

. Rutschbahn: Die Holzklötze liegen so, dass s Heck auf ihnen nach hinten weggezogen rden kann

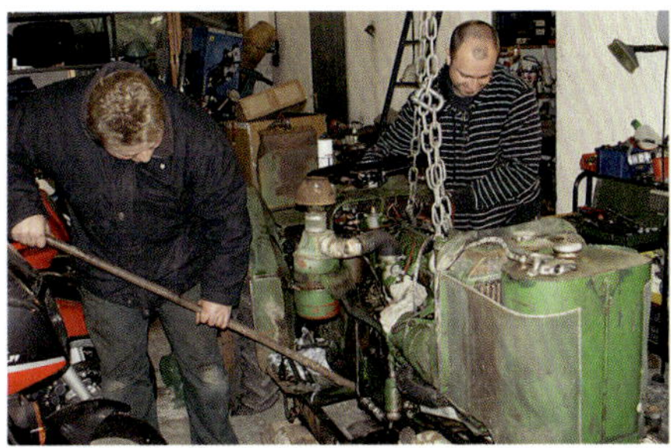

20. Mit vereinten Kräften drücken und ziehen Gerd und Mike am Bungartz. Widerwillig trennen sich seine Hälften

Hand. Sie ist auf Verschleiß zu prüfen. Als Richtwert für das Verschleißmaß können hier die Befestigungsnieten des Belags der Reibscheibe herangezogen werden. Sie müssen deutlich versenkt unter dem Reibbelag liegen (Seite 57, Bild 30). Ein bis zwei Millimeter sollten es sein. „Egal, wie der Verschleißzustand der Reibscheibe ist, empfehle ich trotzdem immer diese auszutauschen, wenn die Kupplung schon mal offen ist, denn auch vermeintlich gute Reibscheiben können wegen Überalterung des Belags zu rutschender Kupplung führen.“

Ausrücker-Check

Nicht vergessen darf man auch, den Ausrückmechanismus in der Kupplungsglocke genauer in Augenschein zu nehmen (Seite 57, Bild 27). Hier ist zunächst auf Spiel der Wellenlagerung des Ausrückgelenks zu achten. Es muss spielfrei sein, da sonst ein exaktes Einkuppeln nicht möglich ist. Auch dürfen die Rückstellfedern weder gebrochen noch verbogen sein. Im Zweifelsfall immer austauschen. Selbstverständlich ist auch die Leichtgängigkeit des Mechanismus zu überprüfen (fetten nicht vergessen!). Wichtig ist der Gleitring des Ausrücklagers. Er muss glatt sein und darf keinerlei Beschädigungen aufweisen.

» Nicht vergessen darf man, den Ausrückmechanismus in der Kupplungsglocke zu kontrollieren

Ist er nicht plan, führt das im Betrieb zu einer rupfenden Kupplung. (Da Mike die Reibscheibe tauscht, lässt er hier ihre Verzahnung außer Acht. Auch sie muss selbstverständlich in Ordnung sein, falls die Reibscheibe doch weiterverwendet werden soll). Wäre der Schaltautomat in Ordnung, würde Mike auch den Verzug der Druckplatte prüfen.

Check der Druckplatte

Hierzu muss die Druckplatte lediglich auf eine harte, glatte Platte (Glasscheibe o. ä.) gelegt werden, um das plane Aufliegen zu überprüfen. Es darf dabei keinerlei Verzug vorliegen. Der Zustand der Reibfläche der Druckplatte kann erst nach ihrer Reinigung beurteilt werden. Schlierspuren vom Belagabrieb sind dabei durchaus normal. Riefen, raue Stellen, aber auch bläuliche Verfärbungen, die von Überhitzung herrühren, bedeuten jedoch das Aus für die Druckplatte. Selbstverständlich ist auch die Druckplatte in der Schwungscheibe zu kontrollieren.

Zahnkranz: bestens!

Schließlich kontrolliert Mike auch den Anlasser-Zahnkranz an der Schwungscheibe. Er zeigt sich am Bungartz in einem absolut guten Zustand. Weder sind Zähne verschlissen noch sind welche gebrochen. In einem solchen Fall müsste nämlich die Schwungscheibe mit dem

KUPPLUNG DEMONTIEREN

22. Um jeden Zentimeter kämpfen Mike und Gerd

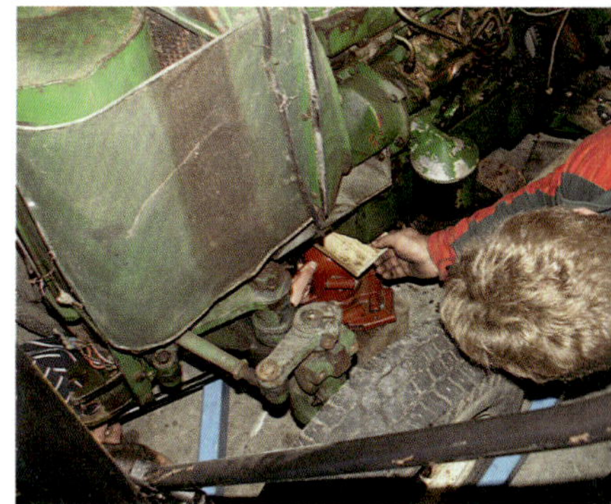

23. Immer wieder kontrolliert Mike den korrekten, sicheren Sitz der Holzböcke und des Wagenhebers

24. Geschafft! Die Kupplung liegt offen. Diagnose: Zwei der drei Ausrückgabeln der Einscheibe Schraubenfederkupplung sind gebrochen

Fotos: M. Schoch

Zahnkranz gewechselt werden. Zur Sicherheit sollte auch die Verschraubung der Schwungscheibe mit dem Kurbelwellenstumpf geprüft werden. Sie muss fest sein, und die Sicherungsbleche der Schrauben dürfen nicht fehlen.

Zum Schluss noch ein Wort zur Reinigung: Man sollte es vermeiden, die Kupplung mit Pressluft auszublasen. Die Belagstäube können Asbest enthalten. Aus diesem Grund sollte bei Arbeiten an der Kupplung immer eine Atemschutzmaske getragen werden. Die Reinigung erfolgt am besten zuerst mit Bremsenreiniger und anschließend mit Seife und Wasser. Erst dann darf man die Kupplung zum Trocknen (Rostvermeidung) mit Pressluft abblasen. Wie die Kupplung wieder zusammengebaut und der Bungartz wieder fahrtüchtig gemacht wird, erfahren Sie im nächsten Teil ab Seite 58. Mike wird bis dahin alle Ersatzteile besorgen. Ein weiterer Tag Schraubvergnügen steht uns jedenfalls noch bevor.

Marcel Schoch

SCHEMA EINSCHEIBEN-SCHRAUBFEDERKUPPLUNG

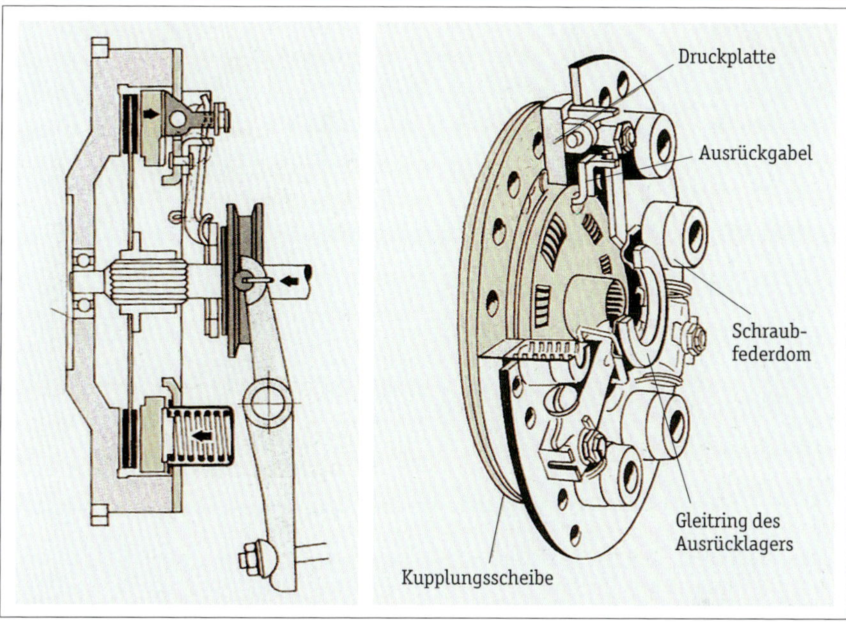

. Wichtig: Die sechs Schrauben des Schaltomats gleichmäßig herausschrauben, damit Federn sich langsam entlasten können

27. Der Ausrückmechanismus zeigt sich im guten Zustand. Kein Wunder – deutlich sind Fettreste vom Abschmieren zu erkennen

29. Mike vermutet, dass die Ausrückgabeln wegen einer falsch eingestellten Kupplung gebrochen sind

. Schwungscheibe, Anlasserkranzvernung, Schwungscheibenverschraubung an Kurbelwelle und Druckplatte sind noch gut!

28. Wären die Ausrückgabeln nicht gebrochen, könnte die Druckplatte sicherlich weiterverwendet werden

30. Verschleißmaß der Reibscheibe ist in Ordnung, die Verzahnung einwandfrei. Die Nieten liegen noch deutlich unterm Belag

TEIL 2: REPARATUR UND EINBAU

Wiedervereinigung

Die Einscheiben-Schraubfederkupplung des Bungartz ist ausgebaut, der Fehler gefunden, das Ersatzteil bestellt: Nun zeigt uns Mike, wie man sinnvoll und systematisch den Einbau des neuen Kupplungsautomaten und die anschließende Funktionsprüfung vornimmt. Dabei gibt es wie immer einiges an Überraschungen zu meistern ...

Im ersten Teil unseres Kupplungskapitels hat Mike Thomas den Schmalspurschlepper Bungartz-T8-34 zerlegt, um die defekte Kupplung auszubauen. Nachdem die Schadensursache – gebrochene Ausrückgabeln – feststand, musste Mike zunächst die Ersatzteile besorgen.

Nicht einfach umgekehrt!

In unserem Fall den gesamten Kupplungsautomaten mit Druckplatte – denn die verbauten, gebrochenen Ausrückgabeln gibt es nicht einzeln. Oft hört man, der Zusammenbau eines Traktors nach einer Reparatur hat in umgekehrter Reihenfolge der Zerlegung zu erfolgen. Das mag manchmal stimmen, doch oft sieht die Realität anders aus: Gerade beim Zusammenbau der Kupplung müssen viele Dinge beachtet werden, die beim Zerlegen vollkommen belanglos sind. Mike wird uns daher zeigen, wie eine Kupplung fachgerecht eingebaut wird.

Eigentlich wollte Mike den Bungartz schnell fertig machen, damit er in seiner Motorradhalle wieder Platz für andere Arbeiten hat. Wie sich aber herausstellte, war die Beschaffung des Kupplungsautomaten nicht so leicht. Fündig wurde er schließlich nach langer Suche bei der Wilhelm Fricke GmbH, besser bekannt unter dem Namen Granit (www.granit-parts.com).

Wenige Tage nach der Bestellung lag er bei Mike auf der Werkbank. Sofort rief er bei uns in der Redaktion an. Am nächsten Tag, um 7:30 Uhr, stehen wir bei Mike auf der Matte. Doch bevor es mit dem Zusam-

KUPPLUNG EINBAUEN

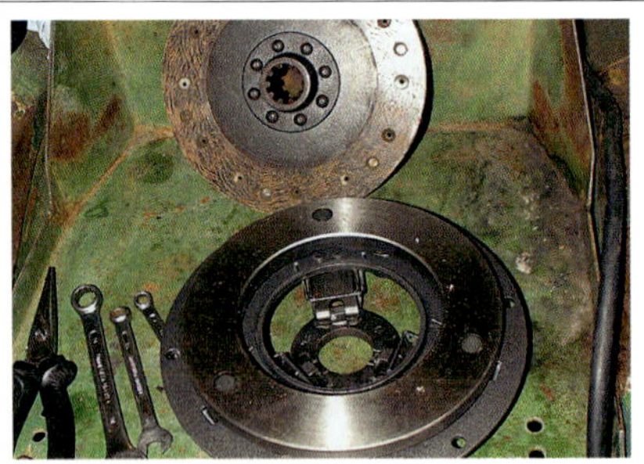

1. Die Maße stimmen! Das Neuteil entspricht ganz dem alten Kupplungsautomat

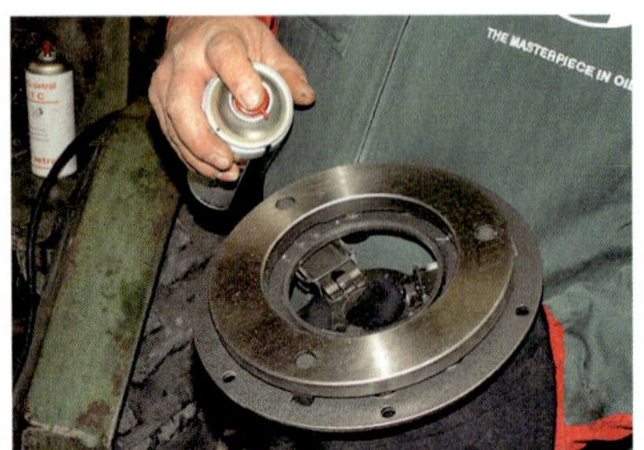

2. Vor der Montage muss noch das Konservierungsöl abgewaschen werden. Sonst rutscht die Kupplung

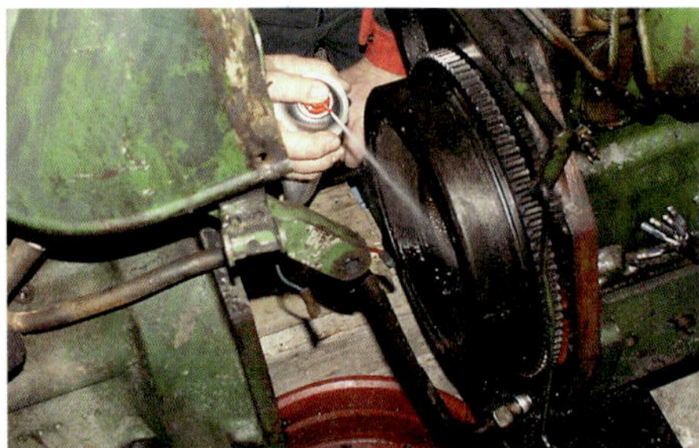

3. Nach zwei Wochen Standzeit hat sich leichter Flugrost auf der Schwungscheibe gebildet. Mike entfernt ihn mit Bremsenreiniger

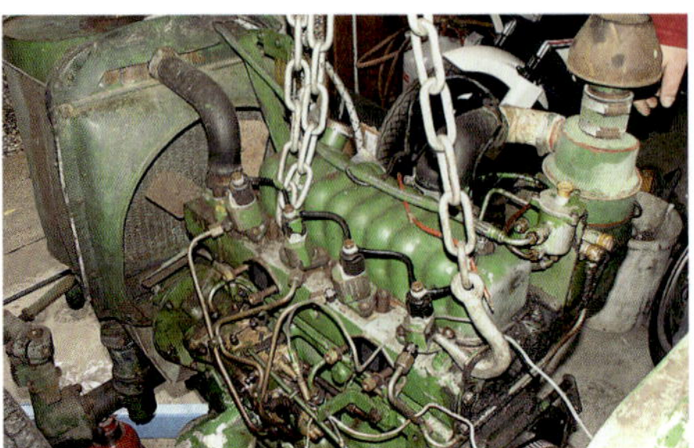

4. Vor dem Einbau der Kupplung überprüft Mike den Motorkran. Nach zwei Wochen Standzeit hat seine Hydraulik leicht nachgegeben

5. Auch die Stabilität der Holzböcke unter dem Hilfsrahmen sollten vor dem Einbau der Kupplung noch einmal begutachtet werden

6. Vor der Montage der Kupplung werden alle Schrauben gereinigt und mit neuen Unterlegscheiben versehen

Mike ist zufrieden. Er hält nach langer Suche endlich den Kupplungsautomat in Händen. Der Einbau kann beginnen

menbau losgeht, holt er sich ganz in Ruhe eine Tasse Kaffee. „Wie beim Zerlegen sollte man sich auch beim Zusammenbau genügend Zeit nehmen", sagt Mike und bremst erst einmal unseren Tatendrang. „Bevor ich mit dem Zusammenbau anfange, prüfe ich, ob das Ersatzteil tatsächlich das richtige ist", so Mike und vergleicht den neuen mit dem alten Kupplungsautomaten. „Manchmal passen zwar vermeintlich richtige Teile und lassen sich auch problemlos einbauen, nur funktionieren sie nicht, weil im Zuge irgendeiner Modellpflegemaßnahme die Baumaße wichtiger Komponenten vom Hersteller verändert wurden." Doch das von Granit gelieferte Teil ist absolut identisch mit dem Altteil und kann ohne Bedenken eingebaut werden.

Aber halt, bevor Mike sich dranmacht, den Kupplungsautomaten zu montieren, muss dieser erst einmal für die Montage vorbereitet werden. „Viele Ersatzteile sind mit einem Konservierungsöl eingesprüht, damit sie keinen Flugrost ansetzen. Das muss herunter, sonst rutscht nach dem Einbau die Kupplung", erklärt Mike, nimmt einen Bremsenreiniger in die Hand und sprüht den neuen Kupplungsautomaten damit ein.

Sauber und sicher

Nachdem die Reste des Konservierungsöls mit einem sauberen Lappen abgewischt sind, wendet sich Mike der Schwungscheibe mit Druckplatte und Anlasserkranz zu. Mike: „Auch hier muss alles penibel sauber sein." Immerhin ist es bereits gut zwei Wochen her, dass Mike die Schwungscheibe nach dem Ausbau der Kupplung gereinigt hat.

Nach der Sprüh- und Wischprozedur widmet Mike sich der Arbeitssicherheit. Dabei überprüft er den Stand des Motorkrans und den korrekten Sitz der Tragketten. „Die Überprüfung ist wichtig, da der Motor immerhin seit zwei Wochen am Kran hängt", warnt Mike. „Der Hydraulikdruck im Kran hat sicherlich nachgelassen. Deshalb muss dieser neu ausgerichtet werden". Tatsächlich ist der Motor um wenige Zentimeter nach unten abgesackt und liegt jetzt auf den Sicherheitsböcken

>>> SEITE 60

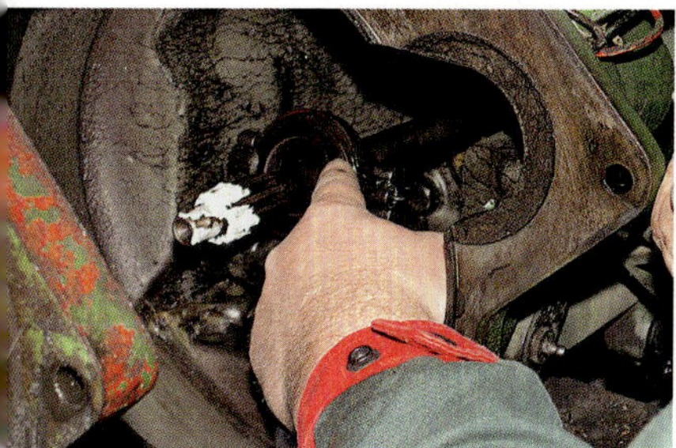

Die Getriebeeingangswelle wird mit speziel- n Lagerfett eingestrichen. Das erleichtert die ntage und gewährt ruckfreies Einkuppeln

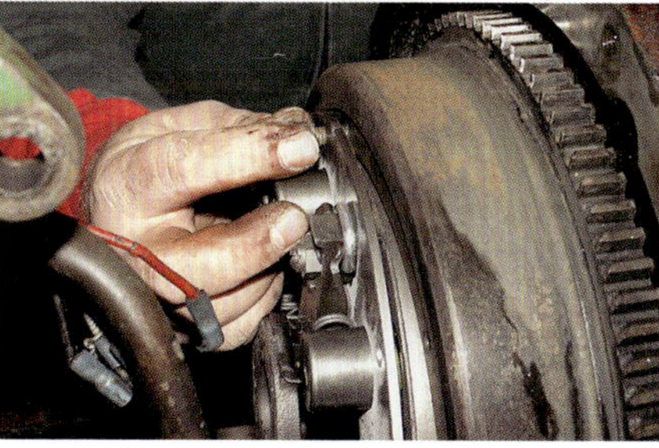

9. Die Schrauben des Kupplungsautomats werden zunächst handwarm angezogen, während die Reibscheibe zentriert wird

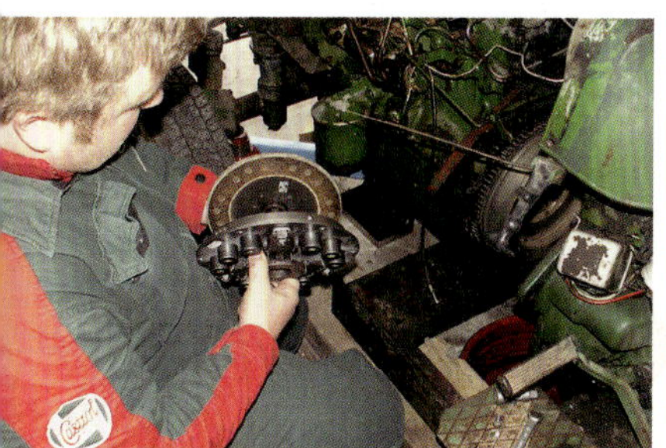

Wie war das noch mal? Bei der Montage der pplungsreibscheibe muss man darauf ten, dass sie richtig herum eingebaut wird

10. Nachjustage: Wenn alle Schrauben eingedreht sind, achtet man auf den richtigen Sitz von Kupplungsautomaten und Reibscheibe

11. Das Anziehen der Schrauben darf nur mit einem Drehmomentschlüssel mit dem richtigen Anzugsmoment erfolgen

auf. Mit wenigen Pumpbewegungen am Kran ist dieses Problem schnell behoben. Danach überprüft Mike auch die Holzböcke, auf denen der mit dem Heck des Bungartz verschraubte Hilfsrahmen aufliegt. Da sie auch schon geraume Zeit die Last des Hecks tragen mussten, könnten sie durch den Druck gebrochen sein. Die Prüfung zeigt aber, dass Mike sie richtig ausgesucht hat – keinerlei Spuren von Brüchen oder Quetschstellen sind zu sehen.

Bevor es jetzt mit der Montage losgeht, legt sich Mike alles nötige Werkzeug und alle Teile zurecht. Jede Schraube, die in der Kupplung verbaut wird, sieht er sich noch einmal genau an. „Alle Schrauben müssen sorgsam gereinigt werden. So lassen sich einerseits beschädigte Exemplare leichter erkennen, andererseits kann das flüssige Schraubensicherungsmittel, das bei Kupplungsverschraubungen aufgetragen werden sollte, eine bessere Wirkung entfalten", so Mike. Natürlich verwendet er für alle Schrauben neue Unterlegscheiben – in unserem Fall Sprengringe, welche die Verschraubungen zusätzlich gegen unbeabsichtigtes Lösen sichern. Da sich alle Schrauben in einem sehr guten Zustand befinden, muss Mike lediglich die alten Sicherungsringe entsorgen.

» Überschüssiges Lagerfett sollte unbedingt von der Getriebeeingangswellenverzahnung entfernt werden

Richtiges Fetten!

Im nächsten Arbeitsschritt bereitet Mike die Verzahnung der Getriebeeingangswelle für die Montage vor. Er trägt spezielles Lagerfett auf, damit sich die Verzahnung der Kupplungsscheibe im Betrieb ohne zu Hakeln auf der Welle leicht axial bewegen kann. „Beim Einschmieren der Getriebeeingangswellenverzahnung muss man darauf achten, nicht zu viel Fett zu verwenden, da es sonst im Betrieb auf die Reibfläche der Kupplungsscheibe geschleudert wird", erklärt Mike und streicht überschüssiges Fett von der Eingangswelle ab. Jetzt nimmt Mike die Reibscheibe und den Kupplungsautomaten in die Hand und fädelt beides in die Schwungscheibe ein. Dabei ist darauf zu achten, dass die Reibscheibe richtig herum montiert wird. Beim Bungartz muss das kürzere Ende der Verzahnungstülle der Reibscheibe zur Schwungscheibe hin montiert werden. Da der gesamte Kupplungsautomat im montierten Zustand unter Federspannung steht, schraubt Mike zunächst alle sechs Befestigungsschrauben „handwarm" fest und zentriert dabei die Reibscheibe, um dann anschließend mit einem Drehmom-

KUPPLUNG EINBAUEN

12. Noch sitzt der Kupplungsautomat nicht richtig in der Nut der Schwungscheibe. Mike muss nacharbeiten

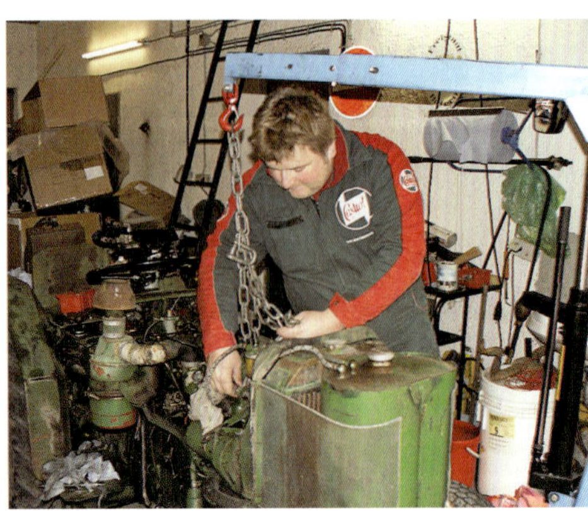

13. Die Ketten des Motorkrans müssen umgehängt werden. Sie verhindern ein Zusammenschieben des Traktors

14. An der vorderen Abschleppöse ist der richtige Platz für die Ketten des Motorkrans gefunden. Jetzt kann das Zusammenschieben beginnen. Dabei darauf achten, dass die Ausrichtung der Bohrungen der Hilfsrahmenverschraubung zueinander exakt fluchte

entschlüssel über Kreuz den Automaten nach und nach anzuziehen. „Während der gesamten Montage des Kupplungsautomaten muss man stets darauf achten, dass sich dieser beim Anziehen der Schrauben weder verzieht noch irgendwo verkantet", warnt Mike.

Der Kupplungsautomat ist erst dann richtig montiert, wenn er ringsherum plan auf der Schwungscheibe aufliegt und keinen Verzug aufweist.

Richtiges Zentrieren

Zum Zentrieren der Reibscheibe hat Mike einen Tipp: Eigentlich benötigt man hierzu einen passenden Dorn, der in die Verzahnung der Reibscheibe und in ein Widerlager am Kurbelwellenstumpf gesteckt wird. In Ermangelung dieses Spezialwerkzeuges greifen Profis wie Mike gelegentlich auf die Schraubendrehermethode zurück. Sie setzt jedoch viel Erfahrung und Fingerspitzengefühl voraus. Um auf diese Weise die Reibscheibe in der Kupplung zu zentrieren, muss der Automat gerade so fest angezogen werden, dass sich die Reibscheibe noch von außen mittels eines Schraubendrehers verschieben lässt. Das geschieht, indem man das Schraubendreherblatt von außen in den Spalt zwischen Reibscheibe und innerem Rand des Kupplungsautomaten steckt und mit dem Schraubendreherblatt dann vorsichtig hebelt. Das macht man an mehreren Stellen, bis die Reibscheibe ringsherum überall den gleichen Abstand zur inneren Schwungscheibe hat.

Erst dann wird die Verschraubung des Kupplungsautomaten endgültig, wie oben beschrieben, angezogen. „Ob ich beim Zentrieren der Reibscheibe mit dieser Methode sauber gearbeitet habe, wird sich beim Zusammenschieben von Heck und Vorderteil des Bungartz gleich zeigen", flachst Mike und beginnt das Vorderteil unseres Traktors an der Höhe des Heck-

KUPPLUNGSEINBAU

Die drei goldenen Regeln:

1. Nicht einfach umgekehrt!

Die Montage einer Kupplung ist anspruchsvoller als das Zerlegen. Daher vorher erkundigen, was man alles beachten muss.

2. Niemals allein!

Auch bei der Montage der Kupplung braucht es aufgrund der hohen Gewichte von Motor und Getriebe dringend einen zweiten Mann!

3. Frühestmöglich testen!

Sobald die Kupplung mit allen ihren Komponenten montiert ist, sofort testen. Erst wenn sie korrekt arbeitet, mit der Montage aller anderen Teile beginnen – das spart unter Umständen Zeit, Geld und Nerven.

>>> SEITE 62

Bereits beim ersten Versuch fädelt die riebeeingangswelle in die Verzahnung der bscheibe ein

17. Wichtig: Distanzstücke müssen noch vor dem endgültigen Zusammenschieben von Bug und Heck eingefädelt werden

19. An der Kupplungsglockenverschraubung ist auch der E-Starter mit befestigt. Er muss gleich montiert werden

Damit Front und Heck sich nicht plötzlich der trennen, sollten beide Teile während der ıtage mit Schrauben gesichert werden

18. Bevor Mike die Schrauben der Kupplungsglocke montiert, verschraubt er den Hilfsrahmen wieder am Bug – zunächst „handwarm"

20. Die Verschraubung der Kupplungsglocke muss über Kreuz erfolgen. Sonst öffnen sich die Schrauben später im Betrieb

teils auszurichten. Auch hier bedient sich Mike eines Schraubertricks, indem er Front und Heck zunächst (mithilfe des Autors) soweit zusammenschiebt und aufeinander ausrichtet, dass die Bohrlöcher der Kupplungsglockenverschraubung fluchten.

Einfädelungsarbeiten

Vorher hängt er aber noch den Motorkran um. Er befestigt die Kranketten an der vorderen Abschleppöse, damit er die Front leichter justieren kann. Um das exakte Fluchten von Front und Heck zu überprüfen, schiebt er dabei eine genau passende Stahlstange durch die gegenüberliegenden Verschraubungslöcher der beiden Kupplungsglockenhälften.

Lässt sich die Stahlstange ohne Verkanten durch alle (zugänglichen) Verschraubungslöcher schieben, fluchten beide Teile, und das Einfädeln der Getriebeeingangswellenverzahnung in die Verzahnung der Reibscheibe kann beginnen. „Auch hier muss man wissen, wie es geht“, lacht Mike, „denn sonst kann man nur sicher sein, dass die Verzahnungen beider Teile sich verkanten. Dann ist ein Zusammenschieben von Front und Heck unmöglich, auch wenn deren Ausrichtung stimmt. Mike bittet daher den Autor, per Steckschlüssel vorsichtig an der Verschraubung der Riemenscheibe, die sich an der Vorderseite des Motors befindet, zu drehen, während er gleichzeitig mit viel Kraft Front und Heck zusammenschiebt.

» Wichtig: die Distanzstücke der Kupplungsglockenverschraubung vor dem endgültigen Festziehen einfädeln

Zu meiner Überraschung fädelt bereits beim ersten Versuch die Verzahnung der Getriebeeingangswelle in die der Reibscheibe ein. Mike hat demnach auch die Reibscheibe richtig zentriert! Um bei der weiteren Montage Kraft zu sparen, steckt Mike jetzt alle Schrauben der Kupplungsglocke in ihre Bohrungen und beginnt, sie gleichmäßig rundherum anzuziehen. Dabei ziehen sich beide Teile zusammen, bis die Kupplungsglocke wieder komplett geschlossen ist. „Beim Bungartz muss man bei dieser Methode darauf achten, dass die Distanzstücke der unteren Kupplungsglockenverschraubung vor dem endgültigen Festziehen bereits eingefädelt werden, sonst kann man sie später nicht mehr montieren und muss alle Schrauben wieder öffnen“, weist Mike auf einen häufig begangenen Fehler hin. Jetzt, nachdem Vorder- und Hinterteil des Traktors wiedervereint sind, beginnt Mike, den Hilfsrahmen zu verschrauben. Danach werden der Motorkran und die Holzböcke entfernt. Endlich steht unser Bungartz nach zwei Wochen wieder auf allen Rädern.

Kupplungsteile zuerst montieren!

Eigentlich könnte der Artikel hier bereits mit dem Hinweis enden, dass nun die Montage der übrigen Teile in umgekehrter Reihenfolge der Zerlegung im ersten Teil unserer Geschichte beginnen kann. Doch Mike will es sich nehmen lassen, noch den einen oder anderen Tipp zu geben: „Bevor man in die Endmontage geht, sollten zuerst alle Teile montiert werden, die unmittelbar mit der Funktion

KUPPLUNG EINBAUEN

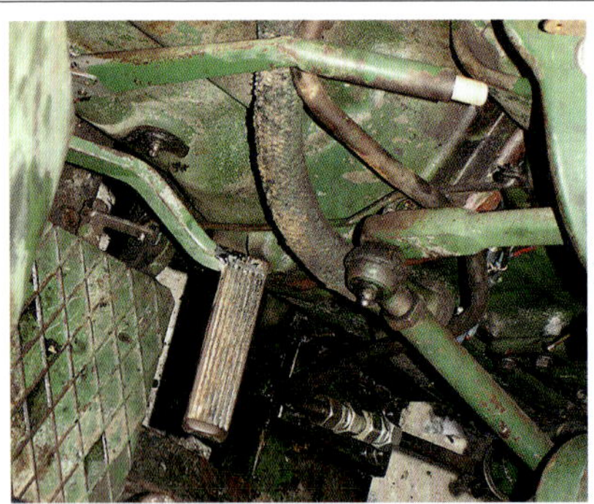

21. Nachdem alles fest verschraubt ist, kann die Montage der Anbauteile und Leitungen beginnen

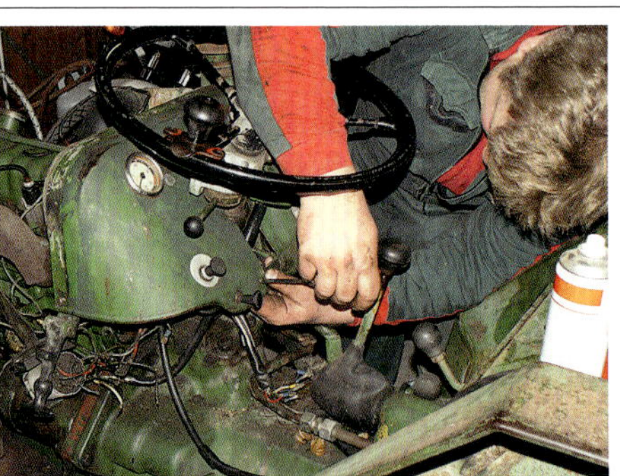

23. Das Armaturenbrett des Bungartz hat es in sich! Als erstes muss der Handgashebel zurück an den Platz. Hilfreich wäre eine dritte Hand

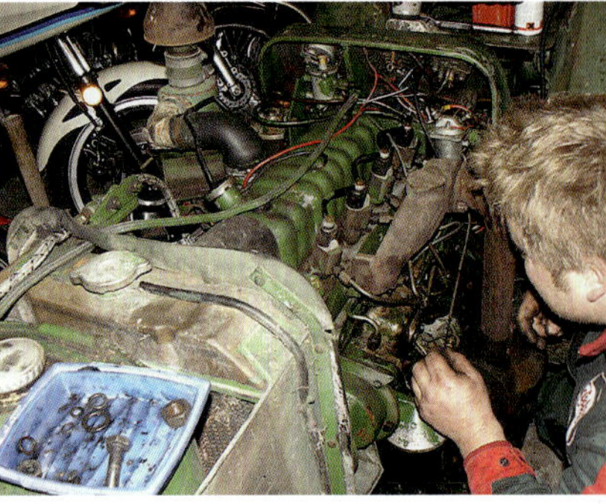

25. Wir nähern uns dem Abschluss. Hier baut Mike den Bowdenzug für den Abstellmechanismus ein

22. Ein Teil übersehen: Mike muss eine Schraube der Kupplungsglocke öffnen, um den Auspufftopf anschrauben zu können

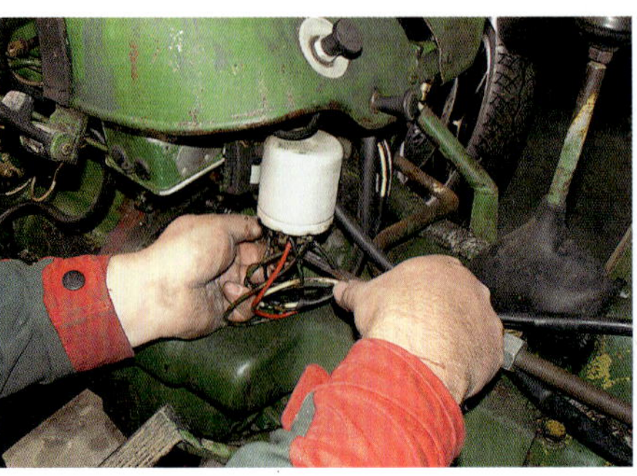

24. Beim Einbau der Elektrik überprüft Mike mehrfach, ob alle Kabel richtig angeschlossen sind

26. Vor der Montage der Motorhaube muss die Elektrik der vorderen Lampen wieder angeschlossen werden

der Kupplung zusammenhängen." Er schraubt daher zuerst die Kupplungspedalerie fest und stellt das Spiel provisorisch ein. So kann Mike die korrekte Funktion der Kupplung sofort prüfen.

Würde sich jetzt nämlich herausstellen, dass irgendetwas nicht stimmt, müssen nicht erst wieder viele Anbauteile demontiert werden, um den (Einbau-) Fehler zu beheben. Mike setzt sich also auf den Traktor, legt einen Gang ein, drückt das Kupplungspedal durch und bittet den Autor, ihn mit samt dem Traktor anzuschieben. Ergebnis nach schweißtreibendem Schieben: Die Kupplung trennt ordnungsgemäß. Während der Autor sich erholt und die letzten Schweißtropfen von der Stirn wischt, baut Mike den E-Starter und den Auspuff ein, schließt einen Teil der Elektrik wieder an und montiert die Lenkschubstange.

Ein kleines Weihnachtsgeschenk

Kniffelig wird es erst wieder, als das Armaturenbrett angeschraubt wird. „Das haben die Konstrukteure bei Bungartz während einer Weihnachtsfeier bei viel Glühwein konstruiert", flucht Mike und versucht die Haltewinkel sowie das Verkleidungsblech auf die vorderen Verschraubungslöcher auszurichten. Gleichzeitig muss Mike auch noch die Elektrik mit allen Relais anschrauben, denn diese wird zu allem Überfluss von einigen Haltewinkeln mitgetragen. Innerhalb einer guten Stunde gelingt es ihm dann doch, die gesamte Mimik wieder an ihrem angestammten Platz unterzubringen. Jetzt bleiben noch das Einhängen der Bowdenzüge (Handgas und Abstellmechanismus), das Zusammenschrauben der Hydraulikleitungen (das Entlüften will Mike später erledigen), die Montage der Kugelgelenke beziehungsweise Hebel (Gaspedal) und die der Motorhaube. Erstere Arbeiten sind schnell erledigt. Das Problem der Motorhaube, genauer gesagt ihrer widerspenstigen Steckachse, deren Bolzen sich nicht lösen will, besteht jedoch nach wie vor (siehe erster Teil, ab Seite 52). Mike muss daher zunächst die Achsaufnahmen ausrichten und kann dann erst eine neue (gebrauchte) Steckachse montieren.

Nach Anschluss der Elektrik für die vorderen Scheinwerfer (auf der Innenseite der Motorhaube) und Anklemmen der Batterie steht der Bungartz schließlich betriebsbereit vor uns.

Letzte Justierungen

Jetzt heißt es, den Motor starten und die Kupplung im Fahrbetrieb testen. Nach drei Startversuchen läuft der 34 PS starke Vierzylinder. Mike betätigt die Kupplung. Unter deutlichem Krachen kann der erste Gang eingelegt werden. Trotz durchgedrücktem Pedal schiebt der Traktor jedoch ganz leicht nach vorn. „Das Kupplungsspiel an der Pedalerie muss nochmals nachgestellt werden. Offenbar wurde es aufgrund des defekten alten Kupplungsautomaten restlos verstellt. Zudem ist die Gewindestange, an der das Spiel eingestellt werden kann, verbogen", erklärt Mike und macht sich sofort an die Arbeit.

Fünf Minuten später trennt die Kupplung des Bungartz trotz verbogener Gewindestange einwandfrei. Mike ist zufrieden und stellt den Traktor wieder am angestammten Platz in seiner Traktorhalle ab. Die Motorradhalle ist jetzt wieder frei für andere Arbeiten. Mal sehen, was Mike uns demnächst zeigen wird.

Marcel Schoch

Die defekte Steckachse … Motorhaube hat Mike … ch eine andere ersetzt

Das Kupplungsgestänge … d Mike später nochmals … stellen müssen

29. Fahrbereites Restaurierungsobjekt. Der neue Kupplungsautomat arbeitet nach kurzer Einstellungsphase tadellos, und eine neue gebrauchte Steckachse erlaubt es, die Motorhaube jederzeit stressfrei abzunehmen. Diese Teile werden die nächsten Jahrzehnte sicherlich tadellos ihren Dienst verrichten

MOTORINSTANDSETZUNG

Ein Loch ist im Motor, oh Ingo, oh Ingo …

… machs zu! Dieter Thurm hat den beiden Schlepperfreunden Ingo und Robert über die Schulter geguckt, als sie den scheinbar hoffnungslos vom Frost zerstörten Motorblock ihres Bautz sauber wieder instand setzten

Auf die Schnelle betrachtet hat sich Traktorfreund Ingo ziemlichen Schrott eingekauft. Der Bautz AS 120 von 1952 mit defektem Motor hatte dennoch einige Euros gekostet und wartet nun darauf, was mit ihm geschehen soll. So weit, so gut. Ingo macht sich also an die Arbeit und beginnt den Bautz Stück für Stück wieder in Ordnung zu bringen.

Der Motorblock ist aufgefroren, und an der einen Seite des Blockes ist ein ordentliches Stück Wand herausgesprengt. Dieses Loch könnte nur ein Blinder übersehen (Bild 1), und Ingo ist zunächst ratlos. Er klagt sein Leid Meister Robert Hirchenhein. Der alte Fuchs weiß ja vielleicht, wo man einen anderen Motorblock bekommen könnte oder er hat eine Idee. Die hatte Meister Robert: „Das Loch wird zugemacht! Ende!"

Der Zweizylinder-MWM KD 11 Z mit 12 PS gehört zu den ersten von Bautz in diesen Schleppertyp eingebauten Triebwerken. Später sollte es noch etliche

FROSTSCHADEN AM MOTORBLOCK – SCHRI

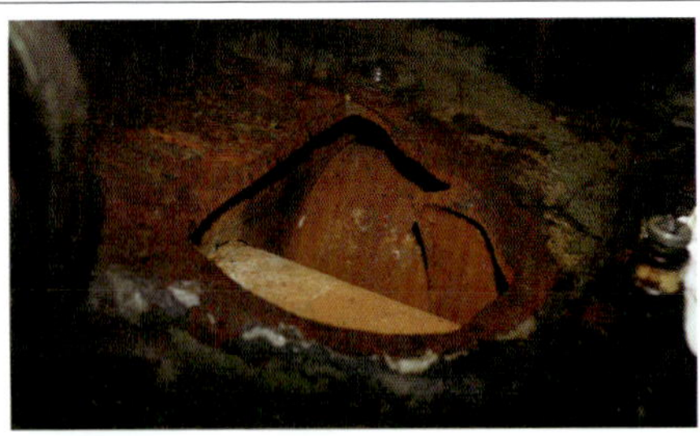

1. Hässlich, ein solches faustdickes Loch im Motorblock

2. Sauberkeit ist besonders bei der Motorreparatur eine wichtige Grundlage

3. Der Rohzuschnitt des Blechs, das das Loch im Motor abdichten soll

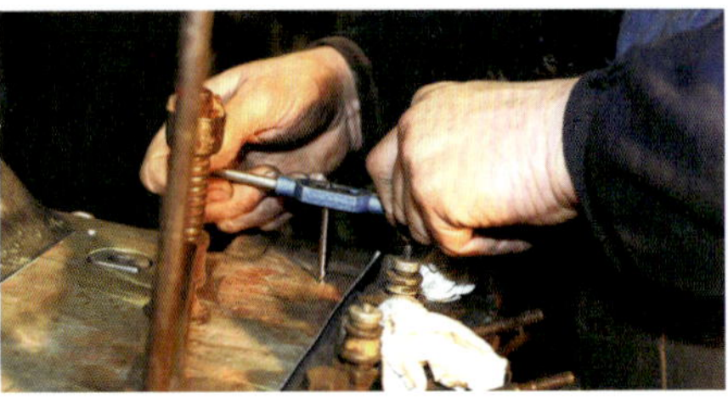

4. Gewindeschneiden in Guss muss mit viel Gefühl und vor allem trocken geschehen

5. Mit einem normalen Brenner kann das Blech erwärmt werden

6. Noch rot glühend sollte das Blech gebogen werden

Flicken ein faustgroßes Loch im MWM-Zweizylinder-Motor: Meister Robert Hirchenhein (l.) und Ingo

Änderungen geben, darunter schon ab 1952 den neuen MWM-Motor KD 211 Z mit Bosch- statt MWM/Natter-Einspritzpumpe und 14 PS bei höherer Drehzahl.

Bei Ingos Motor mit dem Loch handelt es sich also um die frühere und seltenere Variante, sodass die beiden ihm endgültig das Prädikat „erhaltenswürdig“ verleihen.

Also, Motor raus, gereinigt und zu Robert in die Werkstatt geschafft. Die Umgebung rund ums Loch wird mit einer Schleifhexe feingesäubert (Bild 2) und die Bruchstellen entgratet. Dann wird ein Stück Blech mit 2,5 Millimeter Stärke grob ausgeschnitten und zwar so, dass es das Loch komplett abdeckt (Bild 3). An einer Stelle ist zusätzlich ein etwas größeres Loch im Blech herauszuschneiden. Mit kräftigen Hammerschlägen wird es an die Konturen angepasst und anschließend mit fünf Bohrungen zum Befestigen versehen. An diesen fünf Stellen werden Gewinde M 5 in den Guss geschnitten (Bild 4).

Dabei ist zu beachten, trocken zu schneiden und ohne flüssiges Gleitmittel auszukommen. „Bohren und Gewinde schneiden bei Grauguss muss immer trocken geschehen, andernfalls verursacht das im Guss enthaltene Grafit Klumpen und führt zu ovalen Löchern und unbrauchbaren Gewinden", erklärt der Fachmann.

Schrauben, Lackieren, Dichten

Das Blech wird wieder aufgesetzt und mit Senkkopfschrauben M 5 x 16 befestigt. Dann wird nach Erhitzen des Bleches (Bild 5) erneut (Bild 6) und genauer an die Konturen angepasst. Das so lange und sorgfältig, bis das fremde Material schon fast Teil des Motorblockes ist (Bild 8). Weitere neun Befestigungslöcher werden angezeichnet, gebohrt und angesenkt; das Blech mit M 5 x 16 Senkkopfschrauben zur letzten Kontrolle erneut aufgeschraubt. Wieder abgenommen, wird das Blech an der Innenseite grundiert (Bild 9) und am Motorblock rund um das Loch Silikon aufgetragen (Bild 10). Meister Robert nimmt dazu Heizungssilikon, denn das besitzt eine höhere Temperaturbeständigkeit und ist zum Abdichten des Motorblockes am Besten geeignet. Nach seinen Angaben werden in solchen Motoren beim Betrieb etwa 50 – 60 Grad Kühlmitteltemperatur kaum überschritten, wodurch hohe Dichtigkeit der Reparaturstelle zu erwarten sei. Zusätzlich empfiehlt er zuerst mehrfach zu spülen und dann dem Kühlmittel ein Spezialmittel beizumischen, das von innen her in der Lage ist, kleinere Undichtigkeiten zu verschließen. Nach dem Auftragen des Silikons wird das Blech letztmals aufgelegt und endgültig verschraubt. Später, wenn alles trocken und fest ist, kann Ingo den ganzen Motorblock durchaus mit frischer Farbe versehen, empfiehlt Hirchenhein.

Vom Aufwand her nimmt die ganze Reparatur rund fünf Stunden in Anspruch. Vielleicht kann man Ingos Bautz auch einmal bei einem Traktortreffen persönlich bewundern.

dt-press

...JR SCHRITT BEHOBEN

7. So sieht die fertige neue Motorwand aus Blech aus, ...

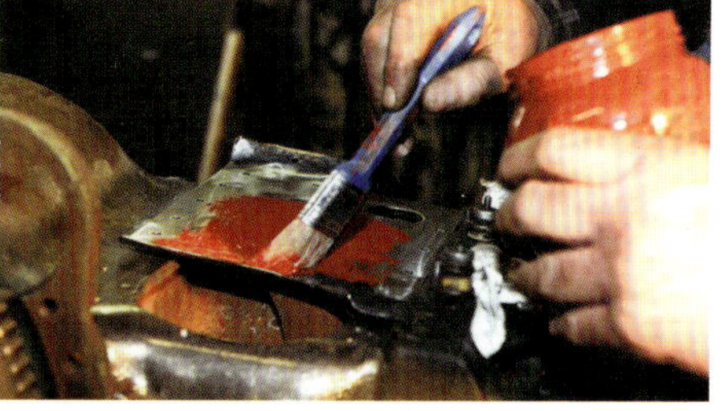
9. Innen muss grundiert werden, weil dort später Kühlmittel fließt

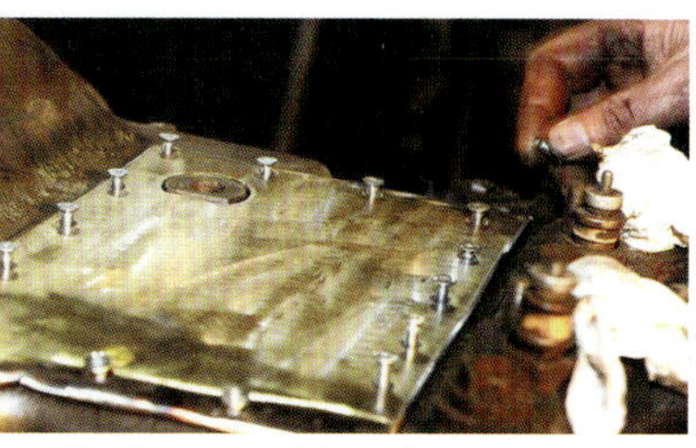
8. ... die dann mit Schrauben versehen aufgelegt wird

10. Mit (Heizungs-) Silikon wird ordentlich dicht gemacht

MOTORENÜBERHOLUNG

Tauschhandel

Wenn Sie die Reparatur Ihres Motors dem Fachmann überlassen oder gar einen Austauschmotor besorgen wollen, gibt es verschiedene Qualitäts- und Überarbeitungsklassen, die man beachten sollte. Robert Pollner bringt Licht ins Dunkel

Je seltener und älter der Traktor ist, desto weniger hat man Chancen, technische Ersatzteile zu bekommen", erläutert Robert Pollner. „Hier hilft dann meist nur die Nachfertigung oder Überarbeitung der benötigten Teile in Rahmen einer Motorüberholung. Das wiederum geht nicht ohne Fachwissen." Dieses Wissen findet sich bei den Betrieben des VMI (Verband der Motoreninstandsetzungsbetriebe e.V.).

Als Spezialisten arbeiten die Betriebe des VMI mit Kfz-Restaurierungswerkstatten und Hobbyschraubern zusammen. Im Verband des VMI sind heute rund 130 Fachbetriebe organisiert, die ihr spezifisch erlangtes Fachwissen untereinander austauschen. Um die hohen Qualitätsansprüche dauerhaft erfüllen zu können, hat der VMI einen Richtlinienkatalog erarbeitet, der für alle Mitglieder verbindlich ist.

Genaues Unterscheiden ist wichtig

„Stehen wir vor der Aufgabe, einen Oldtimertraktormotor instand zu setzen, müssen wir bei der Auftragsvergabe an einen Motoreninstandsetzungsfachbetrieb des VMI und gegenüber den Kunden immer genau zwischen diesen Bezeichnungen unterscheiden: generalüberholter Motor, grundinstand gesetzter Motor, teilinstand gesetzter Motor, geprüfter Motor, und Alt- bzw. Schrottmotor", erklärt Robert Pollner. „Da es für die einzelnen Bezeichnungen in Deutschland nur unzureichende Rechtsvorgaben gibt, halten wir uns an die entsprechenden Definitionen des VMI, um Problemen mit dem Kunden vorzubeugen. Ich rate daher jedem Traktoristen, sich an Fachbetriebe, die mit dem VMI zusammenarbeiten, zu wenden."

Die einzige in Deutschland existierende offizielle Norm, die den Leistungsumfang eines Tauschmotors genau festlegt, ist der Begriff „generalüberholter Motor nach RAL-GZ 797". Solche Motoren werden nach genau festgelegten Kriterien zerlegt, geprüft und instand gesetzt. Unabhängig von ihrem Verschleißzustand verlangt dabei die Richtlinie genau definierte Komponenten gegen Neuteile in Erstausrüsterqualität auszutauschen. Dabei müssen die Teilehersteller bzw. -lieferanten von der Gütegemeinschaft Motoreninstandsetzung freigegeben sein. Eine Leistungsprüfung ist obligatorisch. Nur Mitglieder der Gütegemeinschaft der Motoreninstandsetzungsbetriebe können und dürfen diese Motoren anbieten. Aufgrund meist fehlender Ersatzteile in der geforderten Qualität sind solche Motoren im Old- und Youngtimertraktor-Bereich jedoch meist nicht erhältlich.

Generalüberholt – ohne Definition

Stattdessen werden oft sogenannte generalüberholte Motoren angeboten. Ohne

Nur mithilfe des Eicher-Spezialisten Albert Pfaff war es möglich, diesen luftgekühlten Dreizylinder-Dieselmotor eines Eicher EA 400s neu aufzubauen

die Bezeichnung „nach RAL-GZ 797", und ohne die klaren und einsehbaren Richtlinien des VMI ist dieser Begriff jedoch nicht genau definiert. Bei generalüberholten Motoren handelt es sich um Motoren, die vollständig zerlegt, begutachtet, und entsprechend dem Ergebnis der Begutachtung nach dem Stand der Technik instand gesetzt wurden. Die Motorteile werden dabei nach dem Begutachtungsergebnis überholt oder wieder verwendet. Verschleißteile, wie Kolben oder Dichtungen sollten dabei immer gegen Neuteile in Herstellerqualität ersetzt worden sein.

BEGRIFFE ZUM LIEFERUMFANG

Komplettmotor	Motor, mit allen zur Funktion notwendigen Nebenaggregaten.
Teilmotor (Rumpfmotor)	Ohne Nebenaggregate, wie z. B. Kraftstoff-, Wasser-oder Einspritzpumpe, Vergaser, Zündanlage oder Kühlung.
Teilmotor („Short Block")	Auch splintfertiger Motor: Motor ohne Zylinderkopf und Nebenaggregate. Auch andere Bauteile können fehlen.

Grundinstand gesetzt

Wird der Begriff grundinstand gesetzter Motor verwendet, handelt es sich um einen Motor, der inklusive der vorhandenen Nebenaggregate nach einer technischen Beratung des Kunden, auf Basis einer konkreten Vereinbarung, repariert wurde. Der

» Der Verband der Motoreninstandsetzer hat einen für alle Mitglieder verbindlichen Richtlinienkatalog

Arbeitsumfang umfasst dabei mindestens den Zylinderkopf, die Kurbelwellenlagerung und den Kurbeltrieb (Pleuellagerung, Laufbuchse). Diese Komponenten müssen nach dem Stand der Technik repariert oder gegen Neuteile ersetzt werden. Eine Grundinstandsetzung kommt nur für Motoren von Klassikern in Betracht, wenn der Verschleißzustand des Aggregats und seiner Nebenaggregate noch so weit innerhalb der Toleranzen liegt, dass eine Überholung lohnt. In Rahmen vieler Traktorrestaurierungen werden solche Motoren als kostengünstige Alternative angeboten.

(Nur) repariert

Im Gegensatz hierzu wird oft auch der Begriff teilinstand gesetzter Motor (oder: zeitwertbezogene Instandsetzung, Reparatur, reparierter Motor) verwendet. Bei einem solchen Motor sind die vom Kunden angegebene Mängel sowie die bei der Demontage erkannten oder offensichtlich erkennbaren Mängel mit dem Ziel der Wiederherstellung der Lauffähigkeit des Motors zu beheben. Zu beachten ist hier, dass die Lauffähigkeit des Motors nicht zwingend der vom Hersteller zugesicherten und in den Konstruktionsunterlagen festgelegten Funktionsfähigkeit in allen Eigenschaften des Motors entsprechen muss. Auch sollten die Arbeiten immer nach dem Stand der Technik ausgeführt worden sein. Oft werden bei Old- und Youngtimertraktoren als Ersatz des defekten Aggregats sogenannte geprüfte Gebrauchtmotoren (auch: überprüfter Gebrauchtmotor) angeboten.

Generalüberholung eines Motors setzt viel Fachwissen voraus. Bei den Motorspezialisten VMI (Verband der Motoreninstandsetzer) ist man immer auf der sicheren Seite

Geprüfte Gebrauchtmotoren

Solche Motoren sind auf dem Leistungsprüfstand getestet, mit der höchsten Wartungsstufe gewartet, und mit optischen Diagnosegeräten im Brennraum und im Kurbelgehäuse überprüft worden. Sie werden im Old- und Youngtimer-Bereich nur mit zugesicherten (garantierten) Gebrauchseigenschaften angeboten. Aber Achtung: Bei lauffähigen Gebrauchtmotoren ohne Überprüfung werden hingegen vom Restaurierungsbetrieb keine zusicherbaren (garantierbaren) Gebrauchseigenschaften gegeben.

Vom Gebrauchtmotor unterscheidet der Fachmann noch den Alt- bzw. Schrottmotor. Altmotoren besitzen keine Gebrauchseigenschaften als Antriebsaggregat für ein Fahrzeug. Ihr Wert begründet sich in der Wiederverwendbarkeit bzw. Instandsetzbarkeit von Einzelteilen, Baugruppen oder des gesamten Motors. Sie werden oft auch als sogenannte Ersatzteilspender verkauft.

Ist der überwiegende Anteil eines Motors verschließen, defekt oder zerstört, trifft die Bezeichnung Schrottmotor zu. Solche Motoren inklusive ihrer (defekten) Nebenaggregate besitzen keine oder nur sehr geringe Wiederverwendungs- bzw. Instandsetzungseigenschaften. Die wenigen verwertbaren Teile werden meist für den Aufbau anderer Motoren des gleichen Typs verwendet. Die defekten Teile hingegen können, wie auch bei den übrigen Motorkategorien der Instandsetzung als Muster für die Herstellung oder Beschaffung neuer oder neuwertiger Ersatzteile verwendet werden.

KONTAKT:

Verband der Motoreninstandsetzungsbetriebe e.V.
Christinenstraße 3, 40880 Ratingen
Tel. (02102) 44 72 22
Fax (02102) 44 72 25
info@vmi-ev.de; www.vmi-ev.de

Robert Pollner ist Traktorexperte und Mitgeschäftsführer der Firma R & R in Maisach

RUMPFMOTOR-DIAGNOSTIK MIT WENIG AUFWAND

Triebwerkschaden?

Wann ist der Motor gesund, sprich technisch in Ordnung? Besonders beim Gebrauchtkauf ist das eine der wichtigsten Fragen. Experte Robert Pollner zeigt, wie man ohne viel Aufwand den Zustand eines Motors beurteilen kann

Jeder kennt das: Man hat vor, einen Traktor zu kaufen, weiß aber nichts über den Zustand des Motors. Oder man möchte schlicht nur wissen, ob der Motor des eigenen Traktors noch in Ordnung ist. In beiden Fällen ist guter Rat teuer, denn um sicherzugehen, müsste man den Kraftspender zerlegen. Kaum ein Verkäufer würde dem zustimmen – auch hat man oft nicht die Zeit, geschweige denn die Lust, seinen Traktormotor „mal eben so" zu zerlegen – vor allem wenn er augenscheinlich gut läuft. Heißt es doch auf „Neudeutsch": „Never touch a running system" was so viel bedeutet, wie „zerlege nichts, was gut funktioniert"!

„Auch wenn man den Motor nicht vollständig zerlegen kann oder will – im Unklaren über seinen Zustand muss man nicht bleiben", sagt Robert Pollner, Geschäftsführer und Traktorexperte der Firma R&R Kfz Reparatur GmbH aus Überacker westlich von München. „Es gibt ein paar Tricks, mit denen man ziemlich schnell herausfinden kann, wie es um die Gesundheit des Triebwerks bestimmt ist", und meint hier den sogenannten Rumpfmotor, also den Motorblock ohne Anbauteile und Aggregate.

Zuallererst: Öl kontrollieren!

Seine Motorprüfung startet Robert immer mit der Kontrolle des Motoröls. „Ist zu wenig Öl im Motor, lässt das die ersten Rückschlüsse auf den Wartungszustand des Motors zu", sagt Robert. „Bei zu niedrigem Ölstand bin ich dann schon vorgewarnt." Anschließend öffnet er den Deckel des Einfüllstutzens und sieht sich seine Innenseite näher an. „Besonders bei Traktoren mit Wasserkühlung ist es wichtig, die Deckelinnenseite auf eventuelle Ölsulzablagerungen zu prüfen", so Robert. Zeigt sich hier eine sulzig-braune bis ockergelbe Substanz, dann ist Wasser im Motoröl, das möglicherweise über eine undichte Zylinderkopfdichtung oder über einen Riss im Kühlkreislauf in das Motoröl gelangt ist.

„Ein Blick in den Kühler verschafft Klarheit, woher das Wasser kommt. Findet sich Öl im Kühlerwasser, dann ist das Kühlsystem zum Motor hin undicht", fasst Robert zusammen. Ist hingegen im Kühlwasser kein Motoröl oder der Motor ist luftgekühlt, können die Versulzungen auch von übermäßigem Kurzstreckenbetrieb stammen. Da hierbei der Schmierstoff im Triebwerk nicht richtig warm wird, kondensiert das im Motoröl gelöste Wasser an den kalten Motorwänden. Dort bildet es dann zusammen mit dem Motoröl die sulzartigen Ablagerungen.

Der Deutz Bauernschlepper, Typ F2L 612/54-I (Baujahr 1956), dient als Anschauungsobjekt für die Motordiagnose

„Wasser im Motor ist durchaus normal", erklärt Robert. „Es stammt aus der Verbrennung des Kraftstoffes und aus der angesaugten Umgebungsluft. Daher ist es wichtig, den Motor immer auf Betriebstemperatur zu bringen, damit das Wasser über die Motorentlüftung entweichen kann." Geschieht dies nämlich über längere Zeit nicht, kann dies zu Schmierverlust und damit zu Lagerschäden führen.

Vorsicht bei modernen Ölen!

Besonders wichtig ist für Robert auch die Frage, welche Art von Motoröl verwendet wurde, denn gerade moderne Öle – auch wenn sie gut gemeint sind – schaden den alten Motoren mehr, als sie nützen. Robert: „In modernen Schmierstoffen befinden sich Zusätze und Additive, die vorhandenen Ölschlamm auflösen und dessen Neubildung verhindern. Vor allem die Dispersanten halten dann kleinste Verunreinigungen im Öl in Dispersion – sprich: in einem Schwebezustand."

Und genau hier liegt das Problem! Verfügt der Motor über keinen Feinstölfilter – wie es bei vielen Vorkriegstraktoren oder auch solchen aus den 1950er-Jahren die Regel ist –, werden Schmutz und Abrieb bei Verwendung dieser sogenannten legierten Öle durch sämtliche Schmierstellen gepumpt und verursachen dort erhöhten Verschleiß. Sie verhindern die gewünschte Ölschlammbildung, die den Schmutz bindet. Deshalb dürfen in alten Traktoren nur unlegierte Motoröle verwendet werden (vgl. S. 110 ff.).

Oft lässt sich aber nicht mehr nachvollziehen, welche Art von Motoröl verwendet wurde. Hier würde nur eine aufwendige Demontage der Ölwanne Klarheit schaffen, um zu sehen, ob sich dort Ölschlamm gebildet hat. „Ist ein gut zugänglicher Ölgrobfilter mit Netz oder Sieb vorhanden, kann man aber auch dort nachsehen, ob sich Ölschlamm im Gehäusesumpf abgelagert hat. Das ist bei einem Kauf allemal leichter zu kontrollieren, als den Verkäufer zu bitten, die Ölwanne zu demontieren", schmunzelt Robert.

» Die Motorprüfung sollte immer mit der genauen Kontrolle des Motoröls beginnen

Notfalls ins Labor

Endgültige Sicherheit über die Art des verwandten Schmierstoffes würde aber nur eine Laboranalyse geben. Solche Untersuchungen führt beispielsweise die Firma Ölcheck (www.oelcheck.de) im bayerischen Brannenburg durch. Dort kann man von der Viskosität und Sorte des Motoröls über dessen Wassergehalt bis hin zu den enthaltenen Partikeln alle wichtigen Parameter untersuchen lassen, die auf den Zustand des Motoröls und damit des Motors Rückschlüsse geben. Die Preise für die einzelnen Untersuchungen beginnen bei rund 50 Euro.

» Die Kompressionsprüfung gibt zuverlässig Auskunft über den Zustand von Kolben, Zylindern und Ventilen

„Öluntersuchungen sind hilfreich, vor allem wenn man beim Ölwechsel Späne an der (Magnet-)Ablassschraube findet", ergänzt Robert. „Je nach Art der Legierung der Späne kann man so erfahren, welche Lagerstelle betroffen ist und eventuell bald versagen wird."

Neben dem Motoröl sollte auch immer der Ventiltrieb kontrolliert werden. Robert baut hierzu an unserem Demonstrationsobjekt – ein Bauernschlepper von Deutz, Typ F2L 612/54-I, Baujahr 1956 – beide Ventildeckel ab und dreht den Motor für den ersten Zylinder auf den oberen Totpunkt, um das Ventilspiel zu messen. „Hat der Motor übermäßiges Ventilspiel, läuft er mechanisch sehr laut", erklärt Robert. Bei zu engem ist er einen Tick zu leise. Falsches Ventilspiel sollte unbedingt korrigiert werden, um die Geräusche der Mechanik bei laufendem Motor besser beurteilen zu können.

Zu viel Spiel?

Wenn der Ventiltrieb schon offen vor einem liegt, werden bei dieser Gelegenheit gleich das Kipphebelspiel und der Zustand der Ventileinstellschrauben kontrolliert. Übermäßiges Kipphebelspiel kann sehr laute Laufgeräusche verursachen, obwohl die Ursache verhältnismäßig harmlos ist. Kritischer sind die Ventileinstellschrauben. Sind sie bereits sehr weit herausgedreht, lässt das auf eingeschlagene Ventilsitzringe und eventuell undichte Ventile schließen. Beim Stichwort Ventile kommt Robert gleich auf den wichtigsten Motorcheck zu sprechen: Die Kompressionsprüfung. Sie gibt zuverlässig darüber Auskunft, in welchem Zustand sich Kolben, Zylinder und Ventile befinden. „In der Praxis werden zwei Methoden angewandt, um die Kompression der Zylinder zu prüfen: Die statische und die dynamische Kompressionsmessung", sagt Robert.

Bei der statischen Kompressionsmessung wird ein kleiner Adapter für einen Druckschlauch anstatt der Zündkerze eines Ottomotors in das Zündkerzenloch geschraubt und hieran ein Pressluftschlauch angeschlossen. Bei Dieselmotoren muss entsprechend die Einspritzdüse oder die Glühkerze ausgebaut werden, um den Adapter montieren zu können. Zur Vorbereitung der Messung muss anschließend der entsprechende Kolben im Motor auf OT des Kompressionstaktes gedreht

MOTORCHECK: ÖL

1. Ist genug Öl im Motor – diese Frage will Robert zuerst beantwortet wissen!

2. Alles sauber! Am Deckel des Öleinfüllstutzens findet sich kein Ölsulz

3. Bei wassergekühlten Motoren sollte man immer das Kühlwasser auf Ölspuren kontrollieren. Ölschlieren weisen auf ein Leck im Kühlsystem hin

4. Hier wurde ziemlich sicher unlegiertes Motoröl verwendet. Der Ölschlamm im Ölfiltergehäuse ist ein deutlicher Hinweis

5. Der Zustand des Motoröls gibt Auskunft über die mechanische Beschaffenheit des Motors. Wer es ganz genau wissen will, sollte das Öl analysieren lassen

6. Wer an der Ölablassschraube Metallspäne findet sollte schnell nach den Ursachen forschen. Hier ist alles im grünen Bereich

werden. In dieser Stellung sind beide Ventile, Ein- und Auslass, geschlossen. Durch die nun in den Brennraum eingeleitete Pressluft wird die Dichtheit von Kolbenringen und Ventilen statisch geprüft.

Unter Druck

Bei einem einwandfreien Motor entweicht auch über Stunden kein Druck durch die Ventile oder über die Kolbenringe. „Bei leicht verschlissenen Komponenten wird man hingegen ein leises Zischen vernehmen", führt Robert weiter aus. „Speziell die Komponente, die den Druck nicht halten kann, lässt sich dabei leicht identifizieren. Einfach das Ohr an den Auspuff, den Vergaser, das Drosselklappenrohr der Einspritzung oder an die Motorentlüftung halten."

Zischt es aus dem Auspuff ist das Auslassventil defekt. Wenn das Zischen aus dem Vergaser oder dem Einspritzbereich kommt, ist mit Sicherheit das Einlassventil undicht. Wird das Geräusch in der Motorentlüftung lokalisiert, halten die Kolbenringe nicht mehr dicht.

Wer diesen Test durchführt, braucht übrigens nicht zu erschrecken, wenn er ein zischendes Geräusch hört. Hierzu Robert: „Es gibt kaum Motoren, die hundertprozentig dicht sind. Ein steter Druckverlust von bis zu 30 Prozent ist noch im Rahmen des gewöhnlichen Verschleißes. Darüber hinaus ist Handeln angesagt. Der Test muss selbstverständlich der Reihe nach an allen Zylindern vorgenommen werden, um ein umfassendes Bild vom Verschleißzustand zu erhalten."

Bei der dynamischen Kompressionsmessung hingegen wird eine sogenannte Kompressionsuhr eingesetzt. Sie wird ebenfalls bei Ottomotoren anstelle der Zündkerze bzw. bei Dieselmotoren anstelle der Einspritzdüse oder der Glühkerze in den Zylinder geschraubt. „Um die Kompression zu prüfen, muss noch der Vergaser oder bei Einspritzung die Drosselklappe abgeschraubt oder vollständig geöffnet werden, damit der Motor ungehindert Luft ansaugen kann", ergänzt Robert. „Bei einfachen Schiebervergasern genügt es, das Gas voll aufzudrehen."

Kräftig orgeln

Anschließend wird die Zündung ausgeschaltet oder, falls möglich, das Pluskabel zur Zündspule abgeklemmt. Nun wird der E-Starter – hier ist ein zweiter Mann sehr hilfreich – betätigt und der Motor für gut fünf bis zehn Sekunden kräftig durchgeorgelt. So wird sichergestellt, dass der Schleppzeiger der Kompressionsuhr nach dem Durchdrehen des Motors auch wirklich das höchstmögliche dynamische

MOTORCHECK: VENTILE

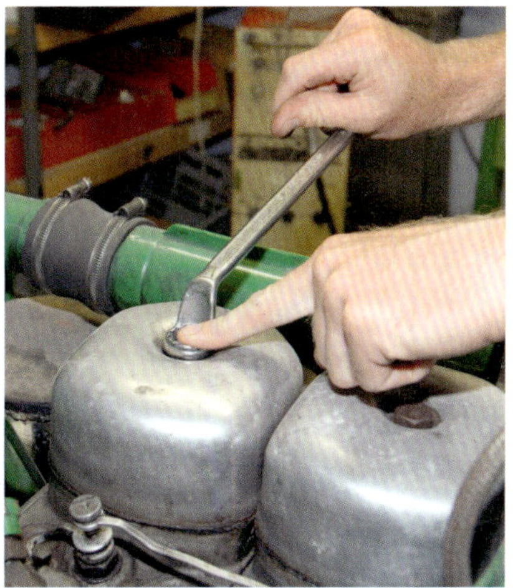

7. Der Blick unter die Ventildeckel ist Pflicht. Robert öffnet den ersten von zwei Deckeln am Deutz

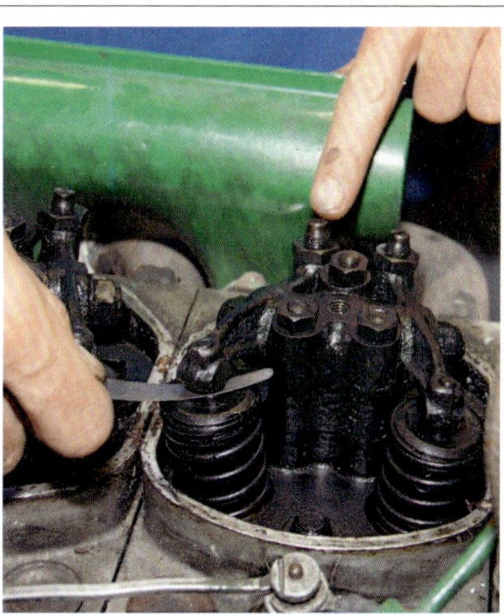

8. Ist das Ventilspiel korrekt eingestellt? Zu viel Spiel ist oft Ursache für harte mechanische Geräusche

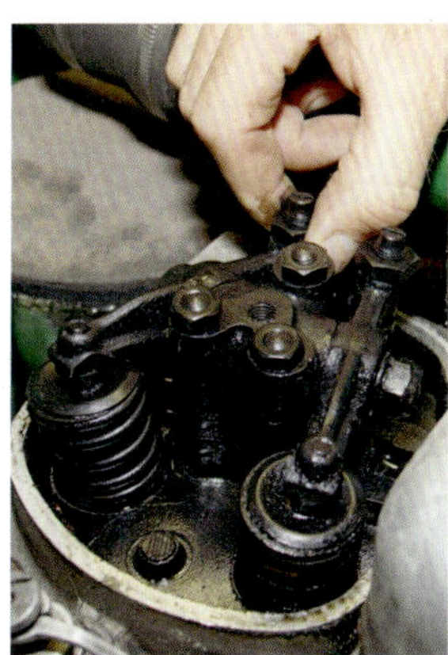

9. Das Kipphebelspiel wird durch seitliches Drücken kontrolliert. Der Kolben muss dabei auf OT stehen

10. Sind alle Ventileinstellschrauben gleich weit herausgedreht? Zu weit herausgedrehte Schrauben sind ein Hinweis auf eingeschlagene Ventile

11. Oft gewartet! Vernudelte Ventileinstellschrauben zeigen, hier wurden oft die Ventile nachgestellt

12. Der Zustand der Ventildeckelinnenseite lässt Rückschlüsse auf den Verschmutzungsgrad im Motor zu. Eine Motorinnenwäsche (Ölspülung) würde dem Deutz guttun

MOTORCHECK: KOMPRESSION PRÜFEN

13. Um die Kompression zu prüfen, müssen entweder die Glühkerzen oder die Einspritzdüsen demontiert werden

14. Robert hat die Glühkerzen ausgebaut. Ihr Gewindegang gibt Aufschluss welchen Kompressionsadapter man benötigt

15. Robert bereitet den Kompressionsschreiber vor. Solche Geräte haben alle guten Kfz-Werkstätten

16. Dynamische Kompressionsprüfung: Der Kompressionsschreiber wird mit seiner Gummidichtung auf das Glühkerzenloch gedrückt, während ein zweiter Mann den Motor mit dem E-Starter durchdrehen lässt

17. Für die statische Kompressionsmessung genügen ein Adapterstück (Zünd- oder Glühkerze bzw. Einspritzung), ein Druckschlauch und ein Kompressor mit externer Fülldruckanzeige

18. Kompressionsuhr mit Schleppzeiger für Ottomotoren. Der Adapter muss in das Zündkerzenloch geschraubt und der Motor mit dem E-Starter durchgedreht werden

Kompressionsergebnis anzeigt. Die Messung wird schließlich der Reihe nach an allen Zylindern vorgenommen. Die Kompression darf dabei zwischen den Zylindern nicht mehr als zehn Prozent voneinander abweichen. Selbstverständlich muss der mit der Uhr gemessene Wert auch mit dem Herstellerwert korrespondieren. „Hier sind aber Abweichungen von bis zu 30 Prozent für den gesamten Motor gerade noch innerhalb der Toleranz“, weiß Robert aus eigener Erfahrung zu berichten.

Die Vorgehensweise erklärt, warum dynamische Kompressionsmessungen nur an Motoren mit E-Starter möglich sind – es sei denn, es ist ein externer Starter zur Hand. Es spricht jedoch nichts dagegen, solche Motoren auch statisch zu checken.

Dynamische Kompressionsprüfungen werden auch mit sogenannten Kompressionsschreibern durchgeführt. So ein Gerät hat Robert für unsere Bilder verwendet. Die Messmethode ist die gleiche wie mit der Uhr. Anstatt eines Schleppzeigers wird hier jedoch das Kompressionsergebnis mittels einer Nadel im Gerät auf eine austauschbare Messscheibe „gekratzt“.

Heiß oder kalt?

Bleibt noch zu klären, ob die Drucktests bei warmem oder kaltem Motor durchgeführt werden sollen. „Hierüber streiten selbst die Experten“, sagt Robert. „Da Motoren aber in beiden Betriebszuständen laufen müssen, spricht nichts dagegen, auch in beiden Betriebszuständen die Kompression zu testen.“ In der Regel wird aber ein warmer Motor meist eine höhere Kompression haben und damit dichter sein als ein kalter.

Experten wie Robert sehen sich bei der Kompressionsprüfung auch die Motorentlüftung näher an. „Zeigt sie am Austritt viel Öl, sind meist die Kompressionsringe oder der, vielleicht sogar mehrere Ölabstreichringe undicht beziehungsweise verschlissen und der Motor wirft Schmierstoff über die Entlüftung aus“, so Robert.

Stehen hier die Ergebnisse fest, kann man, wie es Robert auch tut, bevor man den Motor laufen lässt, das Axialspiel der Kurbelwelle prüfen. Hierzu nimmt er ein Reifenmontiereisen und hebelt vorsichtig an der Kurbelwellen-Riemenscheibe des Deutz am Bug des Motors. „Hier darf kein axiales Spiel spürbar sein. Auch Lagerspiel wäre ein k.o.-Kriterium und würde die Demontage und Überholung des Motors bedeuten.“

Abgasuntersuchung

Zuletzt wirft Robert den Motor an und lässt ihn warm laufen: „Nach dem Starten sollte man sich noch die Abgase näher ansehen“, ergänzt er. „Sind sie in den ersten

19. Den Auspuff lesen! Ölspuren weisen auf defekte Ventilschaftführungen hin. Hört man während der statischen Kompressionsprüfung Luft dort strömen, ist das Auslassventil undicht

20. Strömt die Luft bei der statischen Kompressionsprüfung aus dem Luftfilter, ist das Einlassventil undicht

21. Mit einem Reifenmontiereisen kontrolliert Robert an der Riemenscheibe vorsichtig das Spiel der Kurbelwelle

22. Mit einem langen Schraubendreher hört Robert zuerst den Ventiltrieb, dann ...

23. ... das Kurbelgehäuse (u.a Pleuelfußlager) und ...

24. ... dann das vordere Kurbelwellenlager und ...

25. ... anschließend das hintere Kurbelwellenlager und schließlich ...

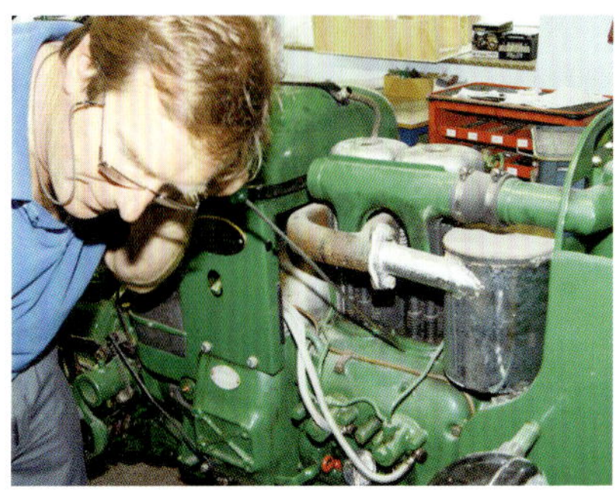

26. ... die Zylinderfüße ab (Kippkolbenkontrolle)

Sekunden bläulich-schwarz, weist das auf einen gesunden Motor hin. Wenn sie bläulich-weiß sind, könnte bei wassergekühlten Motoren der Kühlkreislauf undicht sein."

Jetzt wird abgehört

Nach gut 15 Minuten ist der Motor warm gelaufen und auf Betriebstemperatur. Jetzt macht es Sinn, da alle Lagerspiele wegen der thermischen Ausdehnung ausgeglichen sein sollten, den Motor abzuhören. Robert nimmt hierzu einen Schraubendreher mit langer Klinge. Den Griff des Schraubendrehers setzt er sich – Achtung, jetzt wird's medizinisch! – auf das Tragus, den kleinen Knorpellappen, der direkt vor dem Gehörgang sitzt, und drückt es in den Gehörgang. Die Klinge setzt er an den verschiedenen Lagerstellen des Motors an. „So hört man alle Geräusche im Motor", berichtet Robert. Aber Vorsicht: Das Ohr nicht zu fest auf den Griff drücken. Vibrationen und Schwankungen des Motors könnten sonst Verletzungen hervorrufen.

MOTORCHECK

Drei goldene Regeln

1. Motor kennenlernen
Die Deutung der mechanischen Geräusche eines Motors will gelernt sein. Daher öfters seinen „gesunden" Motor abhören.

2. Warmer Motor
Um sichere Aussagen über den mechanischen Zustand treffen zu können, muss der Motor betriebswarm sein.

3. Öfter Prüfen!
Frühzeitig erkannte Motorschäden helfen viel Geld bei Reparaturen sparen.

Robert: „Gesunde Lager, wie die der Kurbel- oder Nockenwelle, verursachen ein schwirrendes Geräusch. Gute Kipphebel hören sich tickernd bis klackernd an. Ein spielfreier Kolben verursacht ebenfalls nur ein schwirrendes Geräusch." Ein wenig Erfahrung ist zum Abhören jedoch notwendig. Robert empfiehlt deshalb, den gesunden Motor immer wieder einmal abzuhören, damit man ein Gefühl für seine Geräusche bekommt. Ist ein Lager defekt, hört sich das meist metallisch-mahlend an. Sogenannte Kippkolben verursachen dumpf bis polternd schlagende Geräusche. Ähnlich denen, wie sie auch von defekten Pleuelaugen oder Pleuelfußlagern herrühren können.

Zum Schluss nochmals Ölkontrolle

Zum Schluss kann man den Motor noch auf Ölverlust untersuchen. Gerade bei

MOTORCHECK: ALLES DICHT?

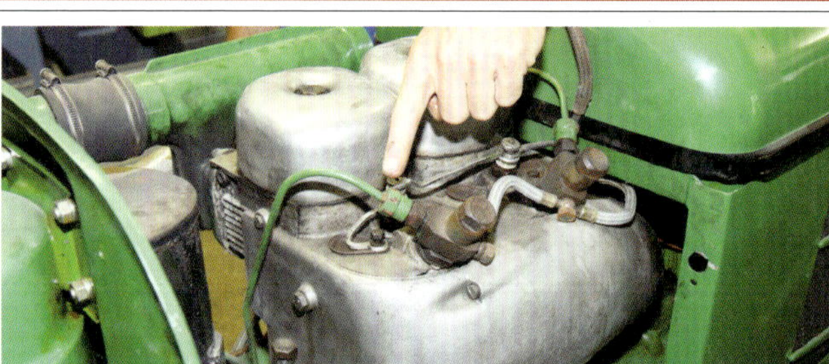

27. Gehört auch dazu: Robert kontrolliert bei unrunden Motorlauf, ob die Einspritzzuleitungen undicht sind

28. Öl am Auslass der Motorentlüftung kann ein Hinweis auf Kompressionsverlust sein. Etwas Öl, wie hier, ist aber normal!

29. Kontrollblick auf den Motor: Verliert er irgendwo besonders viel Öl? Ölnebel um den Öleinfüllstutzen ist normal!

30. Der Auslasskrümmer muss dicht sein, genauso die Zylinderkopfdichtung. Undichtheiten können unrunden Motorlauf bedingen

31. So muss es aussehen, wenn der Motor dicht ist. Der leichte Ölnebel stammt vom „Schwitzen" und ist unkritisch

warmen Motoren zeigen sich Öllecks sehr deutlich. Hier muss man ein Auge auf die üblichen „Verdächtigen" haben, wie zum Beispiel die Zylinderkopf- oder die Zylinderfußdichtung.

Aber auch die Wellendichtringe der Kurbelwelle könnten undicht sein. „Ist das der Fall, weist dies oft auf erhöhtes Lagerspiel hin", warnt Robert.

Stellen sich Schäden heraus oder hat man das Gefühl, dass sich welche anbahnen, muss sofort gehandelt werden. Denn in diesem Stadium sind Reparaturen noch relativ kostengünstig – auch wenn sie, wie es bei der Überholung eines Motors oft der Fall ist, wegen mangelnder Kenntnisse, Platz oder Werkzeug von einem Fachbetrieb durchgeführt werden müssen. Je später man reagiert, umso höher fällt später die Rechnung aus.

Marcel Schoch

SPURENSUCHE: MOTORSCHÄDEN

1. Der Ölabstreifring des Kolbens ist verschlissen. Der Brennraum ist nass. Der Motor raucht im Betrieb übermäßig

2. Zu mageres Gemisch führte zur Überhitzung im Motor. Die Folgen sind Rissbildungen im Kolben und

3. ein ausgebranntes Auslassventil sowie eine durchgebrannte Kopfdichtung

4. Zu fettes Gemisch führt zu übermäßigen Kohleablagerungen im Brennraum

5. und zur Ventil-Verkokung. Die Folge: Das Auslassventil wird irgendwann nicht mehr richtig schleißen

6. Übermäßiger Kurzstreckenbetrieb führte zur Ölsulzbildung an der Kurbelwelle. Ein Lagerschaden ist nicht mehr fern

7. Die Einstellschraube des Auslassventils (links) ist deutlich weiter herausgedreht. Das Auslassventil hat sich in den Ventilsitz eingearbeitet

8. Das Gleitlager dieses Kipphebels zeigt deutliche Einlaufspuren. Der Hebel hat Spiel und verursacht Geräusche

9. Alte Traktoren – „altes" unlegiertes Öl. Wer auf das richtige Motoröl achtet, beugt Motorschäden vor

ZYLINDERKOPF-ÜBERHOLUNG – FOLGE 1

Kopfschmerzen

In Folge 1 unseres Motor-Checks prüfen wir gemeinsam mit Mike und Jürgen Thomas die Dichtigkeit und das Ventilspiel des luftgekühlten Einzylindermotors ED1 von Eicher

Die technisch interessierten Hobbyisten werden es gerne hören: Der Einstieg in die Traktor-Motorentechnik ist relativ einfach und bereitet bei etwas technischem Sachverstand wenig Probleme. Gerade die Zylinderköpfe, um die es hier in unseren nächsten zwei Kapiteln geht, liegen nach Öffnen der Motorhaube zumeist einladend frei und gut zugänglich.

Die einzige Voraussetzung, die Sie für Arbeiten am Motor mitbringen sollten, ist eine gesunde Selbstkritik. Seien Sie lieber zu vorsichtig, als blindlings darauf loszuschrauben. Lassen Sie sich auch Zeit. Sie stehen nicht unter Zeitdruck, wie ein Profimechaniker. Achten Sie zudem darauf, nur einwandfreie Werkzeuge zu verwenden. Stoßen Sie auf ein Problem, sollten sie nicht improvisieren. Überlassen Sie die Arbeit dann lieber einem Spezialisten. Das ist allemal billiger, als einen kapitalen Motorschaden zu riskieren.

Bedachtes Vorgehen

Bei der Instandsetzung der Zylinderköpfe ist es wichtig zu wissen, welche Schäden überhaupt vorliegen können. So ist nicht jedes Geräusch, das aus den Köpfen kommt, gleich ein kapitaler Motorschaden. „Bevor wir die Zylinderköpfe eines Traktors demontieren, machen wir uns mit der Technik des Ventiltriebs vertraut", sagt Mike Thomas, Oldtimer-Traktor- und Motorradspezialist aus dem bayerischen Geisenfeld. „Die meisten Old- und Youngtimer-Traktormotoren haben Stößelstangen-Ventiltriebe mit Kipphebeln. Diese Art von Ventiltrieb ist, wenn das Spiel zu groß ist, naturgemäß sehr laut. Aus diesem Grund kontrollieren wir vor dem Zerlegen des Zylinderkopfes immer zuerst das Ventilspiel. Doch vor dem Einstellen der Ventile begutachten wir erst einmal gründlich den Motor. Ist er dicht oder ölt er? Im Bereich der Zylinderköpfe müssen Motoren immer trocken sein. Ist Öl zu sehen, muss das Leck gesucht werden."

Vor allem an verdreckten Motoren kann die Öllecksuche für den Hobbyschrauber problematisch sein, da Öl vom Staub wie ein Schwamm gebunden wird und sich so über den gesamten Motor verteilt. Die Lösung: eine Motorwäsche mit anschließender Probefahrt. Hier wird sich deutlich zeigen, wo das Öl herkommt.

„Oft sind bei luftgekühlten Motoren die Kopfdichtungen marode", weiß Mike Thomas aus eigener Erfahrung zu berichten. „Bei wassergekühlten Motoren ist dagegen nur selten Ölnebel am Zylinderkopf zu sehen. Hier muss man das Kühlwasser kontrollieren. Findet sich im Kühlkreislauf Öl, ist entweder die Zylinderkopfdichtung undicht oder der Motor hat einen Riss im Bereich des Zylinderkopfes. Dann sollte auch das Motoröl überprüft werden. Wasser im Öl erkennt man meist schon an der sulzig-braunen Substanz, die sich am Öleinfülldeckel bildet." Liegt ein solcher Schaden vor, kann man sich die Kon-

» Vor dem Zerlegen des Zylinderkopfes kontrollieren wir immer erst das Ventilspiel!

VENTILSPIEL EINSTELLEN

1. Der erste optische Eindruck ist verheerend! Der Motor ist komplett ölverschmiert

2. Das erste Ölleck ist schnell gefu[nden.] Die Dichtung der Dekompressionshebelachse im Zylinderkopf ist def[ekt]

3. Die Unterlegscheibe entsorgen – neue zu verwenden ist Pflicht

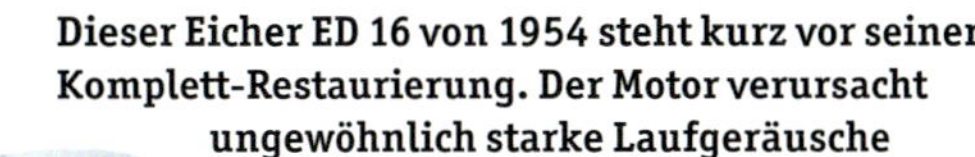

Dieser Eicher ED 16 von 1954 steht kurz vor seiner Komplett-Restaurierung. Der Motor verursacht ungewöhnlich starke Laufgeräusche

trolle des Ventilspiels sparen, da die Zylinderköpfe jetzt ohnehin demontiert werden müssen. Ist der Motor hingegen dicht und verursacht dennoch laute Laufgeräusche, müssen die Ventile kontrolliert werden.

Ärger mit falschem Ventilspiel

Doch nicht nur in Hinsicht auf die Laufgeräusche des Motors ist die korrekte Einstellung der Ventile wichtig, auch für seine Leistungsentfaltung. Zu großes Spiel führt zu einer Verkleinerung des Ventilhubes und damit zu einem zu späten Öffnen und Schließen des jeweiligen Ventils. Die Folgen sind eine mangelhafte Füllung des Verbrennungsraumes und eine schlechte Restgasentleerung durch die verkürzten Öffnungszeiten. Hingegen verursacht zu geringes Ventilspiel Kompressionsverluste bei gleichzeitiger Rückschlaggefahr. Bei längerer Unachtsamkeit können sogar die Ventilteller der Auslassventile verbrennen oder abreißen, da die notwendige Wärmeabfuhr über die Ventilsitzringe nicht mehr gewährleistet ist. Um solche Schäden und Leistungsverluste zu vermeiden, müssen die korrekten Einstellwerte bekannt sein. Sie finden sich immer im jeweiligen Reparatur- bzw. Wartungshandbuch. Auch sind vor Beginn der Arbeiten am Zylinderkopf schon alle Dichtungen, wie etwa Ventildeckel- oder Kopfdichtungen, zu besorgen. „Um hier aber unnötige Kosten zu sparen, sollte man alle anderen Ersatzteile, wie zum Beispiel Ventile, jedoch erst dann beschaffen, wenn ein Schaden wirklich diagnostiziert ist", empfiehlt Mike Thomas.

Vorbereitungen

Zum Einstellen der Ventile sollte der Motor kalt sein. Ist der Motor gerade noch gelaufen, muss man mindestens zwei Stunden warten, sonst ist das Metall des Motors aufgrund der Wärme noch ausgedehnt und das Ventilspiel damit nicht messbar. Nach Lösen der Verschraubung kann man den Ventildeckel oft nicht mit Handkraft abheben, da er an der Dichtung klebt. Vorsichtige Schläge mit einem Gummi- oder Kunststoffhammer an den Rand des Deckels helfen meist. „Bei luftgekühlten Motoren ist hier darauf zu achten, dass man keine Kühlrippen trifft", warnt Mike Thomas, „es besteht Bruchgefahr!"

Die alte Ventildeckeldichtung muss nun entfernt werden. Hierzu gibt es für stark verbackene Dichtungen spezielle Dichtungslösemittel. Wer vorsichtig arbeitet, kann auch ein Schabeisen verwenden – natürlich darf die empfindliche Dichtfläche nicht beschädigt werden. Falls sie noch heil ist, sollte man die alte Dichtung nicht wegwerfen, denn für Notfälle ist sie, wie Mike meint, noch gut zu gebrauchen.

Nachdem der Deckel herunter ist, dreht man jetzt die Kurbelwelle, meist im Uhrzeigersinn, so weit, dass für den Zylinder, dessen Ventile eingestellt werden, der Kolben auf „OT" (oberer Totpunkt) steht. Das kann mit der Starterkurbel oder mit einer geeigneten Ratsche an der Kurbelwellen-Riemenscheibe erfolgen. Zur Ermittlung des OT gibt es an allen Motoren, entweder an der Kupplung (Starterkranz oder Schwungscheibe) oder an der Kurbelwellen-Riemenscheibe eine Markierung. Wo diese genau liegt, sagt Ihnen das Reparaturhandbuch. Sie muss bei korrekter Einstellung mit einer Referenzmarkierung (meist Schaulochmitte

FORTSETZUNG AUF SEITE 78

4. Kleine Schläge auf den Kopf helfen, den Ventildeckel zu lösen. Unbedingt einen Gummi- oder Kunststoffhammer verwenden

5. Beim Abheben des Ventildeckels die Korkdichtung kontrollieren

6. Mike (links) und sein Vater Jürgen prüfen zusammen den Zustand des Ventiltriebs

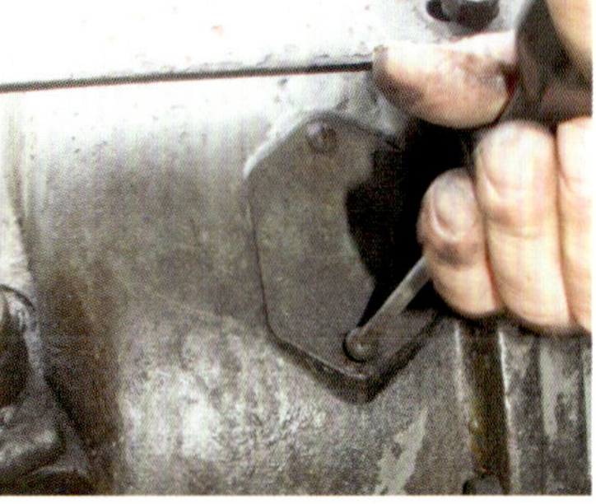

7. Zum Einstellen und Prüfen des Ventiltriebs muss der OT (obere Totpunkt) des Kolbens ermittelt werden. Am Eicher ED 16 findet sich hierzu gewöhnlich eine Markierung an der Schwungscheibe. Vorher muss der Schaulochdeckel an der Kupplungsglocke abgeschraubt werden

FEHLERSUCHE PER GERÄUSCH-ANALYSE

Der Zylinderkopf produziert die verschiedensten Geräusche. Es gehört schon etwas Übung dazu, sie einwandfrei zu identifizieren. Machen Sie sich daher mit den Geräuschen, idealer weise an einem gesunden Motor, öfter mal vertraut.
Die in der nachfolgenden Tabelle beschriebenen Geräusche können nur Anhaltspunkte für mögliche Fehlerquellen sein. Schließlich ist ein Geräusch auch mit noch so klugen Worten kaum einwandfrei zu beschreiben.

GERÄUSCH	URSACHE	PROBLEMLÖSUNG
Klappern	Ist ein Klappern, trotz korrekt eingestellten Ventilspiels, aus dem Zylinderkopf zu hören, kann zu weites seitliches Spiel der Kipphebel die Ursache sein.	Seitliches Spiel messen und durch Distanzscheiben ausgleichen.
Schwirren	Bei luftgekühlten Motoren können die Kühlrippen schwirren.	Gummipfropfen, zwischen die einzelnen Kühlrippen gesteckt, unterdrücken das Schwirren.
Ticken 1	Ist das Ticken gleichmäßig und wird mit zunehmender Drehzahl schneller, ist das Ventilspiel zu groß.	Ventile nach Herstellervorgabe einstellen.
Ticken 2	Ticken aus der Gegend des Zylinderkopfes bei gleichzeitig hohem Ölverbrauch deutet auf verschlissene Ventilführungen hin.	Zylinderkopf demontieren und neue Ventilführungen und Ventile einbauen.
Unregelmäßiges Ticken	Der Ventilsitzring im Zylinderkopf ist locker. Dieses Ticken tritt nicht im Takt der Verbrennungen auf, sondern nur gelegentlich, da der Sitzring oft satt auf seinem Sitzgrund aufsitzt und nur ab und an ein paar hundertstel Millimeter herausrutscht.	Zylinderkopf demontieren und neue Sitzringe setzen. Gelegentlich muss der ganze Kopf getauscht werden.
Klirrendes Ticken (nur Ottomotoren)	Dieses Geräusch, das oft beim Beschleunigen aus niedriger Drehzahl auftritt, weist deutlich auf eine klopfende Verbrennung hin.	Zündzeitpunkt um ca. drei bis vier Grad Kurbelwinkel zurücknehmen. Zusätzlich Gemischbildung (Vergaser oder Einspritzung) überprüfen.
Ticken 3	Auch das vergrößerte Spiel der Kolbenringe in den Ringnuten kann ein tickendes Geräusch verursachen. Oft hört man es im Bereich des Zylinderkopfes, da hier der obere Umkehrpunkt des Kolbens ist.	Kolben, Kolbenringe und Zylinder müssen überholt bzw. getauscht werden.

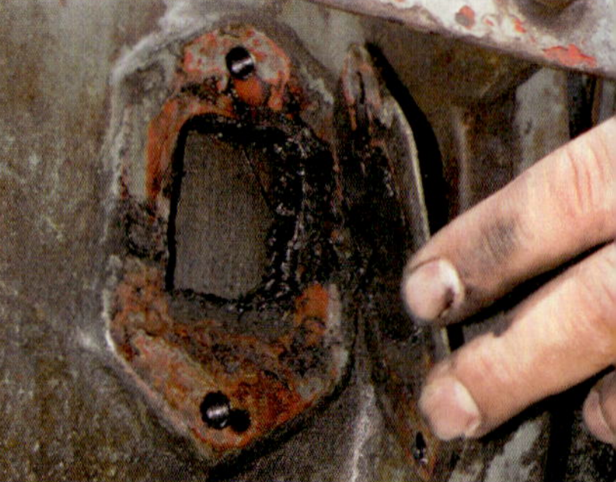

8. Böse Überraschung nebenbei! Öl im Scha loch: Hinweis auf defekte Kurbelwellendich

9. Auf der Suche nach dem OT. Beim Wechse der Kupplung hatte man wohl vergessen, neue Markierungen für den OT zu schlagen

bzw. Kurbelgehäuse) übereinstimmen. Steht der Kolben auf OT, sind die Ventile des einzustellenden Zylinderkopfes geschlossen. Die Kipphebel liegen jetzt lose auf den Ventilschäften auf.

Einsatz der Fühlerlehre

Zur Ermittlung des korrekten Ventilspiels wird eine den Vorgaben des Herstellers entsprechend dicke Fühlerlehre mit leichtem Druck zwischen Ventil und Kipphebel hindurchgeschoben. Bei korrekter Einstellung lässt sich diese satt saugend durchziehen – ansonsten müssen die Ventile neu eingestellt werden. Meist befindet sich hierzu am Kipphebel eine Kontermutter, die gelöst werden muss. Anschließend kann die Einstellschraube verdreht werden (Bilder 14 und 15). Die Fühlerlehre sollte dabei in Position bleiben. Berührt die Einstellschraube die Fühlerlehre, muss die Einstellschraube in dieser Stellung festgehalten und anschließend die Kontermutter mit Gefühl angezogen werden. Wichtig ist hier auch das axiale Kipphebelspiel zu überprüfen (siehe Bild 11). Das ist oft auch Ursache von klappernden Geräuschen. Dabei muss der Kolben ebenfalls auf OT stehen. Messen Sie dann mit der Fühlerlehre das seitliche Spiel zwischen Kipphebel und Lagerbock. Das Spaltmaß muss den Angaben des Herstellers entsprechen. Ist zuviel Spiel vorhanden, kann es bei vielen Traktoren durch Distanzscheiben ausgeglichen werden. Doch Vorsicht, die Original-Distanzscheiben sind oft gehärtet und auf genaues Maß geschliffen. Daher nur Original-Ersatzteile verwenden, niemals Normteile.

ZYLINDERKOPF-CHECK

Die drei goldenen Regeln:

1. Ursachenforschung

Nicht jedes Geräusch aus dem Zylinderkopf deutet gleich auf einen kapitalen Motorschaden. Immer erst Ventilspiel prüfen!

2. Gut vorbereiten!

Vor dem Einstellen der Ventile benötigte Werkzeuge und Dichtungen besorgen. Die Einstellwerte müssen bekannt sein.

3. Kühlen Kopf bewahren!

Bei Arbeiten am Zylinderkopf immer Zeit nehmen. Treten Probleme auf – Profi fragen.

Kontrolle

Jetzt heißt es nochmals, das Ventilspiel messen und anschließend den Motor einige Male mit der Hand durchdrehen. Dabei ist zu kontrollieren, ob der Ventiltrieb einwandfrei arbeitet. Ist alles korrekt, kann der Motor mit dem Anlasser durchgedreht werden. Dabei noch-

10. Nachdem der OT über die Stellung des Ventiltriebs und des Kolbens ermittelt werden konnte, markiert bis zur Restaurierung ein provisorischer Strich den OT

12. Der Dekompressionshebel ist wirkungslos. Bevor Mike die Ventile einstellt, zerlegt er zuerst den Dekompressionsmechanismus, um den Fehler zu finden

15. 0,4 Millimeter Spiel am Einlassventil sind eindeutig zu viel. Hier liegt eine der Ursachen für die lauten mechanischen Geräusche des Motors

11. Durch seitliches Ziehen an den Kipphebeln überprüft man deren Lagerspiel. Die Kipphebel des ED 16 waren fast spielfrei

13. Fehlerursache: Die Dekompressions-Druckplatte ist stark eingelaufen. Ersetzen!

14. An den beiden Schrauben links wird mit Gabel- oder Ringschlüssel und Schraubendreher das Ventilspiel eingestellt

16. Jürgen korrigiert das Ventilspiel. Die Fühlerlehre muss sich bei korrekter Einstellung satt saugend durchziehen lassen

mals kontrollieren! Jetzt kann der Ventildeckel wieder montiert werden. Bitte nicht vergessen, vor dem Auflegen der neuen Dichtung die Dichtfläche zu reinigen. Mit den vom Hersteller vorgegebenen Anzugsmomenten wird dann die Deckelverschraubung, bei mehreren Stehbolzen oder Schrauben meist über Kreuz, vorsichtig angezogen.

Bei Mehrzylindermotoren mit getrennten Zylindern und verschiedenen Ventildeckeln ist immer darauf zu achten, dass sich der richtige Ventildeckel auf seinem Zylinder befindet. Werden Deckel vertauscht, können sie undicht sein, die Kipphebel an den Deckel stoßen, oder die Entlüftungsbohrungen nicht mehr aufeinanderpassen.

Nach dem Einstellen der Ventile kann nun die Beurteilung der Zylinderköpfe beginnen. Hierzu wird der Motor gestartet. Ist er betriebswarm, folgt das sogenannte Abhören. Hierfür gibt es zwar spezielle Werkzeuge, für uns tut es aber auch ein langer Schraubendreher. Den Griff auf das Tragus neben dem Ohr angelegt und die Klinge an die verschiedenen Bereiche des Zylinderkopfs gehalten, lassen sich mit etwas Übung problemlos die Geräuschquellen lokalisieren (vgl. Seite 74). Stellt sich nun heraus, dass der Motor – trotz korrekten Ventilspiels – immer noch ungewöhnliche Geräusche produziert, wird man um eine Demontage des Zylinderkopfes nicht herumkommen. Bevor man jetzt daran geht, den oder die Zylinderköpfe zu demontieren, sollte man sich vorab über die Ersatzteilversorgung erkundigen. Sind Ventile, Kipphebel oder andere Teile nicht mehr lieferbar, ist das kein Beinbruch: Es gibt viele Motoreninstandsetzer, die auf die Aufarbeitung gebrauchter Teile spezialisiert sind oder diese nachbauen. Eine Liste findet sich auf der Homepage des Verbandes der Motoreninstandsetzungsbetriebe. Auch sollte man immer, wenn der Kopf schon mal unten ist, darüber nachdenken, diesen einer Totalrevision zu unterziehen. Das kann viel Geld und Zeit sparen. Wie ein Zylinderkopf demontiert, geprüft und instand gesetzt wird, das zeigt uns Mike Thomas ab Seite 80.

Homepage: www.vmi-ev.de

Marcel Schoch

Nach Einstellung der Ventile dreht Jürgen den Motor vorsichtig durch. Mike beobachtet, ob der Ventiltrieb einwandfrei arbeitet

ZYLINDERKOPF-ÜBERHOLUNG – FORTSETZUNG

Kopf hoch!

Im vorhergehenden Kapitel wurde erklärt, wie man das Ventilspiel des Eicher ED 16 II prüft und korrigiert. Nun sind die Demontage des Zylinderkopfes und die Erneuerung der Kopfdichtung an der Reihe. Wie man vorgeht und welche Probleme auftauchen können, zeigen wir hier …

Nachdem Mike Thomas im letzten Kapitel die Ventile eingestellt hatte und der Motor unseres Eicher ED 16 von 1954 mechanisch relativ ruhig lief, stand schon fest, dass eine Demontage des Zylinderkopfes notwendig sein wird: Das Öl im Bereich des Kopfes wies deutlich auf eine defekte Dichtung hin. Die nähere Untersuchung zeigte dann auch deutlich, dass sie getauscht werden musste.

Runter damit

Vor dem Abbau des Zylinderkopfes ist zu beachten, dass die Zylinderkopfschrauben sich bei vielen Motoren unter dem Ventildeckel verbergen. Beim Eicher ED 16 ist das aber nicht der Fall. Hier liegen die vier Zylinderkopfschrauben (Stehbolzen mit Muttern) außerhalb des Ventiltriebgehäuses. Trotzdem wird zuerst der Ventildeckel entfernt, da zur Demontage des Kopfes der Motor auf den oberen Totpunkt (OT) gedreht werden muss. Dabei erleichtert der freie Blick auf den Ventiltrieb die Suche nach dem OT – man hat ihn gefunden bei Drehbarkeit der Ventilstößel und leichtem Spiel beider Kipphebel. Die Stellung auf OT verhindert beim späteren Abnehmen des Kopfes, dass der Ventiltrieb aufgrund der gespannten Ventilfedern den Kopf beim Abschrauben nach oben drückt.

» Freier Blick auf den Ventiltrieb erleichtert die Suche nach dem oberen Totpunkt

Danach müssen alle Teile, die mit dem Zylinderkopf verbunden sind, abgeschraubt werden.

ZYLINDERKOPF LÖSEN

1. Der hohe Ölverlust im Bereich des Zylinderkopfes weist auf einen größeren Schaden hin

2. Als Erstes muss der Ventildeckel abgeschraubt werden, um sicher den OT (oberer Totpunkt) zu finden

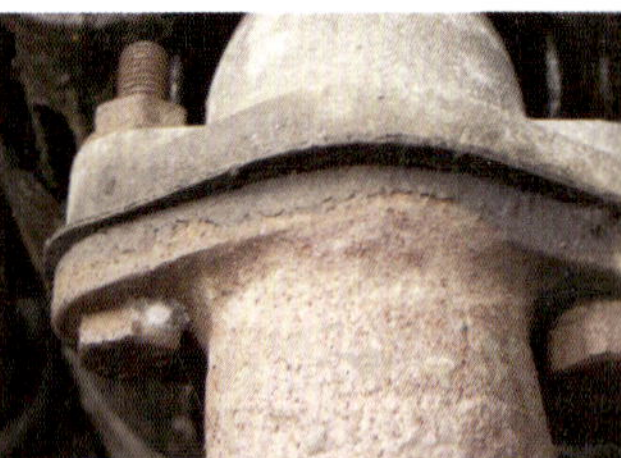

3. Rostige Verbindung zum Krümm rohr: Die linke Schraube wurde frü durch eine zu lange ersetzt

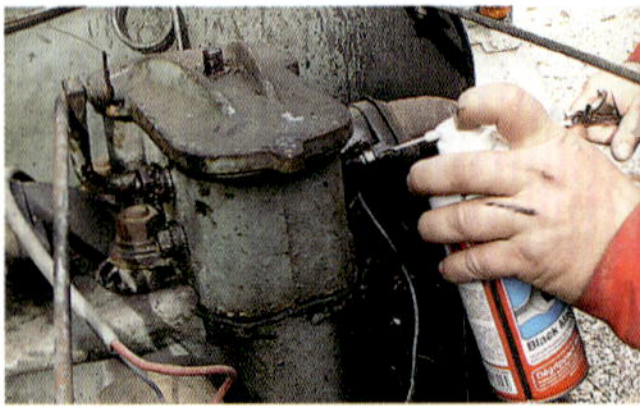

4. Das Kriechöl sollte gut 15 Minute einwirken

Der Zylinderkopf des Eicher ED 16, Baujahr 1954, muss demontiert werden. Mike Thomas bringt den Traktor zum Sezieren

Mike beginnt die Demontage immer mit dem Auspuffkrümmer (Bilder 3 bis 7). Beim Eicher ED 16 sitzt dieser auf der linken Seite des Motors (in Fahrtrichtung gesehen). Beim Anblick der zwei Befestigungsschrauben ahnt Mike schon Schlimmes. Beide sind stark verrostet und zudem stark vernudelt. Darüber hinaus sind die zwei Schrauben sehr dicht neben dem Krümmerrohr platziert. Jeder noch so dünne Ringschlüssel will hier einfach nicht passen. Einzige Lösung ist ein eng sitzender Gabelschlüssel. Mit diesem gelingt es Mike, nachdem er auf beide Schrauben einige Minuten vorher Kriechöl gesprüht hatte, die vordere Krümmerschraube zu lösen. Die hintere hingegen sitzt fest wie angeschweißt. Alle Tricks helfen nicht (Kriechöl, Prellschlag mit dem Hammer und Rohrzange). Auch

FORTSETZUNG AUF SEITE 82

Die linke Schraube lässt sich mit Ring- und Maulschlüssel fnen – die rechte ist jedoch „vernudelt", ...

6. ... weswegen Mike der bombenfesten Schraube mit Hammer und Meißel zu Leibe rückt – erst nach einer Stunde: gelöst! (rechts)

der Linksausdreher, ein Spezialwerkzeug, das nach Bohren eines Loches in den Kopf der defekten Schraube eingedreht wird und diese beim Festziehen automatisch mit hinausdrehen soll, bringt keinen Erfolg. Letzte Möglichkeit sind Hammer und Meißel.

Die Hammer-und-Meißel-Methode

Damit gelingt es Mike schließlich auch, die Schraube unter vorsichtigen seitlichen Schlägen zu lösen. Der Meißel sollte dabei immer versetzt an drei oder vier Stellen am Kopf der Schraube angesetzt werden, sodass man die Schraube rundherum herausschlagen kann. Es ist über eine Stunde Arbeit notwendig, die Krümmeranbindung zu lösen. „Diese Methode ist nur dann anzuwenden, wenn gar nichts mehr geht“, sagt Mike Thomas. „Die Gefahr das Gewinde zu zerstören ist sehr groß. Funktioniert auch sie nicht, hilft nur noch die Flex.“

» Sind die Schrauben eines Gebrauchttraktors vernudelt, wurde natürlich auch schon häufig daran gearbeitet ...

Darauf immer achten!

„Beim Gebrauchtkauf eines Traktors achte ich daher immer auf den Zustand der Schrauben und Muttern. Sind sie vernudelt, weist dies deutlich darauf hin, dass an den betreffenden Teilen des Traktors, aus welchen Gründen auch immer, schon häufig gearbeitet wurde. Man sollte daher den Vorbesitzer fragen, ob er von den Reparaturen weiß und welche Gründe sie hatten.“ Nach der Demontage des Krümmerrohrs fällt der Blick jetzt in den Auslass. Dieser zeigt sich erstaunlich trocken. Mike Thomas: „Ist kein Öl im Auslass und sind nur wenige Ölkohleablagerungen im Bereich des Zylinderkopfes und dem anschließenden Rohr zu erkennen, kann das ein gutes Zeichen sein.

Ob das Ventil jedoch tatsächlich dicht schließt und der Ventilschaft innerhalb der Verschleißgrenzen liegt, zeigt aber erst die spätere Vermessung

ZYLINDERKOPF-DEMONTAGE

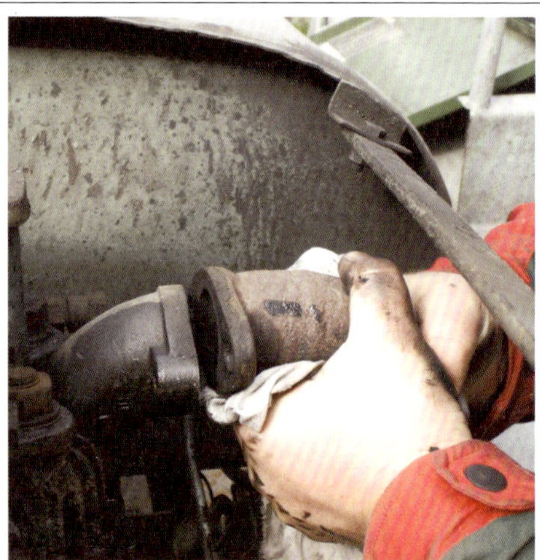

7. Der Krümmer wird jetzt von der Anbindung weggedreht und aus dem Auspuffrohr gezogen

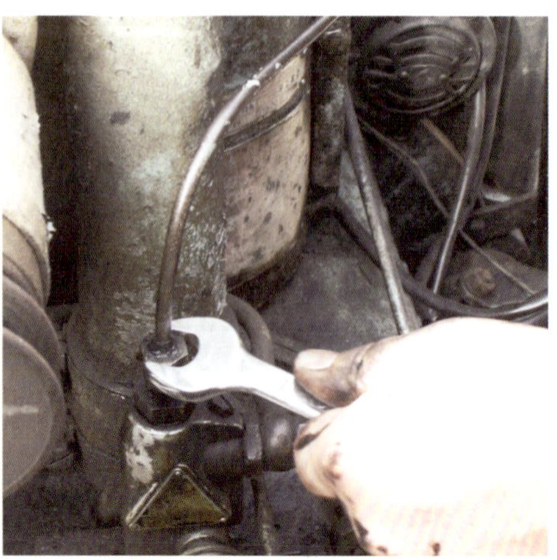

8. Die Kraftstoffleitung von der Dieselpumpe zur Einspritzdüse muss unten an der Pumpe ...

9. ... und oben am Kopf komplett demontiert werden, um Platz zu schaffen

10. Dann wird das Gestänge des Dekompressionshebels ausgehängt

11. Mike öffnet die beiden Schrauben des Luftfilteransaugrohrs

12. Die Schellen der Gummiverbindung werden geöffnet

der ausgebauten und gereinigten Teile, denn auch Ölkohleablagerungen können recht gut dichten."

Dieselzuleitung entfernen

Als Nächstes entfernt Mike die Dieselzuleitung für die Einspritzung. Sie lässt sich am ED 16 problemlos lösen, oben am Zylinderkopf und unten an der Pumpe: „Oft dreht sich beim Öffnen der Leitungsverschraubung die untere Kontermutter mit. Ist das der Fall, muss man die untere Mutter nur mit einem passenden Gabelschlüssel kontern. Dabei ist darauf zu achten, dass man nicht verkantet und die Leitung beschädigt", erklärt Mike.

» Oft dreht sich beim Öffnen der Leitungsverschraubung die untere Kontermutter mit

Gestänge aus dem Weg

Im darauffolgenden Arbeitsschritt demontiert Mike das Gestänge des Dekompressionshebels, weil es den Zugang zur rechten vorderen Zylinderkopfmutter behindert. Hierzu müssen der hintere Clip und die vordere Gestängeverschraubung gelöst werden.

„Oft reicht es, nur das Gestänge auszuhängen, damit man Platz hat, an die entsprechenden Kopfschrauben zu kommen. Bei unserem Eicher ist das Gestänge verbogen. Ich musste es daher als ganzes demontieren, um weitere Beschädigungen zu vermeiden", so Mike. Als Nächstes wird das Luftfilteransaugrohr abgeschraubt (Bild 11). Auch hier gibt es Probleme: Die Zugänglichkeit der Schrauben am Ansaugflansch ist sehr schlecht. Nur mit einem Gabelschlüssel lassen sich beide Schrauben – allerdings erst nach Prellschlag mit dem Hammer – vorsichtig öffnen.

Lüftergehäuse und Lichtmaschine

Gleich nach dem Lösen der Flanschschrauben muss der Gummischlauch, der die Verbindung zwischen Ansaugrohr und Luftfilter bildet, durch Lösen

FORTSETZUNG AUF SEITE 84

Nebenbei wird noch der verölte Temperatur-er am Zylinder entfernt und dann gereinigt

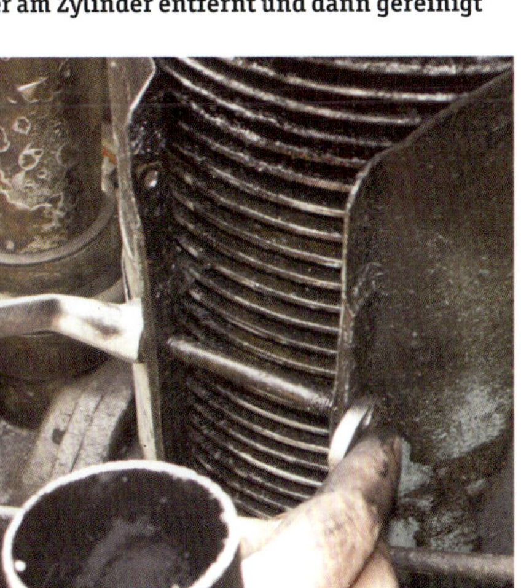

. Jetzt können die Schrauben des Gebläsehäuses geöffnet werden

15. Nach Öffnen des Gebläsegehäuses und Demontage des Luftfilters muss die Lüfterwelle ausgebaut werden. Ganz zu Beginn der Zylinderkopfdemontage wurde der Keilriemen, der sie antreibt, bereits entfernt

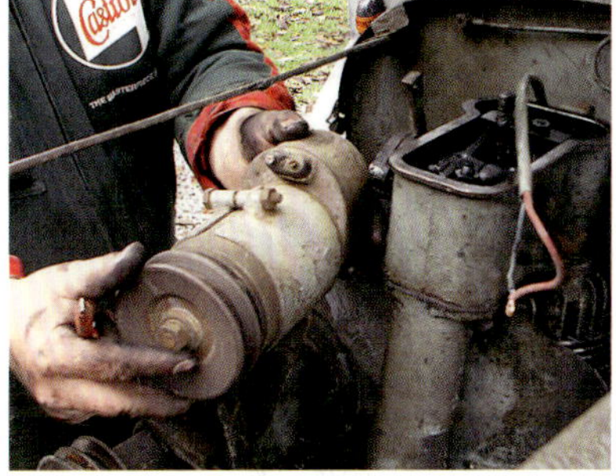

16. Die Lichtmaschine muss vorher noch weichen

17. Mike zieht die Bügelschrauben aus der Lüfterwellenlagerung

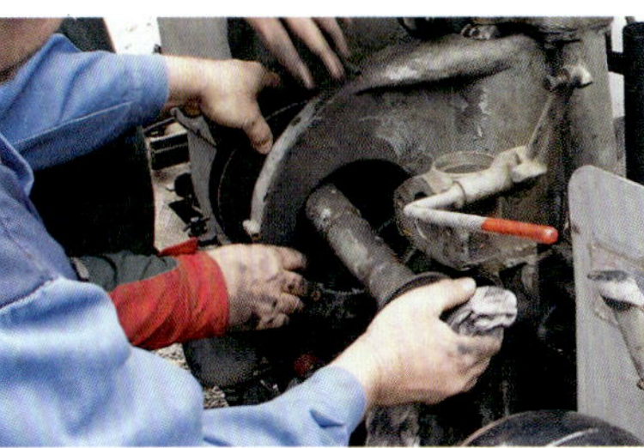

18. Zusammen mit einem Helfer, der das Lüftergehäuse aufdrückt, kann die Lüfterwelle vorsichtig ausgebaut werden

der Schlauchschellen gelockert werden. Mit leichter Drehbewegung schiebt Mike den Schlauch vorsichtig auf das Ansaugrohr hoch, sodass der Luftfilterauslass frei liegt.

Nebenbei entfernt Mike noch den Thermofühler am Zylinder, um dann die Verschraubung der Kühlluft-Leitbleche (Gebläsegehäuse), die den Zylinder des Eicher ummanteln, zu lösen. Aber auch nach Öffnen aller Verschraubungen lässt sich das Lüftergehäuse noch nicht entfernen. Erst muss der Luftfilter und dann die Lüfterwelle ausgebaut werden. Sie wird von einem separaten Keilriemen angetrieben, der bereits ganz zu Beginn der Zylinderkopfdemontage ausgehängt wurde. Vorher muss jedoch auch noch die Lichtmaschine weichen (Bild 16). Sie sitzt auf einem Halter, der gleichzeitig die Lüfterwelle arretiert und mit vier Muttern auf zwei Bügelschrauben befestigt ist. Erst nach dem Ziehen der Bügelverschraubung aus der Halterung lässt sich schließlich die Lüfterwelle demontieren. Damit beim Ausfädeln der Welle nichts beschädigt wird, sollte ein Helfer das Lüftergehäuse auseinanderhalten (Bild 18).

» Nach Abheben des Zylinderkopfes zeigte sich auch, dass der Kolbenboden Risse hat

Jetzt die Einspritzdüse

Jetzt erst schraubt Mike die Klemmung für die Einspritzdüse ab. „Das sollte unbedingt noch am montierten Zylinderkopf erfolgen, da die Halterschraube oft sehr fest sitzt. Sonst müsste man später den demontierten Zylinderkopf in einen Schraubstock spannen, um diese herauszuschrauben. Das birgt immer die Gefahr von Beschädigungen oder gar Verzug des Kopfes“, beschreibt Mike sein Vorgehen. Natürlich darf man jetzt auch nicht die Dieselrücklaufleitung zum Tank vergessen. Es genügt jedoch völlig, sie nur von der Einspritzdüse zu entfernen und leicht zur Seite zu biegen.

Anziehungskräfte

Die Demontage des Kopfes geht jetzt langsam ihrem Höhepunkt entgegen. Es bleibt nur noch die Stößelstangentülle vom Ventiltriebgehäuse zu trennen. Auch hier sind zwei Schrauben zu lösen, deren Köpfe sehr dicht am Tüll-

ZYLINDERKOPF-DEMONTAGE

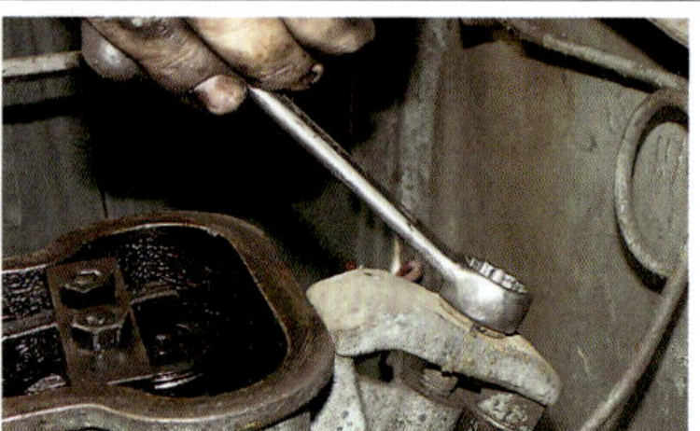

19. Vor Demontage des Zylinderkopfes die Halterschraube der Einspritzdüse lösen, da sie oft sehr fest sitzt

20. Auch die Dieselrücklaufleitung muss abgeschraubt werden

21. Endspurt! Vor dem Lösen der vier Zylinderkopfschrauben wird noch die Stößelstangentülle vom Zylinderkopf abgeschraubt

22. Über Kreuz können jetzt die vier Zylinderkopfschrauben gelöst werden

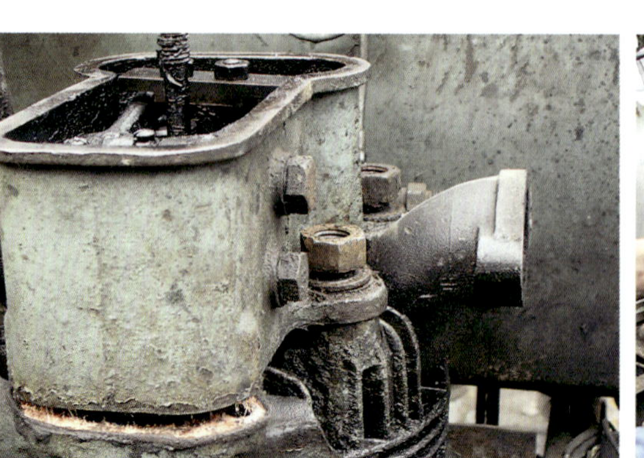

23. Eigentlich sollte sich jetzt der Kopf vom Zylinder lösen. Auch das Ventiltriebgehäuse müsste jetzt locker sein. Doch die verklebten Dichtungen halten die Teile noch fest zusammen

24. Nach vorsichtigen (Plastik-)Hamme schlägen löst sich zuerst der Kopf

25. Zweimannservice bevorzugt: Erst beim Anheben des Zylinderkopfes könn helfende Hände das vordere Lüftergehä problemlos herausziehen.

Fotos: M. Schoch

rohr anstehen. Wieder kommt der Gabelschlüssel zum Einsatz. Mit einer 24er-Nuss lassen sich jetzt die vier Muttern der Stehbolzen, die den Zylinderkopf halten, lösen. Dies sollte gleichmäßig über Kreuz erfolgen, um Verzug zu vermeiden. Erstaunlicherweise löst sich das Ventiltriebgehäuse nicht vom Kopf – die verklebten Dichtungen halten noch alles zusammen.

Die Trennung des Gehäuses vom Kopf wird also auf später verlegt. Stattdessen kann Mike nun den Zylinderkopf abnehmen. Dabei stellt sich heraus, dass der vordere rechte Stehbolzen locker ist. Vermutlich ist das Gewinde im Motorgehäuse defekt. Nach Abheben des Zylinderkopfes und Wegziehen des jetzt frei gewordenen Lüftergehäuses zeigt sich auch, dass der Kolbenboden Risse hat. Mike Thomas: „Diese Risse können toleriert werden, solange sie nicht länger als zwei Zentimeter sind. Das sagt zumindest Eicher – jedoch empfiehlt es sich jetzt, den Zylinder zu ziehen und den Kolben auf Verschleiß zu überprüfen.

ZYLINDERKOPF-CHECK

Die drei goldenen Regeln:

1. Planung ist alles!

Jeden Schritt bei der Demontage des Zylinderkopfes vorher genau überlegen. Die Reihenfolge ist wichtig!

2. Sichtkontrolle

Sind alle Schraubverbindungen im guten Zustand? Wenn nicht, mit Verzögerungen rechnen und Methoden zum Lösen aneignen

3. Zu zweit geht es leichter!

Um Beschädigungen von Teilen bei der Demontage zu vermeiden, sollte ein Helfer bereit stehen!

Sicher ist sicher

Wer ganz sichergehen will, sollte jedoch einen neuen Kolbensatz einbauen (Kolben, Kolbenringe und Pleuelbolzen) und den Zylinder honen lassen.“ Der Zylinderkopf selbst kann erst auf seinen Zustand beurteilt werden, wenn er gereinigt ist. Das Auslassventil wird aber sicherlich gewechselt werden müssen, da es deutliche Spuren von Verschleiß zeigt. Jetzt ist aber erst einmal Großreinemachen der Teile und Dichtflächen angesagt. Auf den nächsten Seiten erfahren Sie dann, wie der Zylinder samt Kolben überprüft wird.

Marcel Schoch

. Jetzt lässt sich der Zylinderkopf abheben

29. Die Stößelstangen machen optisch einen guten Eindruck. Ob sie weiterverwendet werden können, zeigt aber erst die Vermessung

. Der Blick in den Zylinder lässt nichts Gutes nen. Der Kolben hat Risse

28. Das Auslassventil (hier oben) zeigt deutlichen Verschleiß. Es muss sicher gewechselt werden

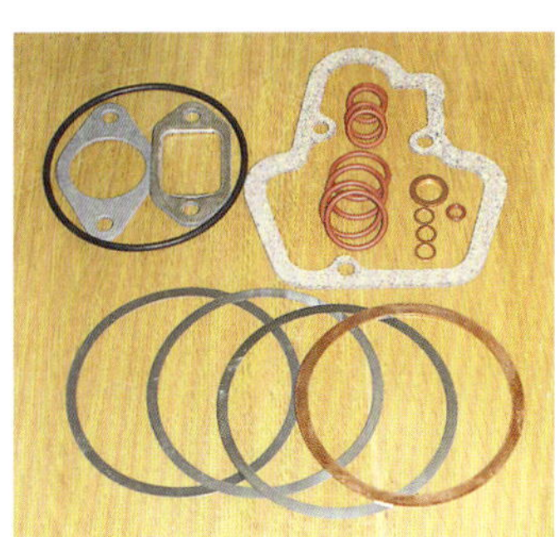

30. Der neue Dichtungssatz für den Eicher-Motor

ZYLINDERKOPF-ÜBERHOLUNG – ABSCHLUSS

Klarer Kopf

In den letzten beiden Kapiteln wurde gezeigt, wie am Motor eines Eicher ED 16 II von 1954 Ventile eingestellt werden und der Zylinderkopf demontiert wird. Als jedoch der dritte Termin näherrückte, rief Mike Thomas die Redaktion an und hatte Neuigkeiten für uns …

In den vorhergehenden Kapiteln wurde gezeigt, wie man den Zylinderkopf eines Eicher ED 1a abnimmt und die Ventile einstellt. Beim Vermessen des Eicher-Zylinderkopfes musste Mike feststellen, dass er stark verzogen war und Risse aufwies. Hinzu kamen ausgeschlagene Ventilführungen und undichte Ventile. „Die Reparatur eines solchen Schadens ist sehr schwierig und teuer. Zudem ist das Ergebnis der Reparatur unsicher", erklärte uns Mike, „da niemand zuverlässig sagen kann, ob ein Planziehen des Kopfes nach den Schweißarbeiten noch möglich gewesen wäre". Ersatz musste her! Doch auf die Schnelle war kein Eicher-Kopf aufzutreiben. Mike ließ uns aber nicht hängen und schlug vor, die Überholung eines wassergekühlten Zweizylindermotors Typ MAN D 8515 zu zeigen. Antreiben würde dieser später einen MAN B18 A/1 von 1958. Wir waren einverstanden.

„Nicht jeder Traktorschrauber hat für die Zylinderkopfüberholung alle Spezialwerkzeuge parat. Doch mit einer guten Werkstattausstattung sollte man zurechtkommen", so Mike. Gebraucht werden insbesondere ein Drehmomentschlüssel, ein Schaber zum Auskratzen der Ölkohle, Ventilschleifpaste, Schleifquirl und eine große Schraubzwinge.

Ersatzteile sollten erst bei Bedarf bestellt werden. Auf jeden Fall werden aber Auspuff-, Zylinderkopf-, Zylinder-

ZYLINDERKOPFDEMONTAGE

1. Vor dem Vermessen und der Demontage des Ventiltriebs steht zunächst eine gründliche Reinigung des Zylinderkopfes an

2. Nicht sparen! Alle Dichtungen sind zu entfernen und später durch neue zu ersetzen

3. Ölkohle-Ablagerungen in beiden Auslasskanälen lassen nichts Gutes ahnen. Vermutlich sind die Ventilführungen defekt. Auch der Kühlkreislauf ist stark verschmutzt und am Auslass müssen die Dichtungen ersetzt werden

4. Die Vorreinigung ist abgeschlossen. Jetzt ist der Zylinderkopf fertig für die Demontag

5. Die Dichtheitsprüfung mit Benzin zeigt es deutlich: Einlass- und Auslassventil sind undicht

fuß und Ventildeckeldichtungen benötigt. Je nach Motortyp können auch Dichtungen und O-Ringe für die Einspritzung und für die Tüllrohre des Ventiltriebs hinzukommen.

Wichtige Vorbereitungen

„Vor dem Zerlegen des Zylinderkopfes sollte dieser von Öl, Ölkohle und Schmutz gereinigt werden. Das Hantieren mit einem sauberen Kopf erleichtert die Arbeit ungemein. Selbstverständlich müssen die einzelnen Teile des Kopfes nach dem Ausbau zum Vermessen nochmals gereinigt werden", erklärt Mike.

verzogen ist und geplant werden soll. Ist hier alles in Ordnung, beginnt das Zerlegen mit dem Ausbau des Ventiltriebes und der Kipphebel.

Vor der Demontage der Kipphebel muss bei einigen Traktortypen zuerst der Dekompressions-Mechanismus ausgebaut werden. Hierzu sind die Muttern auf der Druckplatte zu lösen. Die ausgebaute Platte muss auf Verschleiß geprüft werden. Sie darf auf keinem Fall Einlaufspuren zeigen, da sonst die Ventile beim Starten nicht ausreichend ausgehoben werden können. Nach Entfernen der Druckplatte lässt sich jetzt auch die Achse des Dekompressionshebels aus-

» Bevor die Kipphebel von der Achse gezogen werden, sollte man die Distanzringe beachten

Die erste Arbeit am Kopf ist die Prüfung der Dichtfläche auf Verzug. Dies geschieht mit einem Haarlineal, welches an allen Stellen plan anliegen sollte. Zeigen sich hier Verzug oder gar Risse im Kopf, kann man sich die nachfolgenden Arbeiten fast immer sparen, da der Kopf nicht oder nur sehr aufwendig instand gesetzt werden kann. Am Kopf des D 8515 hat sich Mike die Arbeit gespart, da dieser ohnehin leicht

bauen. Sie ist meist im Gehäuse des Ventiltriebs oder auf sogenannten Achsböcken gelagert. Zur Sicherung dienen oft Sprengringe oder eine Mutter. Nach Lösen der Sicherungen kann die Achse zur Seite herausgezogen werden. Klemmt sie, helfen oft vorsichtige Schläge mit einem Gummihammer. Um Kipphebel und Kipphebelachsen demontieren zu können, ist bei einigen Motorentypen die Sicherungsschraube

dieser Achse zu lösen. Sie kann sich außerhalb des Ventiltriebgehäuses oder am Kipphebelbock befinden. Andere Konstruktionen halten die Achse mithilfe von Stehbolzen. Löst man hier die oberen Muttern, kann die Achse mit samt den Hebeln aus dem Ventiltriebgehäuse gehoben werden.

Kipphebel von der Achse ziehen

Unabhängig von der Konstruktion sollte man, bevor die Kipphebel von der Achse gezogen werden, darauf achten, ob Distanzringe zum Ausgleich des seitlichen Kipphebelspiels verbaut sind. Sind sie vorhanden, merken sich Profis wie Mike die Reihenfolge der Kipphebel und der Distanzringe auf der Achse. Mike: „So kann man sich, vorausgesetzt das seitliche Kipphebelspiel und der Verschleiß der Teile lässt es zu, beim späteren Zusammenbau das langwierige Ausdistanzieren sparen." Oft sind die Hebel auf der Kipphebelachse zusätzlich noch mit einem Sprengring gesichert. Er wird mit einer Sprengringzange gelöst. Beim Öffnen des Rings kann seine genaue Einbaulage wichtig sein. Sprengringe können zwei unterschiedliche Seiten haben: eine scharfkantige und eine abgerundete. Die abgerundete Seite des Sprengrings wird

FORTSETZUNG AUF SEITE 88

6. Vor der Demontage begutachtet Mike Thomas den Kopf gründlich und notiert sich die Einbaulage der jeweiligen Teile

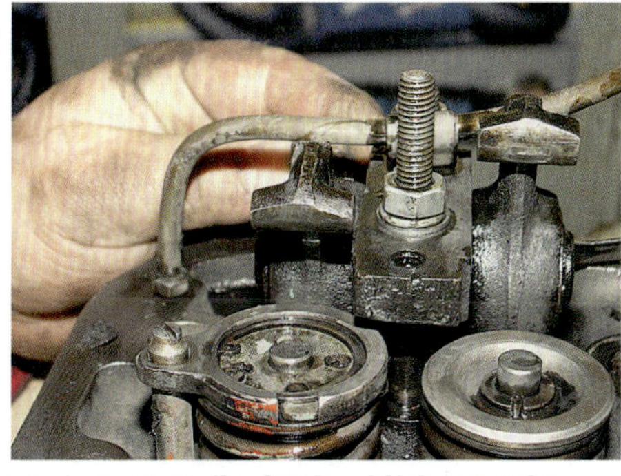

7. Hier testet Mike durch seitliches Drücken das Spiel der Kipphebel. Diese Ventildruckfläche am Kipphebel hat ihre besten Tage gesehen. Deutlich sind Einlaufspuren zu erkennen. Sie muss überarbeitet werden

8. Auch der Ventilschaftkopf zeigt deutlichen Verschleiß. Durch Polieren kann der Schaden (vielleicht) noch behoben werden

9. Das Einlassventil (links) des MAN D 8515 hat einen Verdrehschutz, da das Ventil im Einlasskanal speziell geformt ist

10. Die Kipphebel beim MAN D 8515 sind mit gewöhnlichen Sprengringen (ohne Fase) gesichert. Nach Lösen des Sprengrings ...

weiter auf S. 88

Fase genannt und muss immer zur bewegten Komponente zeigen. Die Abrundung verhindert Einlaufspuren an den Distanzringen oder am Kipphebel.

Die Bohrung für den Ölfluss

Manche Kipphebelachsen haben schräg liegende Ölbohrungen, die genau auf die Kipphebel ausgerichtet sind, damit Öl fließen kann. Ist eine solche Achse verbaut, befindet sich oft an deren Stirnseite ein Körnerpunkt als Lagemarkierung. Je nach Motortyp muss dieser nach oben oder unten zeigen. Wer sicher gehen will, dass die Ölbohrung bei der späteren Montage wieder richtig liegt, der sollte die Kipphebellagerung zunächst nur so weit zerlegen, dass man die Bohrung schon erkennen kann. Erst wenn man sich die genaue Lage notiert hat, sollten die Hebel von der Achse gezogen werden. Zur Verschleißprüfung sind dann die demontierten Teile gründlich zu reinigen. Die Achse darf keine Einlaufspuren zeigen. Oft zeigt jedoch die Härteschicht an der Unterseite der Achse deutliche Einlaufspuren oder Riefen. Ist das der Fall, helfen nur Austausch oder Überarbeitung. Hierzu muss die Achse neu nitriert (also gehärtet) und auf Maß geschliffen werden. Auch in der Kipphebelbohrung dürfen sich keinerlei Verschleißspuren zeigen. Sind beide Teile ohne Verschleiß, ist das Spiel zwischen Achse und Kipphebel zu kontrollieren. Hierzu wird jeweils der entsprechende Kipphebel auf seinen „Arbeitsplatz“ auf der Achse gesteckt. Durch seitliches Drücken des Kipphebels lässt sich jetzt selbst geringes Spiel leicht feststellen. „Bei Spiel sollten Hebel und Achse ausgetauscht oder überarbeitet werden“, empfiehlt Mike Thomas, „da ansonsten die exakte Einstellung der Ventile beeinflusst wird. Zudem hört man im Betrieb auch das kleinste Achsspiel sehr deutlich.

» Zeigt die Kipphebelachse Einlaufspuren oder Riefen, muss sie überarbeitet oder ausgetauscht werden

KIPPHEBELACHSE DEMONTIEREN

11. … wird die Distanzscheibe abgezogen

12. Luxus pur! Der Kipphebel ist nadelgelagert

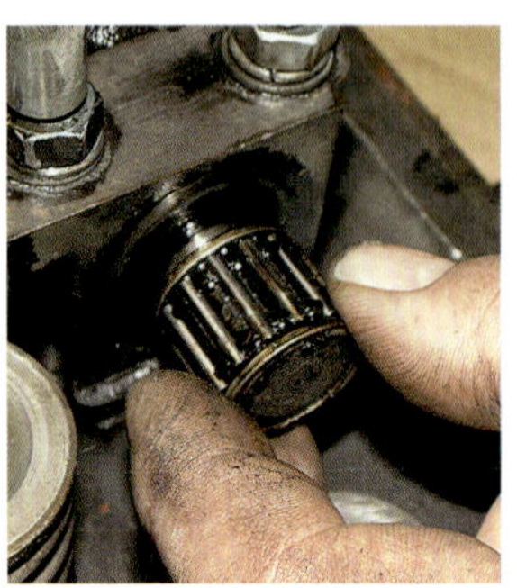

13. Das Nadellager kann leicht von der Kipphebelachse gezogen werden

14. Standschaden durch Korrosion! Deutlich sind Abdrücke des Nadellagers auf der Kipphebelachse zu erkennen

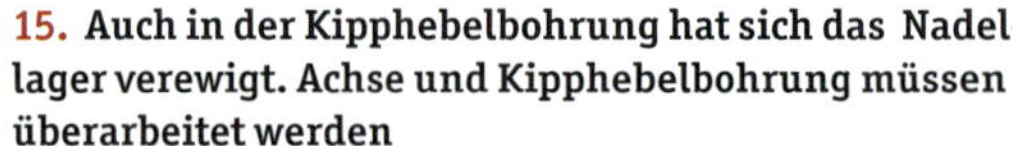

15. Auch in der Kipphebelbohrung hat sich das Nadellager verewigt. Achse und Kipphebelbohrung müssen überarbeitet werden

16. Der Pfannenkopf der Ventilspieleinstellschraube ist in gutem Zustand und lässt sich weiterverwenden

17. Für den Ventilausbau hat Mike ein Spezialwerkzeug. Eine Schraub zwinge und ein kurzes offenes Roh stück gehen aber auch

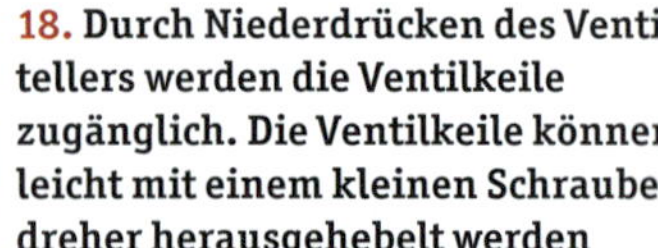

18. Durch Niederdrücken des Venti tellers werden die Ventilkeile zugänglich. Die Ventilkeile können leicht mit einem kleinen Schraube dreher herausgehebelt werden

19. Gut in einer Schachtel verwahre Die beiden kleinen Ventilkeile geh nämlich gerne verloren

Bei den Kipphebeln ist auch der Zustand der Ventildruckfläche zu prüfen. Sie darf keine Druckspuren zeigen. Einlaufspuren sind deutlich als halbkreisförmige Vertiefungen oder Abplatzungen der Härteschicht zu erkennen (siehe Bild 7). Prinzipiell können solche Schäden nachgearbeitet werden. Sind sie jedoch sehr tief, sollte man den Kipphebel tauschen.

Um jetzt die Ventile auszubauen, muss die jeweilige Ventilfeder etwas zusammengedrückt werden, damit die beiden Klemmkeile zwischen Ventilschaft und Federteller herausgenommen werden können. Hierfür gibt es Spezialwerkzeug, doch tut es auch eine einfache Schraubzwinge und ein seitlich eingeschnittenes, etwa drei bis vier Zentimeter langes Rohrstückchen. Dieses auf den Ventilfederteller passende Teil wird dabei mit seiner offenen Seite auf den Teller gesetzt. Das feste Ende der Schraubzwinge liegt auf dem Rohrstück, die bewegliche Seite von Seiten des Brennraums auf dem Ventil auf.

Ventile ausbauen

Wird jetzt die Schraubzwinge vorsichtig zusammengedrückt, können die beiden Ventilsicherungskeilchen mit einem spitzen Werkzeug vom Ventilschaft herausgehebelt werden. Nach dem vorsichtigen Entspannen der Schraubzwinge lassen sich jetzt Teller, Federn und Ventil leicht entfernen. Um beim Zusammenbau Verwechselungen zu vermeiden, sind zusammengehörige Teile dabei immer in eine extra Schachtel zu legen. Jetzt können Ventile und Ventilsitze beurteilt werden (Reinigung nicht vergessen!). Wichtig ist hier, dass der Ventilsitz einen gleichmäßigen Kreisring zeigt, keine eingebrannten kleinen Löcher hat oder eingeschlagen ist (die zulässige Breite ist dem Werkstatthandbuch zu entnehmen). „Sind die Einbrandstellen in der Sitzfläche klein oder ist sie gleichmäßig geschwärzt, ist Nacharbeit durch Einschleifen möglich. Eine zu breite Sitzfläche muss jedoch vom Fachbetrieb mit speziellen Ventilsitzfräsern auf Maß gefräst werden. Ebenso muss der Kopf in die Werkstatt, wenn der Ventilsitz nicht plan ist (Ventil eingeschlagen: Tragbild beachten!). Auch lose Ventil-

FORTSETZUNG AUF SEITE 90

. Falsche Reihenfolge bei der Deontage! Der Kipphebelbock stört im Abnehmen der Ventilfedern. ke muss ihn noch abschrauben

22. Die Ventilfeder besteht aus einer äußeren und inneren Ventilfeder. Beim Zusammenbau ist auf die richtige Ausrichtung der Federn zu achten

24. Die Ventilschaftdicke lässt sich mit einer guten Schieblehre messen. Wichtig: An mehreren Stellen am Ventilschaft messen!

. Der teilzerlegte Kipphebelbock s MAN D 8515

23. Zur Verschleißmessung der Ventilfedern wird deren Länge gemessen. Sie muss im Toleranzbereich der Herstellerangabe liegen

25. Der Ventilteller des Auslassventils ist stark mit Ölkohle zugesetzt und zeigt Korrosionsspuren am Ventilsitz

ZYLINDERKOPF-CHECK

Die drei goldenen Regeln:

1. Penibel sauber!

Um Messfehler zu vermeiden, sind alle Teile vor dem Vermessen gründlich zu reinigen

2. Einbaulage merken!

Vor dem Ausbau des Ventiltriebs muss die genaue Lage der Teile notiert werden. Alle Teile sind nur da wieder einzubauen, wo sie ursprünglich verbaut waren

3. Nicht improvisieren!

Beim Einschleifen der Ventile und der Ventilführung kommt es auf höchste Genauigkeit an. Im Zweifel lieber den Fachbetrieb beauftragen!

sitze sind in der Hobbywerkstatt kaum auszuwechseln, da hierzu Übermaßsitze benötigt werden, die mit flüssigem Stickstoff gesetzt werden", erklärt Mike.

Ventilführungen prüfen

Selbstverständlich ist auch das Spiel der Ventilführungen zu prüfen, denn es ist oft Ursache für Ventilschäden. So wird bei zu großem Spiel der Ventilteller einseitig auf den Sitz gedrückt und biegt den im Betrieb rot glühenden Ventilschaft um einen winzigen Betrag, bevor der Teller richtig aufsitzt. Diese Beanspruchung führt früher oder später zum Bruch. Der Verschleiß rührt vom Kipphebel her, der immer einen minimalen seitlichen Druck auf den Schaft ausübt und ihn oval verschleißen lässt.

Die Ventilführung muss aber etwas Spiel haben, um leicht laufen zu können. Zu viel Spiel jedoch lässt Öl vom Zylinderkopf in den Brennraum gelangen. Der Ölverbrauch steigt. Zu erkennen ist dies an starken Ölkohleablagerungen auf den Ventiltellern und dem Kolbenboden (Bild 28). Gemessen wird das Spiel am Innendurchmesser der Führung, von dem die Ventilschaftdicke subtrahiert wird. Allerdings lässt sich der Durchmesser meist nur mit teuren Innentastern genau messen – hier sollte man sich notfalls an eine Fachwerkstatt wenden.

Das Auswechseln von Ventilführungen ist grundsätzlich auch mit einfachen handwerklichen Mitteln möglich. Für das Ausbauen der gepressten Führungen gibt es zwei Möglichkeiten: entweder mit Hammer und Dorn oder mit einem selbst gemachten Ausziehwerkzeug aus einer Gewindestange (auf vorhandene Sicherungsringe achten). Beide Methoden funktionieren aber erst, wenn der Zylinderkopf auf circa 240 bis 260 Grad Celsius erhitzt wird. Bei der Montage der neuen Ventilführung ist oft der Innendurchmesser zu eng, sodass sie auf das Maß des Ventilschafts aufgebohrt werden muss. „Von Improvisation mit Schmirgelleinen ist abzuraten", warnt Mike Thomas. „Das ist zu ungenau." Eine genau passende – keine verstellbare! – Reibahle kommt hier zur Verwendung.

» Zum Einschleifen der Ventile darf auf keinen Fall eine elektrische Bohrmaschine verwendet werden!

Wer sich die Arbeit nicht zutraut, sollte neue Führungen in der Werkstatt einsetzen lassen. Ganz wichtig: Ventile immer grundsätzlich zusammen mit den Führungen erneuern! Ein Ventil wird daher erst dann auf seinen Sitz eingeschliffen, wenn sicher ist, dass das Spiel in Ordnung ist.

Einschleifen – gewusst wie!

Mike muss also sowohl die Ventile als auch ihre Führungen erneuern. Für TRAKTOR CLASSIC demonstriert er jedoch vorher noch, wie man ein altes Ventil, das noch in Ordnung ist, neu auf den Ventilsitz einschleift.

VENTILE EINSCHLEIFEN

26. Ein Drehquirl zum Einschleifen von Ventilen gibt es bereits für wenige Euros im Werkzeugfachhandel

28. + 29. (vorher/nachher) Auch der Sitzring im Zylinderkopf ist vor dem Einschleifen gründlich von Ölkohle zu reinigen

27. Hier kann man sich das Messen sparen. Ein Blick genügt, um zu sehen, dass die Ventilführung stark eingelaufen ist und gewechselt werden muss

30. Spezielle Ventileinschleifpaste gibt es im Fachhandel. Kleine Mengen genügen völlig, da sie sehr ergiebig ist

Ein MAN B18 A von 1958, hier ein Archivbild des Herstellers, ist unser Ersatztraktor für den Eicher ED 16 II von 1954

Hierzu wird es penibel mit einem Schaber gereinigt und dann etwas Öl auf den Schaft gegeben. Dann wird feine Schleifpaste auf den Ventilteller aufgetragen und das Ventil in die Führung gesteckt. Jetzt braucht man einen sogenannten Drehquirl mit Saugnapf (Bild 26), der auf den angefetteten Ventilteller gequetscht wird, um das Ventil in der Führung drehen zu können. Zum Einschleifen darf keine Bohrmaschine verwendet werden, da das Ventil abwechselnd in beide Richtungen bewegt werden soll.

Auch muss es gelegentlich angehoben werden, damit neue Schleifpaste auf die Sitzfläche gelangt. Die Arbeit ist beendet, wenn der Ventilsitz gleichmäßig grau ist. Nach dem Sauberwischen steckt man das Ventil in die Führung und drückt es leicht gegen seinen Sitz. Jetzt dreht man den Zylinderkopf so, dass der Ansaug- oder Auslasskanal nach oben zeigt, und gießt etwas Benzin hinein. Achtung: Das Benzin darf nicht in den Brennraum hineinsickern. Zur Prüfung genügt ein Fingerdruck (Bild 34).

Der Zusammenbau des Kopfes erfolgt schließlich in umgekehrter Reihenfolge. Dabei sind alle Teile gut zu schmieren und grundsätzlich neue Dichtungen zu verwenden. Nach dem ersten Lauf des Motors sind die Stehbolzen nochmals über Kreuz nachzuziehen und dann das Ventilspiel zu kontrollieren. *Marcel Schoch*

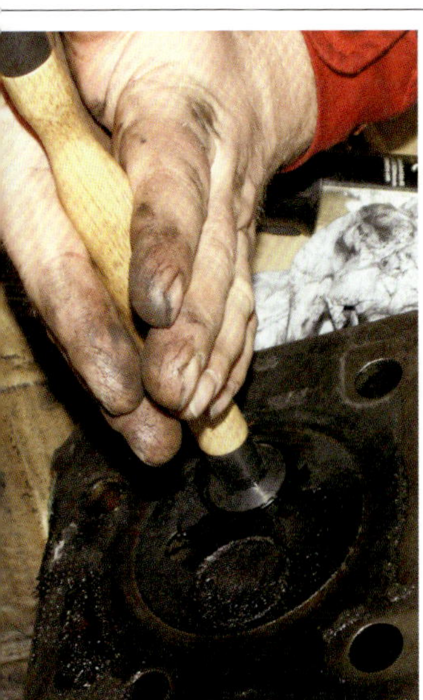

. Durch Hin-und-her-Bewegen des ehquirls unter leichtem Druck wird s Ventil eingeschliffen

32. + 33. Der Sitzring und die Sitzfläche des Ventils sind eingeschliffen, wenn sich ein gleichmäßiges Tragbild zeigt

34. Ob das Ventil dicht ist, zeigt der Test mit Benzin. Ein Fingerdruck auf den Ventilteller muss genügen, um das Ventil zu dichten

KRAFTSTOFFSYSTEM RUNDUM-CHECK

KRAFTSTOFFSYSTEM

Alles im Fluss

Auch die Kraftstoffzufuhr des Oldtimer-Traktors benötigt Pflege und ein waches Auge. Wenn gar nichts mehr geht, steht eine Generalüberholung an. Wir zeigen diese am Beispiel eines Fahr D 130

Nothilfe ist bei Mike Thomas, unserem Traktorexperten, Ehrensache. So auch als neulich bei ihm das Telfon klingelte und ihn mitten aus der Arbeit riss. Am anderen Ende der Leitung war ein langjähriger Kunde, der einen alten Fahr D 130 von 1955 verkaufen wollte. Obwohl das gute Stück restaurierungsbedürftig ist, lief der Motor bis vor Kurzem einwandfrei. Doch jetzt, wo der Verkauf kurz bevor stand, verweigerte der Traktor plötzlich seinen Dienst. Darüber verzweifelt, bat sein Noch-Besitzer Mike um Hilfe.

Obwohl in den nächsten Tagen kaum Zeit für eine weitere Reparatur frei war, holte Mike den Fahr kurzerhand mit seinem Anhänger ab. Bereits bei der Rückfahrt zur Werkstatt überlegte Mike, wo der Fehler liegen könnte. Für ihn war schnell klar, dass es nur an der Kraftstoffversorgung liegen kann. Kraftstoffversorgung? Wäre das nicht ein Thema für die TRAKTOR CLASSIC? Jetzt klingelte das Telefon bei uns in der Redaktion. Zwei Stunden später waren wir in Mikes Werkstatt in Geisenfeld.

„Wenn ein Motor plötzlich Aussetzer hat, abstirbt und dann nicht mehr anspringen will, liegt das oft nicht an der Einspritzung, sondern an einer unterbrochenen Kraftstoffversorgung“, erklärt Mike und nimmt sich die einzelnen Komponenten der Dieselversorgung am D 130 vor. Sie liegen bei diesem klassisch einfach aufgebauten Traktor sehr gut zugänglich und können ohne großen Aufwand zur Reparatur oder Wartung demontiert werden.

» Wenn der Motor plötzlich Aussetzer hat, liegt das oft an einer unterbrochenen Kraftstoffversorgung

Zunächst sollte man jedoch die einzelnen Komponenten auf ihren äußeren Zustand und auf Dichtheit überprüfen. Dabei verfolgt Mike immer den Kraftstofffluss, das heißt, er sieht sich vom Tankdeckel über den Tank, den Kraftstoffhahn, die Kraftstoffleitung, den

KRAFTSTOFFSYSTEM ÜBERPRÜFEN UND REPARIEREN

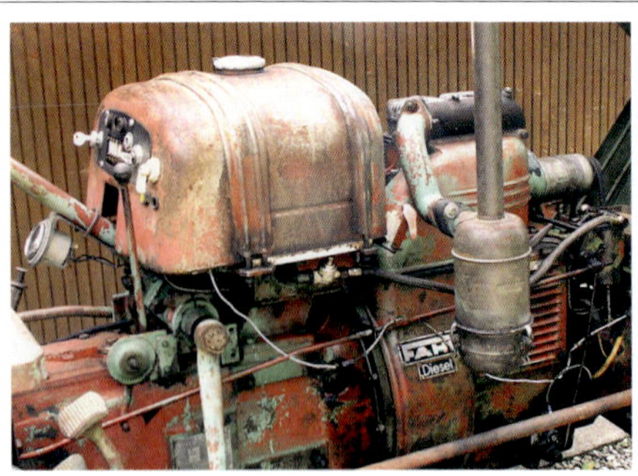

1. Tank, Kraftstoffhahn, Dieselleitung und -filter sind am Fahr D 130 sehr gut zugänglich

2. Die Tankdeckeldichtung ist in Ordnung. Wahrscheinlich ist der Gummi nicht original. Üblich waren damals Korkdichtungen

3. Der Schmutz am Benzinhahn zeigt: Er ist leicht undicht. Auch der Hebel fehlt

4. Trotz Quetschung ist die Kraftstoffleitung (noch) dicht. Ersatz ist angesagt

5. Hier lässt Mi den Tank „ausbluten“. Der kräftige Strahl zeigt, Tankentlüftung, Benzi hahn und Kraf stoffleitung si frei

6. „Was für ein Dreck!“ Mikes Meinung zum total zugesetzt Dieselfilter

7. Die Schraub der Tankspann bänder beweis dass am Krafts system bereits geschraubt wu

Tank und Leitungen dieses Fahr D 130 von 1955 benötigen dringend eine Überprüfung

Dieselfilter und die Einspritzung bis zur Rücklaufleitung zunächst alle Komponenten genau an. „Besonders ist dabei immer auf die Dichtringe der einzelnen Anschlüsse zu achten", sagt Mike.

„Oft werden sie gerade bei unrestaurierten Traktoren aus Kostengründen mehrmals verwendet, obwohl sie wirklich oft nur ein paar Cent kosten. Außerdem handelt es sich bei den meisten Dichtringen um genormte Massenware, die heute noch gut erhältlich ist". Erster Grundsatz bei Reparaturen oder Wartungsarbeiten an der Kraftstoffanlage ist daher immer, die alten Dichtungen zu wechseln.

Ein Grund, weshalb ein Motor im Betrieb plötzlich stehen bleiben kann, ist eine verstopfte Tankentlüftung. „Der Unterdruck im Tank nimmt dabei mit zunehmendem Verbrauch kontinuierlich zu, bis der Kraftstoff plötzlich nicht mehr fließt", erklärt Mike.

Entlüftung muss sein

Für einen ungehinderten Kraftstofffluss hat der Tankdeckel deshalb oft eine

FORTSETZUNG AUF SEITE 94

rsichtig: Mit Hammerschlägen befreit den Tank aus seiner Umklammerung

10. Der Tanksitz auf dem Getriebe des Fahr D 130 ist zwar schmutzig, aber trocken: also dicht!

r dem Ausbau werden Benzinhahn Kraftstoffleitung abgeschraubt

11. Erst gut verschließen ...

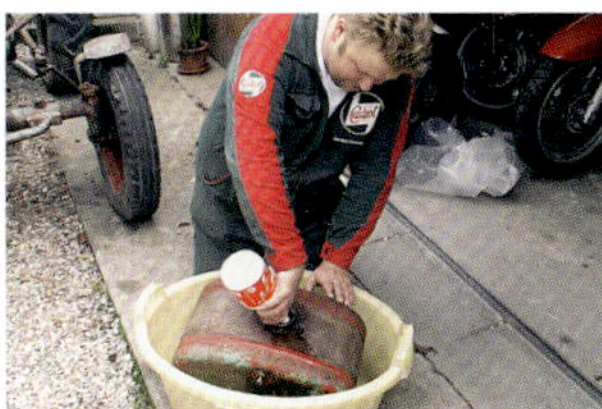

12. ... dann reinigen: Motorreiniger kommt zum Einsatz!

13. Kräftig schütteln, damit der Reiniger auch ins letzte Eck vordringt

kleine Entlüftungsbohrung oder einen Entlüftungsspalt. Bei einigen Traktoren kann aber auch ein Metallröhrchen in den Tank eingeschweißt sein, an dem ein Gummischlauch hängt.

Ob Luft ungehindert in den Tank gelangen kann, kann bei leicht geöffnetem Tankdeckel vorsichtig mit Pressluft geprüft werden. „Wer jedoch ohne Kompressor testen will, ob die Tankentlüftung einwandfrei funktioniert, braucht hierzu nur den Kraftstoffschlauch vom Dieselfilter abzuschrauben und den Diesel bei geschlossenem Tankdeckel in ein Gefäß laufen zu lassen. Sollte dann nach gut zwei bis drei Litern der Kraftstoff zu tröpfeln beginnen, ist der Tankdeckel zu öffnen. Fließt er jetzt wieder ungehindert, ist die Entlüftung verstopft.“ Am Fahr D 130 war hier alles in Ordnung. Auch die Tankdeckeldichtung und der Einfüllstutzen machten einen guten Eindruck auf Mike. „Ein gut schließender Tankdeckel ist wichtig für die Umwelt und die Sicherheit. Vor allem dann, wenn der Traktor noch im Gelände eingesetzt wird. Auslaufender Sprit gelangt sonst in den Boden oder entzündet sich an heißen Motorteilen.“

Anschließend sieht Mike mit einer kleinen Taschenlampe in den Tank, um ihn auf Rost und Verschmutzungen hin zu überprüfen. Ergebnis: Er sieht innen sehr viel besser aus als außen. Es ist nur wenig Rost erkennbar, jedoch sind zahlreiche Schmutzpartikel im Kraftstoff zu erkennen. Eine Tankreinigung steht somit schon mal auf der Arbeitsliste.

Jetzt muss der Benzinhahn geprüft werden. An unserem Fahr ist er defekt (Hebel fehlt) und daher stets auf „Offen“ gedreht. Ein leichter Dieselfilm weist zudem auf eine Undichtigkeit. Auch die Leitung zwischen Kraftstoffhahn und Dieselfilter ist beschädigt. Sie zeigt eine deutliche Quetschspur und muss ersetzt werden. Da der Tank zur Reinigung und der Benzinhahn und die Kraftstoffleitung zu Reparatur demontiert werden müssen, schraubt Mike zunächst die Kraftstoffleitung vom Dieselfilter ab, um den Kraftstoff aus dem Tank abzulassen.

Ein Kanister mit Trichter, in den das Ende des Kraftstoffschlauchs gesteckt wird, ist für die Restdieselmenge im Tank mehr als ausreichend. „Zur Si-

KRAFTSTOFFSYSTEM ÜBERPRÜFEN UND REPARIEREN

14. Der Reiniger kann mehrmals verwendet werden. Mike füllt ihn daher gemeinsam mit Schwager Cay wieder in die Flasche ab

18. Gut 20 Liter heißes Wasser obendrauf

20. Letzter Arbeitsschritt für heute – das Einfüllen des Rostschutzes

15. Das Spülen des Tanks per Gartenschlauch

16. Ist aller Schmutz draußen? Mike prüft kritisch!

17. Auch vom Entroster gibt Mike reichlich in den Tank

19. Zwei Stunden Ruhe zum Arbeiten!

21. Mike und sein Hund Pascha haben jetzt 24 Stunden Zeit zum Ausruhen

cherheit immer ein übergroßes Auffanggefäß verwenden, damit wirklich nichts danebengeht", mahnt Mike an.

„Man verschätzt sich nämlich oft, wie viel Sprit tatsächlich noch im Tank ist". Dass die Dieselleitung schon öfter abgeschraubt wurde (war sie auch schon öfter verstopft?), erkennt man deutlich an der Hohlschraube am Dieselfilter – sie ist abgenudelt und sollte ersetzt werden. Auch die Dichtringe sind schwer verquetscht und, wie Dieselfilm und Schmutz an dieser Stelle zeigen, nicht mehr dicht. Das Ablassen des Diesels über die geöffnete Kraftstoffleitung funktioniert jedoch problemlos. Tankentlüftung, Benzinhahn und Leitung sind demnach frei.

„Trotzdem werde ich später noch den Benzinhahn öffnen. Einige Modelle sind nämlich mit einem kleinen Filter ausgestattet. Ihn und auch die kleinen Bohrungen im Benzinhahn sollte man bei dieser Gelegenheit reinigen und anschließend neue Dichtungen einbauen", erklärt Mike.

Bevor Mike den Tank ausbaut, will er noch einen Blick in den Dieselfilter werfen. Hierzu öffnet er am Filterdeckel die Zentralschraube, die ihn mit dem Gehäuse verbindet.

» Hat man den Tank einmal ausgebaut, sollte man auch gleich über eine Tankversiegelung nachdenken

Dieselfilter: Übeltäter gefasst!

Nach vorsichtigem Abnehmen des Filtergehäuses und Herausziehen des Filterelements ist die Ursache für den Motorausfall klar – ein verstopfter Filter. Paraffinreste, Rostpartikel und Schmutz haben ihn total zugesetzt. Da das Filterelement auswaschbar ist, genügt hier eine Reinigung mit Benzin, damit es wieder voll einsatzfähig ist. Mike: „Keinesfalls vergessen sollte man, auch den Bodensatz aus dem Filtergehäuse vollständig zu entfernen, sonst ist die nächste Verstopfung programmiert."

FORTSETZUNG AUF SEITE 96

Nach Ausgießen des Rostschutz-
tels und gründlichem Spülen mit
sser muss der Tank getrocknet wer-
. Empfehlenswert: ein Industriefön

Nicht vergessen! Vor Einfüllen
Tankversiegelung sind alle Dicht-
chen mit Klebeband abzukleben.
ßerdem Gewindeanschlüsse mit
rauben vor Versiegelung schützen,
st ist viel Nacharbeit nötig

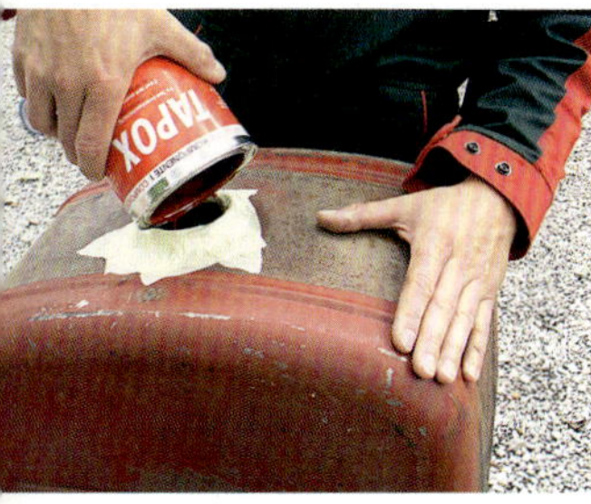

Bei der Versiegelung nicht sparen
nen muss alles benetzt werden

25. Fünf Minuten dreht und wendet Cay den Tank, um alle Stellen mit Tankversiegelung zu erreichen

Um die Quelle der Verschmutzung trockenzulegen, baut Mike jetzt den Tank aus. Hierzu wird zuerst die Kraftstoffrückführungsleitung, die von der Einspritzung zum Tank führt, gelöst. Danach kann Mike die zwei Spannbänder lösen, mit denen der Tank am Aufsetzrahmen befestigt ist.

Zum Ausfädeln aus der Tankauflage muss jedoch zusätzlich die Leitung vor dem Kraftstoffhahn gelöst werden. Innerhalb weniger Minuten hat Mike dann den Tank in der Hand. Eine erste genaue Begutachtung zeigt leichten Flugrost auf der Blechhaut. Falzungen und Anschlüsse sind aber alle dicht. Einer Weiterverwendung des Tanks steht damit nichts im Wege.

Wäre der Tank undicht, sollten Löt- oder Schweißarbeiten nur von wirklichen Fachleuten vorgenommen werden, denn auch wenn der Tank gereinigt und trocken ist, können selbst geringe (feste) Kraftstoffrückstände zu Verpuffungen führen.

„Wenn der Tank schon ausgebaut ist, sollte man gleich über eine Tankversiegelung nachdenken. Sie schützt den Tank von innen dauerhaft vor Rost“, so Mike und beginnt mit der Reinigung des Tanks. Doch bevor Sie jetzt, lieber Leser, Mikes Reinigungsratschlägen folgen, bedenken Sie bitte Folgendes:

Alle Arbeiten, die uns Mike erklärt, dürfen nur dort durchgeführt werden, wo wirklich keine Reiniger- und Ölreste in den Boden gelangen können. Werkstätten sind hierzu mit Ölabscheidern ausgerüstet. Sie können sich aber damit behelfen, dass Sie zu einer Tankstelle mit Waschplatz fahren oder die Tankreinigung über einem großen Auffanggefäß, dessen Inhalt Sie später ordnungsgemäß entsorgen, vornehmen.

KRAFTSTOFFSYSTEM

Die drei goldenen Regeln:

1. Dem Fluss folgen!

Die Überprüfung des Kraftstoffsystems folgt immer dem Kraftstofffluss, d. h. vom Tank zum Motor

2. Dichtkunst!

Bei Montagearbeiten am Kraftstoffsystem immer neue Dichtungen verwenden

3. Auf Umwelt achten!

Kraftstoffe oder Reiniger dürfen unter keinen Umständen in die Umwelt geraten

Motorreiniger zweckentfremdet

Für die Außenreinigung des Tanks genügt gewöhnlicher Motorreiniger, der nach dem Aufsprühen nach wenigen Minuten Einwirkzeit mit Wasser abgespült wird. Mike verwendet diesen auch zur ersten Reinigung des Tankinneren. Hierzu schüttet er je nach Größe des Tanks ein bis zwei Liter hinein und schüttelt diesen dann kräftig durch. Vorher aber nicht vergessen, alle Anschlüsse dicht zu verschließen!

Nach Ablassen des Motorreinigers muss der Tank gründlich mit Wasser gespült werden. Dabei wird der gelöste Schmutz aus dem Tank geschwemmt. Um Rost und Rostpartikel im Tankinneren zu entfernen, verwendet Mike ein Entrostungskonzentrat von Fertan (Fe-

KRAFTSTOFFSYSTEM ÜBERPRÜFEN UND REPARIEREN

26. Cay kontrolliert, ob die Tankversiegelung alle Flächen im Tank abdeckt

28. Kraftstoffhahn zerlegen: nur Ventilsicherungsringschraube herausdrehen!

rechte Seite 31. Die Kraftstoffleitung [...] noch einmal mon[...] werden. Trotz[...] bekommt ihr Ansch[...] neue Dicht[...]

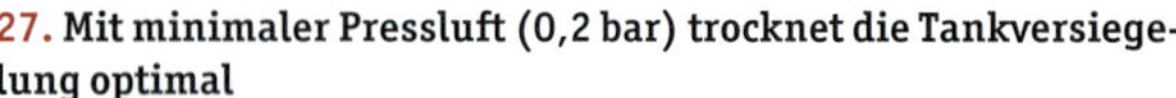

27. Mit minimaler Pressluft (0,2 bar) trocknet die Tankversiegelung optimal

29. Wie erwartet, sind die Bohrungen des Kraftstoffhahns nur minimal verschmutzt

30. So sieht ein saube[...] Dieselfilter aus. Mike [...] ihn gewaschen und m[...] Pressluft getrocknet

DOX), wovon er rund zwei Liter in den noch feuchten Tank kippt. Zusammen mit circa 20 Litern 50 bis 60 Grad warmen Wassers, die den Tank etwas mehr als zur Hälfte auffüllen, lässt er den Entroster für zwei Stunden einwirken. Danach dreht er den Tank auf den Kopf, um nach weiteren zwei Stunden die Flüssigkeit abzulassen.

Wieder muss der Tank gründlich gespült werden. Zur Neutralisierung der Rostnarben im Tankblech gibt Mike dann rund zwei Liter Rostumwandler in den noch feuchten Tank und schüttelt ihn kräftig durch. Überflüssigen Rostumwandler lässt er dann sofort ab. Jetzt heißt es 24 Stunden warten, damit der Rostumwandler, am besten bei Raumtemperatur (20 Grad Celsius), genügend Zeit zum reagieren hat.

Der Tank ist rostfrei

Am nächsten Tag, wir sind am späten Vormittag bei Mike, hat sein Schwager und Mitarbeiter Cay bereits die Reste des Rostumwandlers mit viel klarem Wasser aus dem Tank gewaschen. Der Tank zeigt sich von innen jetzt dunkel verfärbt. Die Reaktion hat stattgefunden. Damit ist der Tank rostfrei. Um unsere Wartezeit zu verkürzen, trocknet Cay den Tank mit einem Industriefön, damit er anschließend eine Tankinnenversiegelung aufbringen kann. „Versiegelungen gibt es einige auf dem Markt.

» Zum Trocknen der Versiegelung keine elektrischen Geräte benutzen, da die Dämpfe entzündlich sind

Ihnen allen ist gemein, dass sie flüssig in den Tank gekippt und durch Drehen und Wenden des Tanks möglichst gleichmäßig auf der Tankinnenseite verteilt werden“, berichtet Cay.

Pressluft hilft beim Trocknen

„Überschüssige Tankversiegelungsflüssigkeit wird anschließend einfach abgelassen, bevor der Tank, je nach Produkt, zum Aushärten der Beschichtung für mehrere Stunden zur Seite gestellt wird“. (Mike verwendet Tapox von Fertan). Zum Aushärten der Epoxyschicht benötigt das Produkt einen gut sechsstündigen Luftaustausch im Inneren des Tanks. Elektrisch betriebene Ventilatoren oder Ähnliches sind hierfür jedoch ungeeignet, da die austretenden Dämpfe hoch entzündlich sind. Ideal ist hingegen ein leichter Pressluftstrom.

Nach Antrocknung kann der Tank wieder eingebaut werden. Jedoch sollte man noch drei Tage warten, bis Sprit in den Tank gefüllt wird. Erst dann sind die meisten Versiegelungen vollständig ausgehärtet. Viel Zeit also um die restlichen Arbeiten durchzuführen. Es steht ja noch der Kraftstoffhahn an. Er lässt sich leicht zerlegen, indem das Verschlusselement (Ventilsicherungsringschraube) mit einem passenden Maulschlüssel aus dem Gehäuse gedreht wird. „Eigentlich gehört dieser Hahn ersetzt, da er bereits sehr ausgeschlagen ist und der Hebel fehlt.

Das wäre noch zu tun

Dies wird sicher bei der Restaurierung durch den neuen Besitzer erledigt. Ersatz dürfte kein Problem sein, da es sich um ein gängiges Zulieferteil handelt“, beurteilt Cay den Zustand des Hahns, reinigt ihn mit Benzin und bläst Pressluft hindurch, um ihn dann, natürlich mit neuen Dichtungen, einzubauen. Ein sogenannter Vorfilter ist bei diesem Kraftstoffhahn übrigens nicht verbaut. Auch die gequetschte Kraftstoffleitung haben Mike und Cay auf Wunsch des Besitzers nicht ersetzt. Sie ist noch dicht und lässt Diesel durch. Wird die Kraftstoffleitung jedoch erneuert, muss dringend auf den richtigen Querschnitt (Durchflussmenge!) und aufgrund der exponierten Lage auf den Leitungsschutz (Stahldrahtgeflecht) geachtet werden. Meterware mit Schlauch oder Quetschschellen bekommt man problemlos im Fachhandel.

Fünf Tage später. Das Telefon klingelt. Mike ist am Apparat und berichtet, dass er nach Aushärtung der Tankinnenbeschichtung den Traktor mit Diesel betankt hat, um ihn zu starten. Wie erwartet, sprang der Fahr D 130 sofort an und lief einwandfrei. Verärgert waren er und der Besitzer allerdings darüber, dass der Kaufinteressent zum vereinbarten Termin nicht kam. Aber Mike hat schon eine Idee: Jetzt will er den Fahr in Kommission verkaufen.

Marcel Schoch

WARTUNG DES ÖLBAD-LUFTFILTERS

LUFTFILTER CHECK

Gut durchatmen!

Auch ein simpler Luftfilter will fachmännisch gewartet werden, sonst läuft gar nichts. Häufigste Bauform bei Oldtimer-Schleppern war der Ölbad-Luftfilter. Worauf man dabei achten muss, erklärt uns Mike Thomas

Glücklich der, der Mike zum Nachbarn hat. Nachbarschaftshilfe wird bei unserem Traktorexperten nämlich großgeschrieben. Michael Zimmermann, Mikes unmittelbarer Nachbar, ist seit vielen Jahren stolzer Besitzer eines Eicher-ES-201-Schmalspurtraktors (Baujahr 1965) , der fast täglich noch in der Landwirtschaft genutzt wird. In den letzten Wochen jedoch fehlte es dem Kleinen jedoch deutlich an Kraft. Startunwilligkeit und hoher Dieselverbrauch kamen hinzu. Nichts lag Michael Zimmermann daher näher, als Mike um Hilfe zu bitten. „Nach dem Symptomen zu urteilen, tippe ich sehr stark auf einen zugesetzten Luftfilter", sagt Mike, der uns über den anstehenden Luftfilterservice sofort benachrichtigt hat. Als erstes verschafft sich Mike, wie er es immer macht, einen Überblick über alle Filterkomponenten und legt sich dann benötigtes Werkzeug (Zange und Schraubendreher), eine Ölauffangwanne und Aufwischpapier zurecht.

Ein sogenannter Nassfilter

„Bei dem Luftfiltersystem des Eicher ES 201 handelt es sich um einen sogenannten Nassfilter", erklärt Mike. „Die angesaugte Luft wird durch ein Metallsieb geleitet, der über einen Ölsumpf montiert ist. Durch die Ansaugluft wird durch den entstehenden Ölnebel im Luftfilter das Sieb stets mit Öl benetzt. Staub und Schmutz binden sich im Öl und tropfen dann mit ihm zusammen, wenn der Motor nicht läuft, in den Ölsumpf." Ganz klar, dass das Öl im Ölsumpf des Nassfilters regelmäßig kontrolliert und gewechselt werden muss. Genaue Ölwechselintervalle für das Luftfilteröl gibt es zwar – sie finden sich meist im Service- oder Werkstatthandbuch – oft sind sie jedoch nur ein grober Hinweis darauf, wann ein Service ansteht. „Je nach Einsatzbedingungen, zum Beispiel wenn man viel über staubige Äcker fährt, kann sich das Ser-

LUFTFILTER-CHECK

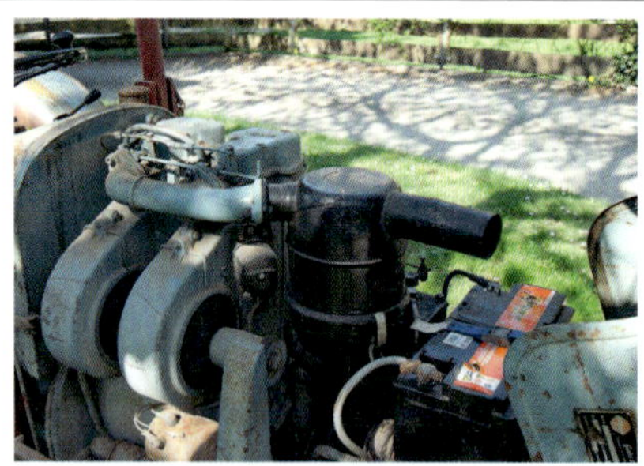
1. Vor dem Luftfilter-Check überprüft Mike Ansaugschnorchel, Luftfilterwanne und Ansaugstutzen auf Undichtheiten

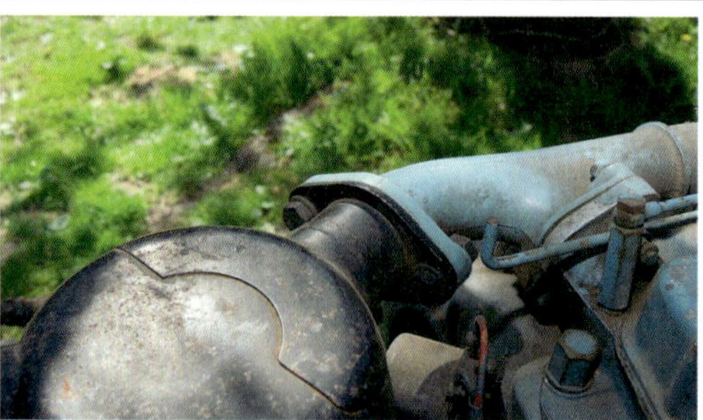
3. Trockener Staub an der Luftfilteranbindung am Ansaugstutzen ist ein gutes Zeichen. Hier ist technisch alles in Ordnung

5. Zum Abnehmen der Luftfilterölwanne müssen drei Spannklipse gelöst werden Beim Öffnen auf ihre Spannkraft achten

2. Neuralgisch: die Ansaugstutzenanbindung am Motor. Sind die Schrauben vernudelt? Das deutet auf Probleme hin!

4. Der Luftfilterservice ist deutlich überfällig. Eine dicke Ölstaubkruste im Ansaugschnorchel beweist dies deutlich

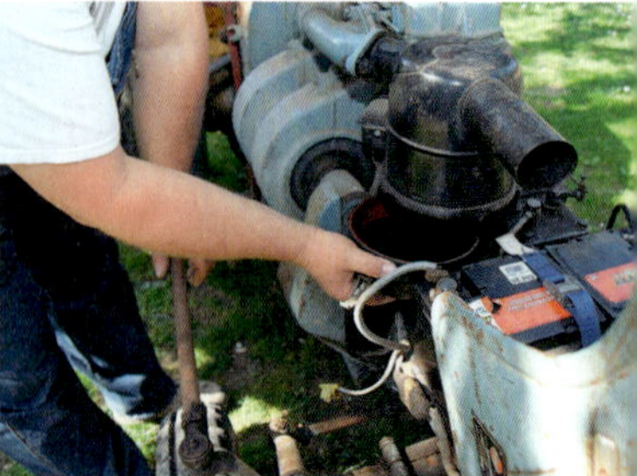
6. Nachdem die Batterie zur Seite gescho ist, kann Mike die Luftfilterölwanne kle frei demontieren

Michael Zimmermann (sitzend) hat seit ein paar Wochen Probleme mit seinem Schmalspurtraktor Eicher Puma ES 201. Selbstverständlich hilft Mike gerne

viceintervall erheblich verkürzen", so Mike. „Öfter den Ölstand im Luftfilter oder den Zusetzungsgrad des Filteröls mit Schmutz zu überprüfen, schadet daher auf keinem Fall." Bevor jedoch Mike daran geht, den Luftfilter zu öffnen, macht er zuerst eine Sichtkontrolle aller seiner Komponenten. Hier achtet er auf eventuell vorhandenen Ölnebel am Ansaugschnorchel, der Luftfilterwanne, am Gehäuse und am Ansaugstutzen. „Ist hier Ölnebel deutlich zu erkennen, könnte das ein Hinweis auf defekte Dichtungen sein", sagt Mike. Vor allem die Dichtungen des Ansaugstutzens sollten genau in Augenschein genommen werden, denn meist trägt der Ansaugstutzen das gesamte Gewicht des Luftfilters. Zusammen mit den Motorvibrationen setzt dies den häufig aus Kork bestehenden Dichtungen sehr arg zu. Wenn sich dann die Verschraubung noch leicht löst, sind Undichtheiten hier programmiert.

Mike überprüft daher auch immer den Zustand aller Verschraubungen am Luftfilter, um dies auszuschließen. Sind sie fest oder sind Schrauben abgenutzt? „Speziell bei deutlich vernudelten Schrauben sollte man vorsichtig sein", warnt Mike. „Sie sind ein klarer Hinweis darauf, dass hier bereits öfter nachgezogen worden ist, weil eine Undichtheit vorlag." In einem solchen Fall sollte der Ansaugstutzen abgeschraubt, die Dichtflächen auf Planheit geprüft und eine neue Dichtung zusammen mit neuen Schrauben eingebaut werden. Am Eicher ES 201 ist aber alles in bester Ordnung. Falsch- beziehungsweise

>>> SEITE 100

er Zustand des Filteröls zeigt tlich, wie verschmutzt der Luft- er ist

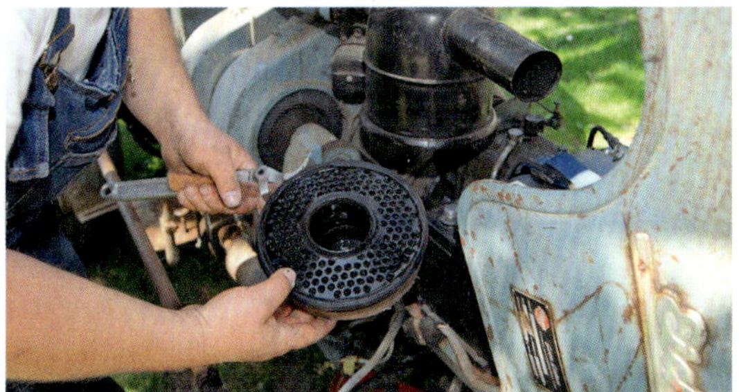

9. Nur mithilfe eines Riemen- bzw. Bandschlüssels gelingt es Mike, das festsitzende Luftfilterelement beschädigungsfrei zu demontieren

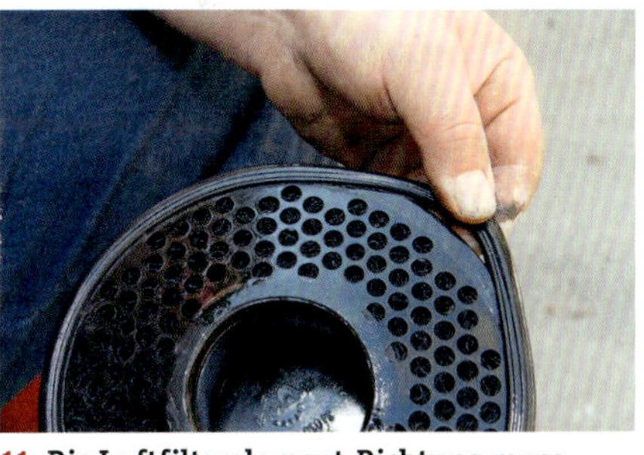

11. Die Luftfilterelement-Dichtung muss unbeschädigt sein. Mike zieht sie etwas, um zu überprüfen, ob sie spröde bzw. gerissen ist

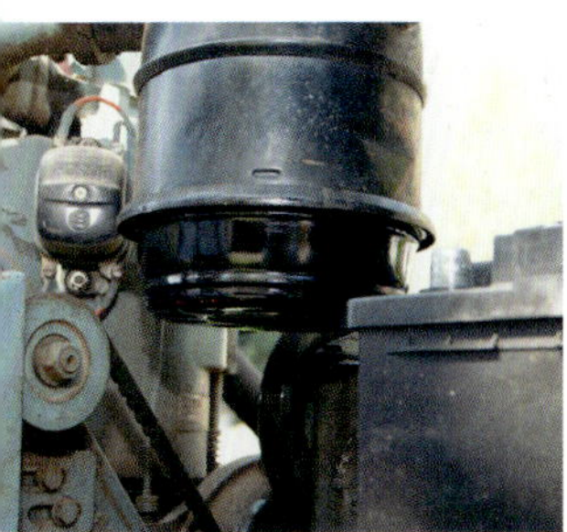

as untere Luftfilterelement im tfiltergehäuse muss raus, da es einigt werden muss

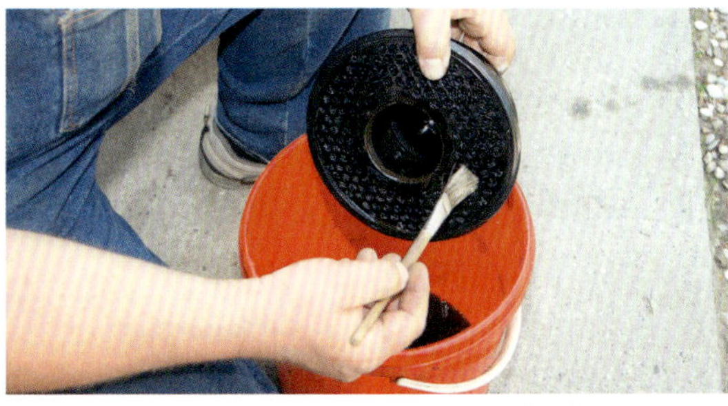

10. Zum Vorlösen des Schmutzes lässt Mike das Filterelement in Benzinbad einweichen. Mit Pinsel und Benzin reinigt Mike das Luftfilterelement

12. Mike ist zufrieden. Das Luftfilterelement ist nach dem Benzinbad sauber und vollkommen ölfrei

Fremdluft kann Mike daher als Ursache für den schlechten Motorlauf des Eicher ausschließen.

Alles original!

Nicht vergessen sollte man auch, zu überprüfen, ob der Luftfilter wirklich original ist. In den vielen Jahrzehnten des Gebrauchs unserer Traktor-Klassiker kann es nämlich hin und wieder vorkommen, dass in Ermangelung von Originalteilen andere Komponenten verbaut wurden. Aber auch hier stimmt am Eicher ES 201 alles, wie die originalen Teilenummern beweisen. Das gesamte Luftfiltersystem besteht aus Originalteilen.

Am Ansaugschnorchel erkennt Mike jedoch sofort, dass der Luftfilter bereits sehr lange auf einen Service wartet. Eine dicke Ölstaubkruste ist deutlich im Schnorchel zu erkennen. Ihn wird Mike später reinigen müssen, wenn er den Luftfilter zerlegt hat. Mike: „Das Demontieren des Luftfilters am Eicher ES 201 ist denkbar einfach. Hierzu müssen lediglich drei Spannklipse geöffnet werden." Aber Vorsicht! Da die Luftfilterölwanne mit Öl gefüllt ist, muss immer unter dem Traktor eine Ölauffangwanne stehen und Aufwischtücher bereitliegen. Selbstverständlich ist beim Öffnen der Spannklipse darauf zu achten, dass sie auch genügend Spannkraft haben. Sind sie zu locker, kann Fremdluft angesaugt werden und Öl austreten. Wieder ist diesbezüglich nichts zu beanstanden. Nach dem Öffnen der Spannklipse versucht Mike, die Luftfilterwanne möglichst waagerecht auszufädeln. Das wird jedoch problematisch, da sich die Batterie zu nah am Luftfilter befindet. Ohne die Ölwanne zu kippen, lässt sie sich daher nicht herausziehen. Mike muss die Luftfilterölwanne noch mal montieren und zuerst die Batteriehalterungen lösen. Nachdem jetzt die Batterie zur Seite geschoben ist, kann Mike die Luftfilterwanne sauber demontieren.

Badespaß

Ein Blick auf das Filteröl verrät Mike sofort, dass der Luftfilter vollkommen verdreckt ist. Der Grund für den schlechten Lauf des Eicher ES 201 ist damit gefunden. „Nicht vergessen sollte man, auch gleich den Ölstand zu überprüfen", so Mike. „In der Ölwanne befinden sich meist zwei Markierungen. Eine für maximalen, die andere für minimalen Ölstand. Sind sie nicht vorhanden, gibt das Werkstatthandbuch darüber Auskunft, wie viel Öl für einen Wechsel benötigt wird." Als Nächstes nimmt Mike das Luftfilterelement aus Drahtgeflecht in Augenschein. Es befindet sich noch im oberen Luftfiltergehäuse und muss zur folgenden Reinigung ebenfalls demontiert werden. Wider Erwarten steckt es sehr fest in seiner Laschenhalterung und lässt sich nicht ohne Werkzeughilfe aus dem oberen Luftfiltergehäuse ausbauen. „Hier mit Hammer, Schraubendreher oder Ähnlichem heranzugehen, wäre fatal, da man meist nur das Filterelement beschädigt. Ich verwende daher einen Riemen- beziehungsweise Bandschlüssel, um es zu lösen", erklärt Mike sein Vorgehen. Nach nur wenigen Handgriffen hält Mike dann das Luftfilterelement unbeschädigt in seinen Händen. Sofort gibt er es zum Einweichen des Schmutzes und Lösen des Öls in ein gewöhnliches Benzinbad. Nach wenigen Minuten kann es dann mit Pinsel und Benzin ausgewaschen werden. Wer übrigens glaubt, dass Mike dies mit bloßen Händen macht – wie unsere Bilder vermuten lassen – der irrt. Mike hat seine Hände vorher mit einer speziellen Paste eingerieben, die in Werkstattkreisen auch als „flüssiger Handschuh" bekannt ist. Sie schützt die Haut vor Benzin, Öl und Schmutz und kann nach der Arbeit mit gewöhnlicher Seife ganz leicht zusammen mit dem Schmutz abgewaschen werden (einfach im Internet unter „Flüssiger Handschuh" suchen. Es gibt zahlreiche Produkte und Hersteller).

» Am verkrusteten Ansaugschnorchel erkennt Mike, dass der Luftfilter schon sehr lange auf Service wartet

Innere Reinigung

Zwischen den einzelnen „Waschgängen" überprüft Mike noch die Luftfilterelement-Dichtung. Sie darf weder spröde noch eingerissen sein. Die unseres Eichers ist im guten Zustand und kann bedenkenlos weiterverwendet werden.

Jetzt macht sich Mike an die Reinigung der Luftfilterölwanne. Nach der Entsorgung des alten Filteröls versucht Mike den Luftfilterwannenboden mit Benzin zu reinigen – jedoch erfolglos. Trotz mehrfachen Auswaschens ist kein blankes Me-

LUFTFILTER-CHECK

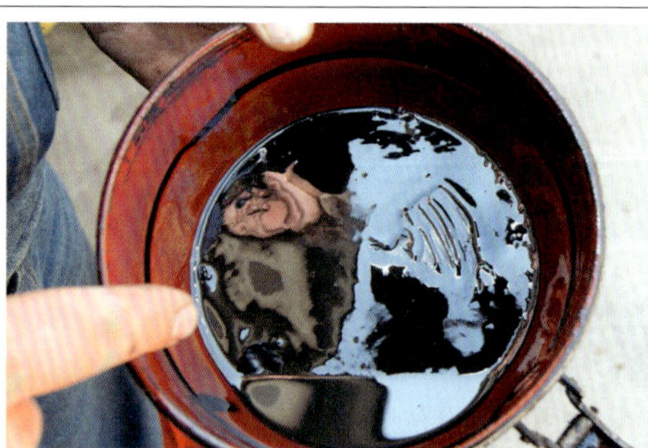

13. Am Boden der Luftfilterölwanne hat sich Staub und Schmutz vieler Jahre angesammelt und zu einer dicken Kruste verfestigt

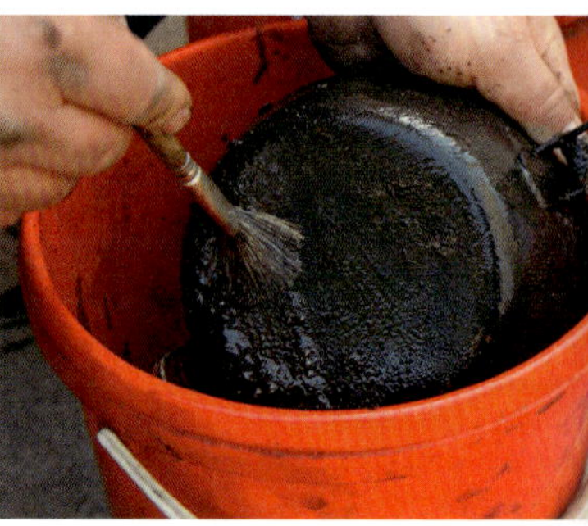

15. Auch das äußere Luftfiltergehäuse reinigen! Im späteren Betrieb lassen si so Undichtheiten schneller erkennen

14. Benzin allein genügt nicht, um sie abzulösen. Erst mit Schraubendreher kann Mike die Kruste aufbrechen. Jetzt mit Benzin auswaschen

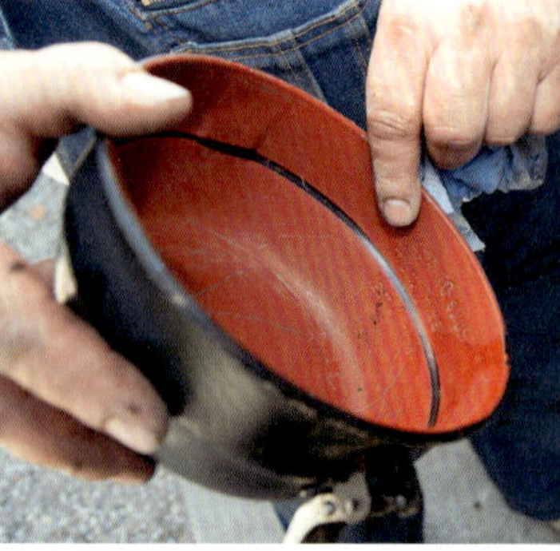

16. Top: So trocken und sauber muss di Luftfilterölwanne nach der Reinigung aussehen

TECHNIK-INFO

Luftfilter im Oldtimer

Nassluftfilter, auch Ölbadluftfilter waren lange Zeit Standard. Sie finden sich vor allem an Traktoren der 1950er- und 1960er-Jahre. Vorher waren ölbenetzte Trockenluftfilter üblich, wie zum Beispiel am Lanz D 7506 oder 15/30. Hier kamen als Filterelement unter anderem ölgetränkte Kokosfasermatten zum Einsatz. Wenn diese sich zugesetzt hatten, konnten sie einfach mit Petroleum oder Benzin ausgewaschen werden. Das Filterelement solcher Trockenluftfilter kann aber auch aus einem engen Drahtgeflecht, ähnlich dem des Nassluftfilters bestehen – aber eben ohne Ölbad-Reservoir.

Trockenluftfilter

Seit den 1970er-Jahren setzten sich im Traktorenbau immer mehr Trockenluftfilter (auch Luftfilterpatronen) durch. Sie bestehen, ähnlich Pkw- oder Motorradluftfiltern, hauptsächlich aus Papier oder textilen Faserstoffen. Die Filter können zur Reinigung mit Pressluft ausgeblasen werden. Dies sollte man aber nicht allzu oft machen, da sich die Mikroporen des Filterpapiers allmählich mit kleinsten Schmutzpartikeln zusetzten, die sich fest mit der Filtermatrix verbinden und sie so allmählich verstopfen. Auch Pressluftreinigung hilft dann nicht mehr. Trotzdem haben sich Trockenluftfilter aufgrund ihrer Vorteile durchgesetzt. Ihre Filterleistung, die über 99 Prozent betragen kann, ist um ein vielfaches besser als die von Nassluftfiltern. Zudem belasten sie die Umwelt bei ihrer Entsorgung weniger, sind schnell zu wechseln und darüber hinaus kostengünstig.

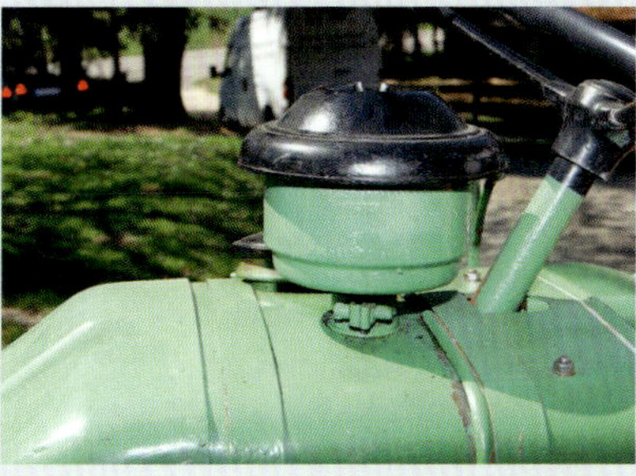

Gleiches Prinzip, andere Bauart: Auch der Fendt F12 GT (Baujahr 1957, links) und der Hanomag R16B (Baujahr 1952, unten) haben einen Nassfilter.

>>> SEITE 102

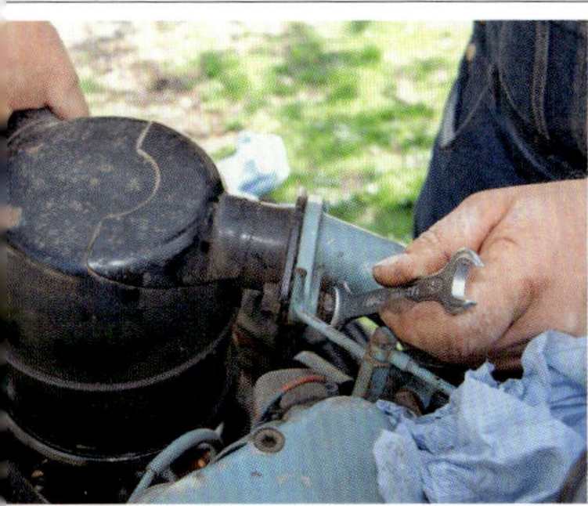

Mike schraubt zur Reinigung des oberen tfilterelements das obere Luftfilteräuse vom Ansaugstutzen ab

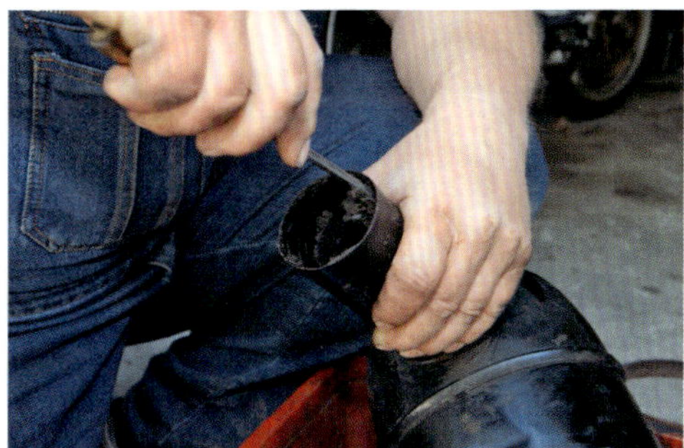

19. Mike kratzt den gröbsten Schmutz aus dem Ansaugschnorchel, damit das Benzinbad nicht zu schnell verschmutzt

21. Mike montiert das Luftfiltergehäuse am Ansaugschnorchel, mit neuer Korkdichtung und gleichmäßig angezogenen Schrauben

Die Korkdichtung am Ansaugstutzen ss ersetzt werden. Sie ist bei der Dentage des Luftfiltergehäuses zerrissen

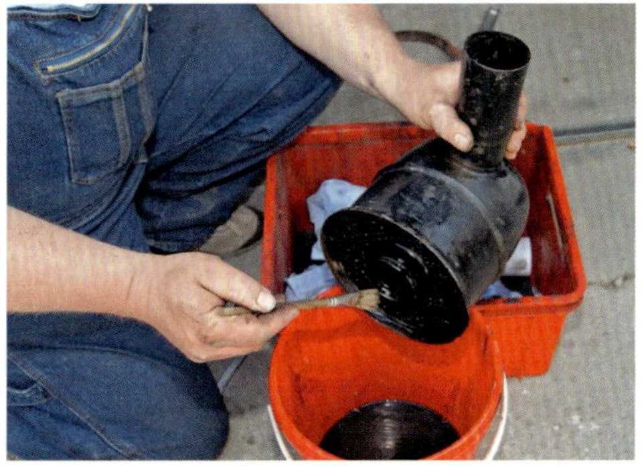

20. Gewissenhafte Reinigung ist die halbe Miete: Wie das untere Filterelement reinigt Mike das obere ebenfalls mit Pinsel und Benzin

22. Damit das untere Filterelement sofort wieder die Ansaugluft reinigt, sprüht Mike es mit gewöhnlichem Sprühöl ein

KÜHLSYSTEM

Die drei goldenen Regeln:

1. In Augenschein nehmen!

Noch vor dem Luftfilterölwechsel sind alle Komponenten des Luftfilters auf Ölspuren zu untersuchen. Undichtheiten lassen sich so an ihm schnell erkennen.

2. Nur Originalteile!

Damit der Motor einwandfrei laufen kann, müssen alle Komponenten des Luftfilters original sein. Auf Originalteilenummern achten.

3. Keine teueren Spezialöle!

Als Luftfilteröl genügt ein handelsübliches mineralisches Motoröl mit der Viskosität 10W 40 völlig.

tall am Wannenboden zu erkennen: Am Wannenboden haben sich Staub und Schmutz mehrerer Jahre zu einer dicken Kruste verfestigt.

Hier hilft nur noch ein Schraubendreher. Mit ihm bricht Mike die Kruste auf und entfernt sie zusammen mit reichlich dazu gegebenem Benzin. Nach der inneren Reinigung folgt schließlich noch die Reinigung der Luftfilterölwanne von außen. Mike: „Das sollte nicht vergessen werden, denn nur so erkennt man später im Betrieb, ob der Luftfilter auch wirklich dicht ist.“ Selbstverständlich muss auch das obere Luftfiltergehäuse mit seinem Ansaugschnorchel noch gründlich gereinigt werden. Beim Eicher ES 201 befindet sich hier übrigens ein weiteres Luftfilterelement aus Drahtgeflecht. Zur fachgerechten Reinigung muss Mike daher das gesamte Luftfiltergehäuse vom Ansaugstutzen abschrauben.

» Am Wannenboden haben sich Staub und Schmutz mehrerer Jahre zu einer dicken Kruste verfestigt

Die Dichtung muss neu sein

Die Korkdichtung zwischen beiden Teilen geht dabei in der Regel kaputt und muss später durch eine neue ersetzt werden. Vorher ist dabei die Dichtfläche von den Resten der alten Dichtung zu reinigen. Nachdem Mike das obere Luftfiltergehäuse in Händen hält, kratzt er mit einem Schraubendreher im Ansaugschnorchel den gröbsten Schmutz heraus. So verhindert Mike, dass das Benzinbad zu schnell verschmutzt.

Danach folgt die Reinigung des oberen Filtergehäuses mit Pinsel im Benzinbad. „Um das Trocknen des Filterelements zu beschleunigen und die letzten Reste Schmutz zu entfernen, kann man Pressluft einsetzen“, sagt Mike und bläst das obere und nochmals das untere Element aus. „Hier sollte man darauf achten, dass kein Öl in die Umwelt gelangt und hält beides über seinen Wascheimer.“ Nachdem alle Filterteile gereinigt sind, macht sich Mike an die Montage des oberen Filterelements. Eine neue Korkdichtung und gleichmäßiges Anziehen der Schrauben stellen sicher, dass die Verbindung zwischen Ansaugstutzen und oberen Filtergehäuse dauerhaft dicht ist. Vor der Montage des unteren Filterelements sprüht er es noch mit handelsüblichem Sprühöl ein. So wird sichergestellt, dass der Filter

LUFTFILTER-CHECK

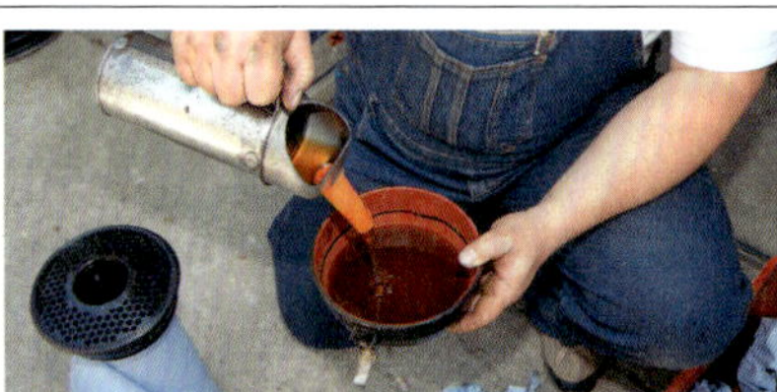

23. Handelsübliches Motorenöl mit der Viskosität 10W 40 ist als Filteröl gut geeignet

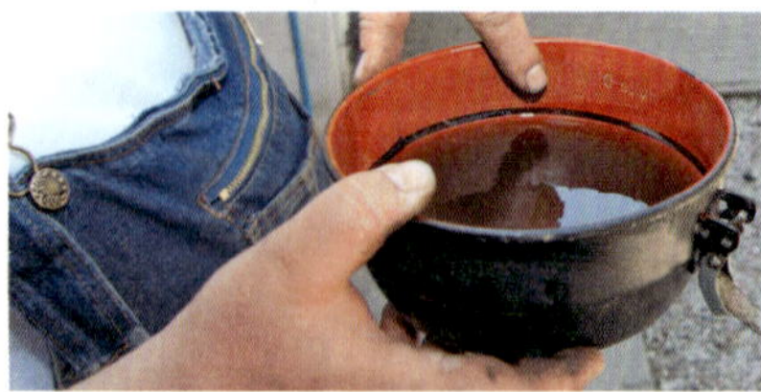

24. Auf den Füllstand des Filteröls muss penibelst geachtet werden

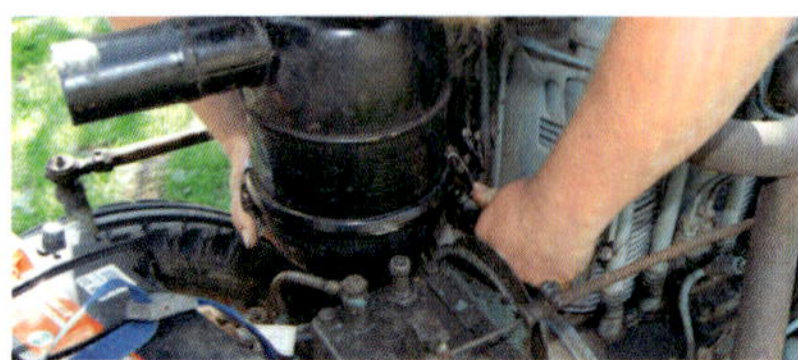

25. Mike bemüht sich redlich, dass auch bei der Montage kein Öl verkleckert wird

26. Endkontrolle. Um die Dichtheit des Luftfiltersystems zu überprüfen, sprüht Mike bei laufendem Motor Startpilotspray auf alle Dichtflächen

von Anfang an wieder die Ansaugluft perfekt reinigt. Jetzt muss nur noch die Luftfilterölwanne mit Öl aufgefüllt werden.

Neues Öl – am besten 10W 40

Hierzu nimmt Mike handelsübliches mineralisches Motorenöl. „Am besten geeignet ist ein 10W 40. Es ist unter allen Temperaturbedingungen flüssig genug, dass es den Luftfilter sicher im Betrieb benetzt und schmiert zusätzlich noch den Motor von innen, falls mal etwas unter extremen Fahrbedingungen in den Ansaugstutzen gelangen sollte", so Mike. Bevor Mike die Luftfilterölwanne montiert, überprüft er noch den korrekten Sitz der Luftfilterelementdichtung und die Sauberkeit der Dichtfläche des oberen Luftfiltergehäuses. Vorsichtig klippst er dann die Luftfilterölwanne wieder an ihrem angestammten Platz fest. Nun folgt der Moment der Wahrheit. Mike startet den Motor des Eichers. Kraftvoll hängt er am Gas und reagiert selbst auf leichtesten Gaspedaldruck. Mike ist aber noch nicht ganz zufrieden. Um wirklich sicher zu sein, dass das Luftfiltersystem auch dicht ist, sprüht er alle Dichtflächen, während der Motor im Standgas läuft, mit Startpilotspray ein. „Würde sich jetzt die Drehzahl verändern, ist noch etwas undicht", erklärt Mike. Zu seiner sichtbaren Erleichterung verändert sich die Drehzahl nicht – alles ist dicht. Zufrieden ist auch Mikes Nachbar Michael Zimmermann. Sein Traktor ist wieder der kleine Kraftprotz, den er seit so vielen Jahren kennt. Mike lässt es sich aber zum Schluss nicht nehmen, seinen Nachbarn kräftig zu ermahnen, den Luftfilter seines Eichers ES 201 viel öfter zu reinigen.

Marcel Schoch

» Für die Luftfilterwanne nimmt man handelsübliches mineralisches Motorenöl, am besten 10W 40

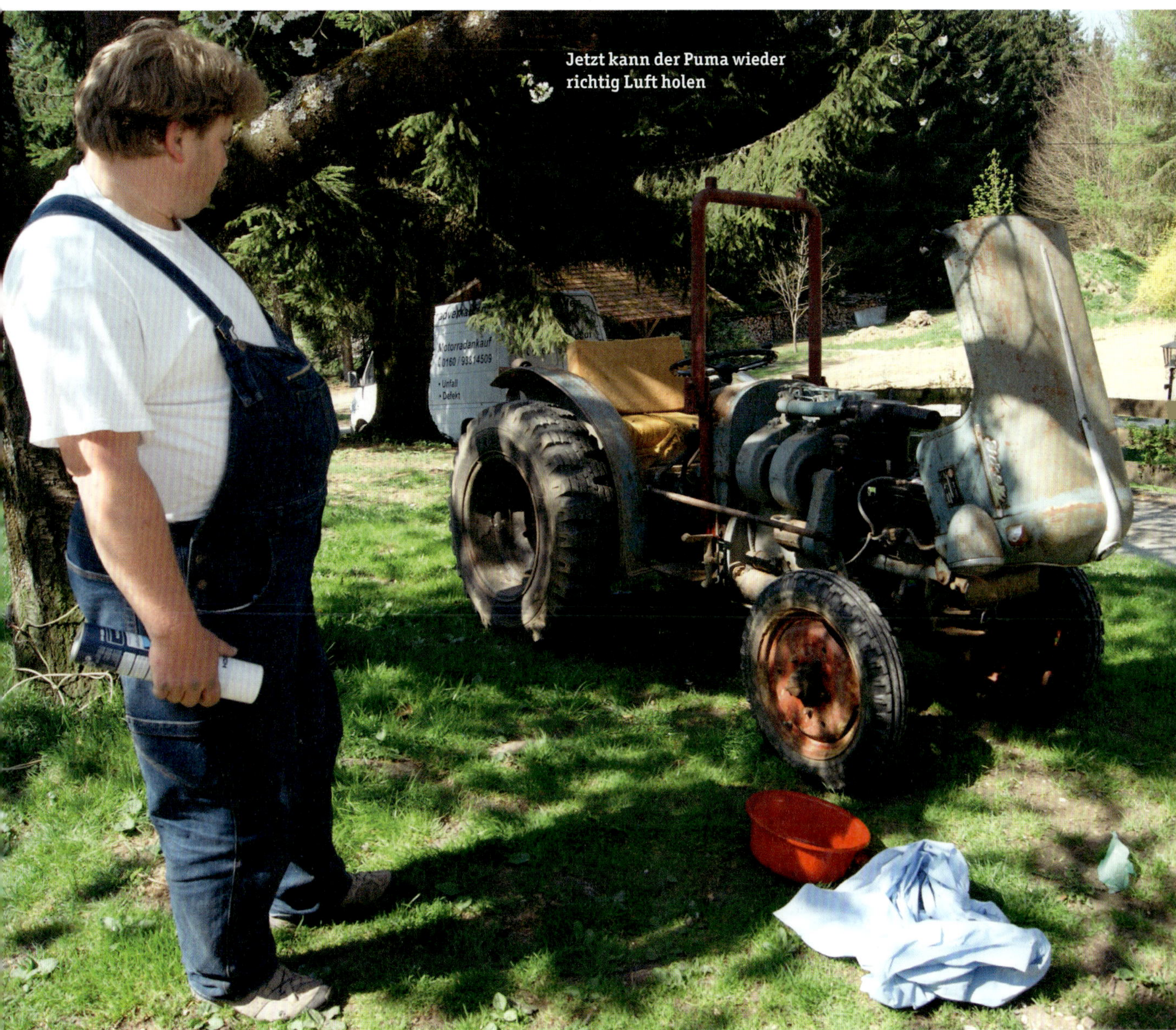

Jetzt kann der Puma wieder richtig Luft holen

ÜBERPRÜFUNG DES KÜHLSYSTEMS

Kühler Kopf

Auch das Kühlsystem eines Traktors muss in Ordnung sein. Sowohl Undichtigkeiten, hervorgerufen durch Korrosion und Verhärtung, als auch Verschmutzungen wegen nachlässiger Wartung sind die Hauptfeinde einer funktionierenden Motorkühlung. Wie man fachmännisch und Schritt für Schritt das gesamte System überprüft, zeigt unser Experte Mike Thomas

Ich habe gerade einen Fahr D 177 S von 1960, den ich wieder fit machen will, vor mir stehen", berichtet Mike am Telefon. „Ihr braucht nur bei mir vorbeizukommen, dann zeige ich euch, wie man das Kühlsystem eines wassergekühlten Traktors auf Fehler und Zustand untersucht."

„Die Arbeit sollten wir draußen erledigen", meint Mike, und das nicht nur wegen des herrlichen Wetters. „Als Erstes will ich nämlich die Dichtheit des Kühlsystems überprüfen. Hierzu muss ich den Motor zunächst gründlich warm laufen lassen, damit sich im Kühlsystem genügend Druck aufbauen kann. Gibt es eine undichte Stelle, werden wir diese sofort sehen", erklärt Mike sein Vorgehen.

Beliebter Teilespender

Trotz der vier Zylinder des Motors dauert es gut 20 Minuten, bis die Betriebstemperatur von rund 85 Grad Celsius erreicht ist. Seinen ursprünglichen Arbeitsplatz hatte das Aggregat des D 177 S in einem anderen Fahrzeugtyp: Der Viertakt-Vorkammer-Dieselmotor OM 636 mit 34 PS ist von Daimler-Benz und wurde ab 1949 im Unimog verbaut. „Deshalb ist der Fahr D 177 S heute sehr selten geworden. Viele wurden in den letzten Jahren als Motorenspender für den Unimog missbraucht", erklärt Mike, „denn der OM 636 aus dem Fahr kann problemlos in den Unimog gebaut werden."

Während der Motor noch warm läuft, nutzt Mike die Zeit und sieht sich das Kühlsystem genauer an, um sich über alle relevanten Bauteile wie Wasserpumpe, Thermostat, Schläuche, Kühler und Temperaturfühler einen Überblick zu verschaffen. Vor allem wo die Wasserpumpe genau eingebaut ist, interessiert ihn. Mike findet sie direkt hinter der oberen Keilriemenscheibe. Viel sieht man von ihr jedoch nicht, da ihre Pumpenschaufeln tief in den Kühlkreislauf des Motorblocks hineinragen. Zu- und Ablaufschläuche, wie bei vielen anderen Wasserpumpen, sucht man hier vergebens. Auch einen Ausgleichbehälter mit Thermostat gibt es nicht – stattdessen sind ein Überlaufrohr am Kühlerdeckel und ein einfaches Schlauchthermostat im Zulaufschlauch zum Kühler montiert. Der Temperaturfühler für die Anzeige am Armaturenbrett findet sich unmittelbar vor dem Thermostat beim Kühlflüssigkeitsaustritt am Motor. Der Kühler (besser Wärmetauscher) mit Lüfterrad sitzt prominent in klassischer Bauweise vor dem Motor. Beim Kühler selbst handelt es sich um einen Lamellenkühler, der aus senkrechten Rohren, die mit Kühlrippen versehen sind, besteht.

Erste Prüfung: Alles dicht?

Bevor sich Mike mit den Details des Kühlsystems auseinandersetzt, überprüft er, ob das Kühlsystem dicht ist. Ergebnis: Es leckt. Deutlich ist Kühlflüssigkeit auf der Innenseite des Kühlwannenschutzblechs zu sehen. Die leckende Stelle ist auch

KÜHLSYSTEM-CHECK

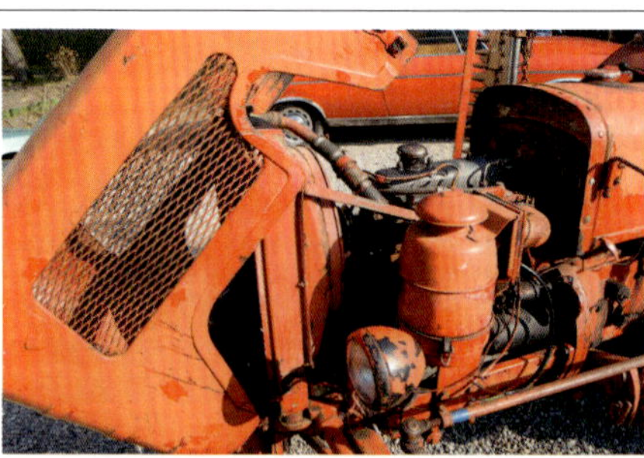

1. Klassische Bauweise: Alle Aggregate der Kühlung befinden sich dort, wo man sie auch vermutet

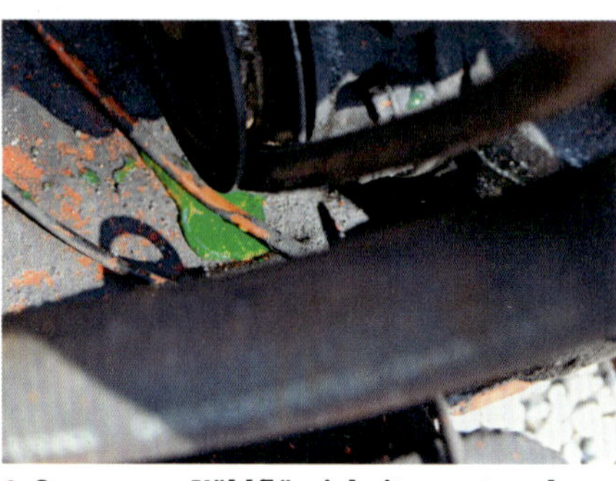

2. Spuren von Kühlflüssigkeit verraten, dass das Kühlsystem nicht ganz dicht ist

3. Die Kühllamellen des Frontkühlers zeige sich in einem guten Zustand

Mike will das Kühlsystem des Fahr D 177 S, Baujahr 1960, überprüfen. Dazu lässt er den Ackerschlepper zunächst warm laufen

>>> SEITE 106

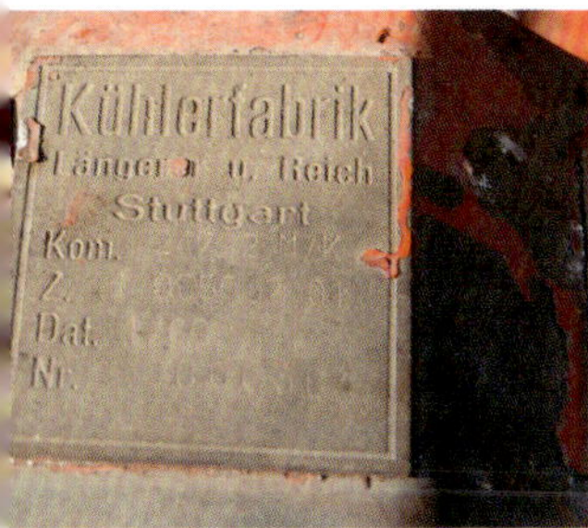

Das Herstellerschild beweist, ss der Kühler bereits über Jahre seinen Dienst verrichtet

6. Gegenprobe: Mike öffnet den Deckel für das Motoröl Auch dort alles wie erwartet – keine Spur von Kühlflüssigkeit zu sehen

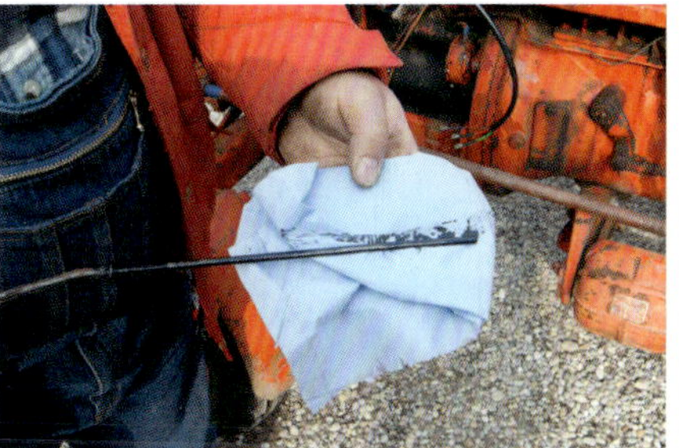

8. Für ganz Vorsichtige: Überprüfung des Motoröls auf Spuren von Kühlflüssigkeit am Peilstab

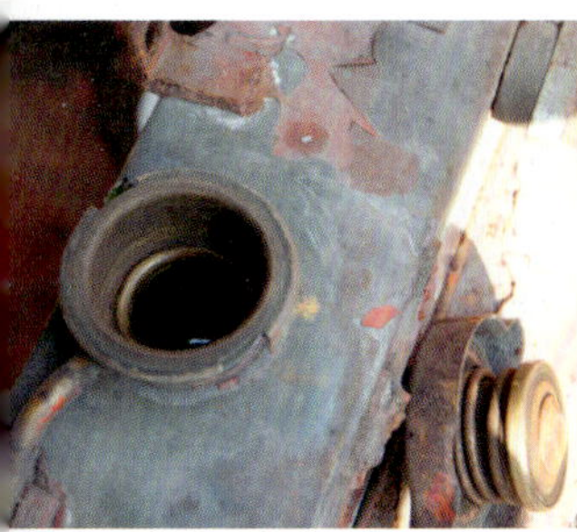

Keine Spuren von Öl in der Kühl- issigkeit. Das System scheint auch nerhalb des Motors dicht zu sein

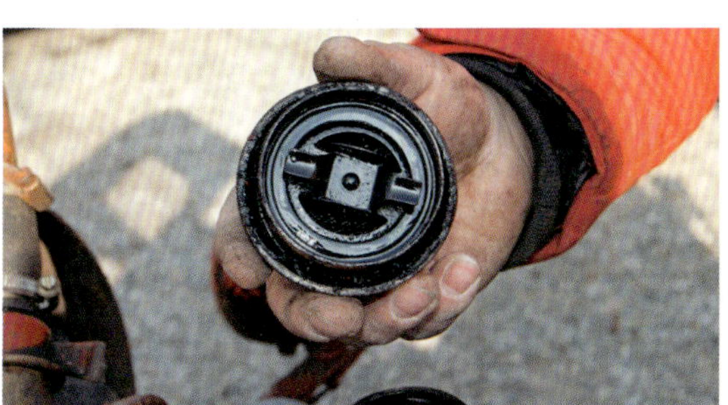

7. Würde sich am Motoröleinfülldeckel eine sulzigbraune bis ockergelbe Ablagerung finden, müsste der Motor neu gedichtet werden

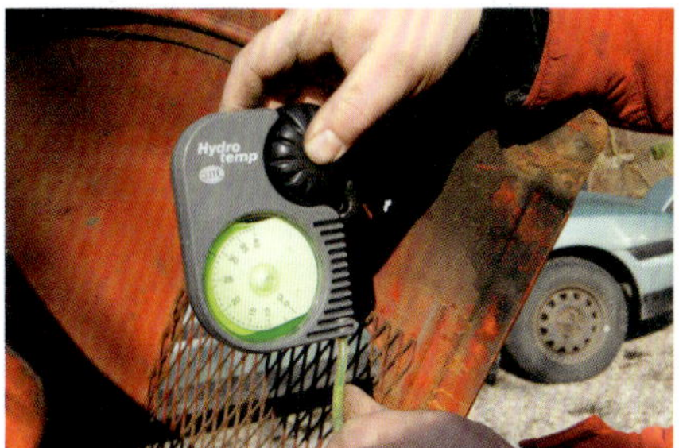

9. Fast idealer Frostschutz. Bis minus 29 Grad Celsius ist das Kühlsystem unseres Fahr gegen Einfrieren geschützt

gleich gefunden: Es ist der Schlauchanschluss zum Thermostat. Alle anderen Funktionen des Kühlsystems, wie etwa die Pumpfunktion der Wasserpumpe und die Öffnungstemperatur des Thermostats (bei circa 85 Grad Celsius) scheinen in Ordnung. Bevor Mike jedoch daran geht, die Undichtigkeit zu beheben und die Bauteile auf ihren Zustand zu überprüfen, lässt er den Motor erst wieder abkühlen, damit er gegebenenfalls gefahrlos am Kühlsystem arbeiten kann. Zeit für ein ausgiebiges bayerisches Frühstück!

Nach gut einer Stunde ist es so weit. Mike nimmt sich das Kühlsystem näher vor. Sein erster prüfender Blick gilt dem Lamellenkühler. „Hier interessiert mich, ob der Kühler noch original ist“, sagt Mike. Das Firmenschild des Kühlerherstellers am Kühlerdom zeigt deutlich, dass es sich wirklich noch um ein Originalteil handelt.

Gut gedeckelt

„Mit Sicherheit ist der Kühler noch nie getauscht worden. Wichtig ist jetzt, wie er von vorn und innen aussieht und ob der Deckel noch richtig schließt. Der Blick von vorn auf den Kühler verrät Mike, dass er dicht ist – keine Spuren von Wasser zu sehen. Auch zeigen sich alle Lamellen nahezu unbeschädigt. Anschließend öffnet Mike den Kühlerdeckel. Zuerst überprüft er den Kühlflüssigkeitsstand. Deutlich ist die Flüssigkeit zu sehen. „Wichtig ist hier, dass sich zwischen Kühlflüssigkeit und Kühlerdeckel ein genügend großes Luftpolster befindet, damit die heiße Kühlflüssigkeit sich trotz fehlenden Ausgleichsbehälters ausdehnen kann. Hier ist alles in Ordnung. Das Leck am Schlauchanschluss zum Thermostat hat bisher nur einen geringen Flüssigkeitsverlust verursacht.

Mike empfiehlt, bei dieser Gelegenheit auch gleich zu prüfen, ob die Kühlflüssigkeit Spuren von Öl aufweist. Auch hier findet sich zu Mikes Erleichterung nichts. Wäre dies nämlich der Fall, ist mit einer defekten Zylinderkopfdichtung oder mit einem Riss im Motorblock zu rechnen. „Um ganz sicherzugehen, sollte man auch immer den Motoröleinfülldeckel öffnen und sich seine Unterseite näher ansehen“, erklärt Mike. „Ist Wasser im Motoröl, erkennt man es hier sofort als sulzig-braune bis ockergelbe Ablagerung“. Sowohl der Blick auf die Innenseite des Öleinfülldeckels als auch in den Ventildeckel zeigt, dass das Kühlsystem zum Motor dicht ist. „Ganz Vorsichtige können zusätzlich den Ölmessstab herausziehen und die Konsistenz des Motoröls prüfen“, meint Mike. „Wie beim Öleinfülldeckel darf das Motoröl am Ölmessstab nicht sulzig oder emulsionsartig trüb wirken“.

›› Ist Wasser im Motoröl, erkennt man es sofort als sulzig-schmierige helle Ablagerung am Einfülldeckel

Nachdem hier alles in Ordnung ist, muss der Frostschutz in der Kühlflüssigkeit geprüft werden. „Vor allem Besitzer von Traktoren, die nur im Sommer gefahren werden, vergessen zuweilen den

KÜHLSYSTEM-CHECK

10. Die Gummidichtung hält noch gut. Der Überdruckventilmechanismus muss freigängig sein. Im Zweifel überprüft eine Fachwerkstatt letzteres

12. Auch die Kühlerabstützung muss fest sein. Wegen beginnender Risse muss hier gelegentlich nachgeschweißt werden

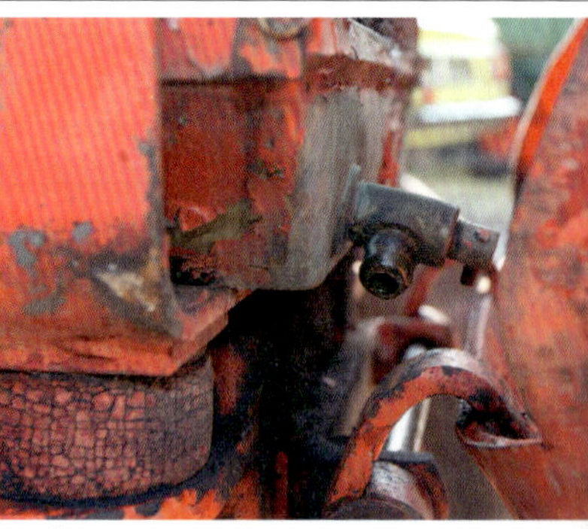

14. Über ein Ablassventil an der Kühlerwan[d] kann bei Bedarf die Flüssigkeit abgelassen werden. Mike prüft Funktion und Dichtheit

11. Der Kühler des Fahr ist zum Schutz vor Vibrationen auf zwei Silent-Blöcken gelagert. Sie dürfen nicht verhärtet sein und keine Risse zeigen

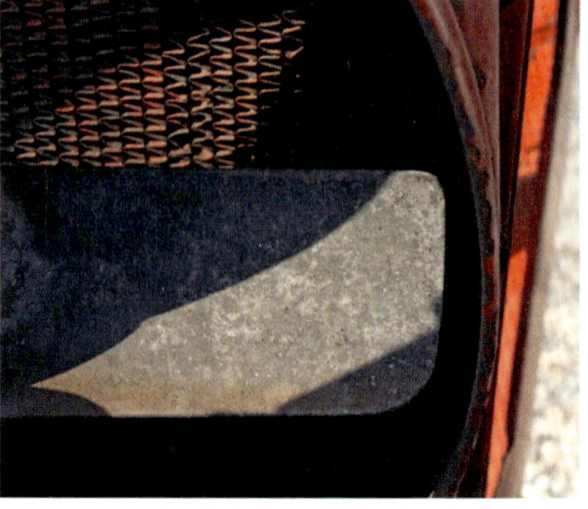

13. Defekte Kühleraufhängungen können dazu führen, dass das Lüfterrad an den Kühler schlägt. Hier jedoch nicht

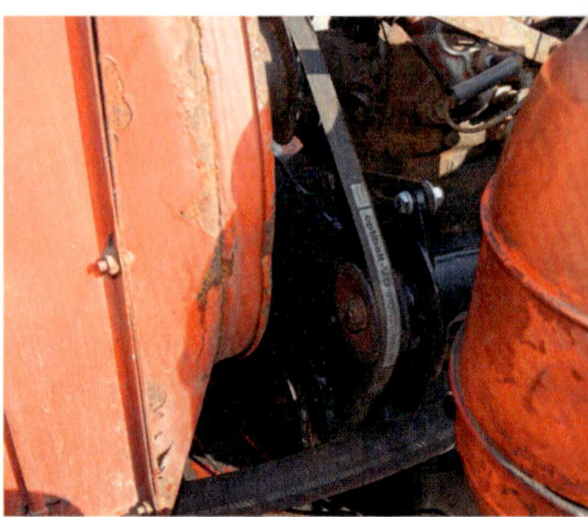

15. Auswechseln: Der Keilriemen sieht zwa[r] noch gut aus, hat sich aber im Betrieb zu sehr gelängt

Frostschutz", erzählt Mike von seinen Erfahrungen. „Was passiert, wenn der Frostschutz fehlt, ist eigentlich jedem bekannt. Im Winter gefriert die Kühlflüssigkeit und kann den Motorblock sprengen. Das ist meist das Aus für solche Motoren." Mike prüft den Frostschutz mit einem in jedem Baumarkt für ein paar Euros erhältlichen Kühlflüssigkeit-Frostschutzprüfer. Zur Messung saugt man mit diesem Gerät lediglich ein paar Milliliter Kühlflüssigkeit an. Über eine Spindel, die mit einer Temperaturskala versehen ist, wird die Dichte der Kühlflüssigkeit direkt in den Gefrierpunkt umgerechnet.

Die Mischung macht's

Für unsere Breiten genügt ein Frostschutz bis minus 30 Grad Celsius völlig. „Die für die Wirkung des Frostschutzmittels optimale Mischung mit Wasser liegt in der Regel bei 1:1. Als Frostschutz dient meist Äthylenglykol. Moderne Kühlkonzentrate haben aber neben dem Frostschutz noch weitere Aufgaben im Motor. Diverse Zusatzstoffe schmieren die Wasserpumpe und verhindern zudem Korrosion und Kalkablagerungen im Kühlsystem. Frostschutz ist damit auch gleichzeitig Rostschutz", erklärt Mike. Zu geringer Gehalt an Kühlkonzentrat kann im Kühlsystem zu Kalkablagerungen und Korrosion führen. Hat sich dann erst Kalk gebildet, können durch gelöste Kalk- und Rostpartikel Kühler und Schläuche verstopfen. Diese Partikel zerstören auch die Dichtung der Wasserpumpe, da sie direkt vom Kühlmittel umspült wird.

›› Kühlkonzentrate haben neben dem Frostschutz noch viele weitere Aufgaben wie etwa Korrosionsschutz

Gegen Kavitationsschäden

Noch wichtiger aber ist, dass moderne Kühlmittel auch gegen Kavitationsschäden vorbeugen: Die sogenannte Kavitationserosion tritt bei starken Änderungen der örtlichen Flüssigkeitsgeschwindigkeiten auf. Dabei bilden sich in Bereichen sehr hoher Geschwindigkeit durch Druckabsenkung (und Überschreitung der zugehörigen Siedetemperatur) Dampfblasen, die dann in Bereichen mit

KÜHLSYSTEM

Die drei goldenen Regeln:

1. Vorsicht heiß!

Arbeiten am Kühlsystem immer nur bei kaltem Motor durchführen – sonst besteht die Gefahr von ernsthaften Verbrühungen.

2. Häufige Sichtkontrolle!

Das Kühlsystem sollte regelmäßig auf Undichtheiten (Kühlflüssigkeitstand!) und Verschleiß überprüft werden. Das beugt Überhitzungsschäden zuverlässig vor.

3. Nicht schlucken!

Kühlflüssigkeit ist giftig. Niemals trinken und von Kindern fernhalten!

>>> SEITE 108

. Nicht hingucken! Um sich den Ausbau des fterrades zu sparen, würgt Mike den Keil- men zwischen Lüfterrad und Kühler heraus

17. Um Verschleiß zu vermeiden, muss die Flucht der Keilriemenscheiben stimmen. Jetzt erst montiert Mike einen neuen Keilriemen

18. An einem Eicher ES 200 „Puma", Baujahr 1960, zeigt uns Mike, wie ein Keilriemen keinesfalls aussehen darf

19. Am Lüfterrad testet Mike das Spiel der Wasserpumpe. Hierzu muss der Keilriemen gelockert werden

steigenden Druck (und Unterschreitung der Siedetemperatur) schlagartig wieder zusammenfallen. Solche Dampfblasen sind mit Druckschlägen vergleichbar, die bei der Einleitung von Dampf in kaltes Wasser auftreten können. Implodieren diese Dampfblasen (Kavitationsblasen) zum Beispiel stetig an den Pumpenschaufeln der Wasserpumpe, können sie diese auf kurz oder lang erheblich schädigen. „Bevor man jedoch spezielle Kühlkonzentrate einsetzt, sollte man unbedingt die Herstellervorschriften des Traktors kennen, denn sie sind nicht für alle Kühlsysteme gedacht", erklärt Mike. „Bei Verdampfersystemen sollte man von ihnen ganz absehen, da sie hier Rückstände bilden können".

Richtig durchspülen

Ist das Kühlsystem verdreckt, muss man die Kühlflüssigkeit ganz ablassen. Anschließend wird es mit Wasser befüllt, das mit einem handelsüblichen, alkali-silikathaltigen Kühlsystemreinigungsmittel gemischt ist. Mit dieser Mischung muss der Motor gut drei Betriebsstunden laufen. Dann wird die Reinigungsflüssigkeit wieder abgelassen. Nach dem Abkühlen des Motors ist er noch dreimal mit sauberem Wasser durchzuspülen. Dabei sollte der Motor mit der dritten Füllung erneut betriebswarm gefahren werden, bevor das Wasser wieder abgelassen wird. Jetzt erst wird das Kühlsystem korrekt befüllt.

» Um Verschmutzungen zu vermeiden, empfiehlt sich ein Austausch der Kühlflüssigkeit alle zwei Jahre

Vorsicht beim Wechsel!

Um Verschmutzungen des Kühlsystems zu vermeiden, empfiehlt sich ein Austausch der Kühlflüssigkeit alle zwei Jahre. „Keinesfalls darf dabei kaltes Wasser beziehungsweise Kühlmittel in den betriebswarmen Motor gefüllt werden, sonst riskiert man thermische Risse", warnt Mike. „Vorgewärmte Kühlflüssigkeit ist hier keine Lösung, weil unter Umständen wegen der thermischen Ausdehnung der Flüssigkeit der Füllstand nach dem Abkühlen des Motors nicht stimmt. Kühlflüssigkeit wird daher immer bei kaltem Motor gewechselt." Da das Kühlsystem des Fahr sauber ist, sieht sich Mike nun die Dichtung des Kühlerdeckels genau an. Sie muss – genau wie der Einfüllstutzen am Kühler – in einwandfreiem Zustand sein, sonst entweicht Dampf beziehungsweise Kühlwasser aus dem bei Betriebstemperatur unter Druck stehenden Kühlsystem. Mike: „Nicht vergessen sollte man, die Druckventilfeder im Deckel zu prüfen. Dies mache ich mit der Hand. Sie muss vor allem leichtgängig sein und darf über den gesamten Federweg nirgendwo klemmen." Die Feder dient als Überdruckventil und öffnet, wenn der Druck

KÜHLSYSTEM-CHECK

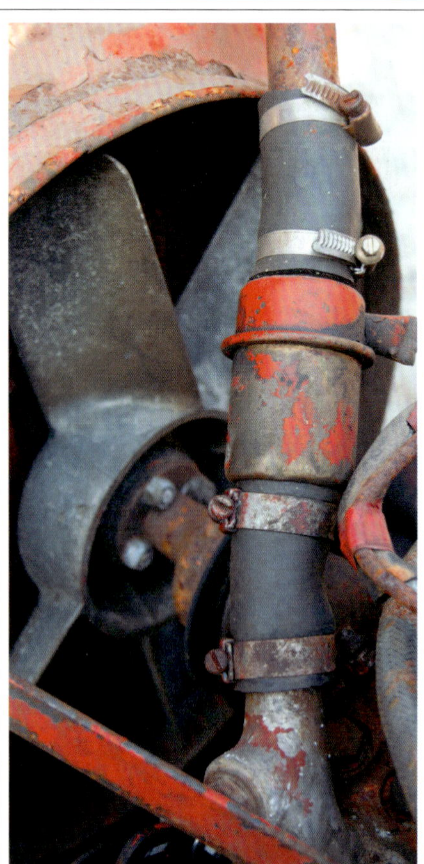

20. Stückwerk: Die Schläuche und die Schlauchschellen wird Mike demnächst tauschen. Der untere Anschluss ist undicht

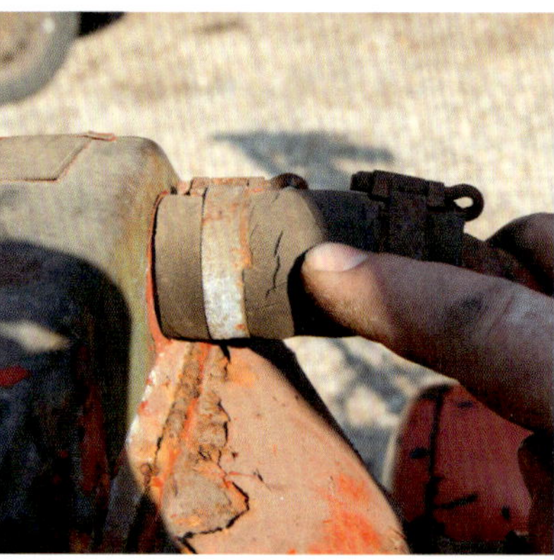

21. Ärger vermeiden: Sind solche Risse im Kühlerschlauch zu sehen, ist ein Wechsel sofort nötig

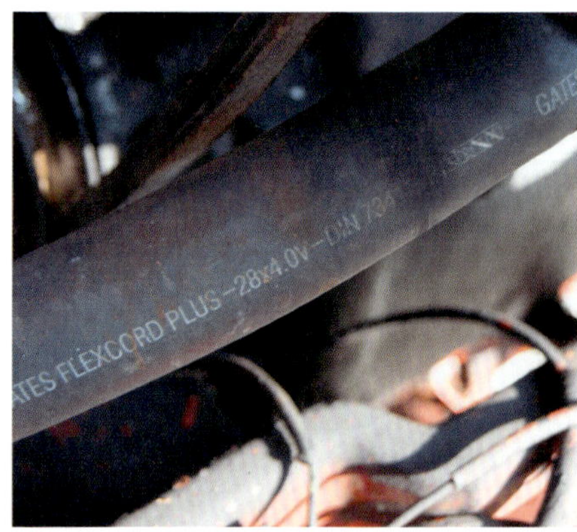

23. Beim Austausch von Kühlerschläuchen ist auf die DIN 73411 zu achten. Nur sie sind druck-, öl- und hitzebeständig

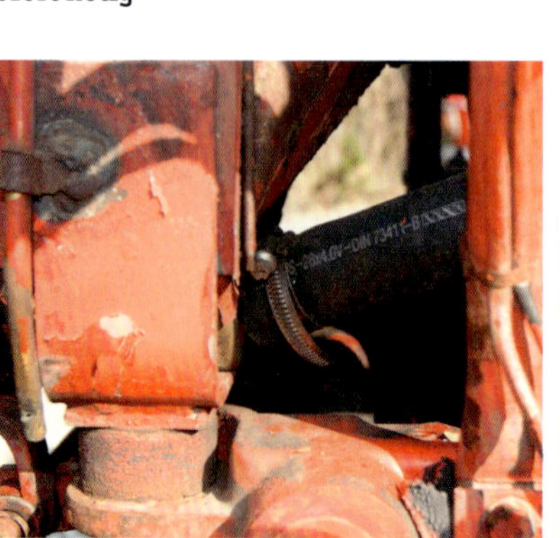

22. Das geht besser: Schlauchschellen aus dem Gartenprogramm des Baumarktes haben am Kühler nichts verloren

24. Zuletzt wirft Mike noch einen Blick auf die Vernietungen am Kühler. Sind sie fest und halten sie noch dicht? Hier ist alles in Ordnung

im Kühler zu hoch wird. Professionelle Druckprüfungen des Deckelventils können nur in Werkstätten durchgeführt werden; Der Überdruck im Kühlsystem des Fahr D 177 S darf maximal 0,4 kg/cm² betragen. Jetzt sieht sich Mike die Kühleraufhängungen an. Sie müssen alle fest beziehungsweise unbeschädigt sein. Lockere Aufhängungen führen dazu, dass das Lüfterrad im Betrieb an den Kühler schlagen kann.

DER OM 636 VON DAIMLER-BENZ

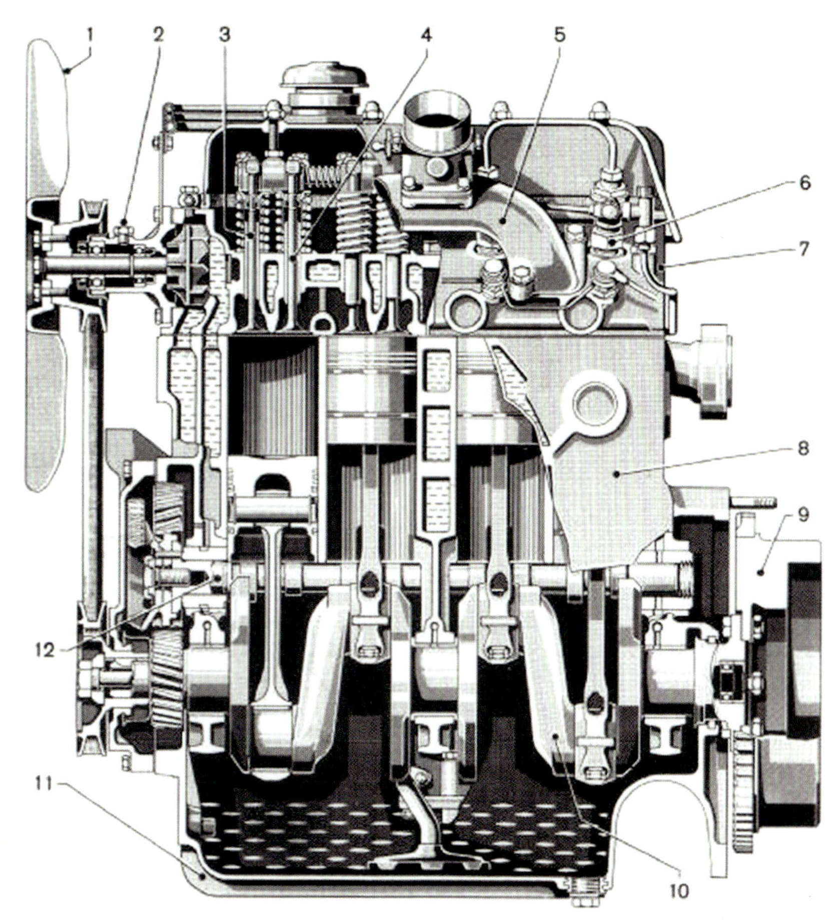

1. Lüfter
2. Kühlwasserpumpe
3. Auslassventil
4. Einlassventil
5. Luftansaugleitung
6. Einspritzdüse
7. Zylinderkopf
8. Zylinderkurbelgehäuse
9. Schwungrad
10. Kurbelwelle
11. Ölwanne
12. Nockenwelle

Gut aufgehängt?

„Beim Lüfterrad ist selbstverständlich auch auf den Keilriemen zu achten und darauf, dass das Lüfterrad selbst unbeschädigt ist", sagt Mike. „Ich wechsle den Keilriemen bereits bei kleinen Beschädigungen. Das ist allemal billiger als ein Motorschaden wegen Überhitzung."

Danach ist der Zustand der Kühlschläuche dran. Brüchige Exemplare erkennt man durch Zusammendrücken. Solche Schläuche sind sofort zu tauschen, auch wenn sie noch dicht sind. Beim Austausch dürfen nur geeignete ölbeständige Schläuche (DIN 73411) mit dem richtigen Innendurchmesser verwendet werden, sonst riskiert man platzende Schläuche und einen ungenügenden Kühlmittelfluss. Jetzt kommen wir zum Thermostat: das hat die Aufgabe, den sogenannten kleinen vom großen Kühlkreislauf zu trennen. Während der Motor warmläuft, kreist die Kühlflüssigkeit nur durch den Motor (kleiner Kühlkreislauf).

Thermostattest

Ist schließlich die notwendige Betriebstemperatur erreicht, öffnet sich der Zugang zum Kühler, wo sich das Kühlmittel durch die Außenluft abkühlen kann und dann zum Motor zurückfließt (großer Kühlkreislauf). Wird das Kühlmittel zu kalt, schließt sich das Thermostat, bis es wieder Betriebstemperatur hat.

Dass die Temperaturanzeige am Armaturenbrett funktioniert, hat Mike bereits beim Warmlaufen gesehen. Das Thermostat arbeitet daher wahrscheinlich korrekt. Um es zu prüfen, kann man es ausbauen und in einen Kochtopf mit Wasser legen.

» Das Thermostat hat die Aufgabe, die Trennung vom kleinen zum großen Kühlkreislauf zu regeln

Ein Thermometer, so wie man es früher beim Wäschekochen verwendet hat, rundet die Testvorrichtung ab. Jetzt stellt man den Topf samt Thermostat auf den Herd, erhitzt das Ganze langsam und beobachtet das Thermostat. Bei 77 Grad Celsius beginnt es sich zu öffnen, um bei circa 85 Grad Celsius ganz offen zu sein. Falls nicht, muss es ersetzt werden.

Wasserpumpencheck

Die Wasserpumpe treibt aktiv die Kühlflüssigkeit durch den Motor und den Kühler. Ihr Zustand muss deshalb einwandfrei sein. „Die Pumpe darf kein Achsspiel haben. Um es zu überprüfen, lockert man den Keilriemen und drückt und zieht am Lüfterrad", erklärt Mike. „Selbstverständlich muss die Pumpe auch dicht sein. Kalkspuren wären hier ein deutliches Zeichen für Undichtheit." Undichte Pumpen müssen entweder getauscht oder überholt werden. Dichtungssätze gibt es für viele Pumpen. Nachfragen kann sich lohnen. Einige hochwertige Wasserpumpen sind über den Motor ölgeschmiert (nicht bei unserem Fahr). Hier muss dann der Ölstand an der Kontrollschraube geprüft und, falls erforderlich, das Öl getauscht oder über die Einfüllschraube ergänzt werden.

Zuletzt wirf Mike noch einen Blick auf die Vernietungen des Kühlers. Sie können sich durch Vibrationen lösen. Bei unserem Fahr sind sie aber dicht. „Das Kühlsystem wird oft vernachlässigt. Wer jedoch regelmäßig ein Auge darauf hat, kann vielen Motorschäden vorbeugen. Es lohnt sich daher allemal, den kleinen Kühler-Check mindestens einmal im Jahr durchzuführen", so Mike abschließend, springt auf den Fahr und fährt ihn zurück in seine Traktorhalle.

Marcel Schoch

OLDTIMER-MOTORÖLE

DER GROSSE ÖL-RATGEBER

Wie geschmiert!

Gefahrenquelle Motoröl-Auswahl: Manch einer hat sich seinen Oldtimermotor schon mit einem Hightech-Produkt ruiniert. Marcel Schoch erklärt, welches man getrost benutzen kann

Um zu entscheiden, welches Motoröl nun das richtige ist, sollte man zunächst wissen, welche Aufgaben es im Motor erfüllen muss.

Viele glauben, dass das Öl einfach nur die Mechanik vor Verschleiß zu schützen hat. Das ist natürlich richtig – doch was so banal klingt, bedeutet für das Motoröl Schwerstarbeit. Denn die Schmierung muss unter den unterschiedlichsten Bedingungen, also bei kaltem wie auch bei heißem Motor, im Sommer und im Winter, unter Volllast genauso wie im Standgas immer gewährleistet sein.

Motoröl hat viele Aufgaben!

Daneben muss Motoröl aber noch viel mehr leisten. So verbessert es einerseits die mechanische Abdichtung zwischen Kolben, Kolbenringen und Zylinderwand und nimmt andererseits die durch Verbrennung und mechanische Arbeit erzeugte Wärme auf, um sie über die Ölwanne, das Kühlsystem oder einen Ölkühler an die Umwelt abzugeben. Gebläse- oder Wasserkühler wären ohne die Kühlarbeit des Öls nur halb so wirksam.

Reinigung des Motors

Eine der wichtigsten Aufgaben ist jedoch die innere Reinigung des Motors. Der durch die Verbrennung von Treibstoff entstehende Ruß, aber auch verschleißbedingter Metallabrieb und von außen in den Motor eindringender Schmutz werden dabei vom Motoröl aufgenommen und bei moderneren Mo-

SAE-KLASSEN

Die SAE-Klasse bezeichnet die Viskosität, also das Fließ- und Schmierverhalten des jeweiligen Motoröls. Für den Oldie-Traktor liegt man zwischen 20 und 40 richtig

SAE-Klasse	Eigenschaft
10	besonders dünnflüssig, bei hartem Frost
20	dünnflüssig, für kühle Sommer oder milde Winter
30	mittelflüssig, für europäische Sommer, auch geeignet für Motoren mit konstruktiv größerem Lagerspiel im Winter
40	dickflüssig, für mediterrane Sommer, auch geeignet für Motoren mit erhöhtem Ölverbrauch und größerem Lagerspiel
50	besonders dickflüssig, für tropische Sommer

ÖLWECHSEL – SO FUNKTIONIERT'S

1. Die Ölablassschraube sitzt am tiefsten Punkt der Ölwanne

2. Zum Öffnen der oft bombenfest sitzenden Ölablassschraube immer gut passendes Werkzeug verwenden – Schäden sind sonst programmiert

3. Die gelockerte Ölablassschraube sollte sich mit der Hand leicht herausdrehen lassen. Falls nicht, muss das Gewinde kontrolliert und gegebenenfalls instand gesetzt werden

4. Vorsicht heiß! Vor dem Ablassen sollte der Motor noch einmal warm laufen. Vor allem Einbereichsöle fließen dann leichter ab

toren zum Ölfilter oder Sieb geführt. Letztendlich schützt ein gutes Motoröl den Motor auch vor Korrosion der inneren Bauteile. Aus diesem Grund darf es das im Motor während der Warmlaufphase und des Abkühlvorgangs nach dem Abstellen entstehende Kondenswasser nicht übermäßig aufnehmen.

Ölwechsel fällig! Der Eicher ED 16/II von 1952 gehört unserem Oldtimer-Traktor- und Motorradspezialisten Mike Thomas (www.mt-traktor.de) aus dem bayerischen Geisenfeld. Zusammen mit seinem Vater Jürgen führte er für uns einen Ölwechsel durch

Schaumbildung verhindern

Früher kam es bei Motorölen daher aufgrund fehlender Antischaum-Additive (u. a. Polysilikone oder Polyethylenglykolether) gelegentlich zur Schaumbildung, was im Extremfall den Zusammenbruch der Schmierung und einen kapitalen Motorschaden bedeutete. Heute ist das kein Problem mehr, schon gar nicht bei korrekter Einhaltung des Ölwechselintervalls (siehe auch Seite 115). Grundsätzlich hat sich die Qualität von Motoröl in den letzten Jahrzehnten erheblich verbessert. Man kann sie leicht am sogenannten Ölschlüssel auf der Verpackung des Öls erkennen (siehe Tabelle Seite 112).

Schlüssel zur Qualität

Dort findet man oft die Abkürzung API (American Petrol Institute), die von zwei Buchstaben gefolgt wird. Steht nach API der Buchstabe „S“ (Spark Ignition oder Serviceklasse), ist das Motoröl nur für Ottomotoren geeignet. Der hierauf folgende Buchstabe bezeichnet dann den Leistungsstandard bzw. die Qualität des Motoröls. Im Jahr 1980 galt beispielsweise noch SF als der höchste Standard. 1988 folgte SG, 1993 SH. Seit 1996 ist SJ der höchste Leistungsstandard. Je höher also der letzte Buchstabe im Alphabet steht, desto höher ist die Ölqualität. Für Dieselmotoren steht das Kürzel API „C“ (Compression Igniton oder Commercial-Klasse). Der dem C folgende Buchstabe (von C bis F-4) bezeichnet hier ebenfalls den steigenden Leistungs- bzw. Qualitätsstandard des Öls. Heute erfüllt bereits jedes preisgünstige Öl die Spezifikation von API SF oder SG bzw. API CE oder CF-4. Damit sind diese Öle auf den ersten Blick

FORTSETZUNG AUF SEITE 112

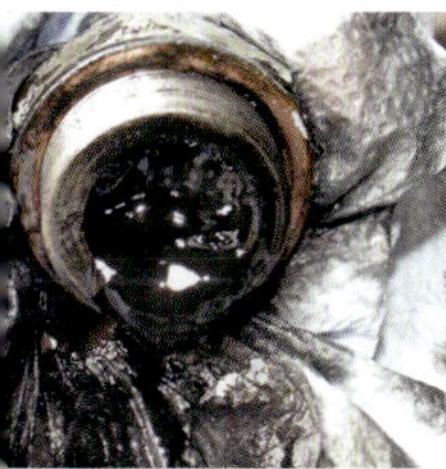

5. Das Öl hat „gearbeitet“. In der Ölablassschraube zeigt sich oft Ölschlamm – Vor dem Wiederverschließen entfernen

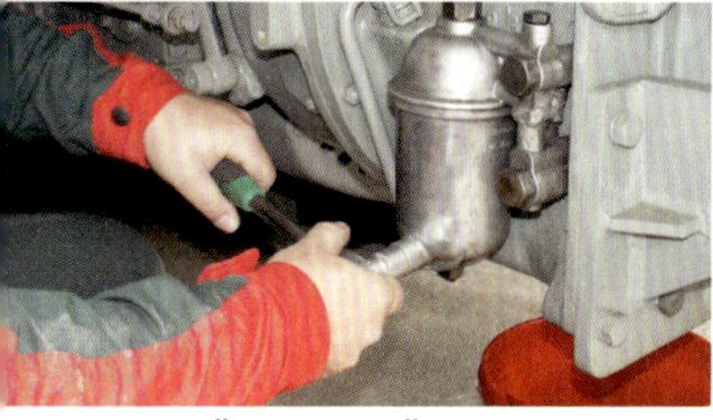

6. Auch das Öl aus dem Ölfilter muss abgelassen werden

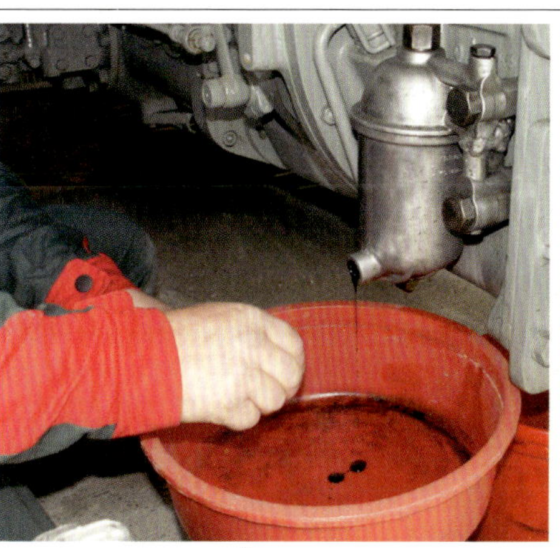

7. Zum Ablassen des Ölfilters genügt meist eine kleinere Auffangwanne. Geben Sie dem Öl genügend Zeit zum herausfließen – planen Sie ruhig ein halbe Stunde dafür ein

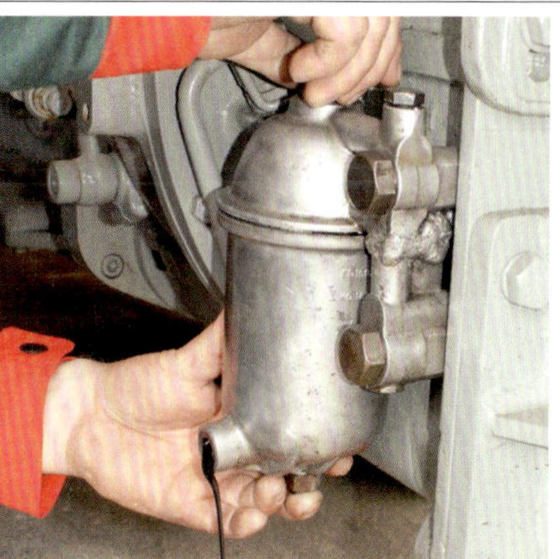

8. Aber aufgepasst! Auch nach ausreichender Abfließzeit des Öls kommt aus der Ablasschraube beim Abschrauben meist noch ein weiterer Schwall Öl heraus

LEISTUNGSSTANDARDS OTTO- UND DIESELMOTOREN

DIESELMOTOREN

CA	Motoröl für leicht beanspruchte Motoren. Für Oldtimer bis 1950 geeignet
CB	Motoröl für leicht- und mittelbelastete Dieselmotoren (auch bei erhöhtem Schwefelgehalt des Kraftstoffs). Für Traktoren der Baujahre 1950 bis 1961 geeignet
CC	Motorenöl für mittlere bis schwere Beanspruchungen. Für Traktoren ab 1961 geeignet
CD	Motorenöl für hohe Beanspruchung (turbogetestet). Für Traktoren ab 1965 geeignet
CE	Motorenöl für höchste Beanspruchung (turbogetestet). Für Youngtimer-Traktoren ab 1980 geeignet
CF-4	Motorenöle der Klasse CE haben einen geringen Anteil an metallorganischen Additiven. Sie erfüllen daher höhere Anforderungen in Bezug auf Ölverbrauch und Ablagerungen an Kolben. Für Traktoren ab Baujahr 1990

OTTOMOTOREN

SA	Regular-Motorenöl, das gelegentlich mit sogenannten Stockpunktverbesserern und/oder mit Schauminhibitoren, zur Vermeidung von Schaumbildung vermischt ist. Solche Öle sind nur für Oldtimer bis ca. Baujahr 1950 verwendbar
SB	Mildlegiertes Motorenöl, für den Einsatz in leicht beanspruchten Ottomotoren. Es enthält bereits Wirkstoffe gegen Alterung, Korrosion und Verschleiß. Für Klassiker ab 1950 einsetzbar
SC	Für mittlere Betriebsbedingungen entwickeltes Motorenöl. Es enthält Zusätze gegen Kaltschlamm, Verkokung, Korrosion, Verschleiß und Alterung underfüllt die Anforderungen der US-Automobilhersteller für die Fahrzeuge von 1964–1967. Motorenöle dieses oder eines höheren Leistungsstandards sind nur für Oldtimer mit Feinstölfilter geeignet
SD	Ähnlich der Anforderung an Motorenöl der API-SC-Klassifikation, jedoch für höhere beanspruchende Betriebsbedingungen. Es erfüllt die Anforderungen der US-Automobilhersteller für Fahrzeuge von 1968–1971
SE	Nochmals verbessertes Motorenöl für Ottomotoren zum Einsatz bei erhöhten Anforderungen und starken Belastungen im Stadtverkehr und bei Kurzstreckenfahrten. Es erfüllt die Anforderungen der US-Automobilhersteller für Fahrzeuge von 1971–1979
SF	Weiterentwickeltes SE-Motorenöl, das die stetig wachsenden Anforderungen und starken Belastungen der Ottomotoren im Stadtverkehr und Kurzstreckeneinsatz noch besser erfüllt. Es zeichnet sich vor allem durch den verstärkten Einsatz von Additiven aus, die Oxidationsstabilität, Verschleißschutz und Schlammtragevermögen verbessern sollen. Es entspricht den Vorgaben der US-Automobilhersteller für Fahrzeuge von 1980–1987
SG	Dieses Motorenöl ist in Richtung Oxidationsstabilität und Reduzierung der Schwarzschlammbildung weiter entwickelt worden. Es erfüllt die Anforderungen der US-Automobilhersteller für Fahrzeuge der Jahre 1987–1993
SH	API-SH entspricht annähernd der Klassifikation API-SG, jedoch mit strengeren Anforderungen bezüglich Filtrierbarkeit, Flammpunkt, Schaumverhalten und Verdampfungsverlust
SJ	Seit 10/1996 gültige Motorölklassifikation. Aus Umweltgründen hat das Öl einen streng limitierten Verdampfungsverlust und dadurch bedingt geringeren Ölverbrauch

Vor den mit „C" bzw. „S" beginnenden Kennungen steht oft noch das kürzel „API" (American Petrol Institute)

9. Jetzt liegt der Ölfilter frei und kann vorsichtig entnommen werden

10. Zum Abtropfen legt man den Ölfilter ins Auffanggefäß und entsorgt ihn dann ordnungsgemäß

Links: Oldtimergeeignete Einbereichsmotoröle werden heute oft als Hydraulik- oder Getriebeöle angeboten. Dahinter: Fast das Gleiche – Liqui Molys speziell ausgezeichnetes Oltimermotorenöl

„besser", als alle diejenigen, die man vor 20 oder 30 Jahren kaufen konnte. Aber genau damit liefen unsere Traktoren ja damals schon tadellos.

Eine Frage der Legierung!

Sorgen um schlechte Ölqualität muss man sich daher nicht machen, auch nicht bei den preiswerteren Ölen. Das man moderne Motoröle dennoch nicht uneingeschränkt verwenden kann, liegt vielmehr an ihrer Legierung und damit an den Zusätzen beziehungsweise Additiven, die heute beigemischt werden.

Das wären zum einen die sogenannten Detergenzien: Sie lösen vorhandenen Ölschlamm auf und verhindern dessen Neubildung. Zum anderen die Dispersanzien: Sie halten kleinste Verunreinigungen im Öl in Dispersion (in Schwebe), bis sie vom Ölfilter ausgefiltert werden. Und genau hier liegt eines der Probleme! Schleppermotoren der 1950er-Jahre oder gar noch ältere Baumuster verfügen meist über keinen Feinstölfilter.

Knackpunkt Ölfilter

Daher werden Schmutz und Abrieb bei Verwendung legierter Öle ständig durch sämtliche Schmierstellen gepumpt und verursachen dort erhöhten Verschleiß.

Auch ein Absetzen des Schmutzes im Ölsumpf ist nicht möglich, da die Detergentien eine Schlammbildung in der Ölwanne verhindern. Deshalb kön-

ÖLWECHSEL – FORTSETZUNG AUF SEITE 114

11. **Im Ölfiltergehäuse hat sich auch Ölschlamm gebildet**

12. **Mit speziellem Ölflecken-Reiniger kann der Ölschlamm des Ölfiltergehäuses leicht entfernt werden**

13. **Der neue Ölfilter liegt bereits bereit. Achten Sie beim Einbau darauf, dass er richtig herum montiert wird**

14. **Hier nicht sparen! Die Dichtringe sämtlicher Verschlussschrauben sind bei jedem Ölwechsel durch neue zu ersetzen**

15. **Beim Zusammenbau des Ölfiltergehäuses auf saubere Dichtflächen und korrekte Gehäuseausrichtung achten**

16. **Das Befüllen der Ölkanne sollte immer über einem Auffanggefäß erfolgen, falls doch mal Öl daneben geht**

nen bei dieser Gruppe von Oldtimer-Traktoren nur Motoröle verwendet werden, die prinzipiell unlegiert sind. Denn nur diese gewährleisten für Motoren ohne einen „richtigen" Ölfilter, dass sich die Fremdstoffe als Ölschlamm am Boden der Ölwanne absetzen.

Auch verhindern sie, dass der über die Jahre abgelagerte Schlamm und die vorhandenen Ölkohleablagerungen aufgelöst werden und in Folge Ölbohrungen und -kanäle verstopfen. Nebenbei bemerkt: Die Kohleablagerungen haben bei vielen älteren Motorkonstruktionen auch eine dichtende Wirkung. Werden sie durch Additive aufgelöst, muss der Motor nicht selten zerlegt und neu abgedichtet werden.

SYNTHETISCH ODER MINERALISCH?

Wegen der hohen Anforderungen an Traktormotoren wird häufig über die Verwendung von modernen Synthetikölen nachgedacht. Ein Wechsel zum Synthetiköl sollte wenn überhaupt bei Youngtimer-Traktoren und auch dort erst nach einer kompletten mechanischen Revision des Motors (bei Verwendung moderner Dichtmaterialien) vorgenommen werden. Bei echten Oldtimer-Traktoren sollte prinzipiell kein Synthetiköl, sondern mineralisches Öl der Viskositätsklassen SAE 20, 30 oder 40 (siehe Kasten auf Seite 110, Text auf Seite 115) verwendet werden, da dieses die recht hohen Toleranzen in alten Motoren besser ausgleicht. Zu dünnflüssiges Öl würde zu lauten Laufgeräuschen und gegebenenfalls zu Motorschäden führen. Gerade bei Youngtimern kann Synthetiköl auch im Getriebe problematisch sein, da es die vor allem bei Lastschaltgetrieben gebräuchlichen Ölbadkupplungen zum Rutschen bringen kann.

TRAKTORÖLE

Anbieter (Auswahl)	Produkt	Spezifikation*	Gebinde
Addinol Lube Oil GmbH., Leuna; www.addinol.de	M 30 oder M 50	SAE 30 bzw. SAE 50, unlegiert (geeignet für Oldtimer-Otto- und Dieselmotoren bei sehr leichten Betriebsbedingungen); API SA / CA	20 l
Fuchs Europe Schmierstoffe GmbH, Mannheim: www.fuchs-europe.de	RENOLIN DTA 100 oder RENOLIN DTA 150.	entspricht SAE 30 bzw. SAE 40, mildlegiert (geeignet für Zwei- und Viertaktmotoren). Entspricht oder übertrifft: DIN 51524-1:HL; DIN 51517-2:CL; ISO 6743-4:HL: ISO 6743-6:CKB	DTA 100: 20 l DTA 150: 205 l (Fass)
Liqui Moly GmbH, Ulm; www.liqui-moly.de	Spezial-Bulldog-Öl	SAE 30, unlegiert (speziell für Lanz-Bulldog-Zweitaktmotoren mit Glühkopf und Verlustschmierung. Nicht für Viertaktmotoren geeignet, die additivierte oder legierte Öle benötigen). Entspricht oder übertrifft: DIN 51757; DIN ISO 2592; DIN 51578	10 l
MVG Mathé-Schmierstofftechnik GmbH, Soltau; www.otto-mathe.de	Mathé Regular 30 Mathé HD-DB SAE 30	SAE 30, unlegiert (Für Otto- und Dieselmotoren ohne Ölfilter der 1920er- bis 1950er- bzw. frühen 1970er- Jahre)	5 l
Rowe Mineralölwerk GmbH, Bubenheim; www.rowe-mineraloel.com	HIGHTEC GTS Special	SAE 10, 20W20, SAE 30, SAE 40; SAE 50; legiert (Youngtimer! Mineralisches Einbereichsmotorenöl für Otto- und Dieselmotoren mit und ohne Turboaufladung). API SF/CD	1, 5, 25, 60, 200, 800 l
SIPS Dieter Döcker GmbH., Viersen; www.sips.de	SIPS REGULAR	SAE 10; SAE 20; SAE 30; SAE 40; SAE 50, mildlegiert (geeignet für Oldtimer von 1930 bis 1950).	auf Anfrage
Wagner-Spezialschmierstoffe; WABO-Schmiertechnik GmbH & Co.KG, Wechingen; www.w-ss.de	Oldie – Einbereichs-motorenöle	SAE 20, 30, 40, 50, unlegiert (speziell für Oldtimer ohne Ölfilterung); API - SA	1, 5, 20, 200 l
Wunsch Öle GmbH, Ratingen; www.wunsch-oele.de	Wunsch Regular Motoröl	SAE 30; SAE 40; SAE 50 (hochwertiges Grundöl mit ausgesuchten Additiven); API CE/SE; CCMC D 1; MIL-L-2104-B	auf Anfrage

** Einige der hier genannten Einbereichsöle werden heute auch als sogenannte Rasenmäher-, aber auch Hydrauliköle vermarktet. Die hier gelisteten Produkte sind nach Auskunft der Hersteller jedoch uneingeschränkt auch als Motoröle für Oldtimer-Traktoren zu verwenden. Mildlegierte Öle sind in der Regel nur für Motoren mit Ölfiltration geeignet.*

Preisangaben wurden hier bewusst weggelassen. Nach Auskunft der Hersteller können aufgrund der Ölpreisschwankungen auf dem Weltmarkt hier keine verbindlichen dauerhaften Preisauskünfte erteilt werden.

Heute werden für Oldtimer geeignete Einbereichsöle häufig als Getriebe- und Hydrauliköle vermarktet. Aber Vorsicht: Bei den sowohl im Motor als auch Getriebe verwendbaren Ölen der seit den 1980er-Jahren gebräuchlichen Klassifikation STOU (Special Tractor Oil Universal) ist trotzdem auf die für alte Motoren so gefährlichen Additive zu achten.

Pflege der „Alten"

Zu beachten ist hier immer, dass die von den damaligen Herstellern vorgegebenen Ölwechselintervalle zwischen 100 und 250 Betriebsstunden (abhängig von Konstruktion, Betriebsvorschrift und Einsatz des Motors) penibel eingehalten werden müssen und bei jedem oder bei jedem zweiten Ölwechsel die komplette Ölwanne demontiert und gereinigt werden muss. Nicht vergessen darf man außerdem, das bei älteren Traktoren oft vorhandene Ölsieb gleich mit zu reinigen. Für die Verwendung eines Motoröls ist darüber hinaus seine Viskosität, das heißt sein Fließ- und Schmierverhalten, abhängig von der Temperatur, von Bedeutung.

TRAKTOR CLASSIC Kauftipp:
Ravenol Regular

SAE-Klassen

Sie wird seit 1911 für gewöhnlich in SAE-Klassen angegeben (SAE: Society of Automotive Engineers). Heutige Motorenöle bestehen dabei grundsätzlich aus zwei Kategorien: Einbereichs- und Mehrbereichsöle. Der SAE-Schlüssel liest sich dabei für Mehrbereichsöle wie folgt: Je niedriger die erste Zahl nach der Bezeichnung SAE mit dem nachfolgenden „W" (= Winteröl) ist, desto dünnflüssiger ist das Öl bei Kälte. Die dem „W" folgende Zahl steht für den Einsatzbereich im Sommer.

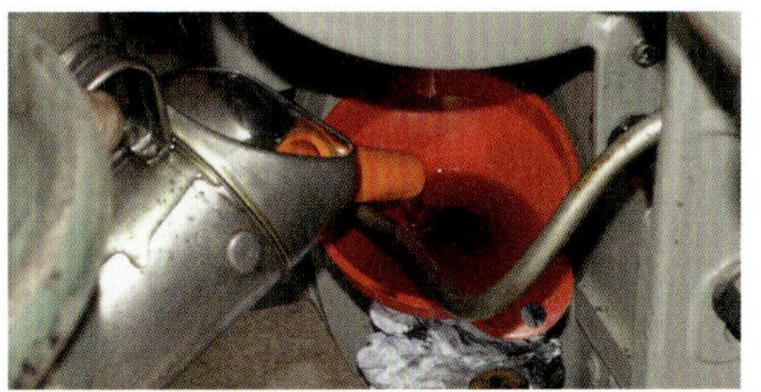

17. Hier geht nichts daneben – ein Trichter in der Befüllöffnung und Werkstattpapier verhindern, dass Öl daneben fließt

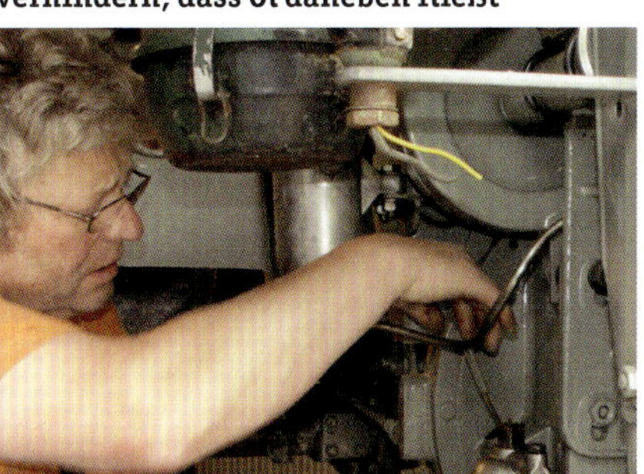

18. Nach dem Befüllen (Füllmenge beachten) ist der Ölstand zu kontrollieren

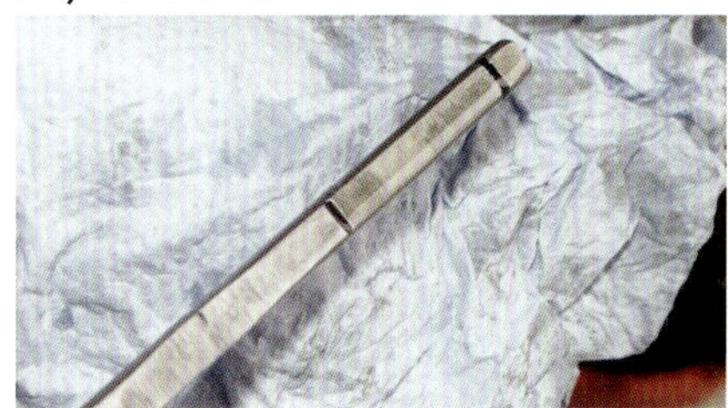

19. Vor dem ersten Laufenlassen des Motors muss der Peilstab bis zur oberen Markierung (Maximum) mit Öl bedeckt sein

20. Bei Ölverschlüssen mit Entlüftung ist das Entlüftungsrohr vor dem Verschließen noch gründlich zu reinigen

21. Beim Verschließen testet Jürgen, ob der Verschluss auch dicht in der Einfüllöffnung sitzt

22. Bevor Mike den Motor startet, dreht er ihn mit der Kurbel ein paar mal durch, damit sich das Öl im Motor verteilen kann

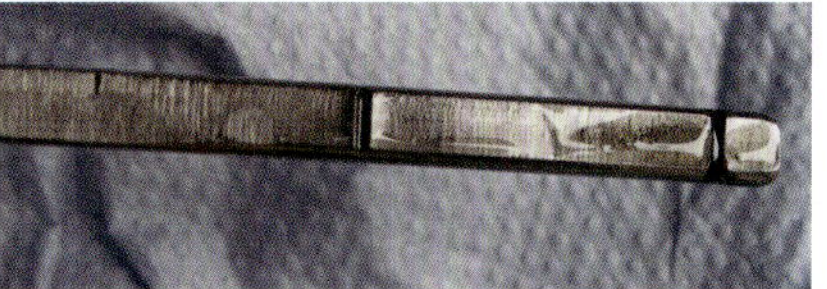

23. Achtung! Nach dem ersten Start muss oft frisches Öl nachgeschüttet werden, weil der neue Filter sich erst mit Öl füllen muss

Hier gilt: Je höher die Zahl, desto dickflüssiger und belastbarer ist der Schmierfilm bei hohen Temperaturen.

Die SAE-Klassen der Motorenöle reichen heute von SAE 0W (sehr dünnflüssig) bis SAE 60 (sehr dickflüssig). Eine der häufigsten Viskositätsklassen für legierte Mehrbereichsmotorenöle ist SAE 10W-40. Es deckt hervorragend die hiesigen Klimabedingungen ab. Da bei Oldtimer-Traktoren oft nur unlegierte Einbereichsöle verwendet werden, kommen hier für die vor allem im Sommer betriebenen Klassiker in erster Linie die Viskositäten SAE 30 oder 40 zum Einsatz (Winter: SAE 20 oder 30). Die sich Eigenschaften des Motoröls, unabhängig ob legiert oder unlegiert, verschlechtern mit zunehmendem Alter und mit jedem gefahrenen Kilometer stetig. Das liegt vor allem an Kondenswasserbildung, Ölverdünnung durch Kraftstoff, Verschmutzung, Druck- und Scherbelastungen und Alterung durch Sauerstoffoxidation.

RICHTIG GEÖLT!

Die drei goldenen Regeln:

1. Keine Experimente!

Ob legiertes, mildlegiertes oder unlegiertes Motoröl – hierauf gibt das Fahrerhandbuch des Traktorherstellers zuverlässig Antwort!

2. Im Wandel der Zeit

Bei Einbereichsölen muss die Viskosität des Motoröls immer zur Jahreszeit passen!

3. Wie oft wechseln?

Einmal im Jahr sollten das Motoröl und ggf. der Ölfilter mindestens gewechselt werden!

Ölwechsel auch bei wenig Arbeit

Daher ist es wichtig, das Öl und – falls vorhanden – den Ölfilter mindestens einmal im Jahr oder bei Erreichen der vorgegebenen Kilometer- oder Betriebsstundenzahl zu wechseln.

Dies gilt auch für Traktoren, die nicht bewegt werden und immer trocken stehen, denn auch hier bewirkt Feuchtigkeit und der Luftsauerstoff eine Alterung des Motoröls.

Marcel Schoch

TRAKTORELEKTRIK

Kabelcheck

Nichts nervt mehr als flackerndes Licht, defekte Blinker oder schwächliche Anlassversuche. Was man auch als begeisterter Laie an der Verkabelung selbst machen kann, wenn man genug Sorgfalt walten lässt, zeigt uns Marcel Schoch

Die Elektrik fürchtet so mancher Traktorfan wie der Teufel das Weihwasser – Dutzende Kabel, Stecker, Lampen, Sicherungen und Schalter können auf den ersten Blick erhebliche Verwirrung erzeugen. So wird die Instandsetzung des Kabelbaums oft den Profis überlassen. Abgesehen davon, dass das ziemlich ins Geld geht, ist Eigeninitiative nicht so schwer, wie man von vielen Traktorkollegen am Stammtisch erzählt bekommt.

Mit einigen technischen Grundkenntnissen können viele Arbeiten an der Stromversorgung selbst durchgeführt werden. Grundsätzlich gilt dabei: Bei der Restaurierung des Traktors muss nicht immer gleich die Elektrik als Ganzes getauscht werden.

Kabelcheck

Kabelbäume können auch nach Jahrzehnten noch voll betriebssicher sein. Deshalb sollte man erst nach einer Prüfung des Allgemeinzustands über einen Komplettaustausch entscheiden. Um jedoch den Zustand eines Kabelbaums einschätzen zu können, muss man die Verschleißarten kennen, denen er im Traktor ausgesetzt ist.

» Zusätzlich zur Sichtkontrolle sollten Kabel durch vorsichtiges Biegen auf Verhärtung geprüft werden

Die häufigste Ursache für Defekte sind mechanische Belastungen und Schwingungen, wie sie vor allem im Bereich der Lenkung, des Motors oder der Kotflügel an Austritten aus Kabeltüllen und -rohren auftreten können. In diesen Bereichen können die Litzen innerhalb der Isolation brechen, Kontakte aus Steckverbindungen rutschen oder die Kabel ganz reißen. Auch Isolationen scheuern genau hier oftmals durch – vor allem dann, wenn Kabel nicht fachgerecht verlegt sind.

1. Die Hitze des Motorblocks lässt Kabel schnell verhärten. Hier hilft oft nur der komplette Austausch des Kabelbaums
2. Abriebfest! Im Bereich der Lenkung werden Kabel oft mit Metallummantelungen geschützt
3. Handlungsbedarf: Vibrationen und Fahrwerksschläge haben diesem Kabelstrang bereits stark zugesetzt
4. Ordnung im Chaos: Die Kabelfarben lassen die

Dieser MAN Ackerdiesel (50 PS, Allrad; Bj.1957) wurde von Roland Lechner aus Dachau wieder auf Vordermann gebracht

Motorbereich

Im Bereich des Motors leidet der Kabelbaum zusätzlich noch an Hitze. Die Folge sind verhärtete Isolierungen, die ebenfalls in Verbindung mit mechanischen Belastungen zu Brüchen führen. Oft liegen dann die Kabellitzen frei und können Kurzschlüsse bei Masse- oder Pluskontakt verursachen.

Daneben setzen dem Kabelbaum zahlreiche chemische Einflüsse zu. Luftsauerstoff, eindringendes Wasser, Schmutz sowie der Einfluss von Öl, Benzin und Batteriesäure greifen die Isolationen an und lassen das Metall von Kabeln und Kontakten oxidieren. Auch kleine, meist durch Wasser bedingte (und oft für sich allein genommen harmlose) Kurzschlüsse oder kurzzeitige Überlastungen, die die Kabel im Umfeld der Verbraucher verschmoren lassen, sind Ursache für Defekte am Kabelbaum.

Nicht nur gucken – auch anfassen

Bei einer Zustandsbeurteilung oder Störungssuche sollten daher zuerst immer die Bereiche des Kabelbaums in Augenschein genommen werden, die unmittelbar diesen Einflüssen ausgesetzt sind (vor allem im Bereich des Motors sollten die Kabel und Kontakte genau begutachtet werden).

Dabei ist auf sämtliche Isolierungen, aber auch auf die Steckverbindungen zu achten. Sie müssen unbeschädigt und bruchfrei sein. Untersuchen Sie auch die Gummiisolierungen an den Steckverbindungen. Da sie zu 100 Prozent wasserdicht sein müssen, dürfen sie keine Risse oder ähnliches aufweisen. Neben der Sichtkontrolle sind die Kabel auch in die Hand zu nehmen und durch vorsichtiges Biegen auf Verhärtung zu prüfen. Stellt sich hier heraus, dass Isolationen bereits verhärtet sind, zeigen sich meist auch schon kleine Brüche im Kunststoff, durch die Wasser bis zur stromführenden Ader eindringen kann.

Zur Beurteilung der Steckverbindungen sollten sie zunächst getrennt und die Kontakte auf Oxidation hin untersucht werden. Oft sind auch Kontakte innerhalb der Stecker verschmort. Ein solcher Schaden weist oft auf einen Verbraucher, der aufgrund eines Defekts übermäßig viel Strom zieht.

Nach der Mechanik – die Elektrik

Zur anschließenden Funktionsprüfung des Kabelbaums benötigt man ein Spannungsmessgerät (mit Ohm-Messfunktion) mit eigener Stromversorgung und idealerweise einen Schaltplan (falls vorhanden), aus dem Farb-, Zahlen und Buchstabencodes hervorgehen (siehe Infokästen).

stromführenden Leitungen auf den ersten Blick erkennen
5. Kontaktmangel: Ein fehlender Spritzschutz hat diesen Ringkontakt vorzeitig oxidieren lassen
6. Brüchige Gummiisolationen lassen sich schnell durch Drücken entlarven. Ist es bereits so weit wie auf unserem Bild, muss der Spritzschutz ersetzt werden
7. Unbedingt tauschen! Ein defekter Verbraucher ließ die Isolation des Steckers verschmoren

FARBCODE (DIN 72551)

Bei den meisten Herstellern sind die Kabelfarben normiert und in acht Grundfarben aufgeteilt. Jedoch sollte man sich auf die Normung nicht immer verlassen, denn einige Hersteller hatten in der Vergangenheit hier oft ihre eigenen Vorstellungen bei der Zuteilung der Farben. Aus diesem Grund kann ein Schaltplan mit entsprechendem Farbschlüssel bei der Restaurierung oft unumgänglich sein.

FARBE	ANSCHLUSS
braun	Masse
rot	Dauerplus
schwarz	Plus über Zündschloss geschaltet
schwarz-weiß	Blinker links
schwarz-grün	Blinker rechts
schwarz-violett	Scheibenwischer
schwarz-gelb	Hupe
schwarz-rot	Bremslicht
gelb	Abblendlicht rechts
gelb-schwarz	Abblendlicht links
weiß	Fernlicht rechts
weiß-schwarz	Fernlicht links
grau	Rücklicht und Standlicht rechts
grau-schwarz	Rücklicht und Standlicht links
grau-rot	Instrumentenbeleuchtung
blau-weiß	Fernlichtkontrolle
blau-rot	Ladekontrolle Lichtmaschine
blau-schwarz	Tankanzeige

VERKABELUNG
Fehlerquellen

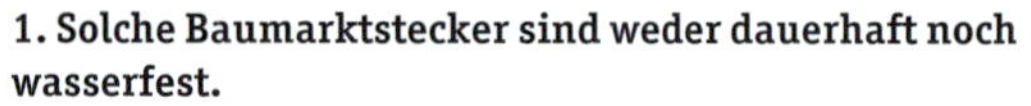

1. Solche Baumarktstecker sind weder dauerhaft noch wasserfest.
2. Kontakte von Schaltern sollten immer gut isoliert sein, so wie hier. Schmutz und Staub können bei Feuchtigkeit gute Stromleiter sein
3. Gefahrenstelle: Die Kabel und Stecker ungeschützter Hupen müssen gut gegen Spritzwasser isoliert sein
4. Gut gemeint! Vom Vorbesitzer wurde die Gummiisolation des Kabelhalters falsch verwendet. Sie gehört natürlich nach innen. Sonst scheuert sie
5.+6. Verteilerkästen helfen den Überblick zu bewahren. Geöffnet lassen sie einen guten Blick auf die Farben der Kabel zu

Vor dem Durchmessen des Kabelbaums ist zuerst für die nötige Sicherheit zu sorgen. Hierzu muss der Minuspol von der Batterie abgeklemmt werden, falls kein Strom für Testzwecke benötigt wird. Wenn Sie die Batterie zu Testzwecken wieder anklemmen, achten Sie aber darauf, dass lockere oder nicht isolierte Kabel vor Kurzschluss gesichert sind.

Durchmessen – zweite Batterie hilft

Beim Durchmessen des Kabelbaums muss zuerst geprüft werden, ob Defekte an Verbrauchern vorliegen (zum Beispiel durchgebrannte Lampen und Elektromotoren, verschmorte elektromagnetische Stellmechanismen oder Ähnliches), eine Sicherung durchgeschmort oder die Batterie defekt ist. Um die Funktion der Verbraucher zu testen, ist eine zweite Batterie mit entsprechender Verkabelung und Klemmkontakten sehr nützlich. Mit ihr kann jeder Verbraucher unabhängig von der Stromversorgung der Fahrzeugbatterie überprüft und gegebenenfalls als Fehlerquelle ausgeschlossen werden.

Alles im Fluss?

Sind die Verbraucher in Ordnung, ist der Kabelbaum auf Stromfluss zu testen. Die richtigen Kabel für die einzelnen Verbraucher können meist anhand ihrer Farbe oder der Klemmennummern identifiziert werden. Fehlen Zahlenkennungen und wird der Blick auf Kabel und Stecker durch Schrumpfschläuche, Plastiktüllen oder Gewebebänder beziehungsweise Stoffummantelungen behindert, müssen diese zuweilen aufgeschnitten werden, um die Kabel anhand ihrer Farbe eindeutig den Verbrauchern zuzuweisen.

ALPHABETISCHER CODE

BUCHSTABENKENNUNGEN

Kennbuchstabe	Anschluss
B+	Batterieplus am Drehstromgenerator
B-	Batterieminus am Drehstromgenerator
C	Kontrollleuchte für Fahrtrichtungsanzeiger
C0	Hauptanschluss für vom Blinkgeber getrennte Kontrollleuchte
D+	Dynamoplus, auch Klemme 61 an der Ladekontrollleuchte
D-	Dynamominus
DF	Dynamofeld am Generatorregler (Reglerspannung)
W	Drehzahlsignal am Drehstromgenerator
L	Blinker links
R	Blinker rechts

Jetzt wird geprüft

Zur Prüfung des Stromflusses muss zuerst das Kabel vom Verbraucher abgeklemmt werden. Anschließend wird der Stromkreis bei angeklemmter Fahrzeugbatterie eingeschaltet. Auch wenn mehrere Kabel in den Verbraucher münden, können jetzt leicht das oder die stromführenden Kabel mit dem Pluskontakt ihres Prüfgeräts im Bereich des Steckers identifiziert werden. Der Minuskontakt sollte dabei direkt mit dem Minuspol der Batterie verbunden sein. Fließt kein Strom, dann muss das Kabel defekt sein. Dann ist die Ursache klar. Wo der Defekt vorliegt, findet man durch streckenweises Messen des Kabels heraus.

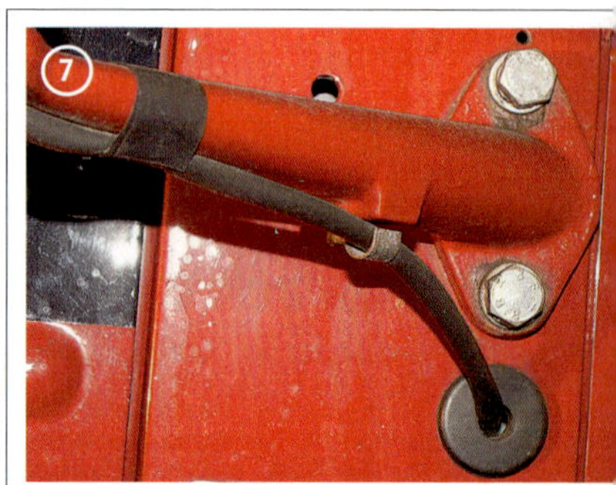

RICHTIG VERKABELN

Die drei goldenen Regeln:

1. Richtige Kabelquerschnitte?

Wenn Kabel Schmorstellen aufweisen, sind häufig falsche Kabelquerschnitte verbaut – kontrollieren!

2. Kunstvoll verlegt?

Sind Kabel über scharfe Kanten geführt? Kabel gegen Durchscheuern sichern oder neu verlegen! ✓

3. Kontaktpflege!

Kontakte und Stecker dürfen nicht oxidiert oder locker sein. Im Zweifel ersetzen. ✓

KONTAKTADRESSEN

Bayerische Magnetzünder GbR
Wiedenzhausenerstr. 15, 85254 Orthofen
Tel. (08134) 70 90, www.magnetos.de

Kabel Schmidt
Kirchstr. 5, 79189 Bad Krozingen
Tel. (07633) 93 97 05, www.kabel-schmidt.de

Kabel Groß UG
Hardt 132, 99848 Sättelstädt
Tel. (03622) 20 85 53, www.kabelgross.de

Schlepperelektrik
Frauenäcker 5, 73269 Hochdorf
Tel. (07153) 537 53
www.schlepper-elektrik.de

Bernhard Keitemeyer
Heideweg 7, 33442 Herzebrock-Clarholz
Tel. (05245) 85 84 30, www.traktorkabel.de

ZAHLENCODE

Ähnlich wie die Farben der Kabel folgen auch die Zahlen meist der internationalen Normierung (DIN 72552). Sie sind Kürzel für Klemmen bzw. für die daran angeschlossenen Verbraucher. Wie für den Farbcode, gilt jedoch auch für den Zahlencode: Verlassen Sie sich niemals ausschließlich auf ihn!

ÜBERSICHT ÜBER DIE WICHTIGSTEN KLEMMENNUMMERN

Klemmennummer	Anschluss
1	Niederspannung von Zündspule oder Verteiler
4	Hochspannung von Zündspule und Verteiler
15	Geschaltetes Plus hinter Batterie, Ausgang Zündschloss
30	Pluspol Batterie
31	Minuspol Batterie
31b	Rückleitung an Minus (Batterie) oder Masse über Relais oder Schalter
49	Blinkgeber Eingang
49a	Blinkgeber Ausgang
49b	Blinkgeber Ausgang (zweiter Blinkkreis)
50	Startersteuerung
50a	Startersteuerung, Ausgang an Batterieumschalter
51	Gleichrichter (Gleichspannung) von Wechselstromlichtmaschine
53	Pluseingang Wischermotor
53a	Wischerpluspol Endabschaltung
53b	Wischer Nebenschlusswicklung
53e	Wischerbremswicklung
53i	Wischermotor mit Permanentmagnet und dritter Bürste für höhere Wischergeschwindigkeit
55	Nebelscheinwerfer
56	Scheinwerfer
56a	Fernlicht und Kontrollleuchte
56b	Abblendlicht
57a	Standlicht
57l	Standlicht links
57r	Standlicht rechts
58	Begrenzungsschlussleuchten und Instrumentenbeleuchtung
58l	Schluss- und Begrenzungsleuchte links
58r	Schluss- und Begrenzungsleuchte rechts; Kennzeichenleuchte
61	Ladekontrolle

Masseanschlusstest

Fließt Strom am Verbraucher, und das oder die stromführenden Kabel sind identifiziert, muss anschließend der Masseanschluss geprüft werden. Der Hauptmasseanschluss ist dabei meist ein kurzes, sehr dickes Kabel, das den Minuspol der Batterie mit Rumpf-, Rahmen- oder Blechteilen des Traktors verbindet. Die Hersteller können so auf die Verlegung zahlreicher Minuskabel verzichten, was einerseits Kosten spart und andererseits den Kabelbaum überschaubar hält. Viele Verbraucher am Traktor haben daher oft nur ein Stromkabel, da der Stromkreis über das Gehäuse bzw. seine Verschraubung mit dem Rumpf geschlossen ist.

Fließt auch hier Strom, bedeutet das aber noch lange nicht, dass die Verkabelung in Ordnung ist. Gewissheit bringt erst ein weiterer Test, der bei angeschlossenem Verbraucher wiederholt wird, denn oft führen Kabel ohne Belastung noch ungehindert Strom. Wird jedoch Leistung gefordert, bricht der Stromfluss zusammen, weil an korrodierten oder schadhaften Kontaktstellen der Übergangswiderstand zu hoch wird. Zur Lokalisierung des schadhaften Kontakts muss mit der Ohmmessfunktion des Messgerätes der Kabelbaum streckenweise auf seinen Widerstand durchgemessen werden. Ist der schadhafte Kontakt gefunden, kann mit Kontaktspray oder feinem Schmirgelpapier versucht werden, ihn zu reinigen. Im Zweifel ist es jedoch immer besser, den Stecker oder Kontakt durch einen neuen zu ersetzen.

» Die Funktion der Verbraucher kann mit einer zweiten Batterie getestet werden

Zeigt sich bei der Zustandsbeurteilung, dass die überwiegende Anzahl der Kabel und Stecker defekt ist, wird man aus Gründen der Sicherheit und Zuverlässigkeit um einen Komplettaustausch des Kabelbaums nicht herumkommen. Was es hier zu beachten gilt, berichten wir im nächsten Kapitel. *Marcel Schoch*

7. Die Gummiringe an den Kabelaustritten aus der Karosserie dürfen weder beschädigt sein noch fehlen. Bei diesem Hanomag ATK 55 gibt es daher nichts zu meckern
8. Perfekte Lösung: Geschraubte Kabelstecker mit Spritzschutz wurden bei Hanomag verbaut
9.Geschmackssache: Gute analoge oder digitale Spannungsmessgeräte gibt es bereits für verhältnismäßig wenig Geld im Kfz-Fachhandel zu kaufen

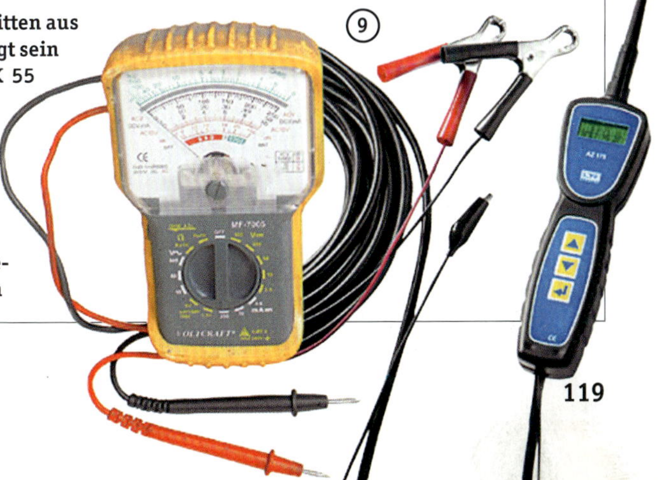

TRAKTORELEKTRIK

Strippen ziehen

Der Nachbau eines kompletten Kabelbaums: Glücklicherweise wird das nur selten vonnöten sein, aber wenn, dann braucht man eine gute Portion Geduld und grundlegende Kenntnisse der Fahrzeugelektrik.

Auf den Seiten 116 bis 119 haben Sie erfahren, dass nicht jeder Kabelbaum, nur weil er in die Jahre gekommen ist, im Ganzen getauscht werden muss. Doch hat sich der Kupferwurm zu stark vermehrt, hilft oft nur eine Radikalkur.

Eine relativ einfache Methode ist der Kauf eines komplett neuen Kabelbaums. Für viele gängige Modelle gibt es hier Angebote (Kontaktadressen auf S. 123). Oft ist dies sogar, zumindest bei Einberechnung des eigenen Arbeitsaufwands, die preisgünstigere Alternative.

Wer sich jedoch selber zutraut, einen neuen Kabelbaum zu fertigen, sollte systematisch vorgehen und jeden Schritt dokumentieren. Das bedeutet zunächst, dass der alte Kabelbaum nicht einfach aus dem Traktor gerissen werden darf. Im Gegenteil, bevor nur ein Kabel entfernt wird, sind alle Details, wie Kabelfarben, Querschnitte, Kabellängen, Anschlüsse und dazugehörige Verbraucher und Schalter genauestens zu notieren. Zusätzliche Fotos fungieren als gute Gedächtnisstütze bei Verlust der Notizen oder fehlerhaften Aufzeichnungen.

Eigenen Plan machen!

Auch wenn Sie das Glück haben, noch einen originalen Schaltplan ihres Traktors zu besitzen und deshalb glauben, auf die Dokumentation verzichten zu können sollten sie alle gesammelten Informationen in einem eigenen Schaltplan zusammenzufassen. Denn häufig haben die Traktorenhersteller im Zuge von Modellpflegemaßnahmen die Elektrik verändert, dieses aber nicht im Schaltplan des Handbuchs oder in der Reparaturanleitung vermerkt. Ihr eigener Plan sollte deshalb immer Grundlage der Erneuerung beziehungsweise des Nachbaus sein. Aber Vorsicht: Bedenken Sie dass Kabelbäume oft durch Reparaturmaßnahmen verändert wurden. Hier kann natürlich auch gepfuscht worden sein. Gerade wenn sie einen alten Schlepper gekauft haben, dessen elektrische Anlage sie nicht mehr genau

Gut getarnt! Unter der Stoffummantelung verbirgt sich eine moderne Kunststoffisolation

RICHTIG VERKABELN

Die drei goldenen Regeln:

1. Mit System!

Den Kabelbaum zu erneuern ist keine Geheimwissenschaft. Aber ohne Plan läuft nichts! ✔

2. Hase oder Igel?

Wer lötet, schafft eine originalere Kabelverbindung. Sorgfältiges Quetschen/Crimpen ist jedoch haltbarer und läuft zehnmal so schnell. ✔

3. Original oder sicher?

Nur wer sein Fahrzeug ins Museum stellen will, kann die Augen vor modernen Sicherheitsnormen verschließen ✔

RICHTIGES MASS

Richtwerte für Kabel-Querschnittsflächen
In Quadratmillimeter, inkl. Sicherheitsreserve

20 A:	1,0	78 A:	10
25 A:	1,5	104 A:	16
34 A:	2,5	137 A:	25
45 A:	4,0	168 A:	35
57 A:	6,0	210 A:	50

überprüfen können, sollten sie vorsichtig sein mit der reinen Nachfertigung.

Durch Abgleich mit einen ähnlichen oder dem originalen Schaltplan und Rücksprache mit Experten kommen sie solchen Veränderungen jedoch schnell auf die Schliche. Falls kein Original-Schaltplan mehr vorhanden ist, haben wir für Sie als grundlegendes Schema auf Seite 70 einen typischen Schaltplan aus den 50er-Jahren abgebildet: Die Schaltung der Lichtanlage und des Starter- und Lima-Schaltkreises des Fendt-Dieselrosses war damals so oder sehr ähnlich auch in vielen anderen Traktoren zu finden. Aufgrund der Zeichnungen überzeugt der Plan mit Anschaulichkeit; seit den 60er-Jahren fand man in Schaltplänen immer häufiger Piktogramme oder Buchstabenkürzel für die Verbraucher. Bevor Sie jetzt aber loslegen, noch ein Wort zu Ihrer eigenen Sicherheit: Für jegliche Arbeiten an der Elektrik gilt: Vorher spannungsfrei machen und dabei immer erst den Minuspol der Batterie lösen!

Sicherheit geht vor

Die Elektrik eines Traktors gehört zu den sicherheitsrelevanten Bauteilen. Hier gilt es, Vorschriften zu beachten, um Probleme bei der Abnahme des Fahrzeugs zu vermeiden. So müssen zum Beispiel je nach Verbraucher und Kabelführung zwingend immer die richtigen Kabelquerschnitte (siehe Ta-

1. Vom Vorbesitzer wurde der Kabelbaum einst gnadenlos mit lackiert. Die Kabelfarben lassen sich jedoch noch gut erkennen
2. Die Stoffummantelung der Kabel im Lampentopf – bereits komplett aufgelöst!
3. Der demontierte Kabelbaum eines Primus P18 dient als Vorlage für den neuen. Kabellängen, -querschnitte und – farben sollten immer dokumentiert werden
4. Laienhaft! Hier wurde eine Lüsterklemme aus der Hauselektrik als Verbindung missbraucht und die Kabel mit billigem Klebeband isoliert
5. Mehrfachanschlüsse an einer Sicherung – bei Nutzfahrzeugen üblich
6. Gewissensfrage: sollen die originalen Kabelstrangbefestigungen durch solche mit Gummischonern ersetzt werden, um zukünftig Kabelbrüche zu vermeiden?
7. Außen liegende Kabel sind zum Schutz vor Schmutz und mechanischer Belastung bei vielen Traktoren in flexiblen Metall-Rohrleitungen verlegt. Die gibt es heute in diversen Ausführungen als Meterware
8. Knapp bemessen! Um alle Kabel durch das Kabelrohr des Armaturenbretts zum Motor führen zu können, müssen sie die richtige Stärke aufweisen
9. Nur für Ottomotoren: Auswahl der erhältlichen Zündkerzenstecker von 1920 bis Ende der 70er

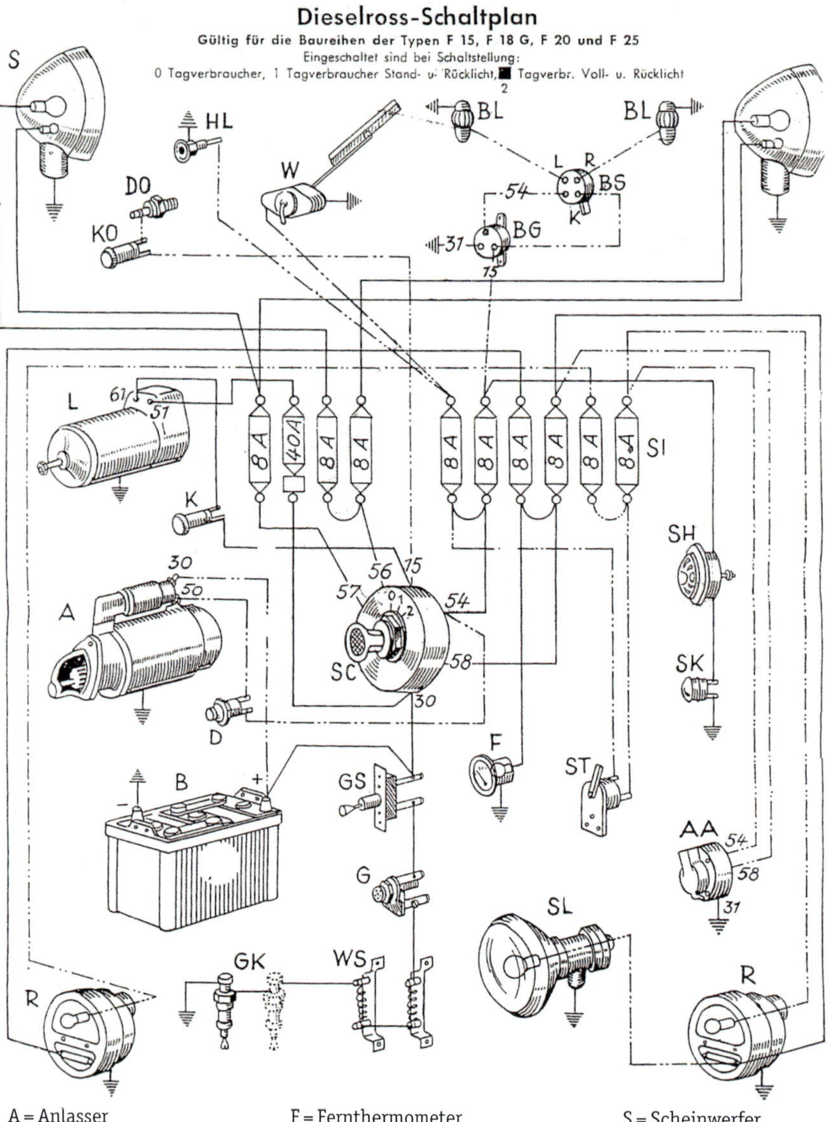

A = Anlasser
AA = Anhänger-beleuchtung
B = Batterie
BG = Blinkgeber
BL = Blinkleuchte
BS = Blinkschalter
D = Druckknopfschalter
DO = Öldruckschalter
F = Fernthermometer
G = Glühüberwacher
GK = Glühkerze
GS = Glühkerzenschalter
HL = Handlampenanschluss
K = Lade-Anzeigeleuchte
KO = Öldruck-Anzeigeleuchte
L = Lichtmaschine
R = Schluss- und Bremsleuchte
S = Scheinwerfer
SC = Schaltkasten
SH = Signalhorn
SI = Sicherung
SK = Signalknopf (Lenkrad)
SL = Sucher
ST = Bremslichtschalter
W = Wischer
WS = Widerstand

belle), Isolationen, Kabeltüllen und Befestigungen verwendet werden. Wird das nicht beachtet, ist Ärger programmiert. So kann im Schadensfall die fachgerechte Verlegung und Verwendung des richtigen Kabelmaterials darüber entscheiden, ob nach einem Kabelbrand die Versicherung zahlt. Wer sich über die Bestimmungen nicht sicher ist, sollte einen Fachbetrieb oder die zuständigen Prüforganisationen (TÜV) um Rat fragen.

Viele alte Traktoren sind noch mit stoffummantelten Kabeln ausgerüstet. Wer einen solchen Kabelbaum an seinem Traktor findet, wird – auch wenn er noch funktionstüchtig ist – auf kurz oder lang um einen kompletten Aus-

Löten, Crimpen oder Heißverbinden?

Der neue Kabelbaum ist heute mit der Post gekommen, oder die Einzelteile liegen noch ausgebreitet in der Werkstatt und warten darauf, verbunden zu werden. Aber welche Methode ist eigentlich die beste, um Kabel miteinander zu verbinden oder sie an die Verbraucher anzuschließen?

Worauf kommt es dabei an? Zunächst einmal gilt es grundsätzlich, haltbare und korrosionsunempfindliche Verbindungen zu schaffen, die zudem gegen Kurzschlüsse und Spritzwasser geschützt sind. Für den Traktorfreund bieten sich drei Arten der Verbindung von Kabeln an: Löten, Quetschen (gleichbedeutend mit Crimpen oder Bördeln) oder Lötverbinden. Jedes Verfahren hat seine Vor- und Nachteile, was den Zeit- und Kostenaufwand und den Grad der Originalität, die man damit erreicht, angeht.

Lötverfahren
Löten nach der konventionellen Art ist mit hohem Zeitaufwand versehen und erfordert etwas handwerkliches Geschick. Dafür sind sauber gearbeitete Lötstellen ziemlich dauerhaft haltbar. Löten ist immer da angebracht, wo es um den absoluten Erhalt eines Originalzustandes geht, denn Quetschverbindungen kamen erst in den 60er-Jahren auf – während Ernst Sachs 1921 bereits den elektrischen Lötkolben erfand.

GEWUSST WIE

Die richtigen Kabel

Das wichtigste ist der richtige Querschnitt. Der liegt bei Oldtimer Traktoren in aller Regel bei bis zu 5 Quadratmillimetern, je nach Leitungsaufgabe. Zu geringer Querschnitt kann unter Last zu Erwärmung und zum Durchschmoren führen, was letztlich mit Brand enden kann. Daher: zu kleine Kabel zu kaufen ist grob fahrlässig und am falschen Ende gespart! Moderne Kabel setzen sich aus einer ganzen Reihe von einzelnen dünnen Drähten in gedrehter Form zusammen. Von Elektrikern werden sie Steuerleitung genannt, wir bleiben im Folgenden bei der gängigen Bezeichnung Kabel. Diese Kabel sind in sich beweglicher, neigen nicht zum Abscheren (wie das bei Kabeln aus Vollmaterial zu befürchten ist) und lassen sich auch leichter verlegen.
Zu Beginn der Elektrifizierung hatte man meist Kabel aus Vollmaterial verwendet, ist dann aber bald wegen der nachteiligen Eigenschaften davon abgekommen.
Wer auf absolute Originalität achtet, für den sind Kabel aus Vollmaterial jedochkein abwegiger Gedanke.

LÖTEN, CRIMPEN ODER HEISSVERBINDEN?

Zwei verschiedene Lötverbinder. Die Farben zeigen den Durchmesser an, in der Mitte sitzt das Lötmodul, das beim Erhitzen zwei Drähte verbindet

Lötstellen gehören isoliert und gegen Abrieb und Feuchtigkeit geschützt. Das kann man mit Scotch- beziehungsweise Isolierband tun, allerdings hält der hier benutzte der Kleber nicht ewig und neigt bei Hitze zum Verlaufen. Der Überzug eines Schrumpfschlauchs gilt gemeinhin als bessere Lösung: Das heisst, dass der vor dem Löten auf eine Seite des Kabels aufgeschobene Schlauch nach dem Heißverbinden über die Lötstelle geschoben und per Heißluftfön geschrumpft wird. Gleiche Maßgaben gelten übrigens auch für gequetschte Kabelverbindungen. Aber davon später mehr.
Wichtig: Um bei Lötstellen schnelles Oxidieren zu vermeiden, immer gründlich das Lötfett herunterwaschen (zum Beispiel ganz einfach mit Pril) und trocknen. Man kann die Lötstellen auch mit Iso-Lack behandeln, dann halten sie noch länger.

Was braucht es zum Löten?

Der Lötkolben (Bild 2) mit einer Leistung von ca. 25 Watt stellt das Basiswerkzeug dar. Wer öfter lötet oder den Kolben auch für andere Arbeiten als am Fahrzeug einsetzen will, sollte beim Kauf auf eine auswechselbare Lötspitze achten. Dazu kommt der Lötzinn in Form von Lötdraht. Für die Fahrzeug-Elektrik besorgt man sich solchen mit einem Zinn- und Blei-Verhältnis von ca. 60 : 40 und mit innen liegendem Flussmittel. Hat man Lötdraht ohne Flussmittel, wird die Verwendung von Lötfett als Flussmittel nötig, doch solche Anwendungen sind inzwischen sehr selten und nur noch in speziellen Bereichen üblich. Lötfett wird außerdem zum Verzinnen von Kupfer und Messing eingesetzt.
Als Alternativen zum üblichen Lötkolben bietet der Markt so genannte Lötstationen und Lötwerkzeug-Sets an. Die Stationen verfügen in der Regel über eine Temperatureinstellung und/oder Konstanthaltung der eingestellten Werte. Sie sind im Grunde nur dann sinnvoll wenn größere Mengen an Lötarbeiten anfallen.

Lötverbinder: nur zur Reparatur

Kabel können auch mit dem so genannten Lötverbinder (Bild links oben) verbunden werden. Der Lötverbinder ist quasi Lötstelle und Schrumpfschlauch in einem.
Man steckt je ein abisoliertes Kabelende von jeder Seite in das Röhrchen und erhitzt die Stelle in der Mitte, wo sich die Kabel treffen, per Heißluftfön (für unterwegs reicht auch ein Feuerzeug). In der Mitte innen ist Lötmittel vorhanden, das durch die Hitze zum Schmelzen gebracht wird und damit die Kabel fest miteinander verbindet. Gleichzeitig bietet das Röhrchen die nötige Isolation der Verbindungsstelle. Selbes prinzipielles Verfahren, also ein zu erhitzendes Verbindungselement in hitzebeständigem Schlauch, ist die SKD-Verbindung, die statt mit Lötzinn mit Klebstoff arbeitet.
Lötverbinder zu benutzen ist zwar schnell und unkompliziert, allerdings kosten die kleinen Röhrchen noch einiges mehr als die Verwendung von Schrumpfschläuchen plus Lötmethode oder die Verwendung von isolierten Crimpteilen wie Serienverbindern (siehe Info-Kasten). In Zwangslagen (beispielsweise über Kopf) kann ein Lötverbinder manchmal die einfachste Variante sein. Aber Obacht bei der Reparatur abgescheuerter Isolationen in einem Knick: Lötverbinder sind sehr starr und gehen schnell kaputt, wenn sie regelmäßig geknickt werden. Beim Anschluss des Kabelbaums, also bei der Verbindung eines Kabels mit Lichtmaschine, Anlasser oder bei Benzinmotoren an die Zündspule, sollte man jedoch ohnehin den Lötkolben oder die Crimpzange parat haben. Denn dafür sind Lötverbinder schlichtweg nicht brauchbar: sie sind nur zum Verbinden zweier Kabel geeignet.

Quetschen/Crimpen – solide!

Das Aufquetschen von Befestigungs-, Anschluss- und Anschraubteilen sowie Verbindern geht in der Praxis reichlich schnell und flüssig. Die Zeitersparnis gegenüber Löten ist enorm und beträgt ungefähr 1 : 10.
Quetschverbindungen sind nicht besonders resistent gegen Vibrationen und Erschütterungen – zumindest ist diese Meinung noch weit verbrei-

KONTAKTADRESSEN

Bayerische Magnetzünder GbR
Wiedenzhausenerstr. 15, 85254 Orthofen
Tel. (08134) 70 90, www.magnetos.de

Kabel Schmidt
Kirchstr. 5, 79189 Bad Krozingen
Tel. (07633) 93 97 05,
www.kabel-schmidt.de

Kabel Groß UG
Hardt 132, 99848 Sättelstädt
Tel. (03622) 20 85 53, www.kabelgross.de

Schlepperelektrik
Frauenäcker 5, 73269 Hochdorf
Tel. (07153) 537 53,
www.schlepper-elektrik.de

Bernhard Keitemeyer
Heideweg 7, 33442 Herzebrock-Clarholz
Tel. (05245) 85 84 30, www.traktorkabel.de

GRUNDAUSRÜSTUNG

Grundausstattung Kabel verbinden in Euro		
Abisolierzange	ab	6,00
Schrumpfschlauch, ca. 5 cm lang, im Pack zu zehn Stück	ab	1,80
Heißluftfön	ab	50,00
Seitenschneider	ab	6,00
Isolierband, schwarz	ab	3,10
Scotchband	ab	7,00
Spannungsprüfer	ab	3,00

1. Ein handelsüblicher Lötkolben mit auswechselbarer Spitze.
2. Löten zweier Kabelenden mittels Lötpistole. Eine langsame, aber gründliche Technik
3. Abisolierzange aus grauer Vorzeit, hackt gerne noch ein paar Litzen mit ab und schwächt so den Querschnitt; eine neue aus China gibt es ab 6 Euro

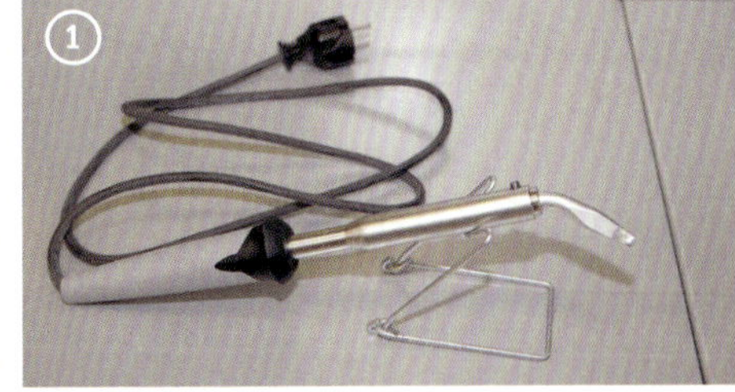

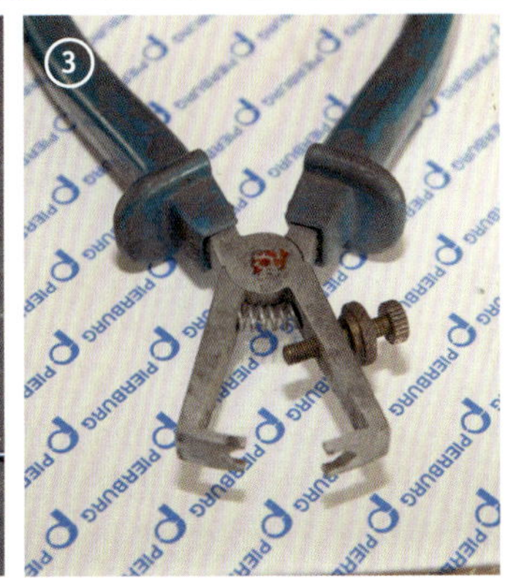

INFO

Kabelbaum erneuern: die Grundschritte

- ganze Kabelbäume: siehe Kasten „Kontaktadressen"
- Wenn kein Original-Schaltplan vorhanden: eigenen Schaltplan nach vorhandener Ver kabelung zeichnen! Kabelfarben, Querschnitte, Kabellängen, Anschlüsse, dazugehörige Verbraucher und Schalter genau festhalten. Farbcodes (Kabelverwendung), alphabetische Codes und Zahlencodes (Anschlusskennungen) sind das A und O beim Kabelbaum verlegen.
- Fotos machen!
- Entscheiden: modern, sicherheitskonform und langlebig? Oder original, sicherheitstechnisch unsicher und unter Umständen anfällig für Verschleiß?
- Kabel besorgen: Die richtigen (falls die Vorlage schon vergammelt ist oder falsch ersetzt wurde) findet man anhand der Originalschaltpläne, ansonsten entsprechend der Belastungsanforderungen der Verbraucher, Lichtmaschine und Batterie. (siehe auch Kasten „Kabelquerschnitte", S. 121, oder www.kabel-schmidt.de/service/service.php)
- zu den Sicherheitsnormen Sachverständige der Prüforganisationen fragen.
- Armaturenträger ausbauen: Am Sicherungskasten beginnt der Einbau des neuen Kabel baums.

Handwerkszeug und Material

- Notizblock und Schreibutensilien
- Abisolierzange, Seitenschneider, Heißluftfön für Schrumpfschläuche u. Lötverbinder
- Kabel in entsprechender Ausführung, d. h. richtiger Querschnitt, richtige Farbe und Beschaffenheit
- Isolierschläuche und/oder Metallrohrleitungen für die Bündelung der Kabel
- Kabeltüllen, Befestigungen
- Zum Verbinden: je nach gewähltem Verfahren Crimpwerkzeug oder Lötwerkzeug
- evtl. einige Lötverbinder (mehr ab Seite 66)
- Scotchband, Schrumpfschläuche. Neuestes Mittel zur Isolierung bzw. als Feuchtigkeitsschutz: selbstverschweißendes „Pannenband"

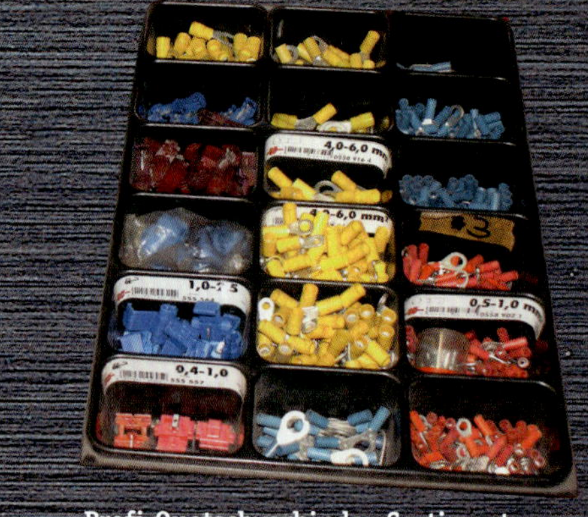

Profi-Quetschverbinder-Sortiment

tausch kaum herumkommen. Der Grund hierfür ist einfach. Damals haben die Kabelhersteller die stromführende Litze lediglich in Stofffäden eingewebt und diese dann zum Schutz vor Wasser mit Harz oder ähnlichen Substanzen getränkt. Im Laufe der Jahre härtet aber das Harz aus und wird brüchig. Die Folge: Die Litze liegt frei und verursacht häufig Kurzschlüsse.

Wenn wieder stoffummantelte Kabel verwendet werden sollen, ist Ersatz jedoch kein Problem, denn diese werden heute als Meterware angeboten. Selbst spezielle Farbkennungen und Muster in der Stoffummantelung werden wieder nachgearbeitet. Beim Kauf der Kabel ist jedoch unbedingt auf Qualität zu achten. Restaurierungsfachbetriebe verwenden bei der Rekonstruktion eines Kabelbaums nur Kabel, die unter der Stoffummantelung noch eine moderne Kunststoffisolierung haben. Nur solche Kabel sind wirklich betriebssicher und werden daher für die Abnahme von Oldtimern von den Prüforganisationen vorgeschrieben.

Neu oder unsicher?

Soll der neue Kabelbaum in den Traktor eingebaut werden, ist es nicht immer ratsam, der Originalverlegung zu folgen. Vor allem dann, wenn ersichtlich ist, dass es aufgrund zu enger Radien oder Verlegung über scharfkantige Teile, wie es aus Gründen der Kostenersparnis bei den damaligen Herstellern zuweilen vorkam, schnell wieder zu Beschädigungen an den Kabeln kommt.

Soll der restaurierte Traktor häufig gefahren werden, sollten Kabel und Kabelstränge nach den Sicherheitsnormen der Kfz-Industrie verlegt werden, um größtmögliche Zuverlässigkeit zu erreichen. Im Zweifel geben hierzu die Sachverständigen der Prüforganisationen Auskunft. Selbstverständlich muss aber die Originalverlegung im Restaurierungsbericht festgehalten sein, um sie jederzeit wieder rekonstruieren zu können. Nur bei Museums- oder Sammlerfahrzeugen, die gar nicht oder selten gefahren werden, macht eine Originalverlegung mit allen ihren Unzulänglichkeiten Sinn.

Marcel Schoch

tet. Aber bereits vor Jahren haben Rütteltests be Volkswagen ergeben, dass Quetschverbindunge länger halten als gelötete Verbindungen. Lötver bindungen neigen dazu, unter Belastung direkt neben der Lötstelle zu brechen.
Grundsätzlich muss beim Quetschen noch stärke als beim Löten auf den Schutz gegen Feuchtigke geachtet werden, denn gecrimpte Verbindunger oxidieren schneller, wenn sie mit Luft in Berührung kommen. Schlecht gequetschte Verbindun gen (beispielsweise solche, die mit einer 8-Euro- Zange durchgeführt werden oder beim Quetsche mit falscher Durchmesser-Vorgabe) haben wege der vielen einzelnen, ungenügend zusammengepressten Litzen eine größere Oberfläche und bieten daher viel Angriffsfläche.
Vorsicht beim Behandeln mit ISO-Lack: Was bei gelöteten Verbindungen sinnvoll gegen Korrosion ist, kann bei gecrimpten Verbindungen unter Umständen zu abnehmender Leitfähigkeit führen, weil hier wieder die Gefahr besteht, dass die einzelnen Litzen sich voneinander isolieren.

WEBKAUF

Gerätschaften und Material

www.werkzeugweber.de
www.vs-electronic.com
www.conrad.de
www.stahlgruber.de

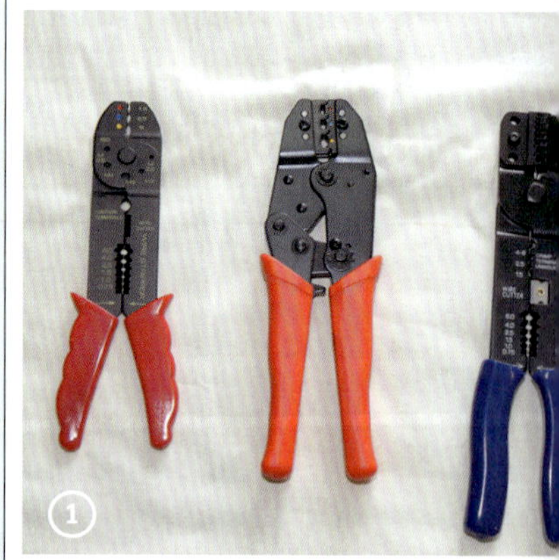

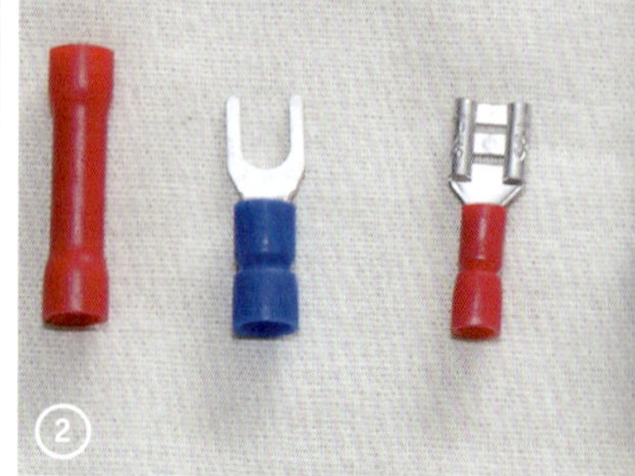

LÖTEN, CRIMPEN ODER HEISSVERBINDEN?

Schutz gegen Feuchtigkeit bietet nach dem Verbinden zweier Kabel per isoliertem Serienverbinder („isoliert" meint diesbezüglich immer: gegen Stromfluss isoliert, nicht gegen Feuchtigkeit) am besten ein Schrumpfschlauch. Ähnlich wie beim Lötverbinder gibt es auch Crimpteile inklusive Schrumpfschlauch („Wärmeschrumpfverbinder"), wie zum Beispiel von Technolit (www.technolit.de). Hier sind die Quetschhülsen von einem Kunststoffschlauch mit schmelzender Klebstoff-Innenschicht umgeben. Beim Erhitzen bildet sich eine wasserdichte Ummantelung der Kabel.

Quetsch-Werkzeug

Im Handel gibt es bereits Zangensets ab 10 Euro. Man sollte jedoch nicht erwarten, dass sich hiermit langlebige Verbindungen quetschen lassen. Erst ab 25,- Euro für eine einzelne Zange fährt man mit Qualität. Im Kauftipp (oben rechts) stellen wir eine gute Allroundzange vor, mit der man die für die Traktor-Elektrik gängigsten Quetschverbinder verwenden kann. Die Quetschverbinder selbst besorgt man am besten als für Fahrzeugelektrik abgestimmtes Sortiment. Von Aderendhülsen (benötigt für den Anschluss an Sicherungskästen) über Serienverbinder bis hin zu Ringverbindern für den Anschluss an diverse Verbraucher ist hier alles dabei.
Auch hier gilt selbstverständlich: die billigsten Baumarktangebote meiden. Vorzugsweise an den Teilen, die ursprünglich verwendet wurden, orientieren – und im Zweifel beraten lassen.

PREISE UND TEILE

Die Preise für die drei Verfahren in Euro

LÖTEN		
Lötkolben	ab	25,00
Wechselspitze	ab	6,00
Lötdraht 0,5 mm Rolle, 100 Gramm	ab	6,95
dto. 1,0 mm Rolle, 250 Gramm	ab	12,95
Lötstation	ab	60,00
Löt-Set	ab	31,00
QUETSCHEN/CRIMPEN		
Quetschzange, gute Qualität	ab	25,00
Quetschteile wie Serienverbinder oder Kabelschuhe, Pack zu 20 St.	ab	2,50
Set (Zange und einige Teile)	ab	10,00
LÖTVERBINDER		
ein (!) Lötverbinder	ab	0,40

Grundausstattung

Für alle geschilderten Verfahren gehört zur Grundausrüstung eine Abisolierzange (auf Seite 123, Bild 3, ist noch ein Exemplar aus den Siebzigern zu sehen. Falls sie noch so eine haben, ersetzen sie sie bitte), ein Seitenschneider, ein Spannungsprüfer um die Ergebnisse der Arbeit direkt zu kontrollieren, und ein Heißluftgebläse für Schrumpfschläuche und Lötverbinder. Anstelle eines Schrumpfschlauchs kann man die Lötstelle auch mit (selbstverschweißendem) Isolierband umwickeln.

DIE KAUFEMPFEHLUNG:
Crimpzange für isolierte Quetschverbinder
Preis: 29,95 Euro
Bei www.conrad.de

Ausstattung:
- Mit Übersetzung und Zwangssperre
- 6-fache Druckmoment-Einstellung
- Zuverlässiges Verpressen und gleichmäßiger Anpressdruck
- Entriegeln der Zwangssperre bei Fehlpressung möglich

Geeignet für: isolierte Flachstecker, Flachsteckhülsen, Rundstecker, Serienverbinder, etc.

Fazit

Im Fahrzeugbau und für eine Restaurierung ist die Quetschmethode das Mittel der Wahl. Bei Traktoren, die mehr als fünf Jahrzehnte auf dem Buckel haben, ist die recht aufwendige Technik des Lötens allerdings aus Originalitätsgründen eine Option. Dazu passend gibt es stoffummantelte Schrumpfschläuche, die in dezentem Schwarz einen altersgerechten Feuchtigkeitsschutz bieten (beispielsweise bei www.kabel-schmidt.de).
Arbeit mit dem Lötverbinder kann in Zwangslagen (oder wenn es schnell gehen muss) in Erwägung gezogen werden. Achtung: Sie ist teuer und nur für die Kabelreparatur geeignet.

dt-press

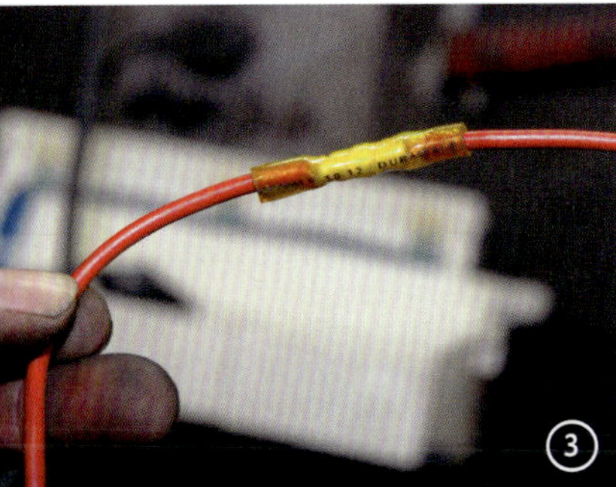

1. Drei Quetschzangen, links und rechts Modelle für unter 10 Euro. Nur das Exemplar in der Mitte genügt höheren Ansprüchen. Die linke und rechte Zange haben Öffnungen zum Abisolieren – eine separate Zange dafür ist jedoch immer vorzuziehen
2. Quetschteile für den Traktoristen: Serienverbinder, Gabelschuh, Flachsteckhülse, Ringverbinder (von links). Gibt es auch vollisoliert, das ist u.U. sinnvoller
3. Mit Hitze aufgeschrumpfter Schlauch
4. Aufquetschen eines Steckverbinders
5. Aufquetschen einers Kabelverbinders
6. Rolle Lötdraht 1,0 mm zu 250 Gramm

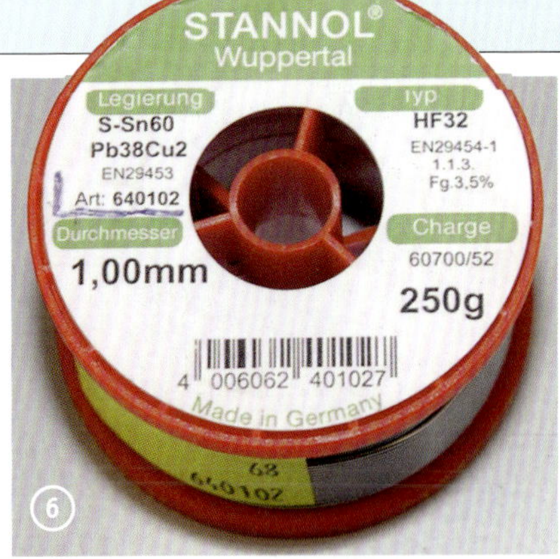

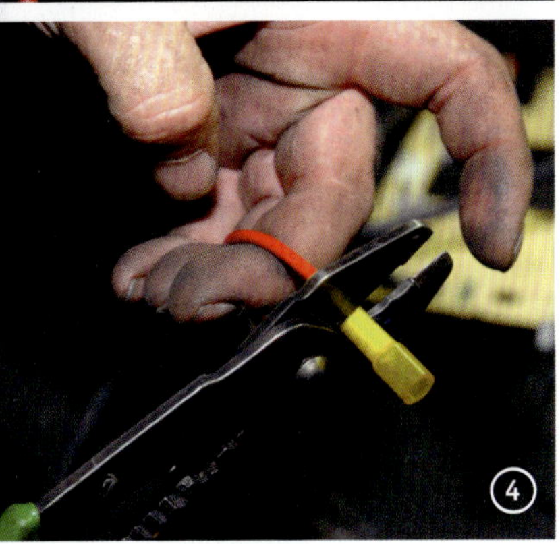

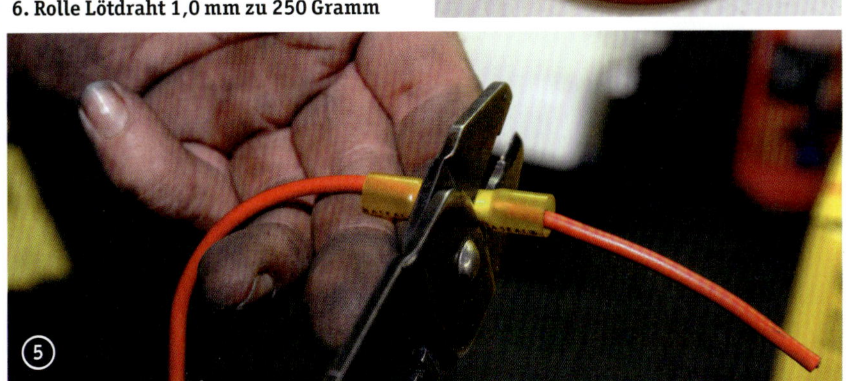

VON SCHLEIFKOHLEN UND RESTREMANENZEN

Spannende Pannenhilfe

Das hat wohl jeder Traktorpilot schon mal erlebt: Man schwingt sich wohlgelaunt auf den Bock, betätigt den Anlasser – und nichts tut sich

„Nur keine Panik", rät Elektromeister Helmut Unrath: „Es ist wichtig zu wissen, dass eine Gleichstromlichtmaschine bei vielen ständig eingeschalteten Verbrauchern nicht genug Strom liefert, sodass sich auf Dauer die Batterie entleert."

Wer also immer zu mit eingeschaltetem Licht fährt, oder beispielsweise noch einen Anhänger mit viel Licht zieht, etwa einen Schaustellerwagen, wird sich eines Tages wundern, dass der Traktor nicht mehr anspringt. Dann ist aber nichts kaputt. Man muss sich nur Starthilfe geben lassen und wieder eine Zeit lang ohne Licht fahren."

Sollte aber auch in diesem Fall keine Besserung eintreten, steht ein systematischer Test aller Komponenten an.

Batterie-Check

Da wäre zuallererst mal die Batterie. Wie gut, dass Unraths Porsche Junior seit kurzem Startschwierigkeiten hat. Wir rücken dem Aggregat mit dem Voltmeter zu Leibe: Das sollte bei intakter Batterie 12 Volt anzeigen. Bei laufendem Motor kann dann die Spannung bis 14,4 Volt langsam steigen. Am Porsche Junior messen wir jedoch nur 11,7 Volt! (Seite 128, Bild 1).

Alternativ lässt sich auch die Säuredichte messen: Sie muss bei geladener Batterie 1,28 Kilogramm pro Liter oder Gramm pro Kubikzentimeter betragen. Auf jeden Fall sollten immer alle Zellen der Batterie geprüft werden – es kann vorkommen, dass eine Zelle kaputt ist und so ein vollkommen anderes Säuregewicht hat als die anderen. Die Batterie muss dann komplett ersetzt werden. Passend zur niedrigen Spannung am Porsche Junior beträgt der Säurestand der Batterie auch nur 1,12 Kilogramm pro Liter.

WICHTIG:
Oft ist nicht die Batterie „schuld" am Versagen der Elektrik! Bevor Sie für teures Geld die Batterie tauschen, sollte die Lichtmaschine genau auf Funktion geprüft werden!

Um die Batterie als Fehlerquelle auszuschließen, muss nun die Lichtmaschine geprüft werden. Hier beginnt man beim elektromechanischem Regler, der die Spannung der Lichtmaschine über die Feld-/Erregerwicklung konstant hält. Helmut Unrath prüft die Spannung bei laufendem Motor. Zuerst sagt uns der Check mit dem Glühstift an B+ (siehe Bild 3, S. 128), dass 12 Volt bzw. die restlichen 11,7 Volt Spannung von der Batterie anliegen. Das ist Routine.

Am Regler lässt sich jedoch auch relativ komfortabel, nur mit einem Glühlampenmessgerät, die Arbeit des Generators testen: Dazu setzt man den Glühstift bei laufendem Motor an D+/D61 an, der Verbindung des Reglers zur Ladekontrolleuchte. Normalerweise sollte hier der Glühstift anzeigen, dass Spannung da ist.

Bei uns tut sich allerdings nichts! So haben wir auf simple Weise herausgefunden, dass der Generator keinen Strom erzeugt.

Sollte diese Prüfung jedoch keine Funktionsstörung des Generators anzeigen, kann man den Regler testen bzw. probeweise austauschen, was meist einfacher ist, denn ein Test der Reglerfunktion gestaltet sich schon aufwändiger: Mit dem Voltmeter an B+ kann man bei laufendem Motor beobachten, wie die Spannung ansteigt. Wenn der Regler ordnungsgemäß arbeitet, sollte die Spannung auf dem Niveau von 14,4 Volt konstant bleiben.

Bei kaputtem Regler hilft nur der Austausch bzw. ein Tausch des Innenlebens.

So geht es auch

Es gibt noch ein anderes Verfahren, das die Gesamtfunktion der Lima testet. Dieses Verfahren läuft nach dem Prinzip: „Läuft die Lichtmaschine als Motor, so läuft sie auch als Generator!"

Bei Limas mit integriertem Regler gestaltet sich dieser Funktionstest schwieriger, weil man hier erst den Regler abbauen und dann die entsprechenden Kabel ausführen muss. Dementsprechend müssen Anbauregler abgeschraubt werden.

Unrath baut die Lichtmaschine des Juniors aus und schließt sie an ein 12-

Spannung pur: Lima-Check mit Elektromeister Helmut Unrath aus Stuttgart

DER EXPERTE

Zwei Gleichstromlichtmaschinen. Die linke hat im Austausch einen elektronischen und somit verschleißfreien Regler bekommen. Nicht original, aber später ohnehin unsichtbar

PROFI-WISSEN
Leicht verständlich

BASISWISSEN LICHTMASCHINE

Damit Sie wissen, was Sie tun

Gleichstromlichtmaschinen

In fast jedem Oldtimer-Traktor finden sich Bosch-Lichtmaschinen unterschiedlichster Bauart. Vom Prinzip her sind jedoch alle gleich: Es handelt sich um Gleichstromlichtmaschinen (Nebenschlussgeneratoren mit Selbsterregung). Dieser Typ Lichtmaschine wird heute nicht mehr produziert, von Beginn der 1970er-Jahre bis heute werden sogenannte Drehstrom-Lichtmaschinen verbaut, die langlebiger und wesentlich leistungsstärker sind.
In einer Gleichstromlichtmaschine wird durch die im Stator befindliche Wicklung der sogenannte Erregerstrom geleitet, wodurch ein Magnetfeld, das Erregerfeld, entsteht, welches in dem rotierenden Anker eine Wechselspannung erzeugt (induziert), welche wiederum durch den Kollektor gleichgerichtet und durch die Kohlebürsten abgenommen wird.

Die wichtigsten Lima-Bauteile

1. Polgehäuse, mit Erregerwicklungen, die von Polschuhen gehalten werden.
2. Anker (Rotor): Dynamoblechpaket mit Ankerwicklung und Kollektor (am Ende des Rotors befindliche Kupferlamellen).
3. Kohlebürsten: Sie greifen den erzeugten Strom am Kollektor ab.
4. Antriebs- und Kollektorlager (Kugellager)

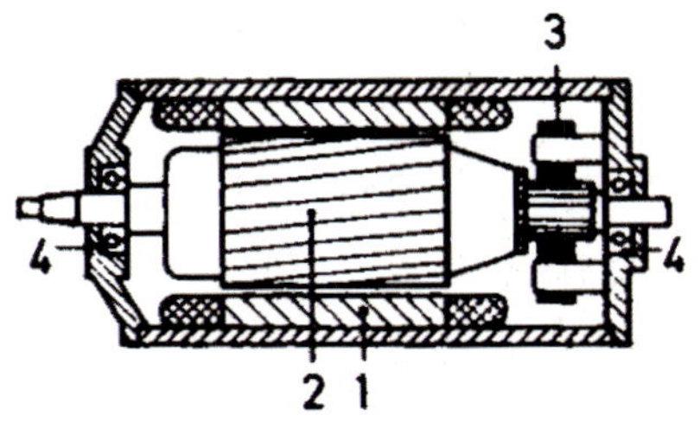

Bauweisen

Bosch-Gleichstrom-Lichtmaschinen gibt es in zahlreichen unterschiedlichen Varianten und Leistungsklassen; so liegt zum Beispiel die Nennleistung der bei Porsche Diesel verbauten Maschinen zwischen 75 und 90 Watt, bei Nenndrehzahlen zwischen 1.800 und 2.400 U/min. Grundsätzlich lassen sie sich bezüglich der Position des Reglers unterscheiden:

A. Limas mit integriertem Regler, Type REE.
B. Limas mit angebautem Regler, Typ RED.
C. Limas mit weggebautem Regler, Typ GEH. Der Regler befindet sich in diesem Fall an anderen Karosseriebauteilen.

Mess-Tipp

Ein Glühlampenmessgerät ist zur Spannungsprüfung als Ergänzung zum Voltmeter sehr gut geeignet. Natürlich zeigt ein solches Messgerät nur an, ob überhaupt Strom fließt, aber das reicht oft schon für die Fehlersuche. Außerdem ist es oft sicherer als ein Voltmeter, da es die Spannungsquelle belastet und damit Übergangswiderstände wie korrodierte Verbindungen durch geringere Helligkeit aufzeigt.
Ein Voltmeter und ein Säureheber sollten jedoch auch zur Hand sein. Amperemeter und Ohmmeter (etwa für eine Widerstandsmessung der Erreger- und Ankerwicklung, Seite 128) sind für den grundlegenden Lima-Check nicht vonnöten.
Helmut Unrath rät von günstigen Multimetern wegen zu geringer Zuverlässigkeit ab.

Häufigste Schäden

a. verschlissene Kohlebürsten
b. defekte Erregerwicklung
c. Anker defekt
d. Rotorlager defekt

Schaltung

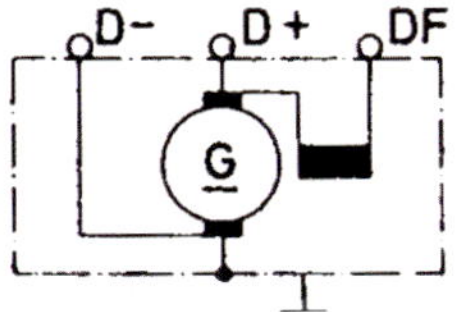

D+ (=D61) Anschluss zur Ladekontrolleuchte
D- Masse/Gehäuse
DF Erregerwicklung

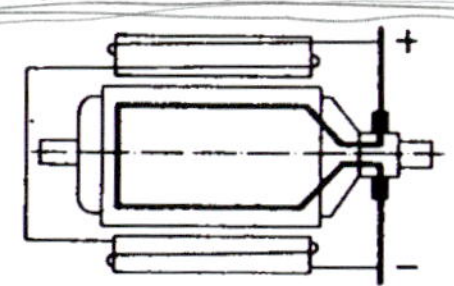

Polarisationsschema

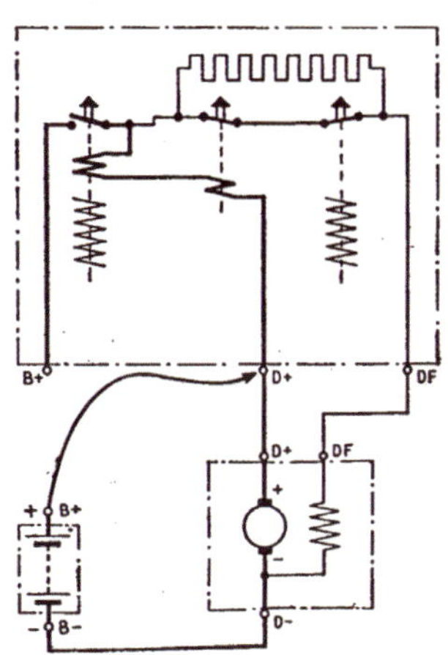

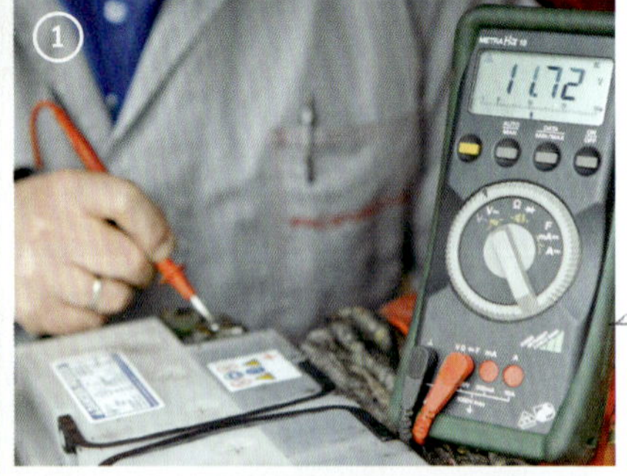

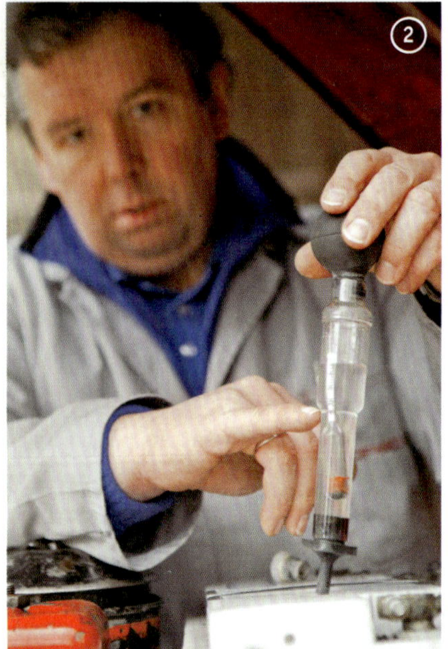

1. Beim Spannung messen immer direkt aufs Blei des Batteriepols gehen
2. Beim Herausnehmen des Säurehebers unbedingt darauf achten, dass die Schwefelsäure in der Batterie bleibt. Sie macht hässliche Löcher in die Kleidung. Haut- und Augenkontakt vermeiden!
3. Messen mit dem Glühstift: ein Anschluss geht an Masse, der andere an B+. Es leuchtet: Batteriestrom ist da! An D61 kommen jedoch keine 12 Volt an: Die Lima ist nicht in Ordnung
4. Gesamtfunktionstest: D+ an +12V und DF gegen Masse an Minus: Der Rotor läuft richtig herum
5. DF an +12V und Minus an Masse: Rotor läuft in falsche Richtung
6. Vorbereitung für den Gesamtfunktionstest einer Lima mit angebautem Regler: Aufgrund vorheriger Reparaturen haben wir hier den D+-Anschluss in Rot und DF Blau. Im Original ist D+ einfach der dickere Draht von beiden

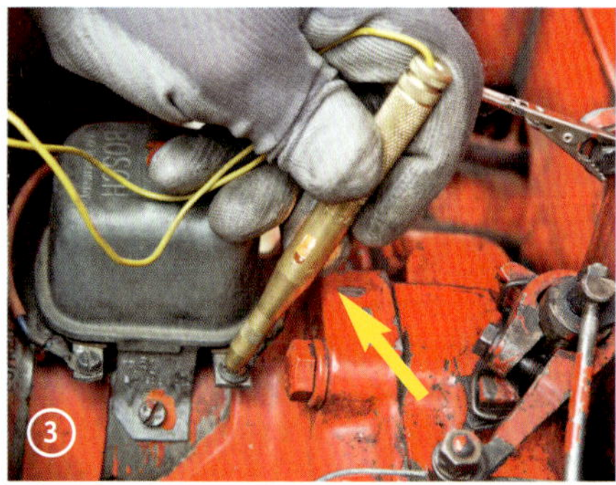

Volt-Ladegerät an. Wenn an D+ 12-Volt-Spannung und DF gegen Masse liegt, sollte die Lima in die auf dem Gehäuse angegebene Richtung laufen. Bei unserem Testobjekt rührt sich nichts.

Daher demonstriert Unrath für uns an einer funktionierenden Lima, wie der Test anschlägt (Bild 4). Alternativ kann man die Spannung auch an DF anlegen und D+ offen lassen (Bild 5). Die Lima dreht sich nun entgegengesetzt.

Sollte sich der Rotor der Lichtmaschine nun wie in unserem Fall nicht drehen, sind grundsätzlich folgende Schäden möglich:

Defekte Erregerwicklung

Diese kann durch Masse- oder Wicklungsschluss in Folge von Überhitzung entstehen. In diesem Fall müsste man vom Fachmann neu wickeln lassen oder ein neues Bauteil verwenden. Man checkt die Erregerwicklung visuell (Bild 9) oder misst den Widerstand der Feldwicklung (DF gegen D+, sollte vier Ohm betragen). Diese Messung kann jedoch fehlerhaft sein; der visuelle Test ist aussagekräftiger. Und der ergibt in unserem Fall: An der Feldwicklung der Porsche-Lima ist alles o.k.

Anker defekt

Ebenso wie die Erregerwicklung hat man es hier häufig mit Windungsschlüssen in Folge von Überhitzungsschäden zu tun. Besonderer Hinweis darauf ergibt sich, wenn der Anker beim Gesamtfunktionscheck erst andreht und dann immer an derselben Stelle stehen bleibt. Auch der visuelle Test ist aufschlussreich (Bild 10/11): So zeigt sich beim defekten Anker meist eine dunkle, verbrannte Wicklung. Ebenso wie bei der Erregerwicklung kann man auch beim Anker per Ohmmeter den Widerstand des Ankers (D+ gegen D- Gehäuse) messen, er sollte ein Ohm betragen. Aber auch hier gilt: Der visuelle Test ist aussagekräftiger – und ergibt beim Porsche: alles bestens!

Verschlissene Kohlebürsten

Die Kohlebürsten nehmen den Strom vom Kollektor ab. Sie müssen regelmäßig gewartet werden, etwa alle 500 Betriebsstunden.

Helmut Unrath hebt vorsichtig die Metallklemmen der Halterung an (Bild 8) und nimmt die Kohlebürsten heraus. Bild 7 zeigt die „Übeltäter“: Derart abgenutzt, können sie keine ausreichende Stromabnahme mehr gewährleisten. Die Abnutzung der Kohlen dieser Lima

LIMA-CHECK
So einfach geht das!

7. Links unsere abgenutzten Schleifkohlen, rechts ein neues Paar
8. Helmut Unrath hebt vorsicht die Metallfedern an, um die neuen Kohlen einzusetzen

9. So sieht eine defekte Erregerwicklung aus
10./11. Das Innenleben einer Gleichstrom-Lima: links ein verbrannter, daneben ein neuwertiger Rotor. Rechts auf dem Rotor, neben der Ankerwicklung: die Kollektor-Lamellen
12. Polarisation: Wenn es funkt, hat's geklappt ...

INFO

Preise

Es lohnt sich bei den alten Limas immer, nur das zu ersetzen, was wirklich kaputt ist. Nur wenn der Rest schon stark gealtert ist, sollte alles getauscht werden.

Durchschnittspreise/Warenwerte

- Anker 160 Euro
- Feld 60 Euro
- Kohlen 12 Euro
- Lager 5 Euro
- Gesamte Lima im Austausch ab ca. 360 Euro

Ersatzteile

Bosch selbst liefert keine Austausch-Limas mehr aus, nur noch Schleifkohlen und einzelne Reglertypen. Folgende Firmen bieten jedoch unter anderem Service an:

Helmut Unrath
Frauenäcker 5
73269 Hochdorf
www.schlepper-elektrik.de
Tel.: (071 53) 537 53

Wilhelm Jahn
Böllinger Straße 23
74078 Heilbronn
www.wjahn.de
Tel.: (071 31) 431 11

Literatur

Handbuch
Schlepper-Elektrik.
Helmut Unrath.
Schwungrad Versand

bewegt sich aber noch im normalen Zeitrahmen. Eine schnellere Abnutzung der Kohlen würde auf einen anderen Defekt hinweisen.

Wartungstipp Kollektor

Die Kollektorlammellen (Bilder 10/11, rechts auf dem Anker) müssen nicht metallisch blank sein oder gar mit Schmirgelleinen abgezogen werden. Die dunkle Oxidschicht, die sich mit der Zeit bildet, ist sehr hart und glatt, was den Verschleiß der Kohlen vermindert. Ein Abblasen mit Pressluft genügt.

Rotorlager defekt

Grund für unzureichende Arbeit der Lima können auch schlechte Rotorlager sein, die Lima läuft dann rau und laut. Neue Kugellager kann man sich im Zweifel immer leisten, für unter drei Euro bekommt man Ersatz (DIN-Norm 6202 c3). Aber das Erneuern der Lager bleibt uns in diesem Fall erspart.

Polarisation

Wenn die Lima frisch gewartet, ein- und ausgebaut oder komplett ersetzt wurde, muss vor der ersten Inbetriebnahme noch polarisiert werden: Eine Gleichstromlichtmaschine arbeitet mit dem Prinzip der „Restremanenz“: Durch einen geringen im Erregerfeld verbleibenden Restmagnetismus ist sie imstande, sich selbst zu erregen, um auf ihre Leistung zu kommen.

Vor der Wiederinbetriebnahme muss daher ihre Fähigkeit zur „Selbsterregung“ neu eingerichtet werden. Dies geschieht so:

ACHTUNG!
Beim Arbeiten an elektrischen Bauteilen des Traktors immer erst spannungsfrei machen! Durch Lösen einer Verbindung an der Batterie wird die Stromversorgung unterbrochen. Wichtig dabei: Man sollte immer erst den Minuspol lösen, beim Lösen des Pluspoles könnte es zu einem zufälligen Masseschluss durch den Gabelschlüssel kommen. Dann jagen 600 Ampere Kurzschlussstrom durchs Blech. Eine Kraft, bei der Metall in Sekundenbruchteilen schmilzt. Hohe Verletzungsgefahr!

Selbsterregung anregen

Klemme B+ vom Regler abklemmen und kurz mit dem D+-Anschluss der Lichtmaschine verbinden. An kleinen Funken merken wir, dass es funktioniert hat (Bild 12). Unraths Porsche kann wieder losdonnern.

Friedrich Holzapfel

Fotos: K. Meffenhirn

KOMPLETT-CHECK SCHUBSCHRAUBTRIEBSTARTER

Kräftig durchstarten

Seit Ende der 1940er-Jahre fanden E-Starter nach und nach bei Traktoren Verwendung. Unser Experte Peter Steger, zeigt, wie man den Schubschraubtriebstarter eines Deutz F2L 612/54-I von 1956 ausbaut und prüft

Vor gut 12 Jahren bekamen wir von einem privaten Sammler einen Deutz F2L 612/54 von 1956", sagt Peter Steger, unser Oldtimer-Schlepper-Fachmann. „Jetzt sollen wir ihn wieder komplett herrichten. Wir beginnen mit dem E-Starter: Er dreht nur müde und leistungsschwach durch." Peter will ihn daher ausbauen und komplett zerlegen, um alle Teile auf Korrosion und Standschäden zu untersuchen. Unterstützung erhält er dabei von Andreas Renner, einem angehenden Azubi, der sich im Berufsorientierungsjahr befindet.

Peter will die Gelegenheit nutzen und Andi anhand der Deutz-Reparatur Einblicke in zwei Kfz-Berufsfachrichtungen geben – die des Kfz-Elektrikers und die des Kfz-Restaurators. „Bevor der Starter ausgebaut und zerlegt wird, sollte man zuerst immer die Schaltelektrik überprüfen."

In die Startlöcher

„Hierzu müssen das Schaltrelais, der Startknopf, die Verkabelung und alle Kontakte (Batterie, E-Starter) auf Stromfluss beziehungsweise Widerstand durchgemessen werden", erklärt Peter. Da hier jedoch alles in einwandfreiem Zustand ist und kein erhöhter Widerstand mit dem Ohm-Messgerät feststellbar war, muss der Fehler am E-Starter gesucht werden. Er ist, wie bei vielen Traktoren, an der Kupplungsglocke seitlich angeschraubt. Um ihn auszubauen, trennt man zuerst das Laststromkabel (Klemme 30, Batterie +) und die sogenannte Steuerleitung (Klemme 50) von den Anschlüssen am Einrückmagnet. „Wegen der Kurzschlussgefahr muss zuvor aber das Massekabel von der Batterie getrennt werden", warnt Peter. Diese Gefahr ist beim Deutz besonders groß, da das Pluskabel ohne zusätzliche Sicherung direkt von der Batterie zum Starter läuft und hier über ein weiterführendes Pluskabel an die Traktorelektrik

» Bevor der Starter ausgebaut und zerlegt wird, sollte man zuerst immer die Schaltelektrik überprüfen

E-STARTER-CHECK

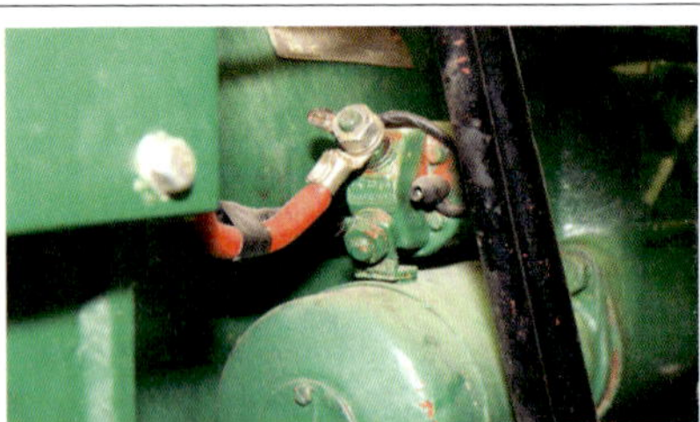

1. Handlungsbedarf: Das Laststromkabel ist am Anschluss nicht isoliert. Nach der Überholung sollte zumindest eine Gummiabdeckung angebracht werden

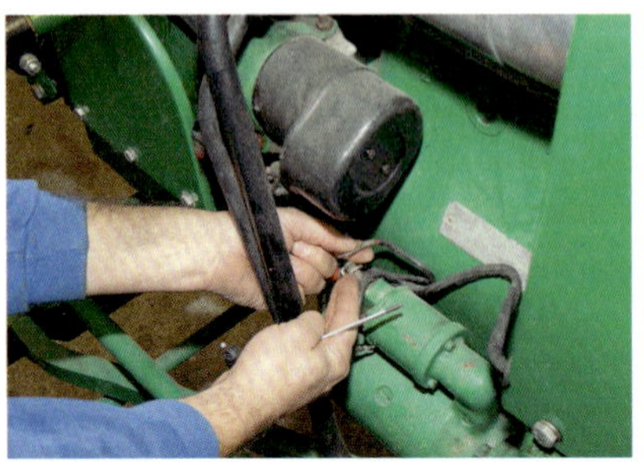

2. Nachdem Peter die Batterie abgeklemmt hat, entfernt er die Kabel vom E-Starter

3. Zum Lösen der unteren Flanschschraube ist Bodenakrobatik notwendig!

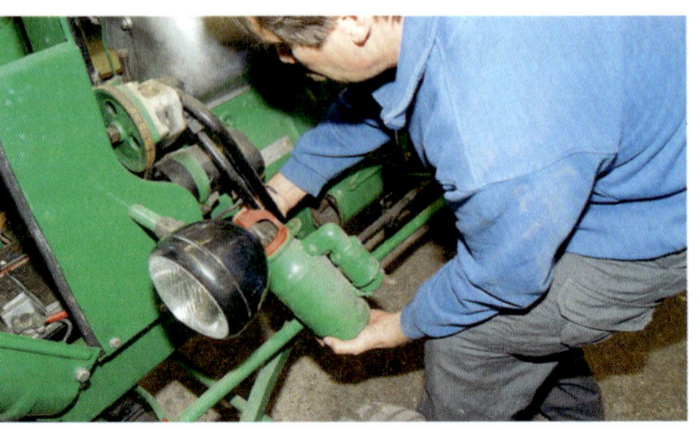

4. Am Deutz muss der E-Starter hinter den Hydraulikleitungen nach vorn ausgefädelt werden

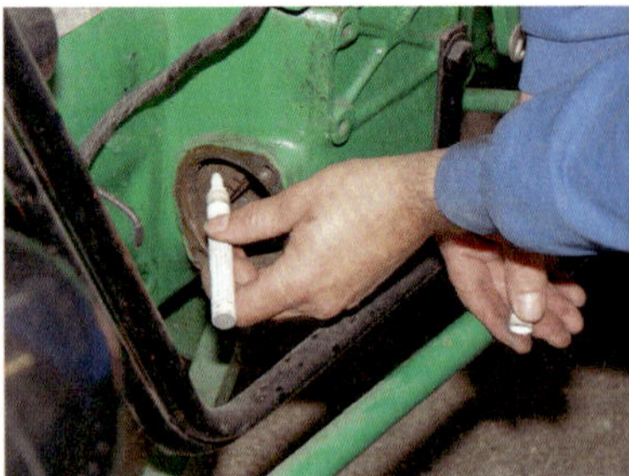

5. Alle Zähne des Starterkranzes kontrolliert? Eine Markierung sorgt für Klarheit

6. Die Zähne des Starterritzels zeigen nur leichten Verschleiß

angeschlossen ist (Bild 1). Danach löst Peter die zwei Flanschschrauben und fädelt den E-Starter hinter den hier vorbeilaufenden Hydraulikleitungen heraus. Jetzt ist der Blick frei auf den Anlasserkranz in der Kupplungsglocke.

Zähne zeigen!

„Zur Routine einer E-Starter-Überholung gehören immer die Zustandsüberprüfungen der Anlasserkranzverzahnung und der Verzahnung des Starterritzels", erklärt Peter. Am Anlasserkranz macht er hierzu eine Markierung und dreht den Motor mit der Hand einmal komplett durch, um alle Zähne durch die Flanschöffnung genau ansehen zu können. Sie dürfen nirgends ausgebrochen oder stark verschlissen sein, sonst müsste der Anlasserkranz gewechselt werden. Zu Peters Erleichterung ist hier alles in bester Ordnung. Auch am E-Starter zeigt sich das Ritzel, bis auf geringen Verschleiß, in gutem Zustand.

Aufmachung

Nun spannt Peter den E-Starter an der unteren Flanschaufnahme in einen Schraubstock und sprüht alle Schrauben mit Rostlöser ein. Dann kratzt er Farbreste und Schmutz aus allen Schraubenköpfen. „Die drei Schrauben, die den Einrückmagnet am Gehäuse festhalten, sitzen oft sehr fest", sagt Peter. „Sie können vor dem Herausdrehen immer leicht mit einem geeigneten Schraubendreher und einem Hammer geprellt werden." Andi löst derweil schon den unteren Pluskontakt, der den E-Motor mit Laststrom versorgt, vom Einrückmagnet. Lockert sich der Einrückmagnet nach Herausdrehen der Schrauben nicht vom Gehäuse, helfen leichte Schläge mit dem Kunststoffhammer. Ist der Einrückmagnet gelöst, muss er aus der Einrückgabel (auch Schalthebel genannt) ausgefädelt werden. Dabei muss man gleichzeitig die geöffnete Pluskontaktlasche vom Kontakt am Einrückmagnet abziehen. „Den Einrückmagnet zu zerlegen, ist theoretisch möglich, aber nicht sinnvoll, da bei einem Defekt meist die Wicklungen durchgebrannt sind. Sie können zwar repariert werden, aber das wäre teurer als eine Erneuerung, die mit rund 80 Euro zu Buche schlägt", erklärt Peter.

Ersatzteile sind bei Bosch-E-Startern – und ein solcher ist im Deutz verbaut – übrigens kein Problem. Anhand der Teilenummer, die meist im Polgehäuse eingeschlagen ist, können heute nahezu alle Teile für unseren E-Starter bei Bosch Automotive Tradition (www.automotive-tradition.de) bestellt werden.

Einrückmagneten-Test

Um den Magneten zu testen, drückt er zunächst den Zuganker ins Gehäuse. Er

Experte Peter Steger

muss sich ohne Widerstand und ohne zu haken hineindrücken lassen und nach dem Loslassen sofort herausspringen. Vor allem die hier montierte Rückholfeder (auch Abreißfeder genannt) muss noch genügend Spannkraft haben. Anschließend testet Peter die Funktion des Magneten, indem er ihn über die Steuerleitung (Pluspol) an die Starterbatterie anschließt. Die Masse liegt dabei am Gehäuse an. Sobald Strom fließt, muss der Magnet schlagartig reagieren. Macht er dies nicht, ist er durch

>>> SEITE 132

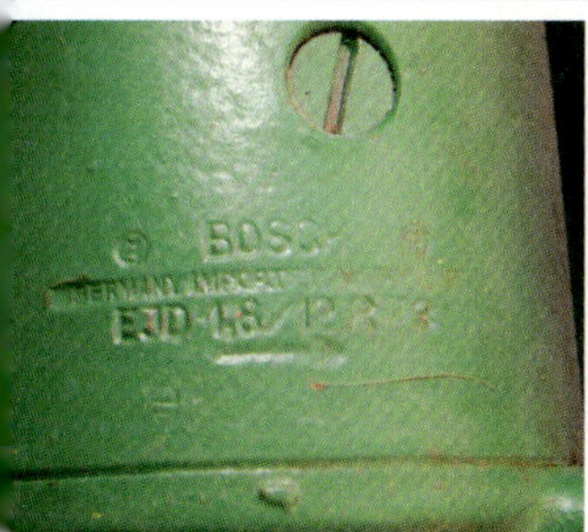

Im Polgehäuse des E-Starters ist die Teilenummer eingestanzt

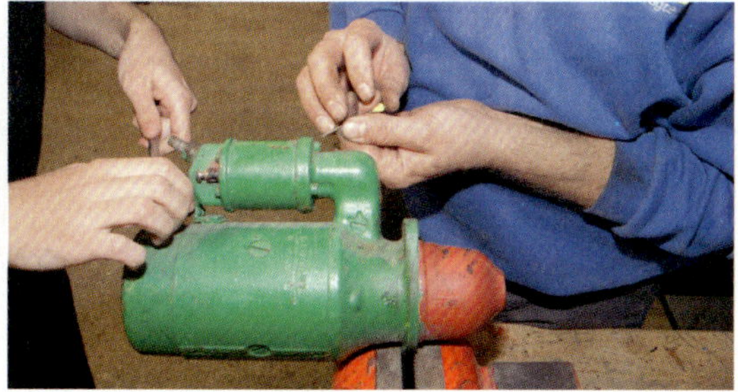

9. Mit einer Nadel reinigt Peter die Schrauben bevor er sie öffnet. Andi schraubt derweil die Plusleitung ab

11. Der Einrückzugmagnet sitzt oft sehr fest. Vorsichtig mit dem Kunststoffhammer lösen

Vor dem Lösen der Schrauben rüht Peter Rostlöser auf

10. Zum leichteren Öffnen der Schrauben prellt Peter sie mit Schraubendreher und Kunststoffhammer

12. Nun muss noch der knapp bemessene Plusanschluss ausgefädelt werden

einen neuen zu ersetzen. Zum weiteren Zerlegen des Starters kann jetzt das Kohlen- beziehungsweise Bürstenhaltergehäuse am hinteren Ende des E-Motors entfernt werden. Dafür sind zwei kleine Schrauben zu öffnen, die mit einer Blechsicherung gesichert sind. Auch hier helfen beim Lösen leichte Schläge mit dem Kunststoffhammer. Darunter kommt der Kohlenhalter zum Vorschein. Bevor er vom Anker abgezogen werden kann, müssen die Kohlen ausgebaut werden. „Sie könnten sonst beim Abziehen am Kommutator – auch Kollektor genannt – hängen bleiben und brechen", erklärt Peter.

» **Die Anzahl und die Lage der Distanzscheiben auf der Ankerwelle müssen unbedingt genau notiert werden**

Zum Ausbau müssen zuerst die Kohlenanschlüsse abgeschraubt und dann die jeweiligen Druckfedern, die die Kohlen auf den Kommutator drücken, mit einer guten Spitzzange abgehoben werden. Nachdem Peter alle vier Kohlen ausgebaut und die beiden Stehbolzen, die den E-Motor zusammenhalten, gelöst hat, markiert er noch mit einem Filzstift die genaue Einbaulage des Kohlenhalters und zieht ihn dann ab. Sogleich überprüft er ihn auf Beschädigungen. Vor allem die Kohlen dürfen keine Ausbrüche haben oder zu sehr abgeschliffen sein (Verschleißmaß der Kohlen: siehe Werkstatthandbuch). Am Kohlehalter testet er die Spannkraft der Federn und ob sich die Kohlen in ihrem Halter leichtgängig verschieben lassen. „Würden sie sich hier verklemmen, käme es zu Kontaktproblemen am Kommutator", so Peter.

Wichtig: Ankerposition

Der hintere Teil des Ankers (auch Läufer genannt) liegt jetzt frei. Damit die Ankerwelle kein axiales Spiel hat, ist sie zum Lager im Kohlenhalter mit Distanzscheiben ausdistanziert. „Ihre Anzahl und genaue Einbaulage muss man sich unbedingt notieren", warnt Peter und zeigt sie Andi. „Macht man hier Fehler, kann der Anker nach dem Zusammenbau zu viel Spiel haben". Er sichert daher die Distanzscheiben mit Klebeband.

Bevor er jetzt das Polgehäuse abzieht, muss er die Einrückgabel noch lockern, um den Anker später aus dem vorderen Startergehäuse ziehen zu können. Hierzu schraubt Peter die Achse heraus, die die Einrückgabel festhält. Anschließend zieht er das Polgehäuse vom Anker. Jetzt müssen noch die beiden Stehbolzen herausgedreht werden. Sie halten den Staubschild mitsamt dem Ankermittellager fest. Andi geht dabei Peter zur Hand und hält den Anker in Position, bis der zweite Stehbolzen herausgedreht ist. „Eine dritte Hand ist hier sehr hilfreich, sonst könnte der Anker beim Lösen der Stehbolzen unvermittelt herausfallen", erklärt Peter. Beim Herausziehen des Ankers aus dem Gehäuse muss man darauf achten, dass sich die Einrückgabel nicht in ihrem Gleitring auf der Ankerachse verklemmt. Mit einem Schraubendreher schiebt Peter die Gabel leicht zur Seite und fädelt so den Anker heraus. Die wesentlichen Bauteile des Starters sind jetzt zerlegt.

Bestandsaufnahme

Bevor weitere Teile ausgebaut werden, empfiehlt sich nach der Behandlung mit Bremsenreiniger und Pressluft eine Verschleißbegutachtung. „Das wichtigste Teil ist der Anker. Ist er defekt, lohnt sich eine Reparatur des Starters meist nicht mehr", erklärt Peter seinem Azubi. Alle Komponenten des Ankers, wie Ankerwelle, -

E-STARTER-CHECK

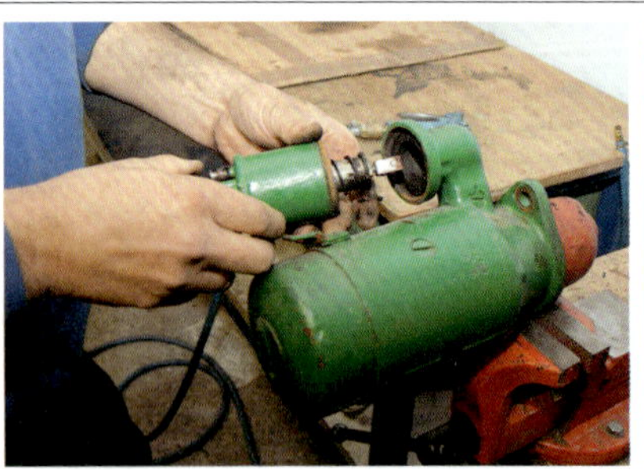

13. Der Einrückmagnet ist frei. Zum Herausziehen muss er nach oben von der Einrückgabel ausgehakt werden

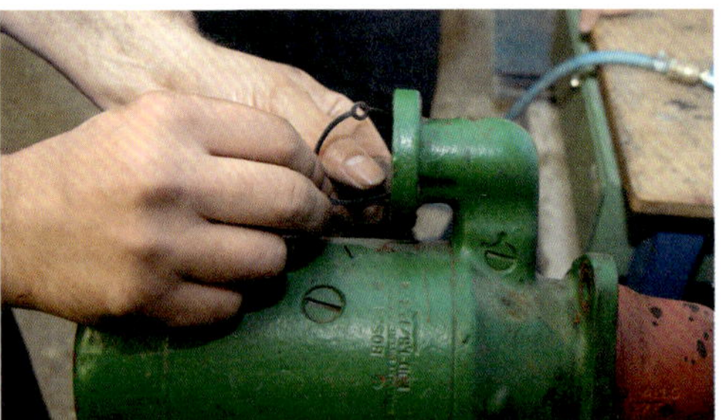

15. Zwischen Startergehäuse und Einrückmagnet befindet sich eine Gummidichtung: weiterverwenden, wenn sie in gutem Zustand ist!

17. Öffnen des Bürstenhaltergehäuses. Vor dem Lösen der Schrauben müssen die Sicherungsbleche weggebogen werden

14. Funktioniert die Rückholfeder? Peter drückt hierzu den Zugkern in den Einrückmagnet und lässt ihn dann los

16. Der Einrückgabelschacht ist stark verschmutzt und muss dringend gereinigt werden

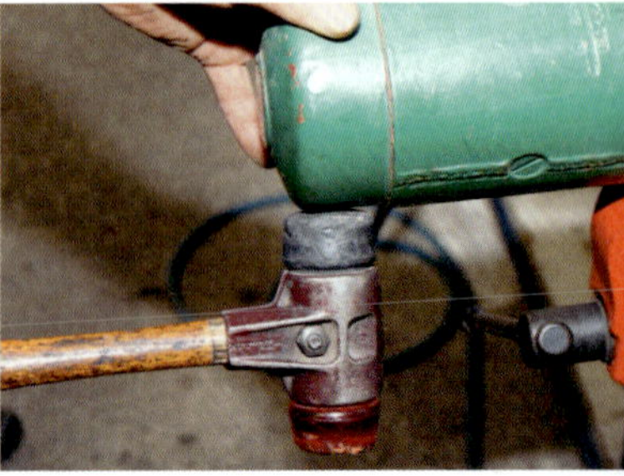

18. Leichte Schläge mit dem Kunststoffhammer helfen das Bürstenhaltergehäuse zu lösen

INFO

Funktion des Schubschraubtriebstarters

Zum Starten des Motors werden im Einrückmagnetschalter zwei parallel wirkende, unterschiedlich starke Elektrozugmagnete mit Strom versorgt. Beide zusammen bewirken zunächst über den Einrückhebel (hier Schalthebel), dass das Starterritzel über die Läuferwelle mit Schraubgewinde (Helikoidalnut) verschoben wird und in die Verzahnung des Schwungrades einspurt. Dabei spannen die Magnete gleichzeitig die Rückholfeder (Abreißfeder) vor. Unmittelbar vor Ende des Einspurvorgangs schließt dann im Magnetschalter der Elektromotorkontakt, und der Startermotor läuft an. Damit er mit genügend Strom versorgt wird, wird gleichzeitig über eine Reihenschaltung der stärkere Einzug-Elektromagnet abgeschaltet. Solange der Starter dreht, hält im Magnetschalter nur die schwächere Haltewicklung das Ritzel eingespurt. Der Elektromotor kann so über das Ritzel den Verbrennungsmotor mit voller Leistung andrehen. Mit Loslassen des Starterknopfs wird der Strom zur schwächeren Haltewicklung unterbrochen. Die vorgespannte Rückholfeder zieht jetzt über den Einrückhebel das Ritzel wieder in seine Ruhelage zurück und schaltet gleichzeitig den Elektromotor ab.

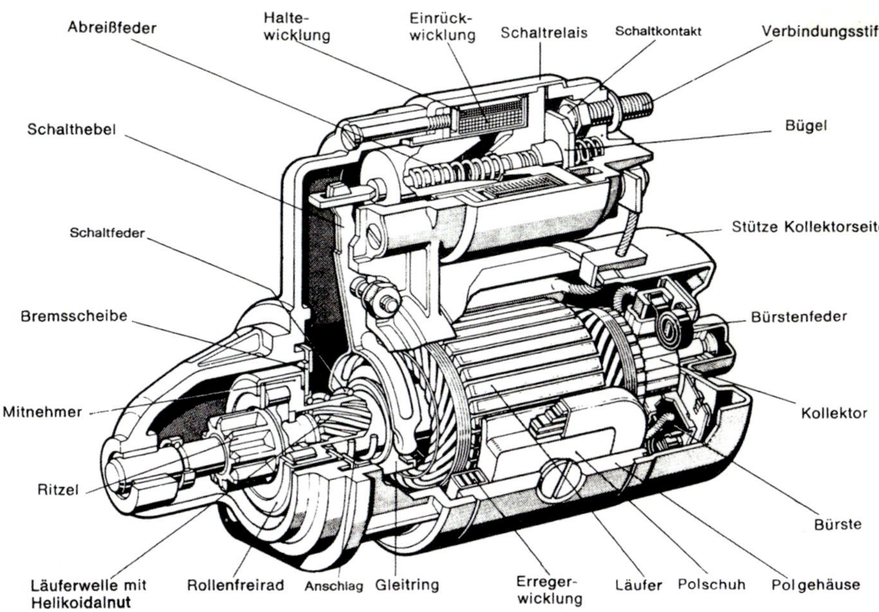

wicklung, -pakete und Kommutator müssen im einwandfreien Zustand sein. Um den Kommutator beurteilen zu können, empfiehlt Peter, ihn mit Sandpapier (Körnung 400 oder feiner) gründlich, aber vorsichtig abzuschleifen. Da er mechanisch stark beansprucht ist – immerhin reiben die Kohlen bei laufendem Motor über seine kupfernen Lamellen – darf er weder einen Grad aufweisen noch ungleichmäßig eingeschliffen sein. Ungleichmäßiger Kontakt und damit Leistungsverlust wären sonst die Folge. Bei unserem Starter ist alles in Ordnung.

Zur weiteren Prüfung des E-Motors benötigt man einen Multimeter. Vorher sollte man sich aber die Isolierung aller Wicklungen (Anker und Erregerwicklungen im Polgehäuse) noch genau ansehen. Eventuelle Schäden können hier ein Indiz für durchgebrannte oder durchtrennte Wicklungen sein. Beim Durchmessen sollten alle Wicklungen annähernd identische Widerstände aufweisen (leichte Unterschiede gibt es bei dieser Messung immer). Sind die Unterschiede bedenklich

>>> SEITE 134

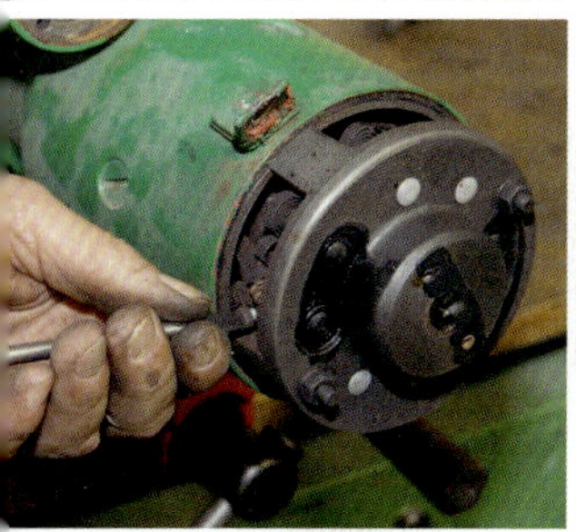

Vor Abziehen des Bürstenhal-s müssen die vier Kohlen raus. er löst den ersten Anschluss

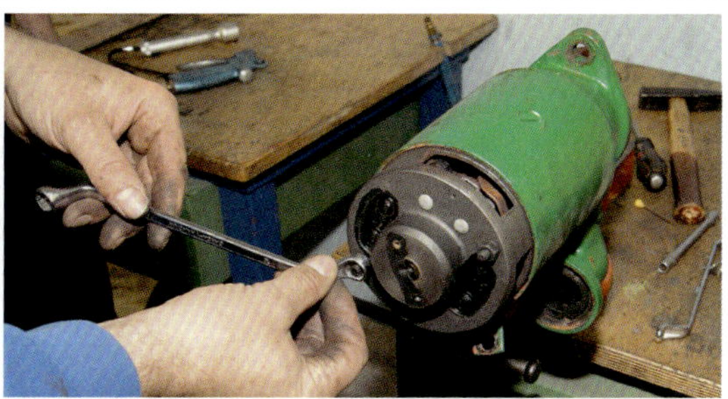

21. Nachdem alle Kohlen ausgebaut sind, öffnet Peter vorsichtig die zwei Stehbolzen, die den E-Motor zusammenhalten

23. Der Bürstenhalter ist stark verschmutzt, aber technisch in Ordnung. Deutlich sind auch die Kohledruckfedern zu erkennen

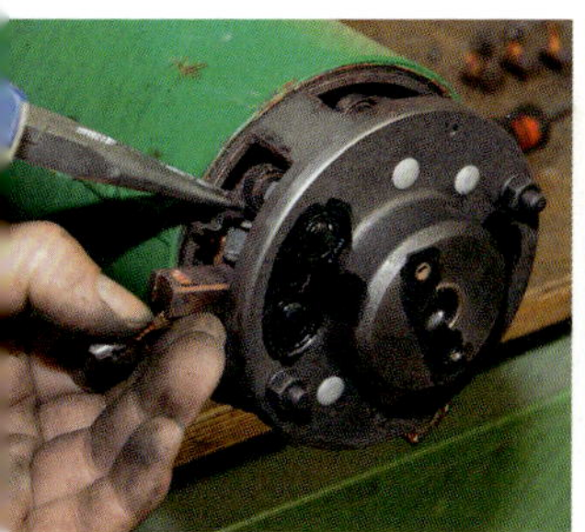

Zum Herausziehen der Kohle ss ihre Druckfeder mit geeigne-Spitzzange abgehoben werden

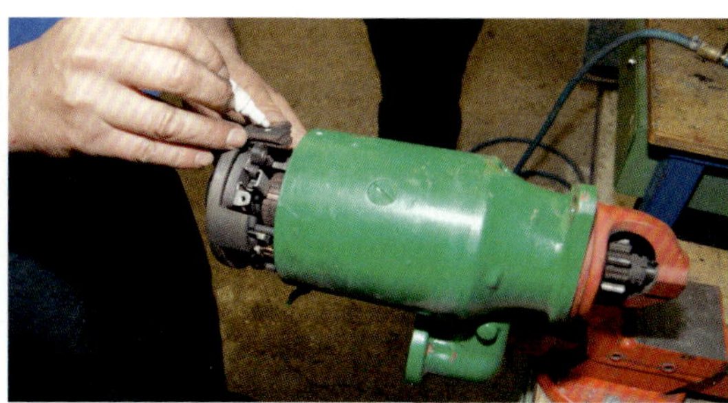

22. Damit der Bürstenhalter später wieder richtig herum montiert wird, markieren Peter und Andi genau dessen Einbaulage

24. Die Ankerachse ist mit Distanzscheiben gegen axiales Spiel ausdistanziert. Anzahl und Einbaulage genau merken!

hoch oder gibt es mal gar keinen Durchgang, dann ist der Anker beziehungsweise die Erregerwicklung defekt.

„Erfahrene Kfz-Elektriker setzen auch die Nasenprüfung ein", sagt Peter nebenbei zu Andi und schmunzelt. „Sie ist zu 100 Prozent zuverlässig. Hierzu muss nur das Kohlenhaltergehäuse abgebaut werden. Stellt man einen beißenden, rauchigen Geruch fest, kann man sich das Zerlegen und weitere Prüfung oder Messung sparen. Der Starter ist dann nämlich mit Sicherheit nicht mehr zu gebrauchen."

Damit die Ankerachse rund laufen kann, ist sie im Flansch und im Kohlenhaltergehäuse in Buchsen gelagert. Um das jeweilige Spiel zu prüfen, steckt Peter von außen die Ankerachse in die Büchsen und drückt sie seitlich hin und her. Falls die Lager zu viel Spiel haben und ersetzt werden sollen, muss man die alten ausund neue einpressen und gegebenenfalls mit einer Reibahle an den Ankerachsdurchmesser anpassen.

Fett und Öl zum Fitmachen

„Wichtig ist es auch, die Funktion des Freilaufs, die hier montierten Rückstellfedern (vor und hinter dem Gleitring) und den Zustand von Schraubgewinde (Helikoidalnut) und Gleitring zu überprüfen", sagt Peter. „Alles muss leichtgängig sein und darf keinerlei Verschleiß zeigen". Besonders das Schraubgewinde setzt sich gerne im Laufe der Zeit mit Kupplungsstaub zu und sollte daher alle paar Jahre routinemäßig gereinigt und neu geschmiert werden. Gleiches gilt für die Gleitfläche des Ritzellagers auf der Achse vor dem Schraubgewinde. Peter und Andi reinigen daher beide Stellen gewissenhaft. Auf das Schraubgewinde muss dann reichlich Fett aufgetragen werden. Die Gleitfläche des Ritzellagers behandelt Peter hingegen mit Öl. „Fett erreicht hier nicht alle Schmierstellen", erklärt Peter.

Zum Schmieren stellt Peter den Anker senkrecht und lässt das Öl von oben hineinlaufen. Auch alle anderen Bauteile des Starters schmiert er gründlich mit Fett ab, bevor sie montiert werden. Wichtig sind hier vor allem der Gleitring, in den die Einrückgabel einfasst, und die Einrückgabelachse. „Damit der Starter gut vor

E-STARTER-CHECK

25. Ganz vorsichtig zieht Peter das Polgehäuse vom Anker

28. Mit feinem Sandpapier (400er-Körnung oder feiner) zieht Andi den Kommutator ab

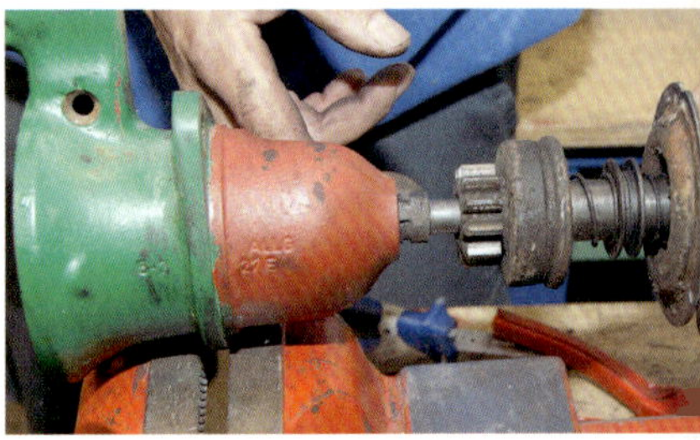

31. Zum Testen des Lagerspiels steckt Peter d Ankerwelle verkehrt herum in das Lager

26. Während Peter die Stehbolzen Herausdreht, hält Andi den Anker fest, damit er nicht unvermittelt herausfällt

29. Peter misst der Reihe nach die Widerstände der Ankerwicklungen durch. Sie müssen alle annähernd gleich sein

32. Pressluft: nur verwenden, nachdem die T le vorher mit Reiniger gewaschen wurden. Di Stäube sind nämlich gesundheitsgefährdend

27. Die Einrückgabel muss beim herausziehen des Ankers zur Seite geschoben werden, sonst verhakt sie sich im Gleitring

30. Das Ankerlager im vorderen Flanschgehäuse ist zwar trocken, aber gottlob noch nicht eingelaufen

33. Korrekt: Fett für das Schraubgewinde und das Gleitringlager der Einrückgabel, Öl für die Gleitfläche des Ritzels!

Nässe und Feuchtigkeit geschützt ist, sollten auch alle Montagestellen Fett bekommen", empfiehlt Peter. „Hierzu sollte man aber nur leitfähiges Fett verwenden, sonst kann es passieren, dass der Starter nach dem Zusammenbau nicht funktioniert".

Finger weg vom Stellweg!

Zuletzt montiert Peter noch den Einrückmagnet. Dabei weist er noch darauf hin, dass man den Stellweg des Einrückmagneten einstellen kann. Hierzu ist an seiner Zuggabel ein Gewinde mit Kontermutter angebracht. Peter: „Wenn der E-Starter bisher immer einwandfrei funktioniert hat, sollte man auf keinen Fall hier herumdrehen, denn eine falsche Einstellung führt immer zu einem Schaden!" Nur wenn ein neuer Einrückmagnet verbaut wird, kann es sein, dass hier die Einstellung korrigiert werden muss.

Zum Testen des montierten Starters nimmt Peter eine Starterbatterie und schließt diese mithilfe dreier Starterkabel am Starter an. Die Masse verbindet er mit dem Gehäuse, das erste Pluskabel mit der Klemme 30 am Einrückmagnet. Das zweite Pluskabel hält er an den Anschluss der Steuerleitung. Sofort macht es Klack und der Starter läuft kraftvoll an. „Mit Sicherheit waren die Gründe für den schlecht funktionierenden Starter die starke Verschmutzung und verharztes Fett", fasst Peter seine Fehlersuche zusammen. Jetzt muss Andi ihn nur noch einbauen.

Marcel Schoch

ANLASSER-CHECK

Die drei goldenen Regeln:

1. Richtig schmieren!

Um Kontaktprobleme zu vermeiden, darf zum Abschmieren des E-Starters nur leitfähiges Fett verwendet werden

2. Stromschlag vermeiden!

Vor Arbeiten am E-Starter sind grundsätzlich sämtliche Strom führenden Kabel abzuklemmen!

3. Gefährliche Stäube

Das Innere eines E-Starters muss nass gereinigt werden. Kupplungsstäube und Kohleabrieb können, wenn sie eingeatmet werden, zu gefährlichen Lungenerkrankungen führen

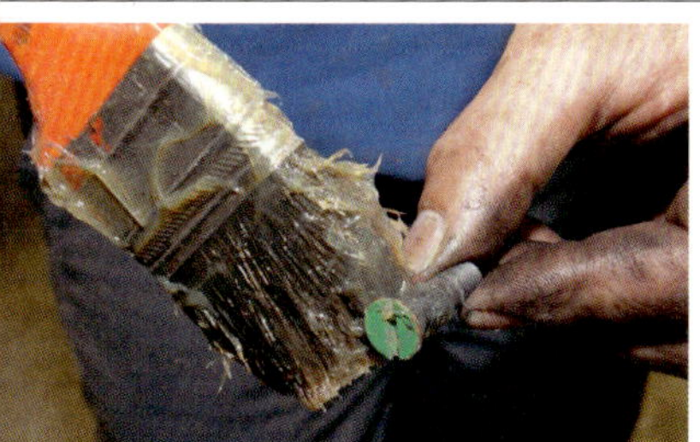

Die Einrückgabel und ihre Achse ›ötigen ebenfalls viel Fett

37. Ausbrüche an einer Kohle

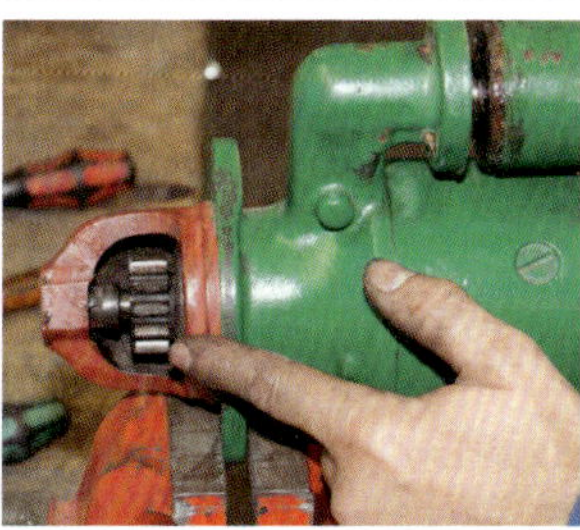

38. Test: Lässt sich der Einrückmagnet hin- und herbewegen?

39. Endkontrolle: Peter schließt zwei Starterkabel an den Starter an. Mit einem dritten betätigt er den Steuerkontakt

Diffizil: der Einbau des Ankers zusammen der Einrückgabel. Die Gabel muss dabei in › Gleitring am Anker eingefädelt werden

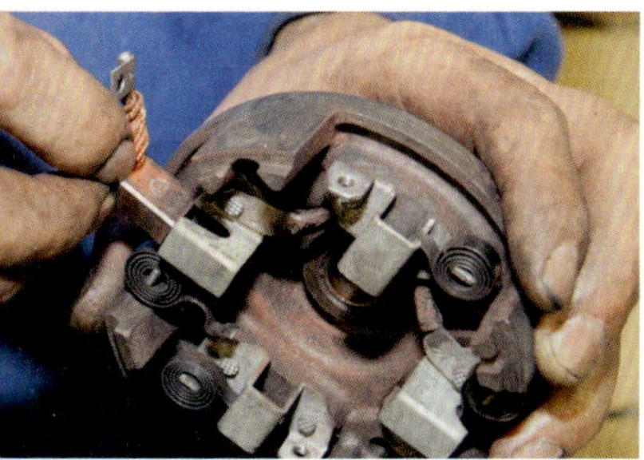

Vor Montage des Kohlenhalters testet ›r, ob die Kohlen sich leicht im Kohlehalter ›chieben lassen

Peter (rechts) und Andi sind zufrieden. Der E-Starter funktioniert wieder einwandfrei

VOM ELEKTRODENHANDSCHWEISSEN BIS ZUM AUTOGENSCHWEISSEN

Richtig schweißen – die häufigsten Fragen

Was muss ich beim Schweißen an Tank, Karosserie und Weidezaun beachten, wieso stottert mein Elektrodenhandschweißgerät und soll man seine Kotflügel mit Edelstahlblech flicken? TRAKTOR CLASSIC gibt Antworten ...

? *Wie steht's mit **verzinktem Stahl**? Ich habe feuerverzinkte Weidetore, die ich kürzen und wieder zusammenbraten will. Muss die Verzinkung runter?*

! Ja. Einerseits verbrennt diese hauchdünne Schicht sowieso. Andererseits behindert sie das eigentliche Schweißen. Die Tore zerschneiden und um die Schweißstellen wenigstens einen Zentimeter Material komplett sauber und blank schleifen. Erst dann schweißen. Anschließend neu verzinken lassen oder mit Zinkspray „behandeln".

? *Ich schweiße sehr wenig und plane die Anschaffung eines günstigen **Trafos aus dem Baumarkt**. Taugen die?*

! Mit einem Baumarkt-China-ALDI-Trafo kann man schweißen. Und zwar so, wie man mit einem Tretroller auch den Gotthardpass meistert. Das erfordert deutlich mehr Ausdauer und Übung als die Arbeit mit einem modernen Inverter (etwa mit „Anti-Stick"- oder „Hotstart"-Funktion) und zwingt zu Zwangspausen, wenn die Einschaltdauer des Geräts nicht sonderlich hoch ist (Typenschild beachten!). Mein Tipp: Eher ein Gebrauchtgerät kaufen. Hier bekommt man für 200 Euro bereits die Spitzenklasse der goldenen 1980er-Jahre.

? *Bei Schweißübungen mit meinem sehr alten Trafo bekomme ich keine saubere Raupe hin. Die Elektrode **backt ständig am Material fest**! Was mache ich falsch?*

! Das kann mehrere Ursachen haben. Ursache Nummer eins ist Strommangel. Zuleitung zum Gerät checken und im Zweifel einen Kollegen mit Multimeter messen lassen. Die Netzspannung darf beim Zünden und Schweißen nicht unter 190 bzw. 350 Volt zusammenbrechen. Wenn doch, ist die Steckdose marode oder zu schwächlich angeklemmt. Für einen einfachen Test kann man auch eine simple Schreibtischlampe parallel an diese Steckdose klemmen und aus dem Augenwinkel beobachten, während man mit der Elektrode aufs Werkstück tupft.
Wie sehen außerdem die Masseklemme, der Elektrodenhalter und deren Klemmen am Gerät aus? Oft hängen die Masseklemmen nur noch an drei haardünnen Litzen und können auch keinen Strom mehr übertragen. Wenn der Strom an Werkstück und Elektrode ankommt, bleibt typische Ursache Nummer zwei: die feuchte Elektrode. Zur Gegenprobe eine definitiv trockene Elektrode (neu gekauft und aus einer versiegelten Verpackung gezogen) ausprobieren. Sind die Elektroden tatsächlich feucht, sehen aber noch gut aus, kann man einen Trocknungsversuch im heimischen Herd unternehmen: Hausfrau wegschicken, Elektroden wie Mikado aufs Blech und dann eine gute Stunde maximale Temperatur. Mitunter rettet das ein paar Kilo wertvollen Zusatzwerkstoff.

Experte Jens Meyer hat für TRAKTOR CLASSIC die interessantesten Leserfragen gesammelt

? *Bei meinem frisch ersteigerten **Inverter** kann man den Elektrodenhalter sowohl **mit Plus als auch mit Minus verbinden**. Was ist hier richtig? Ich „brenn" schon darauf, loszulegen*

! Beim Schweißen mit Gleichstrom (Inverter) soll üblicherweise Minus am Elektrodenhalter liegen. Das ist also genau andersherum als beim Auto (Minus: Masse). Perfiderweise gehts auch mit Plus am Elektrodenhalter. Allerdings hat das Auswirkungen auf das Schweißbad und den Einbrand. Die „Blaswirkung" ist bei Gleichstrom ebenfalls zu beachten – möglicherweise hilft es, die Masseklemme an eine andere Stelle zu legen.

? *Der Tank meines Bautz AS120 hat einen kleinen Riss am Auslauf. Muss ich den **Tank** komplett **leer machen, um das schweißen zu können**?*

! Ja und nein. Denn generell und immer gilt: Diesel und Benzin brennen

Lochpunktschweißen per MIG/MAG

Universalwaffe mit viel Verzug: das Autogenschweißen

nur, wenn Luftsauerstoff vorhanden ist. Kein Sauerstoff – kein Feuer. Selbst wenn Luft da ist, brennen und schmöken sie in diesem Fall nur. Explodieren kann ein Tank ausschließlich dann, wenn darin ein Brennstoff-Luft-Gemisch im richtigen Verhältnis, genauer: innerhalb der „Zündgrenzen" ist. Dazu benötigt man erstaunlich viel Luft. Zum Schweißen den Tank also randvoll machen und so hinlegen, dass die Schweißstelle oben ist (dadurch minimaler Raum für die Luft) oder den Tank vollständig leer machen und anschließend mit einem Staubsauger knochentrocken pusten.

? *Ich plane die Anschaffung eines Schutzgasschweißgeräts. Ein Arbeitskollege hat mir geraten,* ***anstelle des teuren Mischgases*** *einfach* ***Kohlensäure*** *aus dem Getränkefachhandel zu verwenden. Geht das auch?*

! Ja, das geht. Allerdings verändert sich bei Kohlensäure der Einbrand des Schweißbads – die Naht brennt tiefer als bei Mischgas, das meist 18 Prozent Kohlendioxid (also Kohlensäure) und 82 Prozent Argon enthält. Der Lichtbogen ist insgesamt etwas unruhiger und spritzt mehr, sodass Schweißen mit Mischgas Nacharbeit und Nerven spart. Allerdings ist der niedrige Preis für Kohlensäure ein Argument – zumal die Flaschenarmaturen passen.

? *Auf der Suche nach einem günstigen Schutzgas-Schweißgerät bin ich über sogenannte* ***„Fülldraht"geräte*** *gestolpert.* ***Was ist das?*** *Kann ich damit die Blecharbeiten an meinem Deutz D30 erledigen?*

! Fülldrahtgeräte sehen aus wie Schutzgasgeräte und fördern einen Draht durch ihr Schlauchpaket zum Brenner. Dieser Draht ist hohl und quasi wie eine Elektrode beim E-Hand-Schweißen aufgebaut, jedoch genau andersrum: Die Umhüllung liegt sozusagen innen. Sie ersetzt bei diesem Schweißverfahren das Gas und hält die Geräte kompakt und handlich. In der Praxis nerven Baumarktgeräte mit den üblichen Unzulänglichkeiten, allerdings kann man damit durchaus arbeiten. Großer Nachteil beim Fülldrahtschweißen ist der Preis für den Draht: Der ist exorbitant hoch, sodass der Kauf eines solchen Geräts meist nicht lohnt.

? *Auch wenn's blöd klingt: Ich bekomme mein* ***Schutzgasgerät nicht richtig eingestellt****. Elektra-Beckum, max. 150 Ampere. Wie viel Strom brauche ich? Wie viel Gas?*

! Für 1,5 Millimeter Blech bieten sich zum Beispiel rund 100 bis 120 Ampere und ein 0,8-Millimeter-Draht an. Damit brennt die Naht schön ein, ohne durchzufallen. An einem Stück Schrott stechend und schleppend schweißen. Oft brennt „stechend" besser ein. Je nach Form und Durchmesser der Gasaustrittsdüse reichen meist schon acht Liter Gas pro Minute (Durchflussmenge, zweites Manometer der Armatur), bei etwas Zug in der Scheune muss die Menge jedoch gewaltig hoch. Wichtig: blitzsaubere Schweißstelle, konstanter Drahtvorschub.

Wohl dem, der Rollen hat: Ein Schutzgasgerät lässt sich prinzipiell überall einsetzen. Ein Profigerät macht sich noch dazu schnell bezahlt

ALLE SCHWEISSVERFAHREN IM VERGLEICH

E-Hand **Günstig und universell**	**MIG/MAG** **Kinderleicht und für alle Fälle**	**WIG** **Ideal für Dünnblech und Edelstahl**	**Gasschmelz** **Ortsunabhängig schweißen**
ERFORDERLICHE AUSSTATTUNG			
Leistungsfähige Stromquelle, Schweißtrafo (ab 100 Euro/Inverter ab 250 Euro), Masseklemme, Elektrodenhalter, Schweißschild, Schlackenhammer (zusammen: 80 Euro). Schweißelektroden (z. B. 5 kg für niedriglegierten Stahl ab 40 Euro)	Leistungsfähige Stromquelle, Schutzgasgerät (ab 500 Euro), Schweißschild (ab 30 Euro), Schutzgasflasche (z. B. 20 Liter Eigentum ab 220 Euro), Schweißdraht, je nach Grundmaterial (z. B. 15 kg niedriglegierter Stahl ab 40 Euro)	Leistungsfähige Stromquelle, WIG-Gerät (Qualität ab 700 Euro), Automatikhelm (ab 150 Euro), Schutzgasflasche Argon (z. B. 10 l Eigentum ab 200 Euro), Schweißdraht je nach Grundmaterial (Stahl 10 kg ab 20 Euro, Edelstahl 5 kg ab Euro)	Gasflaschen Sauerstoff und Acetylen (z. B. 20 l Eigentum ab 450 Euro), Armaturen mit Rückschlagsicherung (zusammen ab 150 Euro), Zwillingsschlauch (5 m ab 50 Euro), Brenner mit Spitzen (z. B. komplettes Set im Stahlblechkasten gebraucht ab 250 Euro)
EINSATZGEBIET/MÖGLICHE POSITIONEN/MATERIALIEN			
Auftragsschweißen (Panzern) von Schaufeln, Zinken, Scharen. Verschweißen schwerer Bauteile (ab 3 mm Materialstärke). Alle Schweißpositionen möglich. Un- und niedriglegierte Stähle. Edel- und Sonderstähle. Guss nur mit besonderer Vorbereitung	Auftragsschweißen (Panzern) von Schaufeln, Zinken, Scharen. Verschweißen schwerer Bauteile (ab 3 mm Materialstärke). Dünnes Material (Feinblech) ab 0,5 mm. Alle Schweißpositionen möglich. Un- und niedriglegierte Stähle, Edelstähle und Aluminium	Vielseitiges Verschweißen von Material mit geringen Stärken (5 mm). Für alle Schweißpositionen und Zwangslagen geeignet. Zahlreiche Stahl- und NE-Metalle (z. B. Edelstähle, Aluminium, Messing, Kupfer)	Vielseitiges Schweißverfahren. Darüber hinaus auch Weich- und Hartlöten, Richten und allgemeine Wärmaufgaben. Zwangslagen schwierig. Vorwiegend für un- und niedriglegierte Stähle verwendet
VORTEILE			
Preisgünstiges Schweißverfahren für Haus und Hof. Ermöglicht Reparaturen an fast allen Schlepperteilen. Mit Inverter: leicht und sehr flexibel	Ideal für umfangreiche Reparaturen, schnelle Flickarbeiten oder dünne Materialien. Mittel der Wahl bei Feinblech. Mit passendem Draht auch für Alu und Edelstahl geeignet	Sehr präzise Nahtführung und geringe Stromstärken möglich. Ideal für feine und feinste Schweißarbeiten. Geringer Wärmeeintrag/Verzug. Bei Inverter: leicht und transportabel. Je nach Gerät nahezu alle verschweißbaren Materialien möglich	Universalwaffe der Schlosser und Klempner. Heute meist nur noch zum Warmmachen, Richten und Hartlöten verwendet. Benötigt keinen Strom und ist deswegen outdoorfähig und krisensicher
NACHTEILE			
Nur für höhere Stromstärken/dickeres Material geeignet. Relativ hoher Wärmeeintrag/Verzug. Billige Trafos erfordern viel Wissen und mehr Feingefühl. Elektroden dürfen nicht nass werden. Schutz gegen Spritzer erforderlich	Höherer apparativer Aufwand als E-Hand. Begrenzter Wärmeeintrag/Verzug. Wegen des Schutzgases nur bedingt außen einsetzbar (Wind)	„Langsames" Schweißen, deswegen relativ hoher Argonverbrauch (teuer). Nur bedingt für große Materialstärken oder außen einsetzbar. Besonders viel Feingefühl erforderlich	„Langsames" Schweißen und teures Gas. Sehr hoher Wärmeeintrag und Verzug. Wegen Explosionsgefahr sind geschlossene Behälter nur bedingt schweißbar. Erhöhte Sicherheitsanforderungen
HANDHABUNG: LEICHT ZU LERNEN?			
Relativ leicht zu erlernen. Gute Ausrüstung und Fingerspitzengefühl ermöglichen schnelle und gute Ergebnisse nach wenigen Stunden	Unkompliziertestes Verfahren in diesem Vergleich. Mit modernem Gerät ist MIG/MAG narrensicher	Viel Feingefühl und Know-how erforderlich. Gute Ergebnisse erst nach Tagen. Ständige Übung erforderlich	Ähnlich WIG, jedoch etwas leichter
ALTERNATIVE			
MIG/MAG. Wenn kein Strom vorhanden: Gasschmelzschweißen	Bei dickem Material: E-Hand. Bei dünnem Material: WIG	MIG/MAG	Zum Schweißen: alle genannten Verfahren. Beim Löten und Wärmen: Propanflamme
	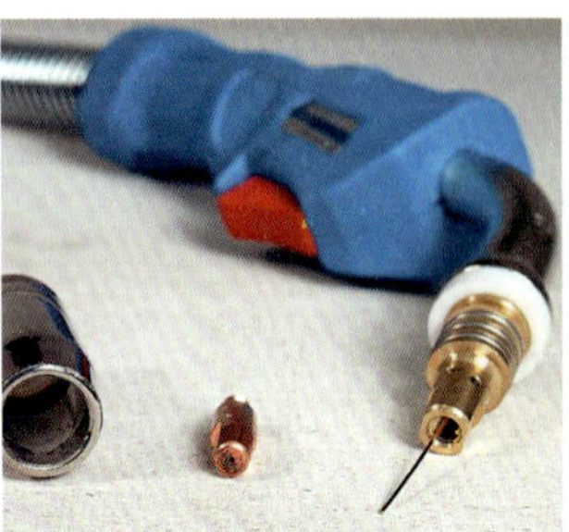		

Besonders beim Elektrodenhandschweißen heißt es: üben, üben, üben

? *Ich restauriere einen R 16 und habe ein Problem mit den beiden* ***Kotflügeln****: Die bestehen fast nur noch aus* ***Löchern****. Soll ich da* ***Bleche drüberlegen****?*

! Kleine Bohrlöcher (von 1001 unterschiedlichen Rückleuchten und Kennzeichen) lassen sich schnell und einfach zuschweißen, wenn man einen leicht balligen Kupferklotz hat: Diesen Klotz hinter das Loch halten und die hässliche Stelle stückweise und vom Rand her auffüllen. Weil Kupfer die Wärme schluckt, geht das ziemlich gut und schnell. Bei größeren Löchern hilft in der Tat nur frisches Blech.

? *Ich habe alle Blechteile meines Fendt GT zu einer hiesigen Tischlerei gegeben und die Teile dort abbeizen lassen. Auch das Schweißen mit Schutzgas ging (dank Ihrer Anleitung) prima. Meine Frage:* ***Wie schütze ich die Kotflügel am besten vor Rost?***

! Einfache Frage, drei Meinungen. Wichtig ist, dass die Teile nach dem Abbeizen zu 100 Prozent neutralisiert sind und keine Lauge mehr vorhanden ist – auch nicht in irgendwelchen Hohlräumen. Weil sich Rost und Gammel bevorzugt in Spalten, Ecken und unter Falzen verbergen, müssen diese Spalte hermetisch verschlossen sein. Vor allem müssen sie das auch bleiben! Also normal lackieren – und anschließend schützen. Dabei habe ich mit Hohlraumwachs, das sonst für Pkw-Schweller verwendet wird, gute Erfahrungen gemacht. Das Zeug härtet nicht aus und bleibt auch nach 20 Jahren noch leicht fettig. Steht der GT also mal in der prallen Sonne, schließen sich Mikrorisse in der Wachsoberfläche von selbst.

? *Für meine neue Werkstatt bin ich auf der Suche nach einem günstigen* ***Inverter*** *für das* ***E-Hand-Schweißen****. Einige Geräte bieten* ***zusätzlich auch WIG****. Taugt das was?*

! Das kommt auf den Inverter an: Inverter für das WIG-Schweißen haben meist einen Elektrodenhalter mit im Karton und bringen dieses „Feature" auf diese Weise quasi mit.

Das geht auch prima, weil die Technik fürs Elektrodenhandschweißen simpler ist. Weil WIG höhere Ansprüche an die Steuerung stellt, ist es andersherum nicht so einfach: Invertern, die vorzugsweise für E-Hand konstruiert sind, fehlen die für WIG nötigen Optionen meist. Solche „aufgebohrten" E-Hand-Geräte lassen sich dann zwar mit Druckminderer und WIG-Brenner ausrüsten, haben aber keinen Stromanstieg, keine Gasnachströmzeit und oft nur Anreißzündung. Will man öfter mit der Nadel schweißen, lohnt sich eher ein besserer Inverter.

? *Ich bin zufriedener Besitzer eines alten Cloos-Schutzgasschweißgeräts. Die Schweißenreihe in der TC hat mir Mut gemacht,* ***Stahl auch mal mit WIG zu schweißen****. Ich werde mir vermutlich einen alten Profi-Inverter kaufen, möchte aber meine* ***50-Liter-Krysal-Flasche weiterverwenden****. Geht das?*

Volle Ausrüstung für WIG-Schweißen

! Nein, geht nicht. Auch wenn die Armaturen passen – mit WIG sieht eine solche Naht dann aus, als wäre gar kein Schutzgas dabei gewesen. Für WIG benötigt man unabhängig vom Grundmaterial als Schutzgas immer Argon. Bei einigen Superspezial-Anwendungen kommen auch Argon-Helium-Gemische zur Anwendung.

? *Einige Freunde vom Schlepperstammtisch empfehlen, für Reparaturarbeiten* ***Edelstahlbleche mit WIG einzuschweißen****. Bringt das was?*

! Ja, Mehrkosten und Mehrarbeit. Egal ob Deutz, Bautz, Eicher oder Lanz: Alle Hersteller haben nie und niemals Edelstahl verwendet. Deren Bleche sind zu 100 Prozent Stahl in unterschiedlichen Qualitäten. Edelstahl (oder: VA) enthält neben Eisen und Kohlenstoff auch Chrom und Nickel in unterschiedlichen Mengen und rostet deswegen nicht. Verschweißt man nun Stahl und Edelstahl, rostet dieses Flickwerk – spätestens an der Naht. Womit man beides verschweißt, ist übrigens egal: Edelstahl lässt sich auch prima mit MIG/MAG verbinden, rostet aber genauso gut. Darüber hinaus ist nicht rostender Stahl meist zäher und lässt sich schwerer bearbeiten. Wer also einen simplen Flicken auf der Haube aus VA macht, mag es teuer und liebt überflüssige Arbeit.

? *Ich restauriere einen Lanz 5016 und bin mir nicht sicher, ob sich die* ***Anschaffung neuer Acetylen- und Sauerstoffflaschen zum Gasschmelzschweißen lohnt****. Was ist mit alten Flaschen (blau und gelb), die teilweise noch voll versteigert werden? Kann ich die wieder füllen lassen?*

! Ja, aber. Denn das hängt vom guten Willen des Gashändlers ab. In jedem Fall benötigen diese Flaschen einen neuen Anstrich (grau, weißer Kragen/kastanienbraun) und eine neue TÜV-Prüfung. Beides erledigt der Händler mitunter für horrendes Geld, sodass man anschließend quasi neue Flaschen auf dem Hof hat. Wenn man Pech hat, lehnt er das aber ab. Sauerstoffflaschen (nur mit TÜV) kann man bei einem Freund mit einem „Umfüllbogen" selbst wieder befüllen. Bei Acetylenflaschen geht das nicht – wer es doch versucht, sollte der Ehefrau vorher die Police der Risikolebensversicherung aushändigen. Weil eine leere Acetylenflasche also ungefähr den Gegenwert eines Kubikmeters dieselgetränkten Mutterbodens besitzt, sollte man davon besser die Finger lassen und diese Buddel neu kaufen (mit TÜV und korrekter Farbe).

Jens Meyer

KOMPLETTRESTAURIERUNG Teil 1

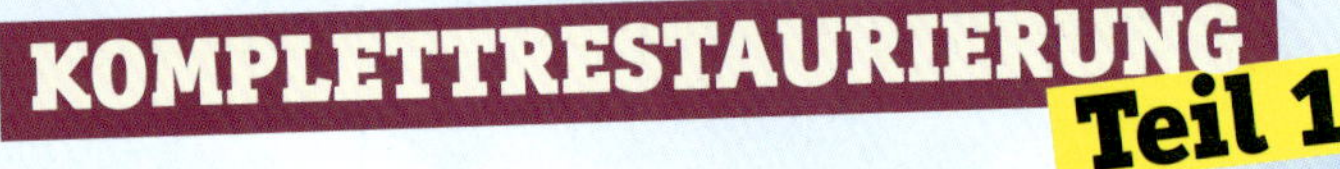

MARIO REITMEIER UND SEIN PAMPA T 01

Die volle Packung

Als Mario das erste Mal auf seinem Pampa Bulldog saß, konnte er sich noch nicht vorstellen, dass nahezu jedes Teil einer Überholung bedurfte.

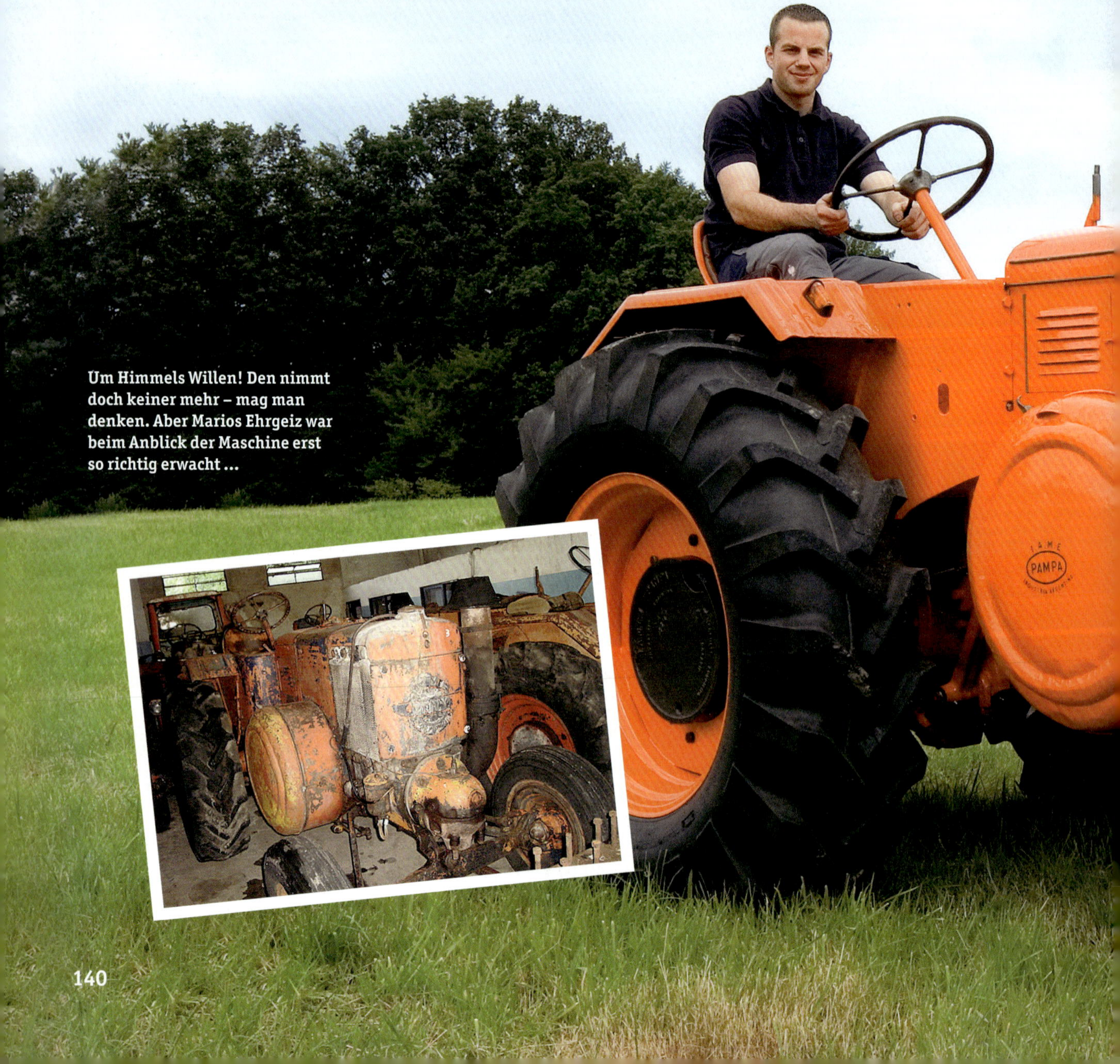

Um Himmels Willen! Den nimmt doch keiner mehr – mag man denken. Aber Marios Ehrgeiz war beim Anblick der Maschine erst so richtig erwacht ...

Seine Herkunft kann der Pampa T 01 nicht verleugnen, auch wenn er sich in sattem Orange zu tarnen versucht. Den argentinischen Landwirten war es nach dem Zweiten Weltkrieg ganz gleich, wer für den neuen Traktor Modell stand – Hauptsache er brachte Leistung. Und das war beim sagenumwobenen Nachbau des Lanz Bulldog D1506 der Fall. Vielfach kopiert, hat es der Lanz Bulldog über seine Heimatgrenzen hinaus zu Berühmtheit geschafft. Wenn nicht unter seinem eigenen Namen, dann inkognito als „Le Percheron", „Ursus", „Kelly & Lewis" oder „Pampa". Sammler schätzen diese „Verwandten" des Lanz, sofern sie sich auf Traktortreffen nicht als echte Lanz zu tarnen versuchen. So gilt auch der Pampa zu Recht in Deutschland noch als echte Preziose – auch wenn schon einige hundert Pampas, vorwiegend über geschäftstüchtige holländische Importeure, ihren Weg nach Europa gefunden haben. Einen haben wir in Nordbayern gefunden, beim Schreiner und Landmaschinenfreund Mario Reitmeier. Über ein Jahr lang hat er seinen Pampa T 01 restauriert und ihn nahezu originalgetreu wiedererschaffen.

Glühkopffieber

Die Lanz-Glühkopfbulldogs hatten es Mario Reitmeier schon immer angetan, er wollte alles über sie wissen. Im Internet klickte er sich durch Restaurierungsforen und Traktorseiten. Dabei stieß er auf Ernst Heinls kultiges Restaurierungsbuch. Nach dessen eingehendem Studium war die Restaurierung eines Glühkopfschleppers beschlossene Sache. Bei weiteren Recherchen stieß er auf einen Nachbau der Nachkriegsversion des Lanz Bulldogs D1506, den Pampa T 01. Genau so einer sollte es sein.

Übers Internet machte Mario einen Importhändler in Rheinberg mit gutem Ruf ausfindig. Von ihm bekam er ein Bild seines zukünftigen Pampas geschickt, irgendwo in Argentinien verstaubt auf einen gnädigen Restaurierer wartend (siehe linkes Bild). Die Entscheidung fiel trotz des nicht unbedenklichen Eindrucks, den der Schlepper erweckte, schnell, denn er befand sich bereits als Teil eines Großimports per Schiff unterwegs nach Deutschland. Mario schlug zu. Im Februar 2007 rollte der Argentinier zum ersten Mal auf

deutschem Boden. Er sah kunterbunt aus, mit einer „Kruste“ aus mehreren übereinanderliegenden Farbschichten. Insgesamt war der Pampa komplett und der Gesamteindruck in Ordnung, auch wenn Mario schon wusste, dass die Bremsen kaputt waren. Vor allem, und das freute Mario am meisten, war er so weit funktionstüchtig, eine erste kleine Testfahrt im Hof starten zu können (Bild S. 143).

MARIO REITMEIER

Lohnender Aufwand

Mario Reitmeier, gelernter Schreiner und Oldtimer-Traktorist, hat ca. 1.700 Arbeitsstunden in die Restaurierung gesteckt. Freunde waren mit 300 Stunden dabei. Ersatzteile und Material kosteten ihn ca. 7.000 Euro. Aber die Mühe hat sich gelohnt!

Lackfragen

Der Pampa hatte einen verhältnismäßig guten Lauf. Trotzdem entschloss sich Mario, ihn erst einmal gründlich zu zerlegen. Voller Vorfreude ging es ans Werk. Vorher machte er sich allerdings noch Gedanken über den Lack: Es war nicht einfach, den originalen Farbton zu finden, vor allem nicht auf dem verwitterten Blechkleid. Auf Bildern von Original-Pampa-Schleppern sind oft Farbabweichungen zu erkennen. „Vermutlich“, so der Pampa-Besitzer, „hat man damals bei der Herstellung nicht exakt darauf geachtet, immer den gleichen Farbton zu verwenden.“ Mario orientierte sich bei der Mischung der Farbe an noch gut erhaltenen orangefarbenen Lackflächen am Schlepper. Ob das letztendlich die „offizielle“ Originalfarbe ist, weiß er nicht mit Sicherheit.

Doch erst mal wieder zurück zum Urzustand. Noch sieht man dem Pampa seine über 50 Betriebsjahre an. Ein Fresh-up ist jetzt angesagt. Ab mit dem Oldie in die Werkstatt – und weiter in Marios eigenen Worten:

Da steht so einiges an

„Beim Zerlegen des Pampas tauchten nach und nach die ersten Mängel auf. Dass der Zylinder Laufkante hat, war für mich nicht überraschend. Damit hatte ich schon gerechnet. Der tiefe Riss in der Mitte des Kopfes allerdings fuchste mich mehr (Bild 2). Den wollte ich unbedingt beheben, selbst wenn es nur ein unbedeutender Hitzeriss sein sollte, der bei Bulldogs öfter vorkommt. Mein Vater, der über 30 Jahre im Maschinenbau tätig war, konnte mit einer Engelsgeduld per Spezialelektrodenschweißgerät den Riss schweißen (Bild 3). Nachdem der Kopf sauber geschliffen und alle Gewinde nachgeschnitten waren, wurde er in einer Sodalösung ausgekocht, um den restlichen Kesselstein im Innern zu entfernen. Als ich dann die Vorderachse be-

1. Eine Menge Arbeit steckt im fertigen Pampa
2. Ein Riss im Zylinderkopf bereitete Mario Kopfzerbrechen
3. Der Riss konnte mit viel Geduld verschweißt werden
4. Der gerichteten Spurstange sieht man ihre bewegte Vergangenheit am fertigen Traktor noch an

5. Immer feste druff – die vermurkste Daumenwelle
6. Papa Reitmeiers neue Buchsen für das Schwungrad

gutachtete, fiel mir die etwa sechs Millimeter oval ausgeschlagene Bohrung für den Mittelachsbolzen auf (Bild 7). Auch der dazugehörige Achsträger war dementsprechend stark in Mitleidenschaft gezogen. Allem Anschein nach war er, oder sogar die komplette Achse, schon einmal abgerissen gewesen, was man an der miserabel zusammengebastelten Aufhängung erkennen konnte.

Schwieriger Patient

Die Fortsetzung meiner Bestandsaufnahme brachte weitere defekte oder verschlissene Teile ans Licht (Bilder Seite 144): Der Regler hatte deutlichen Verschleiß in den Bohrungen, die Daumenwelle hatte Luft, abgerissene Nasenkeile, verschlissene Radnaben, undichte Kühlerelemente, ausgerissene Löcher an der Ackerschiene, die rechte Hinterradbremse völlig verdreckt mit Öl und Fett, der Öler ließ sich nicht mit der Kurbel drehen, die Düsenplatte war defekt und die Nuten der Kurbelwelle waren völlig am Ende. Zu guter Letzt hat wohl irgendjemand Ersatzteile benötigt und den Inhalt einer Bremstrommel geplündert. Langsam wurde mir klar: Dieser Patient braucht eine sehr gründliche Behandlung ...

» Nachdem der Zylinderkopf sauber geschliffen war, wurde er in einer Sodalösung ausgekocht

Staunen musste ich auch bei der Reinigung des Tanks: Was da alles zum Vorschein kam ... einfach unglaublich. Von Öldosendeckeln angefangen über Palmenblätter bis zu Gummidichtungen und sogar einem halbmeterlangen Stock, der sich seiner Entfernung aus dem dunklen Versteck hartnäckig widersetzte, kam so einiges ans Tageslicht.

Die Sache mit der Vorderachse

An der Vorderachse mussten die meisten Nähte aufgeschliffen und nachgeschweißt werden. Auch die Reibfläche der Pendelachse habe ich aufgeschweißt, da dort circa fünf Millimeter Material fehlte. Dass der Pampa viele Betriebsstunden hinter sich hat, konnte ich unter anderem an den stark verschlissenen Radnaben sehen. Um spä-

Mario auf seinem ersten Bullenritt in die Werkstatt

7. Spuren eines arbeitsreichen Lebens: oval ausgeschlagene Bohrung der Vorderachse

8. Eine neue Lagerbuchse steckt im ehemaligen Oval der Vorderachse

ter möglichst wenig Spiel an Radaufhängung und Lenkung zu haben, wurden die Achsschenkel gut einen Millimeter größer gerieben (S. 145, Bild 1). Schnell noch einen neuen Bolzen angefertigt, die Lagerbuchsen, in denen sich der Bolzen bewegt, waren bereits gedreht und an die Achse angepasst – fertig (S. 145, Bild 2).

Für die Vorderachse hat mir ein Bekannter die Bohrung für den Mittelachsbolzen aufgefräst, da ich eine neue Buchse anfertigen musste (S. 143, Bild 8). Nachdem ich meine Exzenterbolzen für die Spurstange bekommen hatte, konnte ich auch die passenden Buchsen dazu fertig machen. Diese hätte ich dann nur noch einzukleben brauchen, wären da nicht die Probleme mit der Spurstange aufgetaucht: Die Spur ließ sich einfach nicht richtig einstellen. Es war wie verhext, die Spurstangenbohrungen fluchteten nicht mit den Anlenkhebeln. Dadurch war die Lenkung extrem schwergängig. Also habe ich die Spurstange unter die Presse gelegt und zu richten versucht. Leider ohne Erfolg. Nach fruchtlosem Biegen und Drücken habe ich eine Bohrung der Stange verschlossen und einfach neu gebohrt. Und siehe da, die Bolzen passten und auch die Lenkung ging schön leicht.

„Verlängerte" Spurstange

Jetzt musste nur noch die Vorspur eingestellt werden. Normalerweise sollte sie zwischen zwei und vier Millimeter liegen. Bei mir waren es gut drei Zentimeter. Allem Anschein nach war die Spurstange einst verbogen und von einem argentinischem Schmied auf dem Amboss wieder gerade gerichtet und

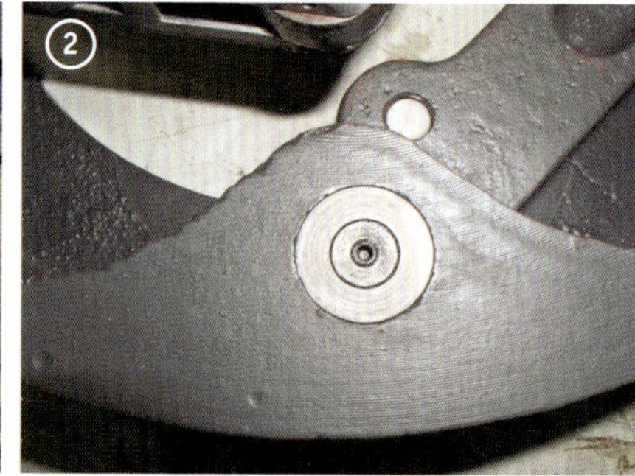

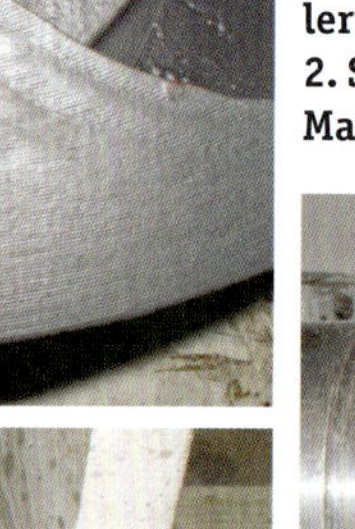

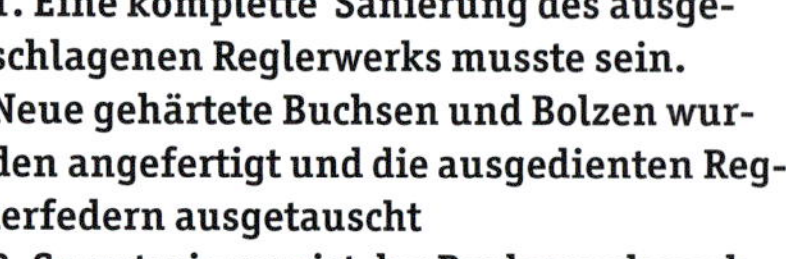

1. Eine komplette Sanierung des ausgeschlagenen Reglerwerks musste sein. Neue gehärtete Buchsen und Bolzen wurden angefertigt und die ausgedienten Reglerfedern ausgetauscht
2. So gut wie neu ist das Reglerwerk nach Marios Überarbeitung

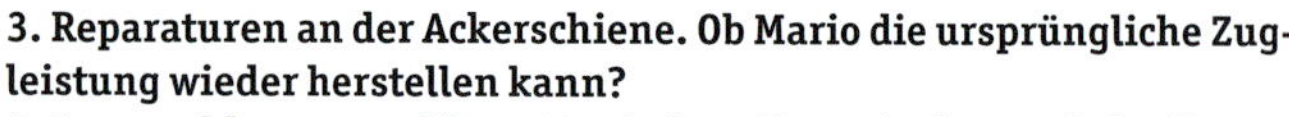

3. Reparaturen an der Ackerschiene. Ob Mario die ursprüngliche Zugleistung wieder herstellen kann?
4. Ausgeschlagene und kaputt gebohrte Nuten in der Kurbelwelle
5. Das sieht schon besser aus! Als nächstes müssen die aufgeschweißten Nuten neu gefräst werden
6. Von diesem Dreckklumpen hier kann man keine Bremsleistung mehr erwarten

7. Überraschung nach der Reinigung: Diverse Bremsteile fehlen, und wo bitte schön ist der Inhalt der Bremstrommel geblieben?

dabei leider auch in die Länge getrieben worden. Der hintere Abstand zwischen den Vorderreifen war viel zu groß, was anscheinend in Argentinien nicht entdeckt wurde oder niemanden gestört hatte. Da es sich hier um ein Bauteil handelt, das zur Sicherheit beiträgt, blieb mir nichts anders übrig, als die Spurstange neu anzupassen. Leider ließ es sich nicht vermeiden, die Stange zu teilen. Die beiden Schnittkanten habe ich dann beidseitig angespitzt, sodass sie sich beim Zusammenfügen nur an einem schmalen Grat berühren. Stück für Stück habe ich dann diese V-Fugen wieder zugeschweißt – eine sehr stabile Verbindung (S. 142, Bild 4).

Motor und Kupplung

Nachdem der Motorbereich bis auf die Kurbelwelle geräumt war und diverse Teile wie beispielsweise Spritpumpe, Dichtschnur oder Einspritzdüse gereinigt, erneuert und poliert waren, konnte ich mich der Kupplung widmen. Das Kupplungsgleitstück ist nach einer gründlichen Reinigung samt Anleghebel neu ausgebuchst worden. An der Riemenscheibe war es notwendig, die sechs Bohrungen für die neu gefertigten Hauptbolzen größer zu fräsen und ebenfalls auszubuchsen. Der gleiche Vorgang wiederholte sich an sämtlichen Anlenkteilen der Kupplung, damit diese später auch ordentlich funktionieren kann (Bilder S. 146).

Um eine ausgiebige Reinigung der Motorteile – es war ja mittlerweile nicht mehr anders zu erwarten – kam ich nicht herum. Gerade im Wasserraum des Zylinders konnte ich nach der Demontage des unteren Verschlussdeckels jede Menge Dreck entfernen. Nun stand eine Totalentkernung des Kurbelgehäuses an. Raus mit Stehbolzen, Schrauben, Schmierleitungen und was sonst noch dazugehörte. Einmal das ganze

TECHNISCHE DATEN **INFO**

Pampa Bulldog T 01

Motor	
Bauart	2-Takter Einzylinder Semi-Diesel
Bohrung x Hub (mm)	225 x 260
Hubraum (cm^3)	10.338
Leistung	
Riemenscheibe (PS)	55
Ackerschiene (PS)	45
Abmessungen	
Länge (mm)	3.390
Achsabstand (mm)	2.037
Breite (mm)	1.780
Höhe des Fahrgestells (mm)	260
Durchm. Riemenscheibe (mm)	500
Vorderreifen (Zoll)	7,5 x 20
Hinterreifen (Zoll)	13,5 x 28
Gewicht	
Leergewicht (kg)	3.500

1. Mit neuem Bolzen sieht der überarbeitete Achsschenkel wieder besser aus
2. Die Zeiten des Herumschlackerns sind vorbei. Jetzt ist die Nabe wieder ohne Spiel an der Achse montiert
3. Honen der Lauffläche am Zylinder für die neuen Kolbenringe
4. Schleifen, Gewinde überarbeiten, Nachschneiden – das war Fleißarbeit! Nun ist das Kurbelgehäuse rundum erneuert

Gehäuse rundherum schleifen und sämtliche Gewinde überarbeiten und nachschneiden (S. 145, Bild 4). Eine filigrane und mühevolle Arbeit. Rund um den Zylinder habe ich etwa 60 Gewindebohrungen überarbeitet. Danach habe ich das Gehäuse außen geschliffen und die Lauffläche für die neuen Kolbenringe noch etwas gehont (S. 145, Bild 3).

Teilweise habe ich für den Regler neue gehärtete Buchsen und Bolzen angefertigt. Alle restlichen Gelenke wurden lediglich größer gebohrt und mit neuen Bolzen versehen. Leider waren die alten Reglerfedern ausgeleiert und nicht mehr zu gebrauchen. Unverständlicherweise waren auch noch die Federkerne an beiden Federn angeschweißt. Das hat vielleicht ausgesehen!

KONTAKT
Mario Reitmeier, mario_reitmeier@freenet.de

Vom polnischen Ursus habe ich eine nahezu neue Stößelführung ergattern können. Damit er auch am Pampa passt, habe ich einfach ein zusätzliches Verbindungsstück vom Stößel zum Pumpenkolben aufgesetzt.

Renitente Schwungräder

Übrigens traten schon beim Entfernen der beiden Schwungräder Probleme auf und zwar bereits beim Lösen der beiden Nasenkeile: Den Keil auf der Kupplungsseite konnte ich problemlos mit einem extra angefertigten Schlagabzieher entfernen. Auf der Reglerseite dagegen steckte zwischen Kurbelwelle und Nabe des Reglerschwungrads ein brachial eingeschlagener Ersatzkeil, der regelrecht in der Nut zerplatzt war.

Selbst mit einem Vollhartmetallbohrer oder Dreischneider war da nichts zu bewegen. Wir versuchten ein Stück anzuschweißen, um mit dem Schlagabzieher arbeiten zu können. Gerade mal ein Zentimeter des Keils konnten wir auf diese Weise befreien, bevor unser Provisorium wieder abriss. Jetzt half nur noch pure Gewalt. Mit an den Schwungradspeichen befestigten Ketten und einem Zwölf-Tonnen-Wagenheber haben wir das ganze Schwungrad samt Keil von der Kurbelwelle gezogen. Glücklicherweise rutschte der Keil mit, und weder Nabe noch Kurbelwelle haben unter dieser Aktion gelitten. Da beide Nuten der Kurbelwelle am Ende waren, machte ich vorsichtshalber eine Magnetpulver-Rissprüfung (auch bekannt als Fluxen), bevor ich mit irgendwelchen Instandsetzungsarbeiten begann. Denn schon bei bloßer Betrachtung hatte ich etwas entdeckt, das mir Bauchweh machte. Bald hatte ich traurige Gewissheit: Auf der Wangeninnenseite der Kurbelwelle befand sich am Übergang zum Hubzapfen ein Haarriss.

Auch die Hauptlagersitze und die Sitze der Schwungräder hatten schon bessere Zeiten erlebt. Für mich war klar, dass ich mich nach einer

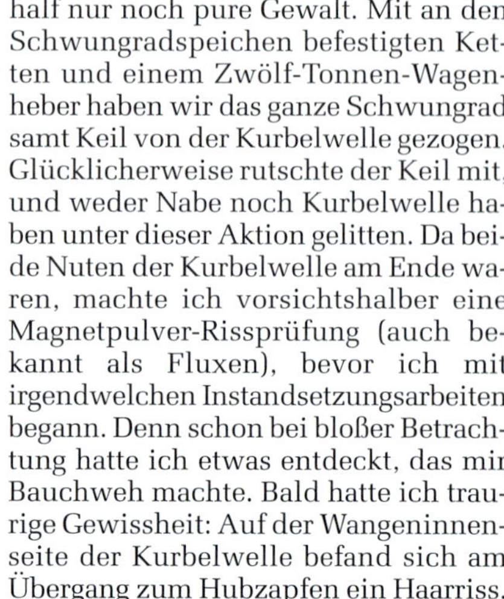

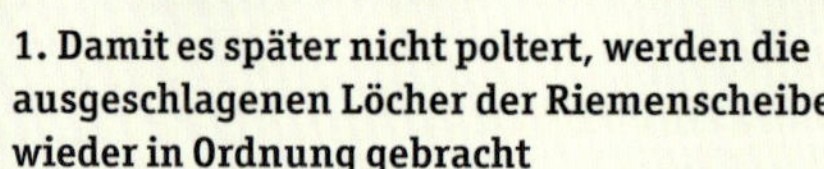

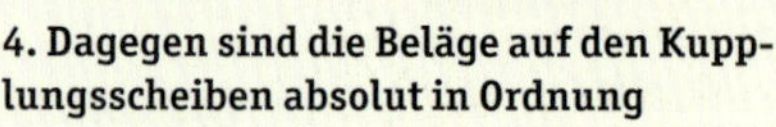

1. Damit es später nicht poltert, werden die ausgeschlagenen Löcher der Riemenscheibe wieder in Ordnung gebracht
2. An diesem Hauptbolzen hat sich jemand versucht, der überhaupt keine Ahnung hat. Macht ja nichts, über diese Bolzen wird ja nur die ganze Motorleistung an das Getriebe weitergeleitet!
3. Starker Verschleiß an den Ausrückhebeln der Kupplung. Da hilft nur neues Ausbuchsen
4. Dagegen sind die Beläge auf den Kupplungsscheiben absolut in Ordnung
5. Ausgefräst – die neue Buchse liegt zum Einkleben bereit
6. Mit Lagerkleber eingesetzte Buchse. Die sitzt jetzt bombenfest!
7. In der ausgebuchsten Riemenscheibe haben die Hauptbolzen nun kein Spiel mehr

LITERATUR-TIPPS

Know-how verschaffen!

Lanz Glühkopf-Bulldogs – Eine Anleitung zur Instandsetzung
Ernst Heinl
Verlag Klaus Rabe, 2. Aufl. 2005
ISBN 978-3926071095

Lanz Ersatzteilliste
Verlag Klaus Rabe
Ausgabe 1955

Lanz – 1942–. 1955
Kurt Häfner
Kosmos-Verlag
ISBN: 978-3440060674

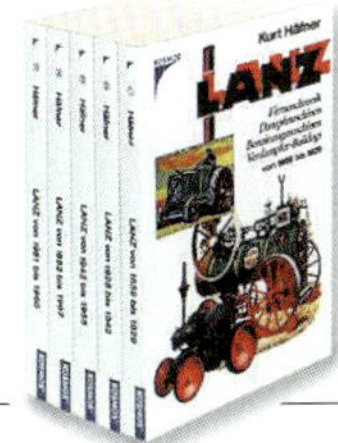

gebrauchten Kurbelwelle als Ersatz würde umsehen müssen. Dennoch befragte ich ein paar erfahrene Restauratoren zu meinem Problem. Deren Tenor war einstimmig – wegen eines kleinen Haarrisses brauchte ich die Welle nicht gleich auf den Schrott werfen. So war doch wieder Schweißen angesagt. Ich habe die beiden Nuten wieder so weit aufgeschweißt, dass ich sie fräsen konnte. Nun war das Schwungrad mithilfe eines Freundes ausgespindelt und neu gebuchst worden. Mein Vater hat die passenden Buchsen für die Schwungradnabe angefertigt (S. 142, Bild 6). Bei genauerer Betrachtung des Schwungrades konnte man hier auch einen kleinen Riss von der Keilnut ausgehend entdecken. Dieser ist wahrscheinlich durch hohe Vorspannungen des Keils entstanden. Wir frästen einfach am Rand der Nabe einen Falz, in den wir dann einen Ring mit Untermaß aufgeschrumpft haben. So wird die Nabe leicht eingeschnürt und ein mögliches Weiterreißen verhindert. Zum Glück konnte ich auch das Drehen der Kurbelwelle bei einem Freund vornehmen, der im Besitz einer entsprechenden Drehbank und Fräsmaschine ist. Danach hat sich ein Motorenfachmann um das Schleifen des Hubzapfens gekümmert und die Pleullager angepasst. Leider ließ die nächste böse Überraschung nicht lange auf sich warten: Beim Ausbau der Daumenwelle stellte ich fest, dass daran kräftig rumgemurkst wurde (S. 142, Bild 5). Im schlimmsten Fall hätte ich einen Ersatz für die Welle finden müssen, falls das unfachmännisch aufgeschweißte Zeugs nicht mehr runter ging. Zum Glück musste die Welle, gegen all meine Befürchtungen, nur auf ihr Sollmaß abgedreht werden."

» Mit einem Zwölf-Tonnen-Wagenheber haben wir das Schwungrad samt Keil von der Kurbelwelle gezogen

Daniela Trauthwein, Mario Reitmeier

KAUM ZU GLAUBEN
Er läuft wieder ...

... aber erst im nächsten Teil!

KOMPLETTRESTAURIERUNG Teil 2

ARGENTINISCHE BULLDOG-SCHÖNHEIT: PAMPA T 01

Jetzt geht's rund!

Mario Reitmeier steckt mittendrin in der Arbeit am Pampa. Nach den Arbeiten an Kupplung, Schwungrad und Achsen sind nun der Kühler, der Zylinder und das Getriebe dran

Marios Schlepper sah nicht immer so schön aus wie auf diesem Foto

Vom Schrotthaufen zum Sahnestück!

Nach kompletter Zerlegung und eingehender Bestandsaufnahme arbeitet sich der junge Schreiner Mario Reitmeier Stück für Stück vor. Vor neue Aufgaben stellen ihn im folgenden Bericht der Kühler, der Zylinderkopf und das Getriebe …

Neuer Glanz für den Kühler

Als ich den Kühler etwas genauer unter die Lupe nahm und die acht Kühlerelemente mit den Röhrchen abmontierte, war ich nicht wirklich überrascht darüber, dass die dazugehörigen Rohrstücke gänzlich am Motorblock festgerostet waren. Das war ein Fall für die Säge: längsseitig aufschneiden und den alten Kram sauber herausmeißeln (Bild 1).

Ursprünglich wollte ich die Kühlerelemente herrichten und original wieder einbauen. Mein Bauchgefühl sagte mir, erst einmal für ein Element die nötigen Ersatzteile anzuschaffen. Nachdem die alten vergammelten Augen abgelötet waren, untersuchte ich den Kühler mit leichtem Überdruck auf Undichtigkeiten. Auf den ersten Blick sah alles ganz gut aus. Mithilfe einer extra angefertigten Halterung habe ich die neuen Deckel und Augen angelötet. Bei einer erneuten und intensiveren Dichtigkeitsprüfung zeigte sich, dass viele alte Lötstellen an den Steigröhrchen winzig feine Haarrisse hatten – wahrscheinlich eine Alterserscheinung, da sich der Kühler im Laufe der Zeit zigmal ausgedehnt und wieder zusammengezogen hat. Da war jede weitere Investition fehl am Platz! So kaufte ich acht neue Kühlerelemente, auch wenn mir der neue Messingglanz überhaupt nicht gefiel (Bild 2). Doch hier ging die Funktionalität einfach vor. Damit ich möglichst viele Originalteile wiederverwenden konnte, habe ich sogar die 16 Hutmuttern für die Kühlerbefestigung gestrahlt, die Gewinde nachgeschnitten und die Dichtflächen überfräst (Bild 3 und 4). Um die Temperatur vom Kühlerkreislauf besser regeln zu können, habe ich später eine Kühlerjalousie mit einem Bediengestänge der Marke „Eigenbau" eingebaut (Bild 5).

Passend dazu habe ich mir noch ein altes Fernthermometer bei Ebay ersteigert, damit ich die Wassertemperatur vom Sitz aus kontrollieren kann.

Den Lüfter habe ich komplett ausgebaut, zerlegt und gereinigt. In grauer Vorzeit muss da mal jemand das Gewinde überdreht und, um der Mutter wieder einen festen Sitz zu verpassen, die Riemenscheibe auf die Lüfterwelle aufgeschweißt haben. Es blieb mir nichts anderes übrig, als eine neue Lüfterwelle inklusive Riemenscheibe auf dem Teilemarkt zu besorgen. Neue Lager hatte ich von einem Händler im Ort bekommen und konnte nun aus den Einzelteilen die Lüftereinheit wieder zusammenbauen.

Problem Zylinderkopfdichtung

Zwischenzeitlich hatte ich den Motorblock gründlich gereinigt, sandgestrahlt und neu lackiert.

Als ich versuchte, den Zylinderkopf zu montieren, traten Probleme mit der Dichtung auf. Durch den Übermaßkolben war vom Durchmesser her nur ganz wenig Platz für den großen Kupferring

1. Die alten Kühlerelemente sind ausgebaut. Mit Säge und Meißel ging es den eingerosteten Rohrstutzen an den Kragen
2. Von dem Messingglanz der nagelneuen Kühlereinheiten war Mario anfangs gar nicht begeistert
3. Nach Marios Pflegeprogramm sind die Hutmuttern mit ihren neuen, glatten Dichtflächen fertig für den Rückbau
4. Mit einem speziell angefertigten Werkzeug werden die Hutmuttern überarbeitet. Auf diese Weise wurden auch die Dichtflächen für die Kühler am Motorblock nachgefräst
5. Eine Kühlerjalousie regelt am fertigen Pampa die Temperatur des Kühlerkreislaufs

SPEZIAL-HISTORIE PAMPA

ANDREAS EGGERINGHAUS ZUR GESCHICHTE DES PAMPAS

Die Bulldogkopie aus Argentinien

Oben: der Pampa T 02 des Autors

Nach dem Zweiten Weltkrieg beschloss die argentinische Regierung unter Juan Perón den Aufbau einer eigenen Fahrzeugproduktion. Zu diesem Zweck fasste man am 30. November 1951 die in der Region Córdoba angesiedelten Industriebetriebe und das 1927 gegründete Instituto Aerotécnico unter dem Namen Industrias Aeronáuticas Mecánicas del Estado, kurz I.A.M.E, zusammen. In den Folgejahren produzierte man vornehmlich Lizenzen wie zum Beispiel das Motorrad Puma, eine Lizenz der 98er-DKW. Aber auch Traktoren.

Das Versprechen

Bereits am 8. September 1948 hatte Perón in der Stadt Esperanza eine große Rede gehalten, in der er den USA den Handelskrieg erklärte. So würde dies in Zukunft bedeuten, dass die Amerikaner, die ihre Häuser bis dahin mit dem von Argentinien gelieferten Leinöl strichen, diese in Zukunft nach Argentinien bringen müssen. Einer der Anwesenden bemerkte, dass im Gegenzug die Argentinier, die bis dahin den Rohstoff zur Herstellung von Toilettenpapier aus Amerika bezogen, nun wohl ihre Hinterteile zwecks Säuberung dorthin bewegen müssten.

Scherz beiseite, große Sorgen bereitete den Anwesenden die Tatsache, dass der Großteil der ohnehin knappen landwirtschaftlichen Schlepper amerikanischer Herkunft war. Aber der General Presidente verkündete: „ Wir werden sie in unserem Land herstellen und in drei Monaten wird der erste einer großen Serie fertig sein und laufen." Natürlich war das schwer zu glauben, aber Perón hielt sein Versprechen, auch wenn er sich dazu einiger Tricks bedienen musste: Er ließeine Gruppe von Experten einberufen, um herauszufinden, welcher Traktor am besten funktioniere und am leichtesten zu kopieren sei. Die Wahl fiel auf den Lanz Bulldog und man entschied sich, zwei dieser Schlepper aus Uruguay zu importieren. Einer von beiden wurde komplett zerlegt und die Einzelteile diversen Industriebetrieben zur Nachfertigung übergeben. Es stellte sich heraus, dass es unmöglich war, die Frist einzuhalten. Weil jedoch das Ansehen Peróns auf dem Spiel stand, musste nun etwas geschehen. Also tauschte man einfach das Steigrohr des zweiten Bulldogs gegen ein selbst hergestelltes, mit dem Namen Pampa und dem Symbol der IAME (welches einen Zahnkranz mit zwei Flügen darstellt) versehenes Steigrohr aus und lackierte den Bulldog vom typischen „Lanz-Blau" in ein auffälliges Orange um. Anschließend wurde der Schlepper mehrere Tage in Buenos Aires am Fuße des Obelisken, neben der argentinischen Flagge, vorgeführt. Perón hatte dem argentinischen Volk bewiesen, dass er seine Versprechen hält ...

Steigrohr mit dem späteren „DINFIA"-Schriftzug

Um das Projekt „Argentinischer Traktor" realisieren zu können, suchte man nach Investoren und fand diesen in Fiat. Am 1. Januar 1953 war die offizielle Grundsteinlegung zum Bau des neuen Werkes in Córdoba. Als Gast war der Präsident von Fiat anwesend, Professor Vittorio Valletta. Fiat übernahm die Leitung beim Aufbau der neuen Fabrik, in der zukünftig der Pampa und der Fiat/Someca Traktor SOM55 produziert werden sollten. Noch Ende 1952 wurden die ersten Prototypen des Pampa hergestellt, doch die Serienproduktion lief erst am 28. Juni 1954 an und endete angeblich 1962. In dieser Zeit sollen circa 3.500 Traktoren hergestellt worden sein.

Eine für diesen Zeitraum sehr geringe Zahl, die darauf schließen lässt, dass Fiat – bereits seit 24. September 1954 alleiniger Eigner des Werks – kein großes Interesse an der Konstruktion hatte und stattdessen den Bau des SOM 55 bevorzugte. Ab 1959 liefen in Cordóba auch Autos vom Band. Ob und wie lange Fiat den Pampa nach Übernahme des Werks noch baute, ist nicht bekannt. Möglicherweise wurde die Fertigung in ein anderes Werk der IAME verlegt. Diese wurde im September 1955 nach dem Sturz Pérons übrigens in DINFIA = Dirección de Fabricaciones e Investigaciones Aeronáuticas umbenannt, woraufhin man das Logo am Steigrohr des Pampa entsprechend änderte. Fakt ist, dass man 1959 mit dem Bau eines neuen Traktorenwerks begann, welches jedoch bereits 1961 an den britischen Motorenhersteller Perkins verkauft wurde. Leider gibt es keine Auskunft darüber, ob dort Pampas gebaut wurden oder nicht.

Ein verbrauchter T 01 mit Seriennumer 798

Technik und Produktion des Pampa

Der Pampa entspricht dem Lanz Bulldog D-1506 mit 55 PS ab Baujahr 1951. Es gibt aber zwei Versionen: Der T 01 hatte eckige Kotflügel und Tropenauspuff (manchmal auch den bekannten Doppelkegel von Lanz) und den Steigrohrschriftzug IAME. Der landläufig als T 02 bezeichnete Pampa kam mit geänderter Plattform, Muschelkotflügeln des Fiat-Someca-Traktors, Schriftzug DINFIA und angeblichen 60 PS daher. Die Gussteile des Pampa wurden von mehreren Gießereien bezogen (Ind. Gibelli, Metallurgica und andere).

Jedes Teil trägt einen Schriftzug vom Hersteller, oftmals auch den Namen IAME/DINFA EL Pampa, sowie die Ersatzteilnummer. Zur korrekten Ersatzteilbestellung mussten drei (!) vierstellige Nummern angegeben werden: die Schleppernummer, eingeschlagen am Wasserkasten (zum Beispiel T-01-2566), die Motornummer, eingeschlagen am Zylinder oberhalb der Einspritzpumpe (etwa 2569) und die Getriebenummer, eingeschlagen auf der linken Seite des Getriebes (etwa 2401). Die Bosch-Öler wurden immer zugekauft und später von der Mannheimer Firma Vögele geliefert. Einige ältere Pampa haben originale Lanz-Getriebe verbaut, ob ab Werk oder durch Umbau, konnte bisher nicht geklärt werden. Jedenfalls lässt diese Tatsache Raum für Spekulationen über eine offizielle Lizenzfertigung des Pampa zu.

Lanz-Kontakte

Kontakt zu Lanz hatte man auf jeden Fall: Es gab wohl anfangs Getriebeprobleme, sodass Mitarbeiter von Lanz in Argentinien waren, um die Schwierigkeiten zu beseitigen. Es wurden auch Teile und Werkzeuge aus Mannheim geliefert (vgl. Kurt Häfner, Lanz Bulldog von 1942 bis 1955). Für eine Lizenzproduktion spricht zudem, daß Lanz in den frühen 1950er-Jahren selbst Bulldogs nach Argentinien lieferte und der späte Serienanlauf des Pampa zeitlich in etwa mit dem Produktionsende in Mannheim zusammenfiel.

Andreas Eggeringhaus

Der Meister persönlich mit fertigem Kolben und Pleuel, inklusive neuer Lagerschalen und Kolbenringen

DER EXPERTE

zwischen Kopf und Zylinder übrig. Beim Anziehen der Kopfschrauben quetschte sich der Ring so sehr, dass der Kolben daran anstieß. Bevor ich einen zweiten Versuch starten konnte, musste ich mir erst einmal einen Ersatzring besorgen und dann die neue Dichtung noch besser ausschleifen. Doch so einfach war es leider nicht. Vorsichtig nahm ich den Kopf wieder ab. Da bemerkte ich, dass der erste Kolbenring beim oberen Totpunkt des Kolbens leicht über die Verschleißkante des Zylinders geschoben wurde. Vor der Motorrevision lag der Umkehrpunkt des Kolbens, bedingt durch den Verschleiß des Kolbenbolzen- und Pleuellagers, einige Zehntel Millimeter weiter hinten. Nun sind diese beiden Lagerstellen ohne Spiel und der Kolben wird wieder weiter nach vorn geschoben.

Bei jedem Arbeitstakt „stieß" der Ring an dieser Kante an und hätte dadurch auf Dauer Schaden genommen. Mit dem Hongerät habe ich diese Verschleißkante ein wenig „entschärft". Eine zeitraubende Arbeit, da die Schleifsteine nur im Hundertstel-Millimeter-Bereich arbeiteten. Am Kolben selbst ist noch, so gut es ging, die sogenannte Nase angefasst worden, damit es mir beim nächsten Montageversuch nicht gleich wieder den neuen Kupferring zerdrückt.

Es stellte sich als sehr schwierig heraus, auf die Schnelle einen Ring mit der gewünschten Dichtungsstärke zu bekommen. Also habe ich mir einfach selbst einen angefertigt. Hierzu habe ich mir vom Elektriker einen 4,5 Millimeter starken Kupferdraht besorgt, ihn entsprechend rund gebogen und autogen verschweißt. Jetzt müsste das Ding eigentlich passen. Noch etwas anpassen und ausglühen, den Motor einmal drehen und kontrollieren, ob der Ring irgendwo anstößt und dann den Zylinderkopf aufmontieren.

» Ein Kupferring in dieser Dichtungsstärke war nicht zu kriegen. Also habe ich mir selbst einen angefertigt

Dieses Mal hatte es funktioniert – der Motor ließ sich ohne Widerstand durchdrehen. Jetzt musste ich nur noch die Glühnase anschrauben und – denkste! Sie wurde einfach nicht dicht. Egal wie viele Versuche ich mit anderen Kupferdichtungen unternahm – es war kein Erfolg in Sicht.

Neuer Stehbolzen

Zu meinem Pech riss mir beim Montageversuch auch noch ein Stehbolzengewinde im Zylinderkopf aus. Von den Vorbesitzern waren die Gewinde schon einmal beschädigt und von M20 auf M22 geändert worden. Zwar sah das M22 vor der Montage des Kopfes schon ziemlich schlecht aus, doch hatte ich die Hoffnung, dass es dennoch halten würde. Dem war leider nicht so.

Also, Kopf wieder runter, das Trumm auf die Bohrmaschine gesetzt und nochmals größer gebohrt. Natürlich war dann auch noch ein neuer passender Stehbolzen fällig. Zum Glück hatte ich genügend Kupferdraht mitgenommen, denn nun brauchte ich ja wieder einen neuen Dichtring. Zwischen Kolbenbo-

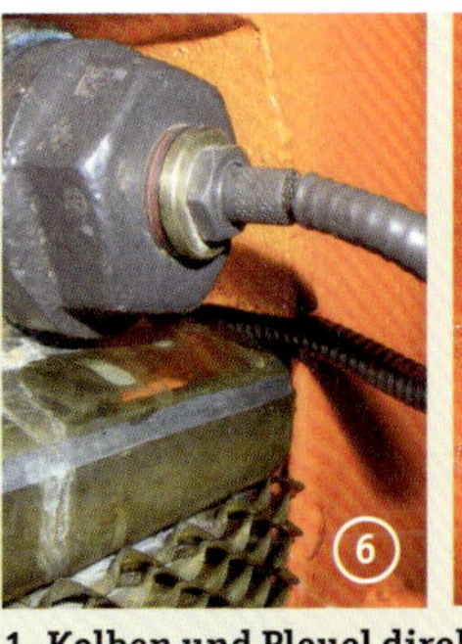

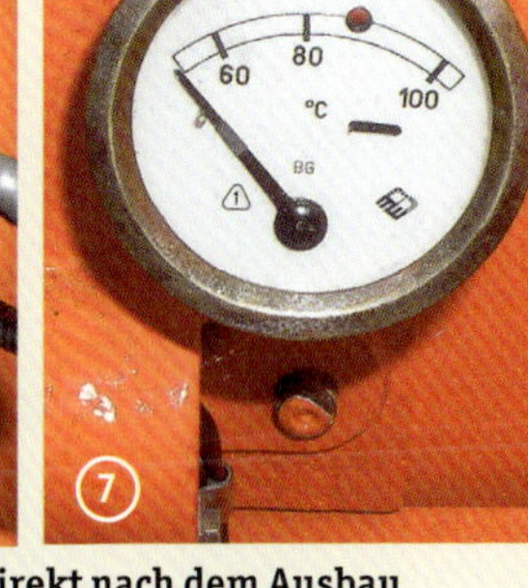

1. Kolben und Pleuel direkt nach dem Ausbau
2. Ein Blick in den Zylinder: Der Kolben ist draußen – im hinteren Teil kann man gut den Hubzapfen der Kurbelwelle erkennen
3. Dieses Pleuellager hat die guten Zeiten bereits hinter sich. Hier musste Mario ordentlich ans Werk
4. Jetzt ist der Kolben wieder drin und der Kopf kann aufmontiert werden
5. Seitlicher Blick auf das Motorgehäuse mit herausragendem Ende der Kurbelwelle
6. + 7. Marios bei Ebay ersteigertes Fernthermometer und der dazugehörige Fühler für die Kühlwassertemperatur

den und Zylinderkopf ist das Spaltmaß nun etwa fünf Zehntel kleiner als bei der alten Dichtung.

Hierzu muss ich anmerken, dass mein Pampa eine komplette Kopfdichtung hatte, die sowohl den Kupferring als auch die Gummis und Bördelringe ersetzt. So was gibt es nur noch bei Sonderanfertigung. Deswegen habe ich die „Lanz-Dichtmethode" angewendet, also Kupferring für den Brennraum und Gummidichtungen für die Wasserkanäle. Kurzerhand habe ich gleich noch einmal die Dichtfläche zwischen Kopf und Glühnase nachgeschliffen und eine passende Flachdichtung aus Kupferblech angefertigt. Jetzt war der Motor endlich dicht und hatte ordentlich Kompression.

So richtig schaurig sah es im Getriebe aus: Ich blickte in einen Schlund voll mit Schmodder. Der Schrecken offenbarte sich, nachdem wir den Motorblock entfernt hatten (Bild 1).

Morast im Getriebe

Als Erstes musste die Pedalerie von Kupplung und Bremse getrennt werden. Eine hartnäckige Angelegenheit, wie sich herausstellte, denn mangels Bewegung waren die Bremspedale auf der Bremswelle festgerostet. Mit viel Rostlöser und Hitze konnten wir die Pedale dann von der Welle lösen.

» Einige Lager der Getriebewellen hörten sich übel an – sie rauschten richtig, als das Fett ausgewaschen war

Beide Achswellen habe ich dann demontiert und aus ihren Lagergehäusen gedrückt. Hier mussten lediglich die Dichtringe erneuert und die dazugehörigen Laufringe, die auf der Achswelle sitzen, überdreht werden, um eine saubere Fläche zu erhalten. Dementsprechend haben die neuen Wellendichtringe nun einen kleineren Innendurchmesser. Erstaunlicherweise wiesen die Kegelrollenlager nach der mühsamen Reinigungsprozedur keinerlei Schäden auf, sodass ich sie ohne Weiteres wiederverwenden konnte. Um den ganzen Dreck aus dem Getriebe zu bekommen, habe ich alle vier Getriebewellen samt Zahnrädern und Differenzialkranz ausgebaut. Nur ein paar Zähne im großen Differenzialkranz hatten

WIE NEU: PAMPAS GETRIEBE

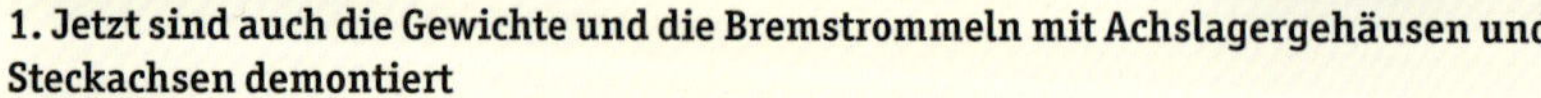

1. Jetzt sind auch die Gewichte und die Bremstrommeln mit Achslagergehäusen und Steckachsen demontiert

2. Blitzblank innen und außen – saubere Arbeit. In neuem Glanz erstrahlt das entkernte Getriebegehäuse

3. Ein Blick in den Schlund des Getriebes offenbart sein etwas ungepflegtes „Gebiss"

kleine Lunkerstellen, ansonsten waren die Zahnräder in einem top Zustand – keine Karies zu entdecken!

» Die Klauen der beiden Schaltwellen kamen durch Auftragsschweißen und Schleifen wieder in Form

Einige Lager der Getriebewellen hörten sich ganz schön übel an – sie rauschten richtig, als das Fett ausgewaschen war. Zudem hatten die Laufflächen der Lagerringe keine schöne Oberfläche mehr. Ohne lange zu fackeln habe ich an allen vier Getriebewellen die Lager durch neue ersetzt. Deutlicher Verschleiß war an den Klauen der beiden Schaltwellen zu erkennen. So konnten sie unmöglich ihre Position halten. Durch Auftragsschweißen und Schleifen wurden sie wieder in ihre ursprüngliche Form gebracht, sonst wären mir später während der Fahrt womöglich noch die Gänge rausgesprungen.

Nach langem Überlegen habe ich mich dazu durchgerungen, mir andere Gruppenräder zu gönnen. Die Entscheidung fiel mir nicht leicht, da es nicht der originalen Ausführung entspricht. Da ich aber auch etwas weiter entfernte Treffen besuchen möchte, ist dies sinnvoll, um mit moderater Drehzahl trotzdem gut vorankommen zu können. Schlecht verarbeitete Getrieberäder können zu Bruch gehen und enormen Schaden im Getriebe anrichten. Aus diesem Grund habe ich großen Wert auf hochwertiges Material gelegt. Bei dieser Gelegenheit habe ich auch gleich das Gegenrad der Ackergruppe gewechselt. Das jetzige Austauschrad ist passend zu den Zähnen der neuen schnelleren Gruppe zugeschliffen, weil an dieser ja zwangsläufig ein für die Ackergänge benötigtes Zahnrad mit erneuert wurde. Somit greifen fortan „neue" Zähne ineinander, die einen ruhigeren Lauf garantieren sollten. Am Getriebegehäuse wurden auch noch die Achstrichter entfernt, gesäubert und vom Lack befreit – dann konnte ich wieder alles zu einer Funktionseinheit zusammenbauen!

Daniela Trauthwein, Mario Reitmeier

4. Bis einen Zentimeter dick war die Schicht aus altem Ölschlamm an der Gehäusewand
5. + 6. Nach der Reinigung sieht das Ganze schon viel appetitlicher aus. Auch das Gehäuse kann sich nun wieder blicken lassen
7. Sieht noch ganz gut aus: der große Differenzialkranz direkt nach dem Ausbau
8. Gereinigte Getriebewellen und Zahnräder liegen zum Einbau bereit

KOMPLETTRESTAURIERUNG Teil 3

MARIO REITMEIERS PAMPA-BULLDOG T 01

Jetzt wird lackiert

Nicht nur die inneren Werte zählen: Nachdem Mario Getriebe, Kühlung, Motor und Achsen auf Vordermann gebracht hat, bekommt der Pampa nun auch eine äußere Frischzellenkur

Mittlerweile war das Reinigen von Traktorteilen schon fast zur Routinearbeit geworden. So auch bei den Vorbereitungsarbeiten für den neuen Lackauftrag. Alle Teile wurden erst einmal grob gesäubert. Anschließend ging es mit dem Sandstrahler, einer Drahtbürste und dem Winkelschleifer den alten Farbschichten und Rostflecken an den Kragen. Für mich persönlich ist die Sandstrahlmethode am effektivsten.

Es wird oft behauptet, dass Sandstrahlen eine raue Oberfläche hinterlässt. Verwendet man Strahlschlacke in feiner Körnung (bis ca. 0,8 Millimeter), gibt es für den weiteren Lackaufbau ohne Zwischenschleifen jedoch keinerlei Probleme. Beim Strahlen kamen oftmals, verborgen unter Farb- und Dreckschichten, Risse und Löcher zum Vorschein, die ich mit dem Schutzgasschweißgerät schließen musste, damit sie nach dem Lackieren nicht mehr sichtbar waren.

Besser gut ausgebeult als neu

Auch Beulen und Dellen konnte ich in diesem Stadium gut beheben, wobei ich sie an manchen Stellen nicht ganz so störend fand. Trotz neuer Lackierung wollte ich nicht, dass der Pampa fabrikneu aussieht. Ich finde, dass Gebrauchsspuren aus dem früheren Leben eines Schleppers einfach dazugehören. Einer der beiden Schwungraddeckel beispielsweise muss in Argentinien einmal richtig gut instand gesetzt worden sein. Vermutlich hatte sich der Deckel gelöst und jemand ist aus Versehen darübergefahren, auf jeden Fall hat da irgendwer lange hämmern müssen, bis die ursprüngliche Form wiederhergestellt war. Jetzt ist der Deckel zwar immer noch etwas verbeult, doch das gehört einfach zur Geschichte, zur „Seele" meines Pampa, das wollte ich nicht wegretuschieren (Seite 158, Bild 1).

Arbeiten mit Zinn

Kleinere Unebenheiten habe ich mit Zinn ausgeglichen, das man nach dem Erstarren plan abhobeln kann. Zinn hat den Vorteil, dass es sich sehr gut mit dem Bauteil verbindet und nicht Gefahr läuft, nach einiger Zeit abzuplatzen.

Allerdings ist beim Verzinnen etwas Erfahrung gefordert: Bei der Erhitzung mit dem Brenner kann sich das Blech verformen und wellig werden. Auch das Aufbringen ist nicht ganz so einfach, da das geschmolzene Zinn gerne wegläuft. Ein Laie kann in diesem Fall auch zur Spachtelmasse greifen.

Polyesterfüllspachtel? Rostalarm!

Zinnersatzspachtel etwa kann direkt auf das blanke Blech aufgetragen werden. Polyesterfüllspachtel dagegen ist die kostengünstigere Variante, die aber erst nach einer Grundierung aufgetragen werden sollte. Vor dem Spachteln bzw. vor Beginn des ersten Farbauftrags empfehle ich mit Silikonentferner alle Flächen gut zu entfetten. Für raue Oberflächen ist ein Bremsenreiniger zum Sprühen besser geeignet, sonst bleiben überall lästige Fasern vom Reinigungslappen hängen.

Gute Arbeit: Mario und der Pampa

Grundlage schaffen

Von Berufes wegen habe ich viel Erfahrung mit dem Lackieren. Damit der Lack zum Spritzen die richtige Konsistenz hat, müssen Härter und Verdünnung beigemischt werden. In den Datenblättern des jeweiligen Lacks sind die Mischungsverhältnisse angegeben. Um die Viskosität (Fließfähigkeit) des Lacks zu überprüfen gibt es sogenannte Viskositäts- oder Auslaufbecher. Man

So schick kann man ihn in der nächsten Saison antreffen: Marios Pampa T 01

füllt so einen Becher mit einer bestimmte Menge des gemischten Lacks. Am Boden des Bechers befindet sich ein genormtes Loch, durch das der Lack ausfließen kann. Dann stoppt man die Zeit, bis der Becher leer ist, und vergleicht diese Messung mit dem entsprechenden Wert im Datenblatt (angegeben in sec/DIN). Braucht die Farbe länger als angegeben, ist sie zu dick und muss vorsichtig nochmals verdünnt werden. Läuft sie schneller aus, dann ist sie zu flüssig. Ich empfehle, beim Verdünnen nicht gleich in die Vollen zu gehen. Lieber mehrmals nachträglich verdünnen. Da ich von Anfang an eine gleichmäßige Oberfläche bekommen wollte, habe ich die Teile im Spritzverfahren, wenn möglich in einem Durchgang, mit einem Zwei-Komponenten-Industrielack für Nutzfahrzeuge vorgrundiert. Dazwischen habe ich die Teile immer wieder kurz ablüften lassen, bevor ich eine weitere Schicht auftrug. Während der Lackierung habe ich eine Farbnebelabsaugung verwendet, die sorgt für Luftaustausch und verhindert Belastungen durch Ausdünstungen von Lösungsmitteln. Nach ungefähr 20 Minuten Trocknungszeit konnte ich mit dem nächsten Lackiergang beginnen.

» Durch das Vornebeln bleibt der Lack besser haften und bildet nicht so schnell Läufer

Die Lackmischung

Einer der wenigen einigermaßen erhaltenen Teile der Originallackierung diente mir als Vorlage für die richtige Lackmischung: Zunächst habe ich das bekannte Verkehrsorange mit einem Rotton abgemischt. Zusätzlich gab ich noch einen Mattzusatz bei, da mir der Lack insgesamt zu speckig-glänzend erschien. Leider verlor der Lack durch diesen Zusatz seine Deckkraft. Aus diesem Grund musste ich nach der rotbraunen Grundierung eine dünne Schicht weißen Vorlack aufspritzen. Hätte ich das nicht gemacht, wäre der Orangeton

LACK-TIPPS

Grundierung

KUNSTHARZGRUNDIERUNG (ALKYDHARZ)
Vorteil: leichte Verarbeitung, günstiger Preis.
Nachteil: lange Trocknungszeit, besonders bei hohen Schichtstärken. Nicht alle Kunstharzgrundierungen sind für anschließende Zwei-Komponenten-Decklacke geeignet.

EIN-KOMPONENTEN-GRUNDIERUNG (1K) AUF NITROBASIS
Vorteil: leichte Verarbeitung, sehr schnelle Trocknungszeit, mit Rostblocker erhältlich (z. B. Rostux von Prosol) und somit zum Auftrag auf Flugrost geeignet.
Nachteil: Nur wenige Hersteller bieten solche Nitrogrundierungen für den privaten Gebrauch an.

ZWEI-KOMPONENTEN-GRUNDIERUNG (2K PUR)
Vorteil: sehr hoher Festkörpergehalt und somit guter Rostschutz, kurze Trockenzeiten.
Nachteil: Kleinstmengen für Einzelteile lassen sich schlecht zum Anmischen dosieren. Auch angemischte Grundierung, die nicht verbraucht wurde, kann nicht mehr weiterverwendet werden, da sie selbst in geschlossenen Gebinden aushärtet.

SPRITZFÜLLER AUF POLYESTERBASIS (UP)
Vorteil: hohe Schichtstärke erreichbar, plane Fläche nach dem Schleifen.
Nachteil: Füller- oder Lackierpistole mit mind. 2,5er-Bedüsung notwendig, sehr kurze Verarbeitungszeit nach dem Mischen (Topfzeit).

PENETRIERMITTEL AUF ALKYDHARZ-/LEINÖLBASIS
Vorteil: für Bauteile, die nicht komplett entrostet werden können.
Nachteil: sehr lange Trocknungszeit, weiterer Aufbau nur mit KH-Produkten möglich.

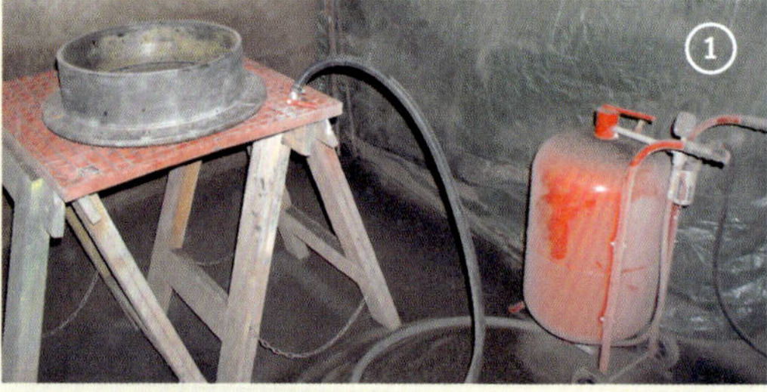

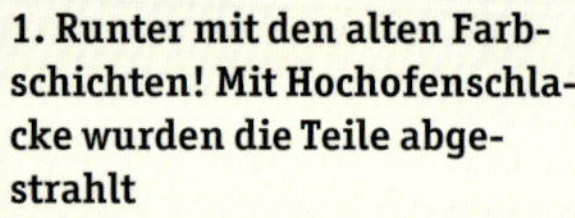
1. Runter mit den alten Farbschichten! Mit Hochofenschlacke wurden die Teile abgestrahlt
2. Die vorbereiteten Blechteile warten auf ihren neuen Anstrich

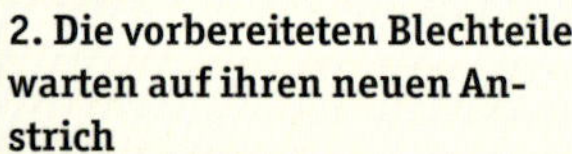
3.+4. Fertig lackierte Blechteile trocknen auf dem Lackierständer

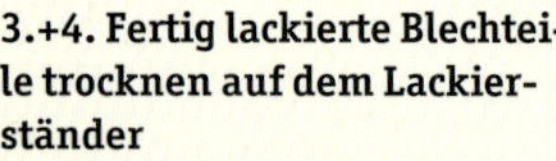
5.+6.+7. Neue Farbe für das Getriebe. Zuerst wird grundiert, dann ein weißer Vorlack aufgetragen und zuletzt der orangefarbene Decklack aufgespritzt

von der roten Grundierung verfälscht worden. Auf dem weißen Vorlack aber konnte das Orange optimal zur Geltung kommen.

Wichtig: Vornebeln!

Nach einer kurzen Antrocknungsphase habe ich begonnen, den Decklack aufzutragen, wobei ich erst einmal die Teile leicht vorgespritzt bzw. „vorgenebelt“ habe und kurze Zeit ablüften ließ.

Durch das Vornebeln bleibt der Lack besser haften und bildet nicht so schnell Läufer. Mit dem Auftrag des Decklacks musste ich mich allerdings sputen, denn wäre diese erste Schicht zu trocken geworden, hätte die deckende Schicht keine schöne Oberfläche mehr gebildet und womöglich „Orangenhaut“ bzw. Verlaufsstörungen hinterlassen.

In welcher Lage lackieren?

Mich persönlich nervt es, wenn ich während des Lackiervorgangs die Teile wenden und drehen muss. Viel angenehmer ist es, sie auf Lackierständer zu hängen, am besten so herum, wie sie später auch montiert werden sollen. Auf diese Weise kann man den Lack gleichmäßig auf die sichtbaren Flächen auftragen und vermeidet dadurch Farbunterschiede an den wichtigen Stellen.

Natürlich kann man auch erst die Maschine zusammenbauen und dann lackieren. Dadurch vermeidet man Beschädigungen, die oft beim Zusammenbau entstehen. Außerdem werden die Schraubenköpfe schön mitlackiert – für all diejenigen, die nicht wie ich auf eine alte Patina Wert legen.

Nachteil bei der Komplettlackierung ist, dass man teilweise nur schlecht an manche Stellen herankommt und der Lack dementsprechend nicht mit der gleichen Qualität wie bei leicht zugänglichen Stellen aufgetragen werden kann. In der Regel lasse ich die lackierten Teile ein bis zwei Tage auf den Ständern trocknen, bevor ich darangehe, sie zu montieren. Bis der Lack dann vollständig ausgehärtet ist, vergehen erfahrungsgemäß etwa zwei bis drei Wochen. Bei der Farbgebung habe ich mich nah am ursprüngli-

8. Nach und nach werden die lackierten Teile wieder aneinandergefügt. Motorblock und Getriebe sind frisch „verheiratet“. Wasserkasten und Lüfterbock sind wieder an ihren Plätzen

9. Auf dem „Kotflügelmobil“ trocknen die frisch lackierten Kotflügel

10. Mario mit seinem frisch hübsch gemachten Gefährten

11. Für Freunde der spanischen Sprache besonders erhellend: das wieder gut lesbare Schild mit den Sicherheitshinweisen des Pampa. Mario hat mit dem Schnitzmesser Buchstabe für Buchstabe freigeschabt

chen Konzept orientiert. Für den hinteren Teil des Schleppers kam das klassische Pampa-Orange in die Pistole. Den vorderen Bereich mit Motor habe ich in einem Graubraun lackiert, denn schließlich war dieser Teil auch im Originalzustand fast schwarz patiniert. Alles in Orange wäre mir dann doch etwas zu flippig gewesen.

Ein kleines Highlight sind die Original-Hinweisschilder. Ich musste sie abbeizen, da sie komplett mit Farbe zugekleistert waren. Nachher konnte ich die Schrift wieder gut erkennen. Nur leider ging dabei auch die komplette schwarze Farbe ab und die Schilder sahen aus wie blank poliertes Metall. Also habe ich das Ganze schwarz lackiert und nach dem Trocknen mit einem kleinen Schnitzmesser Buchstabe für Buchstabe freigeschabt – eine richtige Strafarbeit. Im nachhinein finde ich aber, dass sich die Mühe dennoch gelohnt hat (siehe Seite 157, Bild 11). Eine weitere „Spielerei" kam mir in den Sinn, als ich das Pampa-Emblem entdeckte, das sich reliefartig vom Armaturenblech abhob. Dieses Emblem wollte ich unbedingt auch auf andere Teile übertragen und habe es daher zunächsteinfach abgepaust. Von dieser Vorlage fertigte ich eine Lackierschablone. Jetzt konnte ich an der Rückenlehne des Sitzes und auf den beiden Schwungraddeckeln ebenfalls diesen Schriftzug auflackieren. Das war zwar eine zeitaufwendige Angelegenheit, aber das Ergebnis geriet ganz nach meinem Geschmack.

Daniela Trauthwein, Mario Reitmeier

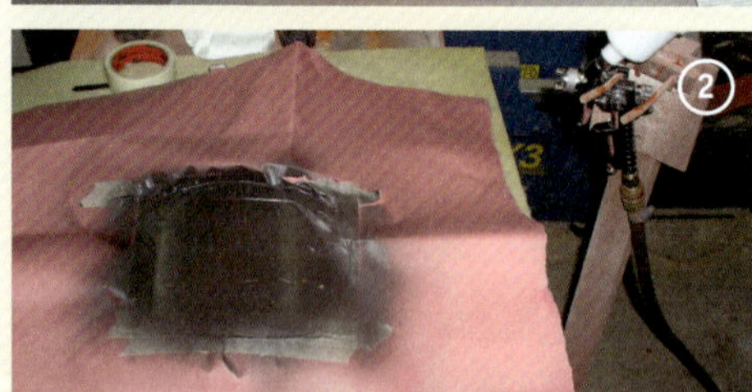

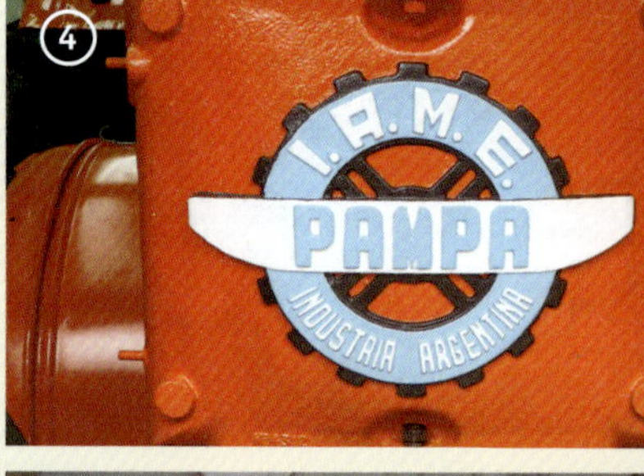

1. Gut ausgebeult: Einen neuen Schwungraddeckel wollte Mario deshalb nicht haben
2.+ 3. Für den Pampa-Schriftzug hat Mario eine Lackierschablone angefertigt
4. Filigran: Firmenemblem und Schrift hat Mario mit dem Pinsel nachgemalt
5. Die Vorlage für die Lackierschablone: der aufgegossene Schriftzug auf der Armaturenwand. Mario hat ihn einfach abgepaust

LACK-TIPPS

Decklackauftrag

KUNSTHARZLACKE

Vorteil: gleiches Preisniveau wie die Grundierung, einfache Dosierung, da kein Anmischen erforderlich ist, spätere Lackschäden können recht einfach ausgebessert werden.

Nachteil: geringere Glanzstabilität im Vergleich zu Zwei-Komponenten-Decklacken, lange Trocknungszeiten erforderlich, bis einigermaßen zufriedenstellend geschliffen werden kann, Lackierfehler wie beispielsweise Läufer können daher schlecht ausgeschliffen werden, eine Überlackierung kann meist nur mit Kunstharzfarben erfolgen.

ZWEI-KOMPONENTEN-DECKLACKE (2K PUR), INDUSTRIELACKE

Vorteil: trotz 2K recht günstiger Preis, sehr füllkräftig aufgrund hoher Pigmentierung, bei vorangegangenem gründlichem Lackaufbau kann ein sehr gutes Lackierbild – ähnlich einer Pkw-Lackierung – erzielt werden.

Nachteil: schlechte Dosierbarkeit, da der Lack immer mit Härter gemischt werden muss, Lackschäden lassen sich schlecht ausbessern.

AUTOLACKE

Vorteil: bei richtigem Lackaufbau hochglänzende, brillante Lackoberflächen erreichbar, sehr glanzstabil auch nach längerer Zeit.

Nachteil: sehr teuer.

Allgemein: Es empfiehlt sich, den gesamten Lackaufbau mit Produkten eines Herstellers zu gestalten, da die jeweiligen Komponenten optimal aufeinander abgestimmt sind

Pulverbeschichtung: Die Alternative

Wer die Teile seines Traktors bestens vor Korrosion und gegen Kratzer schützen will, kann sie auch pulverbeschichten lassen. Die aufwendige und nicht ganz billige Methode empfiehlt sich für beanspruchte Teile wie Felgen und Fahrwerkskomponenten

Bei jeder Restaurierung stellt sich die Frage, wie viel man für den Oberflächenschutz vor Korrosion tun sollte. Galvanische Beschichtungen oder eine Lackierung sind dabei die gängigsten Methoden. Doch nicht immer sind sie praktikabel und nicht immer ist das Ergebnis belastbar genug.

Als äußerst wirksame, aber auch teuerste Alternative bietet sich das Pulverbeschichten an. Es ist von konventionellen Lackierungen kaum zu unterscheiden. Man bekommt die gesamte Palette der RAL-Farbtöne.

Kontakt:

Pulverbeschichtung Barbir; Josip Barbir
Seniweg 3 (Halle 2); 82538 Geretsried
Tel. (08171) 48 11 04; Fax (08171) 48 10 52
Barbir-Pulverbeschichtung@t-online.de

Pulverbeschichtungen können nur von Fachbetrieben aufgebracht werden, da hierzu eine Menge Equipment und Know-how notwendig ist. Zum Auftragen der Beschichtung wird das Werkstück in einen speziellen Pulverlackierstand mit Absaugung gehängt und elektrisch geerdet. Anschließend wird mit einer speziellen Druckluftpulversprühpistole das Farbpulver aufgeblasen. Dabei werden die Pulverteilchen aufgrund eines elektrischen Feldes von rund 100 kV positiv geladenen und vom negativ geladenen Werkstück angezogen. Überschüssiges Farbpulver wird im Lackierstand abgesaugt. Anschließend muss das Werkstück in einer Einbrennkammer bei Temperaturen zwischen 150 bis 200 Grad Celsius rund 15 Minuten „gebacken" werden. Erst dort vernetzt sich das Pulver zu einer Kunststoffschicht und bildet eine glatte Oberfläche aus. Nach einer kurzen Abkühlphase sind die beschichteten Teile dann ohne weiteren Trocknungsprozess oder Nachbehandlung sofort einbaufähig.

Gespachtelt werden darf nicht

Aufgrund des Beschichtungsvorgangs lassen sich nur elektrisch leitfähige, temperaturbeständige Werkstoffe pulverbeschichten. Daher können auch verbeulte oder mit Rostnarben übersäte Metalloberflächen nicht mit Kunststoffspachtel oder Filler geglättet werden – sie würden beim „Backen" verbrennen. Für das vorherige Richten von Blechen kommen daher nur aufwendige Spengler- oder Verzinnungsarbeiten in Frage.

Wie beim Lackieren muss zur Vorbereitung der Pulverbeschichtung das Werkstück von altem Lack und Rost befreit werden. Dies geschieht meist durch Abbeizen. Zum Entfernen der Korrosion empfiehlt sich Sandstrahlen oder Phosphatieren. Vor allem Phosphatieren hat sich bewährt, da die rund sieben bis 15 Mikrometer dünne Metallphosphatschicht sich mit dem Grundwerkstoff fest verbindet. Wird hingegen das Werkstück sandgestrahlt, muss es noch gründlich gereinigt, entfettet und als Rostschutz vor der Farbpulverbeschichtung mit einem speziellen Pulverlackhaftgrund behandelt werden.

Das Beste für Felgen und Fahrwerk

Ein Pulverbeschichtung schützt dauerhaft vor Korrosion, ist kratz-, abrieb- und schlagfest, und außerdem chemikalien- und extrem witterungsbeständig. Die Methode bietet sich daher besonders für Felgen oder Fahrwerksteile an. Darüber hinaus widerstehen gewöhnliche Pulverbeschichtungen Temperaturen bis 315 Grad Celsius. Für hoch wärmebelastete Teile wie Auspuffanlagen oder Motorkomponenten gibt es auch bis 550 Grad Celsius belastbare Pulver. Jedoch sind bisher nur die Farbtöne Silber, Grau und Schwarz erhältlich. Übrigens: Muss die Beschichtung irgendwann herunter, ist dies kein Problem. Mit einem speziell entwickelten Lösemittel lassen sich alle Beschichtungen innerhalb weniger Stunden ohne Beschädigung des Werkstücks anlösen und anschließend mit einem Plastikspachtel abziehen. *Marcel Schoch*

1. Pulverlackierstand mit Absaugung
2. Das Farbpulver wird vom negativ geladenen Werkstück angezogen
3. Schlecht vorbereitet! Nach dem Beschichten zeichnen sich Rostnaben ab

KOMPLETTRESTAURIERUNG Teil 4

ARGENTINISCHE BULLDOG-SCHÖNHEIT: PAMPA T 01

Das Finale!

Motor und Getriebe eigenhändig überholt und dann den alten Kämpen kräftig in Lack getaucht – es fehlt nicht mehr viel und Mario kann mit dem Pampa wieder auf die Piste …

Herr der fränkischen Berglandschaft: Mario und sein Pampa T 01

Vom Schrotthaufen zum Sahnestück!

Nach monatelanger Schweißarbeit nähert sich nun das Ende der Restaurierung. In neuem Farbgewand sieht der Pampa wieder richtig flott aus. Für seinen ersten großen Auftritt beim Schleppertreffen muss Mario allerdings noch ein paar „Kleinigkeiten" erledigen …

„Bevor ich das Thema Lack zu den Akten lege, muss ich noch erzählen, wie ich die Sitzschale wieder auf Vordermann gebracht habe: Nach dem Sandstrahlen fielen mir unterhalb der Sitzfläche aufgeschweißte Verstärkungsbleche auf. Einer Vorahnung folgend entfernte ich das Provisorium und sah mich bestätigt: Lochfraß! Vor mir lag eine total durchrostete Sitzschale (Seite 162, Bild 1). Als Blech konnte man das nicht mehr bezeichnen. Es blieb mir nichts anderes übrig als den gesamten Bereich großzügig auszuschneiden. Doch wie sollte ich jetzt das Loch stopfen? Von Blechbearbeitung hatte ich nicht genügend Ahnung. Kurzerhand entschloss ich mich dazu, vom vorhandenen Sitz einfach eine kleine Laminierform anzufertigen. Mithilfe dieser Negativform konnte ich die Sitzschale mit Glasfasermatten und Laminierharz in ihre ursprüngliche Gestalt bringen (Seite 162, Bild 2). Zur Glättung des Überganges zum Blech wurden die einlaminierten Matten etwas überspachtelt. Ganz zum Abschluss habe ich noch einmal zusätzlich einen Füller aufgetragen und nachgeschliffen, um auch die letzten Spuren der Mattenprägung zu beseitigen.

Schonung für das Hinterteil

Nach der Lackierprozedur fehlte nur noch ein geeignetes Sitzkissen. Da ich nirgends ein geeignetes fand, musste ich mir wieder mal selbst helfen. Aus Schaumstoff habe ich mir die gewünschte Größe zurechtgeschnitten und meine Mutter schneiderte dazu einen strapazierfähigen Lederbezug (Seite 162, Bild 5). Selbst wenn es holprig wird, sitze ich damit immer noch bequem auf meinem Ross.

Tresörchen

Etwas ganz Spezielles habe ich mir für den Batteriekasten ausgedacht. Darin war genug Platz für ein separates Fach (Seite 162, Bild 3).

Im vorderen Teil des Kastens kann die Batterie bequem mit einem Band befestigt werden, dahinter befindet sich nun ein kleines abschließbares Fach zum Verstauen wichtiger Dinge.

Sicherheit geht vor

Nun war es aber an der Zeit, sich um die Elektrik zu kümmern. In die Armaturenwand hatte ich schon vorab Sicherungskasten, Hupe und Zünd-

PAMPA DAS FINALE

schloss eingesetzt. Der Warnblinkschalter hatte ursprünglich einen Gummiknopf, der mir nicht gefiel. Der passte so gar nicht zum Stil des Lenkrads. Kurzerhand habe ich mir einen Knopf aus Epoxidharz – dem selben Material wie für das Lenkrad – angefertigt. Jetzt sieht das Cockpit stimmig aus.

Für die heutigen Verkehrssicherheitsbestimmungen mussten Blinker mit Warnlichtfunktion eingebaut werden, die am Original natürlich noch nicht vorhanden waren. Auf Teilemärkten bekommt man Nachbauten von allen möglichen Lichtern, von dort habe ich mir auch zwei Rücklichter für meinen Pampa besorgt. Ursprünglich waren wohl Schlussleuchten angebracht, bei meinem Pampa allerdings fehlten auch diese. Vorhanden waren lediglich die vorderen Scheinwerfer.

Mehr Licht!

Zwar stammen sie vermutlich von einem Fiat-/Someca-Schlepper, aber immerhin sind sie argentinischer Herkunft. Leider hatten sie unterschiedliche und sehr marode Lichtscheiben.

Unglücklicherweise ist beim Versuch, die Streuscheibe vom Reflektor zu trennen, auch noch das Glas zu Bruch gegangen. Gezwungenermaßen musste ich die ursprünglichen Leuchten durch ein Paar neue der Marke Bosch ersetzen. Immerhin fügten sich die neuen Scheinwerfer problemlos in die argentinischen Gehäuse ein. So konnte ich wenigstens einen Teil erhalten (Seite 163, Bild 8). Anhand von Bildern und Skizzen aus der Ersatzteilliste habe ich mir passende Halter für die neuen Rückleuchten nachgebaut.

Zur Bestimmung der Maße fertigte ich mir zuerst für jede Seite ein Provisorium aus Karton an. Diese „Dummys“ konnten wir dann als Vorlage zur Herstellung der Metallhalter nutzen.

Die Verkabelung

Ausgehend vom Batteriekasten begann ich dann mit der Verlegung der elektrischen Kabel. Zuerst musste ich die Hauptleitungen von der Batterie zur Rückseite der Armaturenwand ziehen. Bevor ich jedoch irgend eine Komponente anschloss, habe ich eine Hauptsicherung für die Plusleitung befestigt.

Hier hatte ich gleichzeitig einen Klemmpunkt für alle Plusleitungen, die zum Zündschloss, zum Blinkrelais, zur Lichtmaschine und über die folgenden Sicherungskästen zu den anderen Verbrauchern führen. Auch für die erforderlichen Masseanschlüsse habe ich eine solche zentrale Klemmstelle angebracht. Üblicherweise klemmt man bei der Kfz-Elektrik den Minuspol (Masse) der Batterie an die Karosserie, um an jeder x-beliebigen Stelle Masse abgreifen zu können – so die Theorie.

Die Masse macht's

Daran gefällt mir persönlich nicht, dass man dafür meist den isolierenden Lack auf den Anschraubflächen entfernen muss und es an dieser Stelle immer wieder Kontaktschwierigkeiten geben kann. Das führt dann zu Kuriositäten wie dem mysteriösen Aufleuchten von ausgeschalteten Glühbirnen oder irgendwelchen Kontrollleuchten. Um solchen Massefehlern vorzubeugen, habe ich zusätzlich an alle Verbraucher eine Masseleitung gelegt. Vom Arbeitsaufwand her nahmen das ordentliche Verlegen der Leitungen und das Anfertigen von Kabelbäumen an der Armaturenwand die meiste Zeit in Anspruch (Seite 163, Bild 7).

Nach dem Anpassen habe ich die Kabelstränge mit selbstverschweißendem Gewebeklebeband umwickelt und dann

» Ich habe für die Kabelstränge selbstverschweißendes Gewebeklebeband verwendet

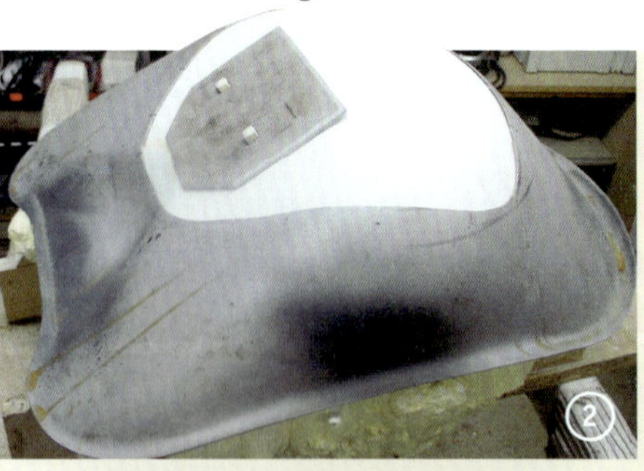

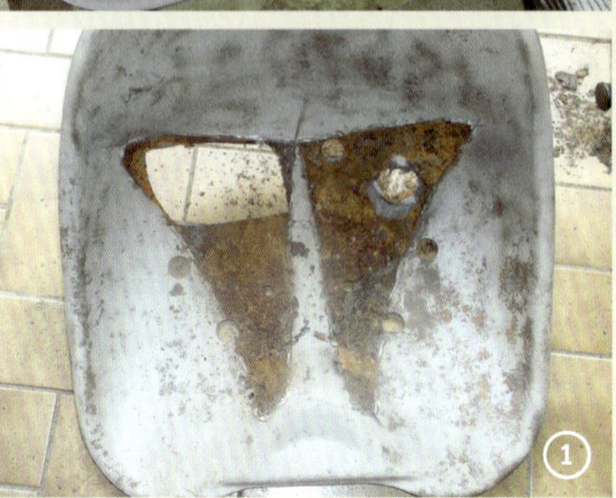

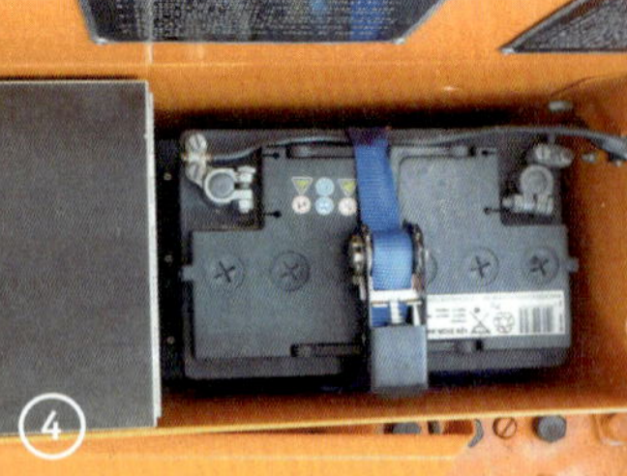

1. Nachdem die Verstärkungsbleche am Sitz entfernt waren, kam deutlicher Lochfraß zum Vorschein. Die verrosteten Teile wurden herausgeschnitten
2. Mit einer Laminierform konnte Mario den Sitz wieder in seine ursprüngliche Form bringen
3.+4. Im Batteriekasten war noch genügend Platz für ein abschließbares Zusatzfach
5. Mit dem neuen Sitzkissen fährt es sich jetzt gemütlicher
6. Neue Halter, nachgebaut anhand

die einzelnen Stränge mit Kabelschellen an der Gusswand fixiert. Bei der Belegung der Bremsleuchten gestaltete sich die Zwei-Kreis-Blink-Bremskombination etwas kompliziert.

Da die Pampa-Rückleuchten nur zwei anstelle der heute üblichen drei Kammern haben, musste die Bremslichtbirne doppelt belegt werden: Wird während eines Bremsvorgangs geblinkt, schaltet sich das Bremslicht an der entsprechenden Seite aus und übernimmt die Blinkfunktion. Im Internet-Lanz-Forum habe ich glücklicherweise das passende Schaltschema gefunden.

AN ALLE PAMPA-FANS

Mitmachen!

Alex Lange, der mit Mario die Pampa-Begeisterung teilt, hat zwecks Austausch und Info-Konzentration eine Website eingerichtet, auf der sich jeder Pampa-Besitzer eintragen kann: **www.pampa-traktor.de**

Hier muss man penibel sein!

Zur leichteren Orientierung bei der Fehlersuche habe ich mich bemüht, die Kabelfarbe jedes Verbrauchers von vorn bis hinten durchzuhalten (z. B. blau für das linke Rücklicht).

Auf allen Kabelenden sind Adernendhülsen befestigt. Das ist fachlich korrekt und erleichtert die Verbindung. Zum Schluss habe ich sämtliche Belegstellen an den Sicherungen beschriftet. So weiß ich immer genau, wo welche Leitung liegt.

Übergangs-Lima

Jetzt brauchte ich nur noch eine neue Lichtmaschine (Lima). In den meisten Fällen wurden diese in Argentinien abmontiert. Auch bei meinem Pampa tat sich an der Stelle, an der sich eigentlich der Stromversorger befinden sollte, gähnende Leere auf. Bei Ebay fand ich jedoch adäquaten Ersatz: eine Lichtmaschine des Typs Bosch REE 75/12/1800. Da dieser Generator in zahlreichen Schleppern der 1950er-Jahre zu finden ist, wird er auf dem Gebrauchtteilemarkt entsprechend hoch gehandelt. Ich hatte richtig Glück, ein recht preiswertes Teil zu ergattern. Normalerweise gehört eine etwas leistungsstärkere Variante in den Pampa, doch das Angebot der kleineren Maschine war einfach zu gut, um es zu ignorieren.

Das Original kommt noch

Den passenden Gusshalter hatte ich auch schnell gefunden. Die Teile passten wie maßgeschneidert an den Pampa. Letztendlich ist das jedoch nur als Übergangslösung gedacht, denn in Argentinien habe ich bereits eine originale Pampa-Lichtmaschine geordert, die ich aufarbeiten möchte. Bis dahin muss ich mich mit der Ersatzlichtmaschine begnügen. Die habe ich einmal kom-

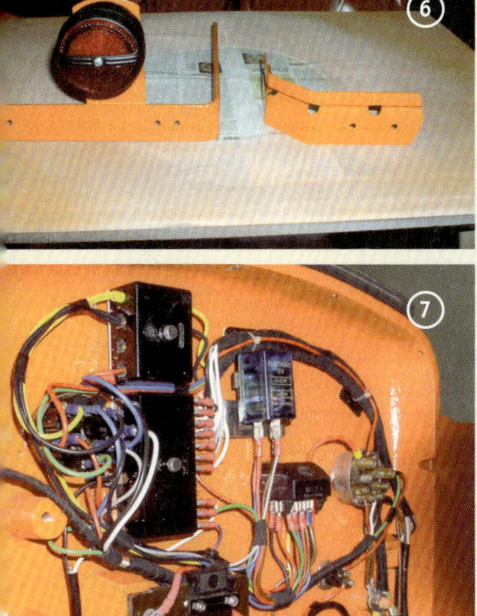

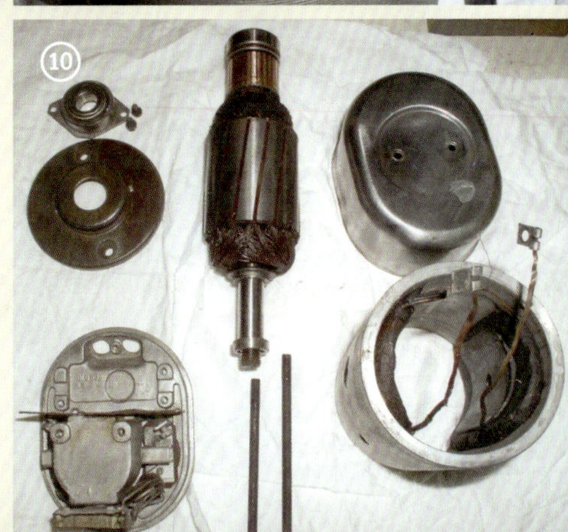

von Bildern und Skizzen aus der Ersatzteilliste
7. In der „Schaltzentrale" laufen alle elektrischen Leitungen zusammen
8. Argentinischer Scheinwerfer mit neuem Bosch-Innenleben
9. Bestandsaufnahme der ersteigerten Lichtmaschine: Der innen liegende Regler fehlt und die Isolierung einiger Kabel ist beschädigt
10. Komplett zerlegt und gereinigt ist die Lima fertig für den Einbau

plett gereinigt (Bild 10). Schon beim Kauf wusste ich, dass sie eine andere Drehrichtung hat als ich sie eigentlich benötigte. Laut Verkaufsangaben war sie in einem alten Fendt verbaut, der sie linksherum angetrieben hat.

Der richtige Dreh

Ein Elektroniker musste die Drehrichtung deshalb auf rechtsherum ändern. Zusätzlich hat er mir noch die Feldwicklungen und die Kabel dazu neu isoliert, da die alten Stoffisolierungen ganz mürbe waren. Beim anschließenden Testlauf in der Drehmaschine hat alles einwandfrei funktioniert. Das war also erledigt – die Elektrik funktionierte. Eine Frage im Zusammenhang mit der Elektrik tauchte für mich jedoch noch auf: Nach längerer Talfahrt kam es öfter vor, dass der Pampa nur noch sehr schlecht oder gar nicht mehr zündete. Dabei handelt es sich um einen bauartbedingten Nachteil, denn im Schiebebetrieb – also ohne Last – kann der Glühkopf so weit abkühlen, dass das Gemisch nicht mehr zündet und der Motor ausgeht.

Einbau eines Summerzünders

In solchen Fällen kann man den Zündvorgang durch Einschalten einer Zündkerze unterstützen. Früher hängte man bei Maschinen ohne Anlasszündung auf der Bergkuppe die Heizlampe an, um die Glühnase auf Temperatur zu halten. Ich habe das Zündproblem allerdings mit dem Einbau einer von mir originalgetreu nachgebauten Summerzündanlage gelöst: Auf dem Schrottplatz konnte ich vor Kurzem eine handelsübliche 12-V-Zündspule von Bosch ergattern und im Elektronikladen die nötigen elektronischen Komponenten, um den Summereffekt zu erreichen.

» Ich habe das Zündproblem anhand einer originalgetreu nachgebauten Summerzündanlage gelöst

Oben auf der Zündspule sitzt eine Blechkappe, die ich selbst gefertigt habe (die serienmäßige Zündanlage hatte genau so eine Kappe). Darin sind, wie bei der Originalversion, alle Komponenten verstaut. Eine passende, echte Bosch-Zündkerze konnte ich wieder mal beim Auktionshaus meiner Wahl ergattern.

Um den Pampa mit Benzin zu starten, wofür die elektrische Anlasszündung im Grunde konzipiert ist, fehlen mir allerdings noch die Teile zur Kraftstoffversorgung. Leider werden die nicht gerade an jeder Ecke angeboten – ich hoffe, dass ich irgendwann die fehlenden Puzzlestücke finde. Außerdem ist Anheizen einfach Pflicht (oder: Kult).

Importreifen mit Originalprofil

Jeder hat so seine Lieblingsteile am Schlepper, auf die er ganz besonders stolz ist. Mein ultimatives Highlight sind die Reifen: Hergestellt von der Firma Fate, mit originalem Profil und direkt aus Argentinien importiert. Ein kostspieliger Spaß – den ich bis heute allerdings nicht bereut habe. Wenn ich mir schon die ganze Mühe mit der Restaurierung machte, dann wollte ich alles bis aufs i-Tüpfelchen perfekt haben.

Mein Glück bei der ganzen Aktion war, dass ich die hinteren Felgen schon im Vorfeld von 28 Zoll auf 30 Zoll umgestellt hatte. Die argentinischen Decken mit dem „Knick" in den Stollen gab es nämlich nur noch als 30-Zöller und die dazu passenden vorderen Mäntel mit Längsrippen sogar noch in der Originalgröße 20 Zoll. So steht der Pampa jetzt auch auf seinen richtigen „Füßen". Besonders gerne habe ich

MARIOS PAMPA NACH DEM FEINSCHLIFF

mich auch an die Reparatur des Lenkrads gemacht. Denn oftmals wurden bei den Pampas Lenkräder aus Bakelit oder Aluminium verbaut.

Spaß mit Pertinax

Nicht so bei meinem Pampa. Ich habe das große Glück, dass er von Haus aus mit einem sehr schönen Pertinax-Lenkrad bestückt ist. Leider war ein ganzes Segment davon weggebrochen (Bild 1). Dafür war aber der Metallring noch gut in Schuss.

Marios Pampa läuft auf Reifen mit Originalprofil – direkt importiert vom argentinischen Hersteller FATE

Die schöne, holzähnliche Maserung wollte ich auf jeden Fall erhalten und machte mir daher die Mühe, aus einem intakten Teilstück eine Gießform herzustellen (Bild 2). Um ein möglichst originalgetreues Muster zu bekommen, habe ich Epoxidharz mit Farbpigmenten eingefärbt und zusammen mit einem leinenähnlichen Stoff in die Form gegossen. Nach dem Aushärten war ich gespannt wie ein Flitzebogen.

Als ich die Gussform öffnete, sah ich, dass die Arbeit sich gelohnt hatte (Bild 3)! Als Sahnehäubchen ziert eine Messingplakette mit dem original Pampa-Emblem das Lenkradkreuz (Bild 4).

Mal so richtig Einheizen

Als ich nach 13 Monaten Restaurierung endlich die Nummernschilder in der Hand hielt, konnte mich nichts mehr aufhalten. In Gedanken war ich bereits beim Anheizen des Glühkopfs. Wenn ein Bulldog längere Zeit nicht in Betrieb war, pumpt man vor dem Start mithilfe einer Kurbel manuell Schmieröl vor, damit alle Lagerstellen geschmiert sind (Seite 166, Bild 1). „Antik" ist wohl die geeignete Bezeichnung für meine originale IAME-Heizlampe, die – wie ich annehme – aus der Zeit von 1954 bis 1956 stammt (Seite 166, Bild 2). Zum Anheizen wird Spiritus in deren Vorwärmschale gefüllt und angezündet. Die Spiritusflamme erwärmt den Brennerkopf der Lampe, weil darin das Benzin vergast werden muss, um später eine energiereiche Flamme zu erhalten. Wenn der Spiritus nach etwa drei bis vier Minuten nahezu abgebrannt ist, wird der

1. Das defekte Segment liegt in der Unterschale der Gießform
2. In die geschlossene Gießform wird über einen Papiertrichter das Harz gegossen. Damit Luft aus der Form entweichen kann, sind Röhrchen, sogenannte „Steiger", eingesteckt
3. Das schmucke Lenkrad ziert das überschaubare Cockpit
4. Bei Marios Pampa stimmt alles bis aufs kleinste Detail
5. Eine Kappe voll Elektrik
6. Marios Bastelwerk: die Zündspule von Bosch mit der Kappe Marke Eigenbau inklusive passender Zündkerze und Zündeinheit

Von Mario neu besorgtes Zugpendel. Man erkennt noch die stark ausgeschlagene Bohrung für die Anhänge-Öse. Mario bohrte sie weiter auf

Behälter mithilfe der Handpumpe unter Druck gesetzt. Durch Drehen des Handrads wird schließlich die eigentliche Flamme entzündet.

Nicht vergessen: Druck korrigieren

Nun tritt das Benzin gasförmig an der Düse aus und unter dem typischen Fauchen brennt die Heizlampe in einer blaugrünen Flamme. Jetzt wird die betriebsbereite Heizlampe unter die Glühnase des Pampa-Traktors gehängt und auf die größtmögliche Flamme eingestellt. Während der etwa 15 Minuten langen Anheizphase muss mit der Pumpe der Heizlampe immer wieder der Druck nachkorrigiert werden, da dieser während des Brennvorgangs abnimmt.

Für den Start benötigtes Diesel wird von Hand vorgepumpt. Angependelt wird der Motor dann mit der Anwurfscheibe, die unter dem Schwungraddeckel an der rechten Seite des Pampas sitzt. Peng – der Motor läuft. Mein Herz schlägt schneller. Weg mit der Heizlampe und rauf auf den Sattel. Jetzt geht's los (Bilder 1 bis7).

Neues Pendel

Mein Schrauberdrang kommt einfach nicht so recht zur Ruhe. Meine Aufmerksamkeit richtet sich nun auf die letzten fehlenden Teile: Die Pampas wurden damals serienmäßig mit einem schwenkbaren Zugpendel zum Anbau von Bodenbearbeitungsgeräten ausgestattet. Die schwenkbare Anordnung erleichterte die Kurvenfahrt mit gezogenen Ackergeräten erheblich. Bei meinem Pampa war das Pendel jedoch nicht mehr vorhanden, aber ich konnte ein gebrauchtes Exemplar auftreiben. Wie bei den meisten anderen Teilen am Pampa musste vor der Montage einiges gerichtet werden. Die vordere Aufhängung war gewaltig ausgeschlagen und musste erneuert werden, ebenso die beim Pendeln der Zugstange in Kurven auf der Ackerschiene laufen-

Fotos: D. Trauthwein, M. Reitmeier, Extradank an: U. Beck, A. Faust

1. Zum Schmieren der Lagerstellen einmal kräftig kurbeln – das kann man auch noch getrost während des Anheizens erledigen
2 .Seltenes Stück: die originale Heizlampe von IAME
3. Die betriebsbereite Heizlampe wird unter die Glühnase des Pampas gehängt und auf die größtmögliche Flamme eingestellt

4. Immer wieder muss der Druck justiert werden
5. Die Heizlampe bringt den Glühkopf auf Touren
6. Nach gut 15 Minuten ist es so weit: Mario kann anpendeln
7. Der Motor läuft!

de Stützrolle. Mein „neu" gekauftes Zugpendel verfügte sogar über die seinerzeit optionale gefederte Anhängeöse. Doch leider war die Bohrung, in der die Öse – auch diese fehlte gänzlich – gleitet, stark einseitig ausgeschlagen. Der Pampa, an dem dieses Teil montiert war, muss auf den Feldern nur Linkskurven gefahren sein. Anders kann ich mir diese Ungleichmäßigkeit nicht erklären. Nachdem ich die Bohrung stark vergrößert hatte, konnte ich wieder eine ordentliche Führung herstellen.

Die eigentliche gefederte Öse ist derzeit noch im Bau. Nächste Aufgabe wird sein, die Verbindungsstreben zwischen Zugpendel und Ackerschiene anzupassen und zu verschweißen. Der Rest ist dann nur noch Maniküre. Ebenfalls in Arbeit ist eine Zapfwelle für meinen Argentinier. Ab Werk konnte man den Pampa mit Zapfwelle bestellen, doch das geschah recht selten, da sie kaum jemals gebraucht wurde. Stationäre Maschinen konnten ja mit die serienmäßig vorhandene Riemenscheibe betrieben werden.

Zapfwelle – auch das noch ...

Möglicherweise wurde ab und an ein gezogener Mähdrescher angetrieben – doch viel mehr Zapfwellengeräte dürfte es meiner Meinung nach nicht gegeben haben. Aus diesem Grund ist es fast unmöglich, eine Welle für den Pampa zu finden. Inzwischen habe ich verschiedene Komponenten zusammengetragen, ein buntes Sammelsurium aus Zapfwellenteilen vom Lanz und vom Pampa.

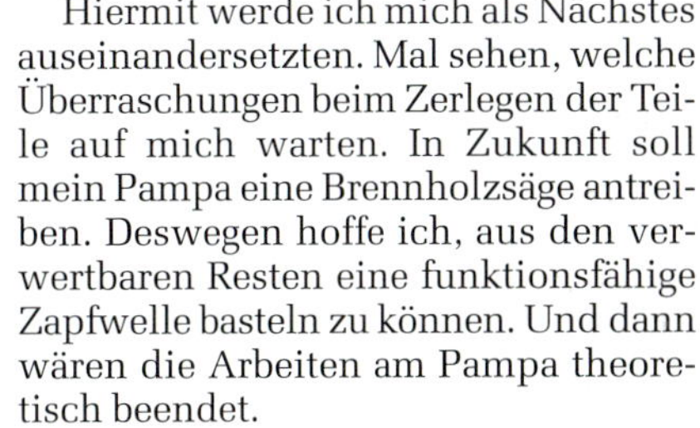

Hiermit werde ich mich als Nächstes auseinandersetzten. Mal sehen, welche Überraschungen beim Zerlegen der Teile auf mich warten. In Zukunft soll mein Pampa eine Brennholzsäge antreiben. Deswegen hoffe ich, aus den verwertbaren Resten eine funktionsfähige Zapfwelle basteln zu können. Und dann wären die Arbeiten am Pampa theoretisch beendet.

Bis auf ein paar Kleinigkeiten hier und da und ... na, so richtig fertig werde ich wohl doch nie."

Daniela Trauthwein, Mario Reitmeier

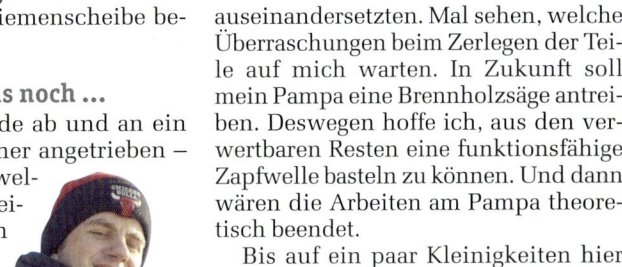

DAS WAR'S
ALLZEIT GUTE FAHRT!

Man sieht sich auf den Schleppertreffen der Saison oder auf mario-reitmeier.magix.net und www.pampa-traktor.de

ARBEIT MIT PVC, NIETEN UND NYLONFADEN

Sattelfest!

Traktorverdecke können nach Jahren brüchig und undicht werden. Damit man nicht gleich zum Sattler gehen oder ein neues Verdeck kaufen muss, zeigen wir Ihnen, welche Reparaturen auch mit etwas Verstand selbst gemacht werden können

Thomas Gasteiger ist stolzer Erstbesitzer eines 1974er-Deutz 8006. Die Sechszylinder-Legende ist mit einem sogenannten Stabildach aus glasfaserverstärktem Kunststoff des allseits bekannten Verdeckherstellers Fritzmeier ausgerüstet. „Eigentlich handelt es sich vielmehr um ein Hardtop als um ein Verdeck", sagt Thomas, „wären da nicht die beiden Eckseitenschürzen aus PVC. Sie machen mir schon seit geraumer Zeit Ärger."

Damit der Fahrer nach links und rechts auf den Boden sehen kann, sind die Schürzen vom Hersteller mit großen Kunststofffenstern ausgerüstet worden – die durch Sonne und Straßenschmutz mit den Jahren leider vollkommen blind wurden. „Durch Zufall habe ich vor ein paar Wochen zwei Eckseitenschürzen im Internet entdeckt und ersteigert", erzählt Thomas. „Leider haben sie aber keine Fensterausschnitte".

Trotzdem hat Thomas sie gekauft. Er ist nämlich nicht nur Landwirt, sondern auch Mechanikermeister bei der Firma R&R Kfz Reparatur GmbH (bekannt aus unseren Berichten zum Deutz F2L 612/54-I). „Unserer Werkstatt ist eine große Sattlerei angeschlossen, in der mein Kollege Heinz Noß arbeitet." Als gelernter Sattler ist es für Heinz kein Problem, die fehlenden Fenster in den Eckseitenschürzen zu ergänzen. Für uns die Gelegenheit, Heinz dabei über die Schulter zu schauen – zumal er versprochen hat, uns alle Arbeiten zu zeigen, die auch der interessierte Hobbyschrauber an einem Traktorverdeck vornehmen kann.

Vorab gibt uns Heinz aber noch ein paar Ratschläge, falls man doch einmal die Dienste eines Sattlers für sein Traktorverdeck in Anspruch nehmen muss. „Es ist sehr wichtig, dass der Kunde mir genau seine Wünsche schildert, bevor ich loslege", so Heinz. „Will er wieder ein dem Original ähnliches Verdeck, ist es

» Machen Sie nicht den Fehler, auf Cabrioverdeck-Kunststoffscheiben – „Astra-Glas" – zurückzugreifen

NEUE SEITENSCHÜRZE HERSTELLEN: VERSCHWEISSEN

1. Kinderleichte Demontage: eine Schraube lösen und aus der Schiene des Fensterrahmens ziehen, das war's

2. Wichtig! Die Besprechung mit dem Sattler. Nur dann ist sicher, dass er genau weiß, was man will

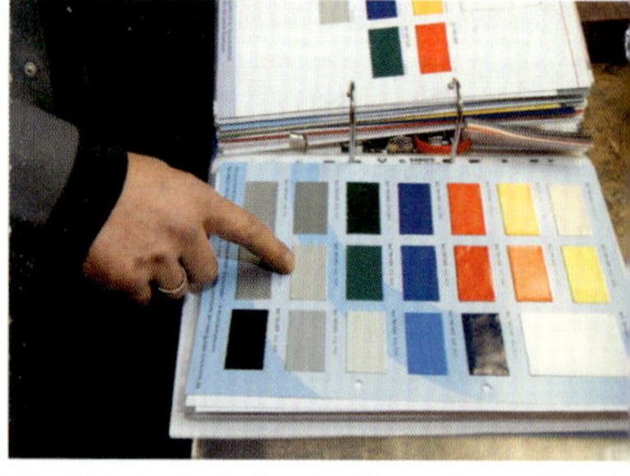

3. PVC-Verdeckstoffe gibt es in großer Auswahl. Lkw-Qualität ist die beste!

4. Die Auswahl an Verdeckfenstern ist groß. Heinz vergleicht Beschaffenheit und Stärke per Musterkatalog

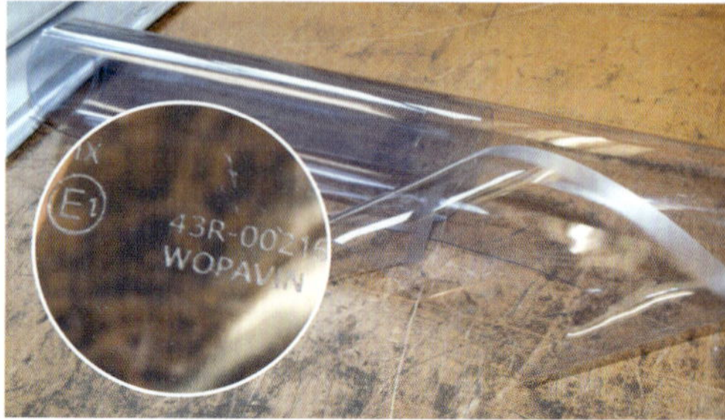

5. Nicht empfehlenswert: sogenanntes „Astra-Glas" : Pkw-Cabriolets. Zu erkennen (und ausnahmsweise z meiden) am E-Prüfzeichen

sehr hilfreich, wenn er das alte Exemplar mitbringt." An diesem kann der Profi nicht nur das Material feststellen, sondern auch wie das Schnittmuster aussieht, wie es vernäht ist und welche Beschläge verwendet wurden.

Das spart Recherche und senkt die Arbeitskosten! Thomas hat die alten Eckseitenschürzen dabei und zeigt sie Heinz.

Erste Schritte

Im ersten Schritt sucht Heinz das richtige Material heraus. Er beginnt mit den Kunststoffscheiben. „Sie sind in Stärken von 0,5 bis 2 Millimetern erhältlich", erklärt er. Für den Deutz von Thomas wählt er ein Material mit einer Stärke von 0,8 Millimetern aus. Es kommt dem Original am nächsten. „Viele machen hier bereits den Fehler, auf sogenannte Cabrioverdeck-Kunststoffscheiben (bekannt als „Astra-Glas") zurückzugreifen", sagt Heinz. „Sie sind aber relativ empfindlich und brechen gerne bei Kälte."

Solche Kunststoffscheiben erkennt man übrigens schnell an der sogenannten E-Zulassung. Was für Pkw Sinn macht, weil es sonst bei der nächsten HU Ärger mit dem Prüfer gibt, kann beim Traktor jedoch (ausnahmsweise) vernachlässigt werden. Hier braucht es keine E-Zulassung. Hier zählen die Alltagstauglichkeit und die Qualität! Im zweiten Schritt wird der Verdeckstoff ausgewählt.

Thomas hält die Originaleckseitenteile in der Hand. Sie dienen nur noch als Vorlage für die Überarbeitung der neuen Eckseitenteile

PVC-verstärkt ist die Norm

Heinz zeigt uns einen Katalog mit Stoffen in allen erdenklichen Farben, Stärken und Materialien. „Stoffverdecke aus sogenannten Segelleinen mit Gummierung sind nur bei sehr alten Traktoren üblich. Ab den 1960er-Jahren haben sich wegen der einfacheren Pflege, UV-Beständigkeit, Wasserdichtheit und Frostunempfindlichkeit zusehend PVC-Verdeckstoffe durchgesetzt – im Gegensatz zum Pkw-Verdeck. PVC-Verdeckstoff bekommt man über den Nutzfahrzeugersatzteilhandel. Hier wird er für Lkw (sogenanntes Planenmaterial) als Meterware angeboten.

>>> SEITE 170

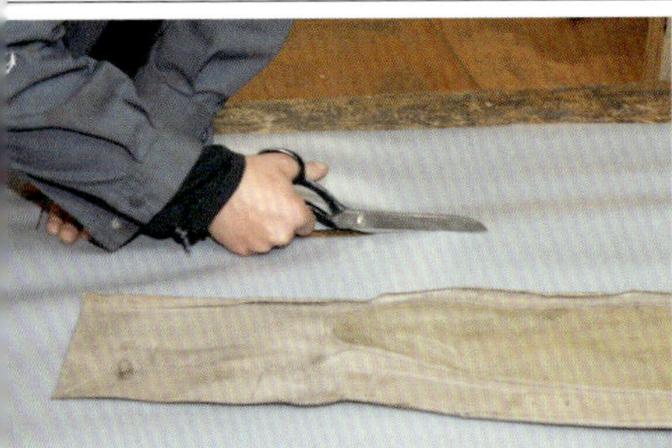
Nach dem Aufmalen der Konturen: der sorgfältige Ausschnitt des neuen Verdecks

7. Vorbereitungen: Das vorübergehende Festtackern der Kante hilft Falten zu vermeiden

8. Die Kante wird per Heißluftschweißen und Rollern erstellt. Übung: erforderlich!

Das Übertragen der Originalmaße – hier die s Fensterausschnitts – sollte immer sehr nau erfolgen

10. Heinz überlegt, wie viel Fensterfolie er für das Fenster benötigt und wie er ohne viel Verschnitt das Material ausschneidet

11. Jetzt das Fensterinnenmaß: Gerade Linien und damit Schnitte sind auch hier Voraussetzung, dass das Fenster gut passt

SEITENSCHÜRZE

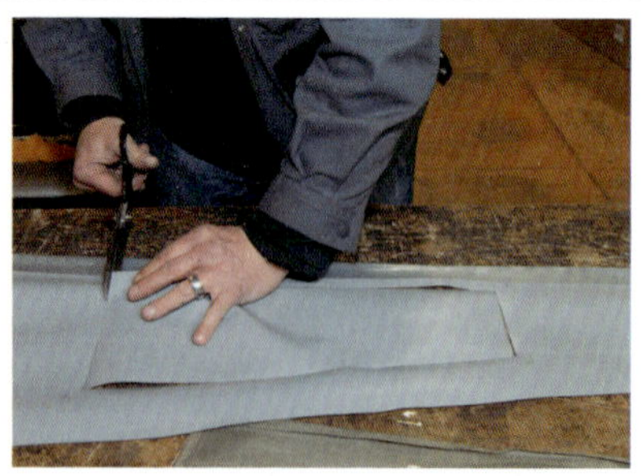

12. Zum Ausschneiden nur eine gute Schere verwenden, damit das Material nicht an den Kanten franselig wird

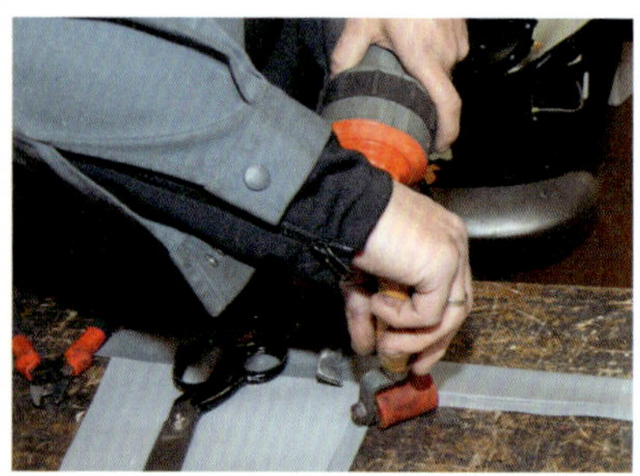

13. Innenseite! Das ausgeschnittene Folienglas wird zuerst an den Ecken mit dem Verdeckstoff verschweißt

14. Außenseite! Die Seiten des Fensters verschweißt Heinz von außen mit dem Verdeckstoff

15. So soll es aussehen. Das Anschauungsobjekt ist fertig verschweißt

Als Drittes folgt die Wahl des Fadens. „Für ein Verdeck sollte immer Nylongarn verwendet werden, auch wenn ursprünglich ein Baumwollgarn oder Ähnliches verwendet wurde", erklärt Heinz. Der Grund: Es ist extrem zugfest, witterungsbeständig und nur für Experten von Naturfasern zu unterscheiden.

Das kann auch der Laie

„Ein ganzes Verdeck kann ein Laie sicherlich nicht anfertigen – das muss gelernt sein! – aber viele kleine Dinge wie Verdeckteile nachfertigen, ein neues Fenster einfügen oder Befestigungsapplikationen setzen, sollten bei etwas Geschick immer möglich sein", ermutigt uns Heinz.

Zuerst zeigt er uns an einem Anschauungsobjekt, wie ein Seitenteil angefertigt und ein Fenster neu gesetzt und eingeschweißt wird. Hierzu bereitet er zunächst als Anschauungsobjekt einen PVC-Verdeckstoff vor. Anhand des Originals schneidet er zuerst aus der Meterware die Umrisse des Eckseitenteils heraus.

Hierbei achtet er darauf, gut zwei Zentimeter Übermaß zu haben. „Die benötige ich, um die Verdeckkante herstellen zu können", so Heinz. Dann legt er das mit Übermaß herausgeschnittene Seitenteil auf seinen Sattlertisch und klappt die Kante auf Maß um.

Mit Industrieföhn und Gummirolle

Damit sie nicht zurückspringt und faltenfrei bleibt, tackert er sie leicht auf dem Tisch fest. „Um die Kante zusätzlich zu versteifen, könnte man jetzt noch einen Metall- oder Kunststoffstab in die Falzkante legen", erklärt Heinz weiter. Für die weitere Bearbeitung braucht er dann nur einen Industrieföhn und eine kleine Gummirolle. „PVC-Verdeckstoffe können ganz einfach verschweißt werden. Man muss aber darauf achten, dass der Industrieföhn mindestens 600 Grad heiß wird und eine kleine Düse hat", so unser Profisattler. Mit dem Föhn bläst er gleichmäßig mit leichtem Abstand zwischen das PVC-Material und rollt es sofort mit der Gummirolle faltenfrei fest. In wenigen Sekunden hat Heinz so eine dauerhafte Kante hergestellt. „Das Heißluftföhnschweißen von PVC-Stoffen sollte man erst an einem Stück Verschnitt üben", warnt Heinz. Es kommt nämlich anfangs schnell vor, dass der Stoff verbrennt oder sich wellt.

Anschließend will uns Heinz das Setzen eines Verdeckfensters zeigen. Hierzu überträgt er zuerst die Maße des Originalfensters mit einem Filzstift auf den Verdeckstoff. Danach wird der Fensterausschnitt mit der Schere oder dem Messer aus dem PVC-Verdeckstoff ausgeschnitten und das Verdeckteil wieder faltenfrei und mit der Innenseite nach oben auf dem Sattlertisch festgetackert. Dann nimmt er das Fenstermaterial und schneidet das Fenster heraus. Um es einschweißen zu können, achtet er darauf, dass das Fenster am Rand gut ein bis zwei Zentimeter größer ist als der Ausschnitt. Das neue Fenster wird dann von innen auf den Fensterausschnitt gelegt und zuerst an den Ecken mit dem Industrieföhn angeschweißt. „Das ist wichtig, damit es faltenfrei eingeschweißt werden kann", erklärt Heinz. Danach kann man es, diesmal von außen, mit Industrieföhn und Rolle einmal rundherum festschweißen. Noch ein Hinweis von Heinz: „Beim Heißluftföhnschweißen von Kunststofffenstern muss man Blaseneinschlüsse zwischen Fensterfolie und Verdeckstoff unbedingt vermeiden. Sie können zu Undichtigkeiten oder Rissen führen."

» Beim Heißluftföhnschweißen von Kunststofffenstern muss man Blaseneinschlüsse unbedingt vermeiden

R&R Fahrzeugtechnik GmbH

Fußberger Straße 17
82216 Maisach-Überacker
Tel. (08135) 991 40

Mit Nadel und Faden

Nicht immer jedoch kann ein Fenster eingeschweißt werden, beispielsweise weil diese Methode nicht dem Original entspricht oder weil es das Material nicht zulässt. Dann muss genäht werden. So auch im Fall der beiden Eckseitenteile von Thomas. Um ein neues Fenster einzunähen, braucht es nicht gleich eine Profi-Nähmaschine. Bei dünnen Verdeckstoffen und Kunststofffenstern funktionieren auch Haushaltsnähmaschinen – die müssen allerdings für Leder geeignet sein. Und: Ledernähnadel nicht vergessen. Fragen Sie Ihre Frau oder Mutter, die wissen sicherlich, welche Sie benötigen.

Auch beim Nähen müssen wie beim Verschweißen zuerst die Maße des Fensterausschnittes auf die Innenseite des Verdeckstoffes übertragen werden. Dann wird aber nicht das Fenster aus dem Verdeckstoff ausgeschnitten, sondern zuerst ein passendes Stück Fensterfolie auf den

1. Die Auswahl an Beschlägen und Befestigungsapplikationen ist kaum übersehbar

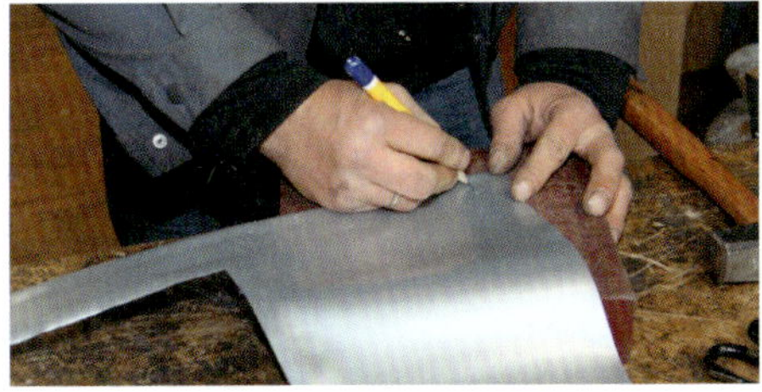

2. Heinz markiert die Stelle, wo eine Befestigungsöse gesetzt werden muss

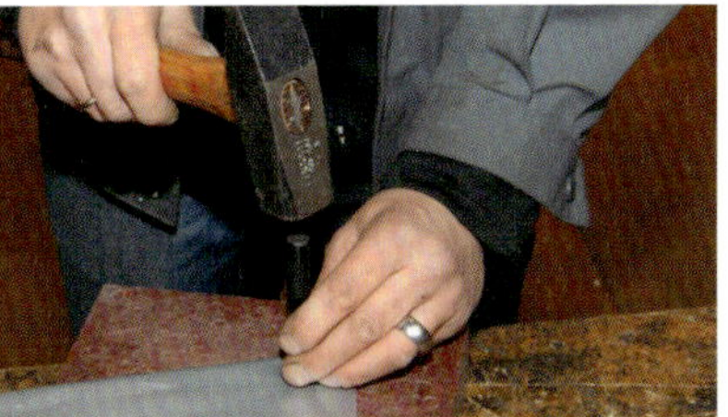

3. Per Rundeisen wird auf geeigneter Unterlage ein Loch herausgestanzt

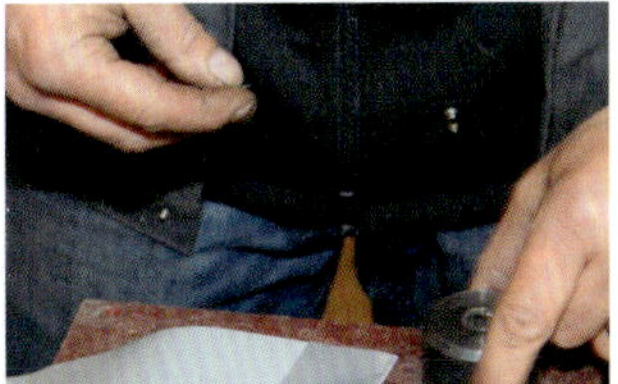

4. Ein Nietenamboss ist hilfreich: Er verhindert ein Wegrutschen der losen Nietenteile

5. Unten liegt der Nietösenstift, oben der Nietösendeckel

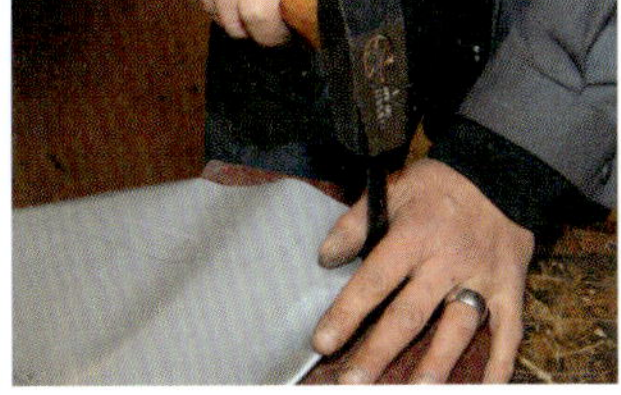

6. Das Nieteisen muss gut sitzen, bevor mit dem Hammer darauf geschlagen wird

7. Ein Schlag genügt, damit die Bördelung gleichmäßig rund sitzt

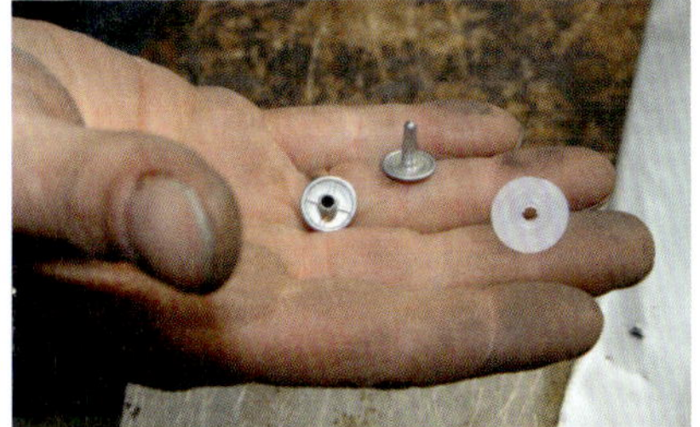

8. Zur Befestigung des Riemens: Stiftniete, Niettülle und gegen Einreißen des Stoffs eine Unterlegscheibe

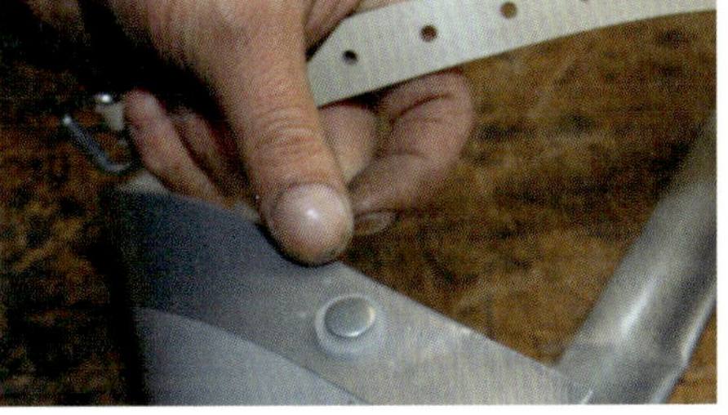

9. Von der Verdeckhinterseite wird die Stiftniete mit der Unterlegscheibe durch das Nietloch geschoben

10. Jetzt geht's los: der Nietstift wird auf eine geeignete Unterlage gelegt, der Riemen dann mit der ...

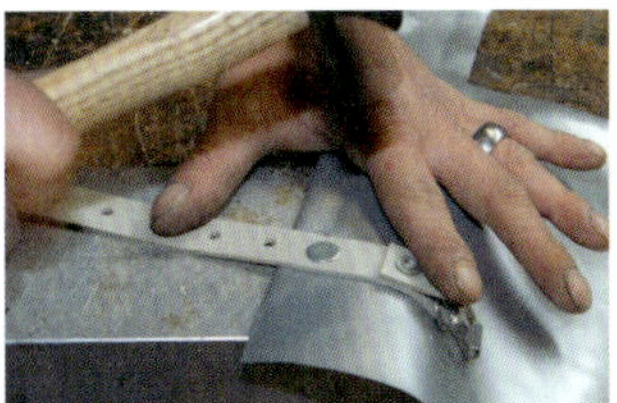

11. ... Schnallenrückseite nach oben aufgesteckt, die Niettülle aufgeschoben und mit einem Hammerschlag vernietet

12. Jetzt lässt sich das Verdeck am Überrollbügel sichern

13. Befestigungsapplikationen. Auswahl: großer Drehverschluss (li.), Drehwirbel (Mitte) und VW-Öse mit Steckstrippe (re.)

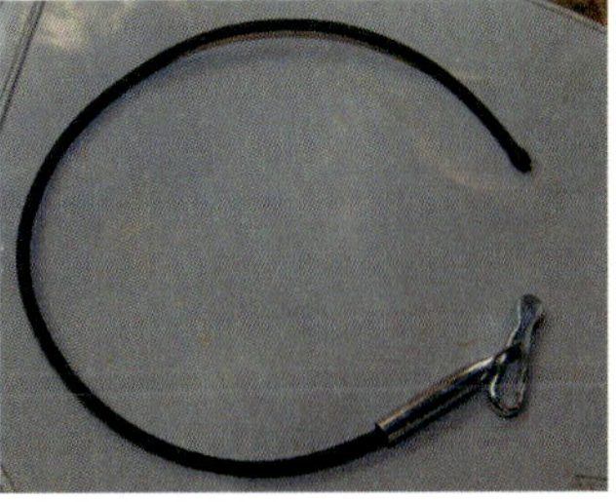

14. Gummizüge werden meist in die Abkantung mit eingenäht

15. Gummibänder mit Löchern werden ebenfalls gerne in der Abkantung eingenäht

16. Mutterteile von Druckknöpfen werden ins Verdeck genietet, Vaterteile am Blech verschraubt

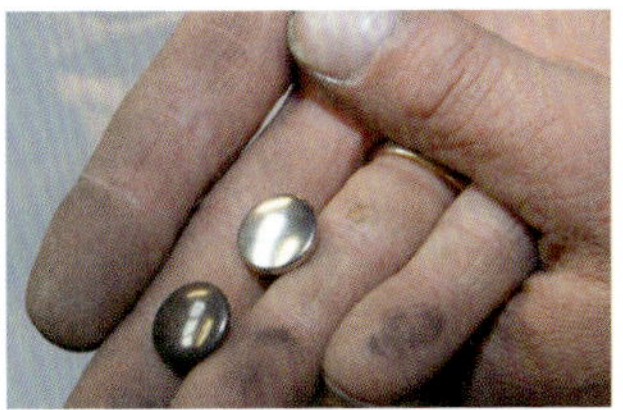

17. Druckknöpfe gibt es in allen Ausführungen. Heinz hält hier einen brünierten und polierten

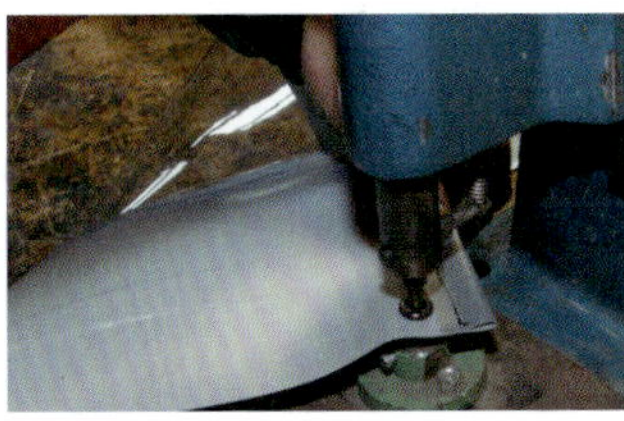

18. Profis haben natürlich eine Nietmaschine. Damit ist das Vernieten von Druckköpfen leichter

Verdeckstoff gelegt und entlang der aufgezeichneten Kontur faltenfrei auf der Innenseite festgenäht. Dabei muss noch nicht einmal die Form des Folienfensters ausgeschnitten sein, solange es den Fensterausschnitt völlig abdeckt. Sie wird nämlich erst zurechtgeschnitten, wenn das Fenster fest vernäht ist. Hierzu verwendet Heinz ein spezielles Sattlerscherenmesser. Damit schneidet er, der äußeren Kontur der Naht folgend, das Fenster passend zurecht. Zur Naht hält er dabei einen Abstand von gut zwei bis drei Millimetern, um diese nicht zu beschädigen. Dann dreht er das Verdeck um, sticht vorsichtig ein kleines Loch in den Teil des Verdeckstoffes, der noch den Fensterausschnitt abdeckt, und fädelt das Scherenmesser ein. Damit trennt er das Fenster anschließend vorsichtig rund fünf Millimeter neben der Naht heraus.

„Bei Fensterreparaturen funktioniert das Ganze ähnlich. Nachdem die alte Fensterfolie durch vorsichtiges Auftrennen der Nähte mit einem scharfen Messer ausgelöst wurde und alle alten Fensterreste entfernt sind, näht man ebenfalls zuerst ein grob zurechtgeschnittenes Folienfenster entlang der alten Naht fest“, so Heinz.

» Gute Sattlerarbeit erkennt man immer an der Stoppnaht. Sie verhindert, dass sich die Naht am Ansatz löst

Besuch beim Camping-Handel

Erst wenn das Fenster angenäht ist, wird seine endgültige Form entlang der neuen Naht mit dem Scherenmesser ausgeschnitten. Zum Dichten der Fensternaht empfiehlt Heinz übrigens Zeltdichtmittel. Man bekommt es leicht für wenig Geld in jedem gut sortierten Camping-Zubehörhandel. Noch ein Wort von Heinz zum Nähen: „Gute Sattlerarbeit beziehungsweise Nähte erkennt man immer an der Stoppnaht. Sie verhindert, dass die Naht sich am Nahtansatz im Laufe der Zeit löst.“ Zum Stoppnahtsetzen fährt man am Anfang der Naht zwei oder drei Mal circa zwei bis drei Zentimeter auf der Nahtlinie vorwärts und rückwärts und zieht dann erst die eigentliche Naht. Bevor man die Naht beendet, macht man das gleiche nochmal am Nahtausgang.

Beschläge festnieten

„Auch Beschläge kann man selbst reparieren“, sagt Heinz. Ob große Drehverschlüsse, sogenannte Drehwirbel (kleine Drehverschlüsse), VW-Ösen mit Steckstrippen, Lochösen, Druckknöpfe, Zurrriemen oder Gummibänder mit Haken, alles ist problemlos in jeder Größe und Ausführung

NEUE SEITENSCHÜRZE HERSTELLEN: PER NAHT

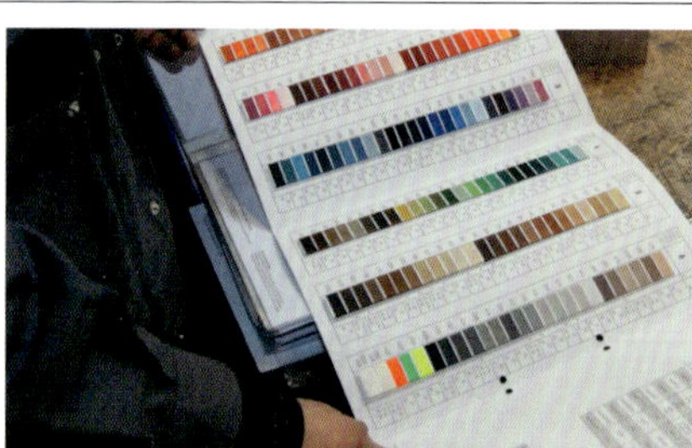
1. Wer die Fadenwahl hat, hat die Qual – aber Achtung: Nylon sollte es schon sein!

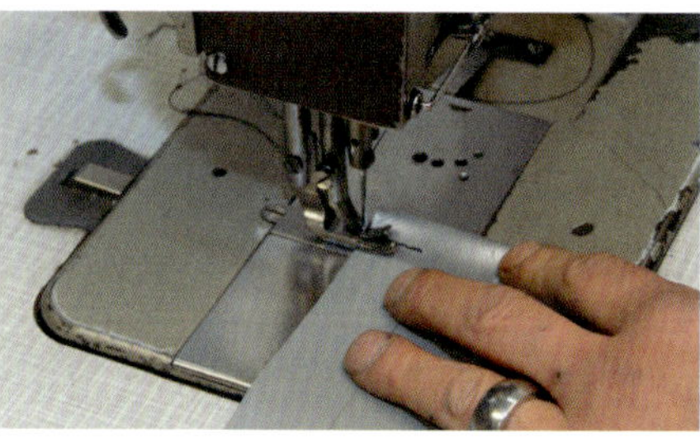
2. Heinz näht immer zuerst die Stoppnaht, bevor er eine Naht am Verdeck setzt

3. Um eine gerade Naht hinzukriegen, ist ein ruhige Hand und ein gutes Auge nötig

4. Erster Schritt: Heinz zeichnet die Konturen des Fensters auf den Verdeckstoff auf

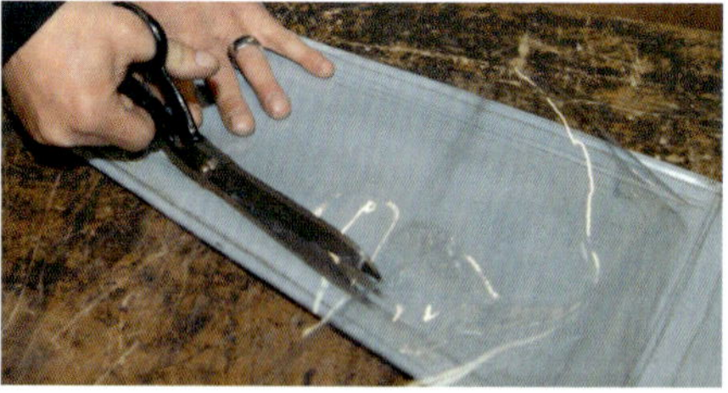
5. Zweiter Schritt: Das Folienglas wird grob zurechtgeschnitten

6. Dritter Schritt: Die Folie wird von der Rückseite entlang der Kontur auf das Verdeck genä

7.Wichtiges Werkzeug für einen Sattler: das Sattlerscherenmesser

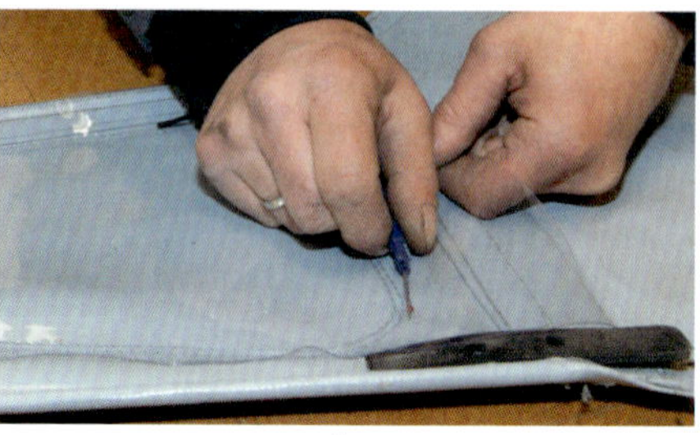
8. Vierter Schritt: den Überstand zwei bis drei Millimeter neben der Naht sauber abtrennen

9. So sollte das ausgeschnittene Fenster aussehen, damit es dauerhaft hält

im Nutzfahrzeugteilehandel oder bei Sattlereien erhältlich. „Das Setzen dieser Applikationen erfolgt immer nach der gleichen Methode", sagt Heinz. „Wichtig ist hier nur das passende Werkzeug." Benötigt wird beim Neusetzen dieser Teile zum Stanzen von Nietlöchern im Verdeckstoff immer ein Locheisensatz. Er sollte die gängigsten Größen von zwei bis circa 25 Millimeter enthalten.

Auch passende Nieteisen für die benötigten Nieten und ein Hammer sind notwendig. „Hat man diese Werkzeuge, ist es wichtig, die Applikation richtig zu setzen", so Heinz. Bei defekten Befestigungsteilen kann man meist das alte Nietloch in der Plane wiederverwenden. Ist die Befestigung großflächig ausgerissen, hilft meist nur noch, jeweils einen Flicken von vorn und hinten über die defekte Stelle zu nähen, um dann in diesen das neue Nietloch zu stanzen. Die Applikation muss jedoch immer so gesetzt werden, dass die Verdeckplane weder flattert noch zu stramm sitzt, sonst reißt das Verdeck schnell wieder an dieser Stelle ein", erklärt Heinz. So einfach das Nieten aussieht, es will geübt sein: Der Nietstift wird von der Innenseite des Verdeckstoffs durchgeschoben und anschließend von außen die Nietplatte aufgesetzt. Nun folgt ein beherzter aber gefühlvoller Hammerschlag auf das möglichst senkrecht auf der Nietplatte stehende Nieteisen. Die Nietung ist gelungen, wenn die Bördelung im Nietkreis gleichmäßig verdruckt ist. Bei hoch belasteten Befestigungen sollte zwischen Nietstift und Verdeckinnenseite eine Kunststoffunterlegscheibe gelegt werden, um allzu schnelles Einreißen zu verhindern.

Thomas war jedenfalls sehr zufrieden, als er seine Eckseitenteile von Heinz abholte. Nun sehen sie wieder aus wie die Originale, und Durchblick auf die Straße hat Thomas auch wieder!

Marcel Schoch

VERDECKREPARATUR

Die drei goldenen Regeln:

1. Richtige Selbsteinschätzung

Verdeckreparaturen sehen leicht aus – sind es aber nicht. Traut man sich die Arbeit nicht zu, lieber zum Sattler gehen, bevor man größeren Schaden anrichtet!

2. Übung macht den Meister

Auch leichte Verdeckreparaturen wollen gelernt sein. Bevor es ans Original geht, immer erst an Schnittresten üben!

3. Auf Haussegen achten!

Bevor Sie Muttis Nähmaschine zum Verdecknähen zweckentfremden, immer erst fragen, ob Sie das auch dürfen – sonst hängt schnell der Haussegen schief.

. Fünfter Schritt: Von der Vorderseite ıneidet Heinz jetzt mit dem Sattlerıerenmesser vorsichtig den Verdeckstoff s dem Fensterausschnitt

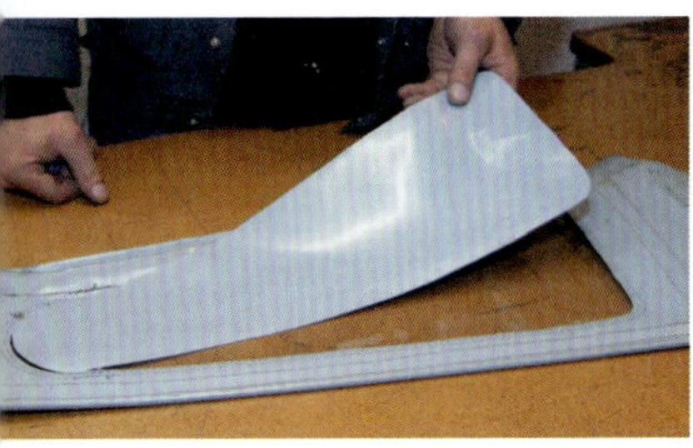

. Sauber ausgetrennt – fertig. Wer will, kann e Naht jetzt noch mit Dichtmittel dichten

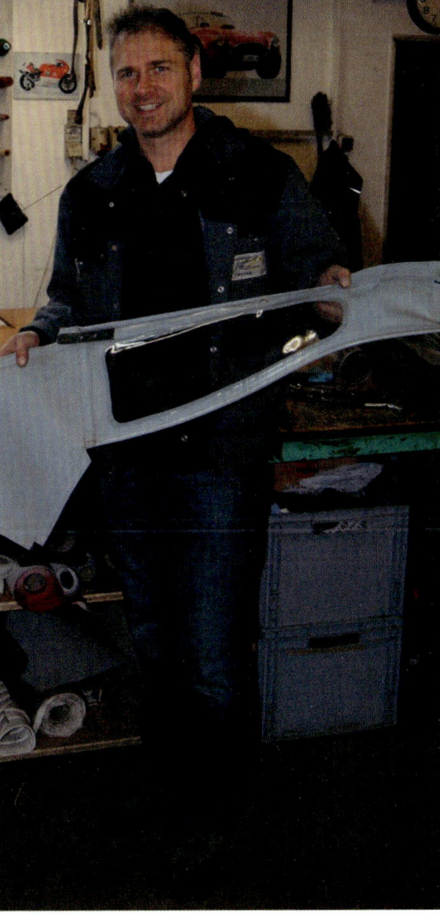

12. Heinz Noß ist Experte für alle Sattlerarbeiten bei R&R in Maisach unweit von München

13. Zur leichteren Montage des Seitenteils in die Schiene des Fensterrahmens sprüht Thomas die Verdeckkante mit Silikon ein

14. Rundumblick gesichert! Thomas ist zufrieden mit den neuen Eckseitenteilen

TRAKTOR EINWINTERN

PERFEKTE KONSERVIERUNG

Winterschlaf

Wer seinen Traktor im Spätherbst gut einwintert, hat im Frühjahr mehr Freude daran! Wir zeigen Ihnen, wie man dabei garantiert nichts vergisst. Sehr wichtig ist auch der Stellplatz, hier gilt: Vorsicht vor alten Viehställen!

Im Winter gehen die Anlässe, den Oldtimer einzusetzen, auf ein Minimum zurück. Wenige Veranstaltungen locken, und wenig Arbeit – bis aufs Holzmachen – ruft. Zudem könnten Streusalz, Feuchtigkeit, Rollsplitt und Eis der Technik und Optik des Traktors schaden. Also kann man die Kiste ja auch für ein paar Monate stilllegen. Das erscheint sinnvoll und sicher.

Aber Vorsicht: Auch stilllgelegten Traktoren drohen Schäden. Um sie zu vermeiden, müssen besondere Vorkehrungen getroffen werden, damit die alte Technik den Winter unbeschadet übersteht. Bevor es aber ans Einwintern geht, sollte der Termin für die HU überprüft werden. Dersollte natürlich nicht in der Stilllegungszeit liegen und gegebenenfalls vorgezogen werden, damit die Wiederzulassung im Frühjahr reibungslos läuft.

Volltanken!

Das fachgerechte Einwintern eines Traktors beginnt immer mit einer gründlichen Wäsche. Wer einen Dampfstrahler verwendet, muss darauf achten, dass der Traktor vor der Konservierung noch einmal gründlich trocken gefahren wird.

Hierfür bietet sich besonders die letzte Probefahrt vor dem Winter an. Denn, unabhängig von der Art der Wäsche, ist sie ohnehin für jeden Traktoristen Pflicht, um noch einmal alles auf einwandfreie Funktion zu prüfen. Bei dieser Gelegenheit sollte man auch nicht vergessen, noch einmal vollzutanken. Das reduziert die Gefahr von Rostbildung im Tank. Bei Traktoren mit Benzineinspritzung oder

Wahllos abgestellt! Ob dieser Traktor im Frühjahr anspringt?

Vergaser ist dem Benzin nach dem Tanken zusätzlich ein Korrosionsschutzmittel beizugeben. Danach muss der Traktor noch einmal ein paar Kilometer gefahren werden, damit sich der Korrosionsschutz im Kraftstoffsystem verteilt.

Reinigen und Schmieren

Nach der Probefahrt muss das warme Motor-, Getriebe- und Differenzialöl abgelassen und durch neues ersetzt werden (siehe nächstes Kapitel). Dies verhindert, dass die im alten Motoröl entstandenen Säuren während der Standzeit den Motor zerstören können. Auch das im Öl gelöste Wasser wird so aus Motor, Getriebe und Differenzial sicher entfernt.

Bei Traktoren mit Ölfilter sollte dieser ebenfalls gewechselt werden. Ist nur ein Ölsieb vorhanden: reinigen! Sieb bzw. Filter dabei auf das Vorhandensein gröberen Metallabriebs prüfen. Feiner Metallabrieb (kleiner als ein Millimeter) ist bei älteren Motoren durchaus noch normal. Kleinere Metallstückchen sind jedoch ein Zeichen für einen beginnenden Lagerschaden, dessen Ursache umgehend beseitigt werden muss.

Anschließend sind am Fahrwerk sämtliche Schmierpunkte (Traggelenke, Lenkgetriebe, Radlager, Bremsgestänge etc.) gründlich zu fetten beziehungsweise zu ölen. Danach sollten die frisch abgeschmierten Komponenten auf Spiel überprüft werden.

Reifen-Check

Zur Fahrwerkskonservierung gehört auch die Überprüfung der Reifen. Traktorreifen können je nach Nutzung auch nach vielen Jahren noch wie neu aussehen. Ein Blick auf das Herstellungsdatum verrät das wahre Alter des Reifens (siehe Seite 32 ff.). Als Faustregel gilt hier, dass Reifen, die älter als zehn Jahre sind, aus Sicherheitsgründen gewechselt werden sollten. Zum Einwintern ist der reguläre Reifenluftdruck um rund 25 Prozent zu erhöhen, um schleichenden Luftdruckverlust und damit Formverlust über den Winter vorzubeugen. Noch besser vermeidet man Fahrwerksschäden und Standplatten, indem man den Schlepper aufbockt. Wichtig ist hier, die richtigen Aufnahmepunkte für die Standböcke zu verwenden. Liegt man schon einmal unter dem Traktor, kann auch gleich noch die Begutachtung der unteren Baugruppen auf Schäden erfolgen. Das ist die Gelegenheit, kleine Roststellen oder Steinschlagschäden noch vor der Winterpause zu entdecken und zu behandeln.

Motor und Kühlkreislauf

Jetzt wird der abgekühlte Motor winterfest gemacht. Alle Schläuche des Kühlkreislaufs sind hierzu auf Dichtheit zu prüfen. Auch ist zu kontrollieren, ob genügend Frostschutz (und damit auch Rostschutz) in der Kühlflüssigkeit vorhanden ist, um Frost- oder Kavitationsschäden im Motor zu vermeiden (siehe Seite 106 ff.).

Anschließend muss der Motor mit dem E-Starter bei stillgelegter Zündung durchgedreht werden, damit sich dass neue Öl und der Frostschutz gleichmäßig verteilen. Um das Innere des Motors sicher vor Feuchtigkeit zu schützen, sind anschließend das Auspuffendrohr und der Luftfilterschnorchel möglichst luftdicht zu verschließen. Handelsübliche Gefrierbeutel, mit Klebeband befestigt, oder auch ölgetränkte Putzlumpen eignen sich hierfür besonders.

Elektrik

Zum Einwintern sollte auch die Batterie ausgebaut und ihre Dichtheit, Kapazität und der Säurestand überprüft werden. Über den Winter lagert man sie am besten an einem trockenen, kühlen und gut belüfteten Ort. An einem Erhaltungsladegerät angeschlossen, kann die Batterie jedoch bis zum Frühjahr problemlos überwintern. Anschließend sind alle Kontaktstellen und Stecker des Kabelbaums mit einem Wasser verdrängenden Kontaktspray einzusprühen, um Oxidation zu verhindern.

Das Äußere

Nach der Konservierung der Mechanik und der Elektrik sollte nun der Karosserielack und eventuell vorhandene Chromoberflächen mit Konservierungswachs behandelt werden. Es verhindert Rostbildung und weist Kondenswasser ab. Dabei sind auch sämtliche Gummidichtungen (Türen und Motorhaube) und Gummiteile wie Achsmanschetten oder Gummibälge mit Gummipflegemittel zu behandeln. Hirschtalgstifte oder silikonhaltige Sprays eignen sich hierfür gleichermaßen gut.

Bei Traktoren mit Verdeck steht vor der Winterpause zunächst noch eine Reinigung des Regenschutzes an: PVC-Verdecke lassen sich leicht einwintern. Sie

» Das beste Mittel gegen einen Standplatten ist immer noch, den Traktor aufzubocken

SULFATIERUNGSGEFAHR

Batterie-Check

Seit vielen Jahrzehnten sind Bleibatterien kostengünstiger Standard in Fahrzeugen aller Art. Die mit Schwefelsäure als Elektrolytflüssigkeit gefüllten Batterien benötigen regelmäßig Pflege, damit sie einwandfrei funktionieren.
Neben der Kontrolle des Flüssigkeitsstandes muss vor allem der Ladezustand öfter überprüft werden. Wie häufig dies geschehen muss, hängt stark von der Umgebungstemperatur ab. Bei hohen Temperaturen verlieren Batterien sehr viel schneller an Kapazität. Der Verlust kann zwischen 0,3 und 1 Prozent pro Tag liegen. Theoretisch kann eine Batterie bei ungünstigen Bedingungen nach rund drei Monaten tief entladen sein.

Was ist Sulfatierung?

Ist das der Fall, hat sich auf den positiven Bleiplatten innerhalb der einzelnen Batteriezellen eine aus grobkristallinem Bleisulfat bestehende Schicht gebildet (sogenannte Sulfatierung).
Im Prinzip stellt jede Entladung einer Batterie eine Sulfatierung dar. Ist die Batterie dabei lediglich nur entladen, wird das Bleisulfat beim Ladevorgang durch den Elektronenfluss von der Plusplatte zur Minusplatte in Blei und einen Säurerest zerlegt. Der Säurerest wiederum spaltet im Elektrolyt ein Wassermolekül in die Bestandteile Sauerstoff und Wasserstoff. Der Sauerstoff verbindet sich auf der Plusplatte mit dem dort vorhandenen Blei zu Bleidioxid.
Wird jetzt die Batterie belastet, fließt Strom vom Minuspol über den Verbraucher zum Pluspol. Dabei entlädt sich die Batterie. Das gebildete Bleidioxid wird wieder in Blei und Sauerstoff zerlegt. Der Sauerstoff seinerseits verbindet sich im Elektrolyt mit dem Wasserstoff in der Schwefelsäure zu Wasser. An den Plus- und Minusplatten bildet sich aus dem Säurerest und Blei wieder Bleisulfat.

Zu tief entladen

Bei tief entladenen Batterien verhindert jedoch die übermäßige Anlagerung der Bleisulfatkristalle an den Elektroden das Aufladen der Batterie, weil einerseits die aktive Oberfläche der Bleielektroden verringert wird, was zu einer schlechteren Reaktionsfähigkeit führt.
Zum anderen können die Kristalle durch Erschütterungen von den Elektroden abfallen. Dabei bildet sich eine Schlammschicht am Boden der Zelle. Wenn die Schlammschicht zu hoch wird, berührt sie die beiden Elektroden und verursacht einen Kurzschluss, der die Batteriezelle zerstört.

Moderne Technik hilft

Hochwertige elektronisch gesteuerte Ladegeräte unterstützen heute das Entsulfatieren durch kurze starke Pulsströme. Die Bleisulfatkristalle werden so zerstört und die Kapazität auch älterer Bleibatterien teilweise wiederhergestellt.

müssen lediglich mit Gartenschlauch, weicher Bürste und etwas Geschirrspülmittel ins Waschwasser abgewaschen werden.

Verdeckwäsche

Anders ist das bei einem Stoffverdeck. Hier ist die Handwäsche Pflicht. Keinesfalls sollten sie mit dem Hochdruckreiniger abgewaschen werden. Sein scharfer Wasserstrahl kann die Imprägnierung des Stoffdaches nachhaltig zerstören. Verwenden Sie für Ihr Stoffverdeck viel lauwarmes Wasser, Kernseife oder ein wenig Geschirrspülmittel. Spülen Sie anschließend gründlich und lassen es gut trocknen. Danach mit geeignetem Imprägnierspray einsprühen.

Auch die Kunststofffenster dürfen nur mit weichen Lappen und viel Wasser oder speziellen Kunststoffscheibenreiniger gereinigt werden. Bei blinden Scheiben hilft oft Kunststofffensterpolitur. In einigen Fällen kann auch die Politur mit Zahnpasta wieder für Durchsicht sorgen.

Oft vernachlässigt werden die Verdeckscharniere. Sie sind mit Fett, Teflonspray oder Sprühöl zu behandeln. Damit bei ihrem Einsatz nicht die Kabine oder der Verdeckstoff verunreinigt wird, ist ein Stück Karton, das hinter das zu schmierende Gelenk gehalten wird, sehr nützlich.

Gut gestellt

Kann der Traktor nicht aufgebockt werden, darf zur Sicherung vor Wegrollen auf keinen Fall die Handbremse angezogen werden, da die Beläge mit der Bremstrommel verkleben können. Holzkeile, unter die Reifen geschoben, sind hier die ideale Lösung. Zur Vermeidung eines Standplattens muss bei nicht aufgebockten Fahrzeugen monatlich der Luftdruck kontrolliert und das Fahrzeug ein kleines Stück bewegt werden, damit die Reifen nicht ständig auf derselben Stelle belastet werden. Auf keinem Fall darf hierzu jedoch der Motor gestartet werden, da ansonsten die Konservierung im Anschluss neu durchgeführt werden müsste.

Wird der Motor dennoch gestartet, wird er kaum auf Betriebstemperatur kommen, selbst wenn er länger im Stand läuft. In der Folge kommt es im Motor und Auspuff zur Rostbildung aufgrund von Kondenswasser. Darüber hinaus wird durch häufigeres Laufenlassen der Schmierfilm im Motor immer stärker abgetragen.

» Vorsicht ist bei der Anmietung alter Stallungen geboten – auch wenn sich Traktoren hier zu Hause fühlen

Vorsicht vor Ställen

Vorsicht ist bei der Anmietung von alten Stallungen geboten – auch wenn sich Traktoren hier durchaus zu Hause fühlen. Sie sind meist sehr feucht, weil der Steinboden direkt auf dem Erdreich liegt. Eine besondere Gefahr für den Erhalt des Traktors geht jedoch von Kuhmist- und Gülleresten aus, die in Stallboden und -wand über viele Jahrzehnte eingezogen sind.

Sie produzieren Ammoniakausdünstungen, die, ähnlich wie Batteriesäure, jedes Material in kurzer Zeit erheblich schädigen können. Scheune oder Halle: ja, alte

Leicht erhöter Luftdruck verhindert Standplatten

LINKS Frisches Motoröl bewahrt den Motor vor inneren Schäden

Ein sauberer Luftfilter lässt den Motor im Frühjahr leicht starten

Stallung: eher nein! Eine atmungsaktive Plane schützt den Schlepper am Stellplatz nicht nur vor Staub, sondern auch gegen Vogelkot, der äußerst aggressiv den Lack angreifen kann, wenn er nicht innerhalb kurzer Zeit entfernt wird.

Gute Abdeckplanen verfügen über Ösen zum abspannen, damit sie nicht durch Luftzug ins Flattern geraten und so den Lack beschädigen können. Zur Vorbeugung von Reibungsschäden sollte dennoch zusätzlich ein Baumwolltuch zwischen Traktor und Plane gelegt werden. Es saugt auch Kondenswasser auf und hält es vom Fahrzeug fern.

„Safety first"

Auch in Hinblick auf die Sicherheit sollten Vorkehrungen getroffen werden. Klären Sie mit Ihrer Versicherung, welche Anforderungen erfüllt sein müssen. Meist sind dies eine Alarmanlage und einbruchssichere Türen und Fenster.

Der Oldtimer sollte außerdem möglichst kindersicher verwahrt werden, damit kein Unglück geschieht – haftbar bei Unfällen sind immer Sie, der Halter.

Marcel Schoch

enügend Kühlflüssigkeit schützt das ühlsystem vor Korrosion

rostschutztester gibt es günstig im Baumarkt

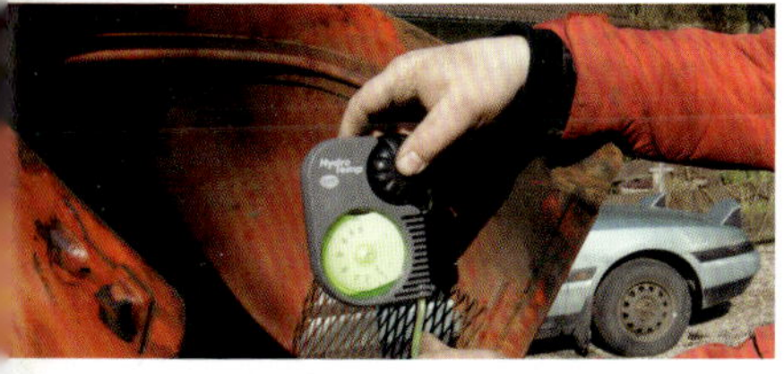

ontaktspray verhindert oxidierte ontakte und Stecker

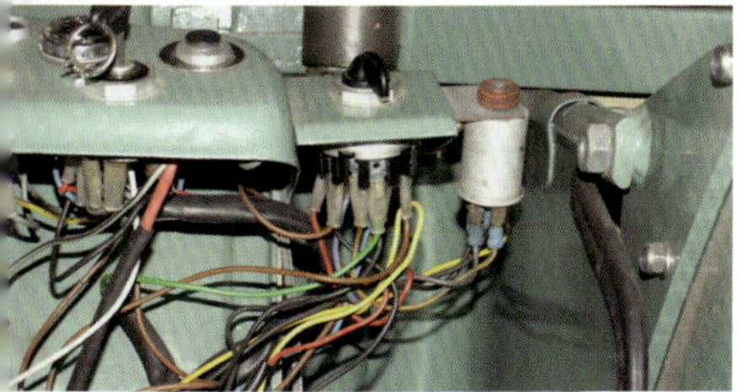

CHECKLISTE

Perfekt Einwintern

PRÜFPUNKT	BEGRÜNDUNG
HU und Versicherung checken	Läuft die HU während der Stilllegungszeit ab, gibt es Probleme bei der Zulassung im Frühjahr. Nicht vergessen: Standversicherung abschließen (man weiß schließlich nie, was passiert!!)
Traktorwäsche	Schmutz, Öl und Säuren können Oberflächen angreifen
Volltanken	Kraftstoff schützt den Tank von Innen vor Korrosion. Spezielles Kraftstoffkorrosionsschutzmittel schützt die empfindliche Einspritzung
Motor-, Getriebe- und Differenzialöl wechseln	Säuren und gelöstes Wasser im gebrauchten Öl greifen den Antriebsstrang von innen an
Ölfilter wechseln	Schmutzpartikel und Metallabrieb können den Filter verstopfen
Fahrwerk abschmieren	Frisches Fett schützt die Lager vor Korrosion
Reifendruck überprüfen und um 25 Prozent überhöhen, ggf. Traktor aufbocken	Zu geringer Luftdruck in den Reifen führt zu Standplatten
Reifenalter kontrollieren	Alte Reifen werden rissig und können im Fahrbetrieb platzen
Karosserie, Fahrwerksteile und Aufhängungen auf Korrosion prüfen	Im Winter ist Zeit, Korrosionsschäden zu beheben
Kühlkreislauf auf Dichtheit und Frostschutz kontrollieren	Vorbeugung von Frost- oder Kavitationsschäden im Motor und Kühlsystem
Vergaseransaugrohr und Auspuffauslass verschließen	Feuchtigkeit kann nicht in den Motor eindringen
Batterie überprüfen	Der Säurestand könnte zu niedrig sein. Zur Erhaltung der Batterie an ein Erhaltungsladegerät anschließen
Kontakte und Stecker des Kabelbaums konservieren bzw. pflegen	Kontaktspray verhindert Oxidation und damit Kontaktprobleme
Karosserie und blanke Metalloberflächen versiegeln	Wachspolituren schützen Lack und Chrom vor Umwelteinflüssen während der Standzeit
Gummiteile pflegen	Mit Hirschtalg oder Silikonspray behandelte Gummiteile bleiben geschmeidig und behalten ihre Funktion
Verdeck reinigen und pflegen	Straßenschmutz enthält Säuren, die in Verbindung mit Luftfeuchtigkeit vor allen Stoffverdecke angreifen und sie brüchig werden lässt
Verdeckscharniere schmieren	Das Verdeck muss im Winter geschlossen bleiben, um Brüche im Verdeckstoff vorzubeugen. Geschmierte Scharniere garantieren im Frühjahr ein leichtes Öffnen des Verdecks ohne Beschädigungen
Traktor vor Wegrollen sichern	Unbeabsichtigtes Wegrollen kann Menschen und den Traktor gefährden
Überwinterungsort gut auswählen	Feuchte Räume und alte Stallungen schaden dem Traktor mehr, als sie nützen
Traktor vor Kindern sichern	Traktoren ziehen Kinder magisch an. Am besten „unsichtbar" verräumen oder den Traktor wegsperren, um Unfälle zu vermeiden

SCHMIERDIENST AM TRAKTOR

TRAKTOR ABSCHMIEREN

Gut geschmiert

Wie schmiere ich meinen Oldtimer-Traktor richtig ab? Welche Intervalle muss ich einhalten, wie erkenne ich defekte Schmierstellen, und vor allem: Kann man es auch übertreiben? Mike Thomas weiß auf alles eine Antwort ...

Wenn Mike einen Traktor verkauft, kann der neue Besitzer sich darauf verlassen, dass die wichtigsten Wartungsarbeiten bereits erledigt sind. So auch im Fall eines Schlüter AS 15 D von 1954. Mike wird ihn noch einmal gründlich abschmieren, bevor er seinem neuen Besitzer übergeben wird. Selbstverständlich lassen wir uns die Gelegenheit nicht nehmen, Mike bei seiner Arbeit über die Schulter zu sehen.

„Leider fehlt beim Schlüter das Schmierplanblechschild“, sagt Mike. „Auch das Werkstatthandbuch ist nicht mehr vorhanden. Alle Schmierstellen muss ich daher selbst finden. Kennt man sich ein bisschen mit Traktoren aus, ist das aber kein Problem.“ Mike sieht sich die Lenkung, das Lenkgestänge, die Achsaufhängung, die Räder, die Anhängerkupplung und die verschiedenen Bedienhebel näher an. Auch das Gasgestänge und der Mähantrieb entgehen ihm dabei nicht. „Kennt man die Schmierstellen, muss man wissen, um welche Art von Schmiernippel es sich handelt, sonst passt unter Umständen das Anschlussmundstück der Fettpresse nicht“, erklärt Mike. Am Schlüter sind überwiegend sogenannte Kegelschmiernippel verbaut. Nur an den Radlagern finden sich Kugelschmiernippel (siehe Kasten „Kleines Schmiernippel-ABC“). Mike hat seine Fettpresse bereits vorbereitet und ein Hydraulikmundstück für Kegelschmiernippel angeschraubt. Das passende Hohlmundstück für die Nippel an den Radlagern liegt auch schon bereit. Bevor es losgeht, wischt er die Handhebelfettpresse noch sauber. „Sonst rutscht sie im falschen Augenblick, wenn Kraft nötig ist, aus der Hand“, weiß Mike aus leidlicher Erfahrung zu berichten.

Gute Sicht durch Sauberkeit

Mike beginnt an der Vorderachse. „Ich werde mich einmal um den Traktor he-

TRAKTOR ABSCHMIEREN

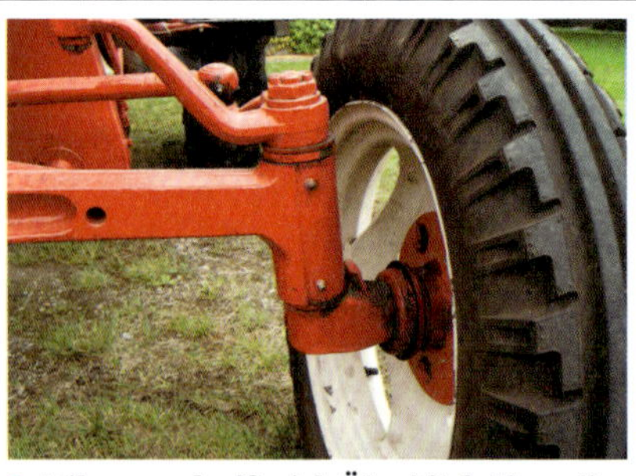

1. Mike verschafft sich Überblick über alle Schmierstellen: Allein an den vorderen Achsfäusten sind je zwei Schmiernippel

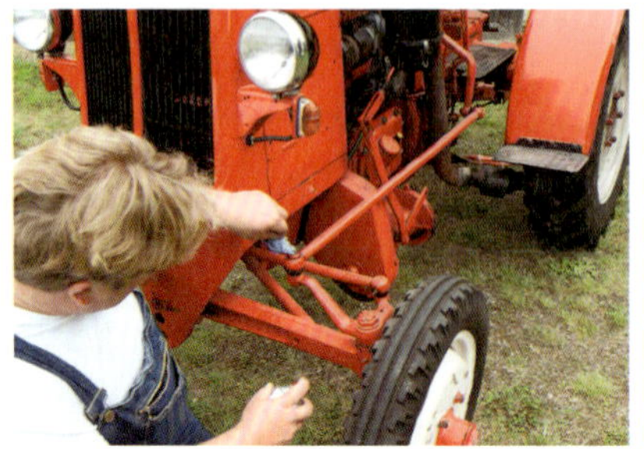

2. Jeden Schmiernippel säubert Mike akribisch, um seinen Zustand genau zu überprüfen

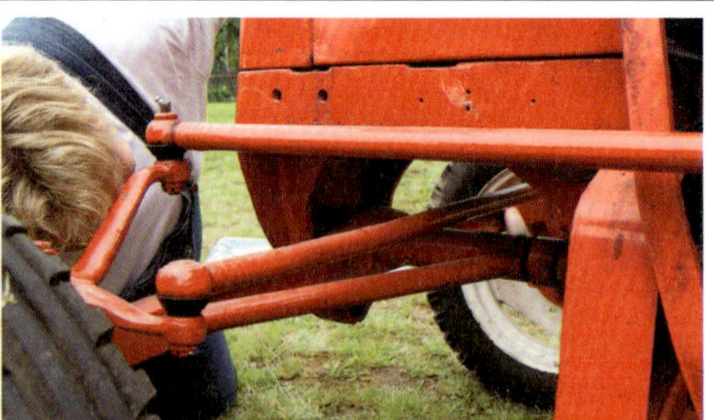

3. Auch der Blick unter den Traktor lohnt sich. Hier hat Mike den Schmiernippel für den vorderen Achsträger gefunden

4. Die Schmiernippel der Radlager sind meist anders geformt (hier Kugelschmiernippel). Für sie braucht man ein spezielles Fettpressenmundstück

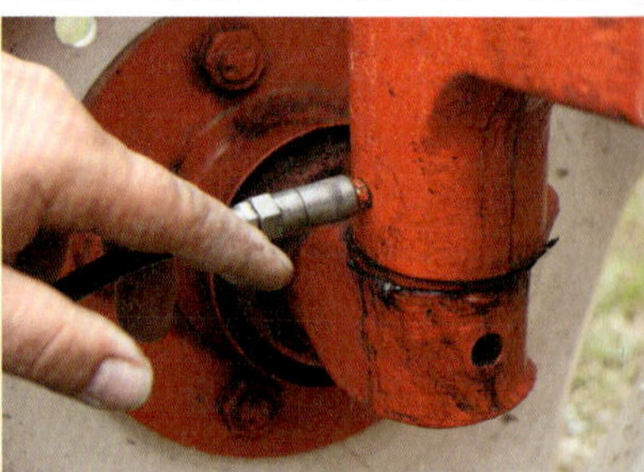

5. Deutlich ist der Fettaustritt zu erkennen: Altes Fett quillt aus dem Lager und wird dabei durch neues ersetzt

6. Das Kugelventil des oberen Schmiernippels ist verklemmt. Mike muss ihn ausbauen und in Augenschein nehmen

Bevor Mike den Schlüter AS 15 D von 1954 seinem neuen Besitzer übergibt, bekommt der Dieselschlepper noch einmal einen Schmierdienst

rumarbeiten, um keinen Schmiernippel zu übersehen.“ Dabei legt sich Mike auch unter den Traktor. Gerade an der vorderen Achsaufhängung verbergen sich gerne ein paar Nippel. „Vor jedem Schmierdienst sollte der Traktor gründlich gewaschen werden, sonst übersieht man zu viel“, ergänzt Mike, wischt den ersten Nippel mit Werkstattpapier sauber und entfernt den restlichen Schmutz mit Bremsenreiniger. Jetzt kann er den Nippel genau in Augenschein nehmen. Sitzt er fest im Lagergehäuse? Ist er beschädigt? Besonders wichtig ist aber, dass die Kugeldichtung in dem kleinen Loch des Schmiernippels auch funktioniert. Die Kugel verschließt über Federdruck den Fettkanal, sodass nach dem Abschmieren kein Schmutz oder Wasser in das Lager gelangen kann. Die Kugel muss den Schmiernippel deutlich sichtbar von Innen verschließen. „Nicht selten fehlt die Kugel. Dann dauert es auch nicht lange, bis ein Lager von innen heraus zu rosten beginnt oder von eingedrungenem Schmutz langsam zerstört wird“, erklärt Mike. „Defekte Schmiernippel können daher die Ursache für teure Folgeschäden sein. Sind sie defekt oder beschädigt, gehören sie immer gleich ersetzt. Das ist allemal billiger, als ein defektes Lager tauschen zu müssen“. Passende Schmiernippel sollte man immer vorrätig haben.

Fertig zum Auswechseln

„Gerade wenn längere Zeit kein Abschmierdienst mehr vorgenommen wurde, kommt es immer wieder vor, dass Schmiernippel defekt sind“, erzählt Mike nebenbei, nicht ahnend, dass ihn der obere Schmiernippel an der rechten Achsfaust, den er sich gerade vornehmen will, vor unerwartete Schwierigkeiten stellen wird. Als Mike die Fettpresse auf den äußerlich intakten Nippel ansetzt, spritzt das Fett am Mundstück zu allen Seiten heraus. Nur in den Schmiernippel will es nicht. Mike sieht sich den Nippel näher an. „Vermutlich ist das Kugelventil verklemmt“, diagnostiziert er und schraubt den Nippel heraus. Hierbei verwendet Mike einen gut passenden 9er-Ringschlüssel. „Das Herausschrauben muss

>>> SEITE 180

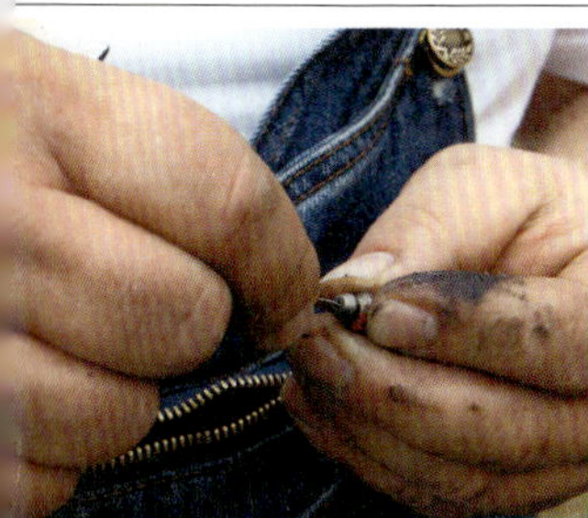

Mike testet mit Draht den Feder-
ıgelverschluss. Die Kugel muss
:h leicht hineindrücken lassen

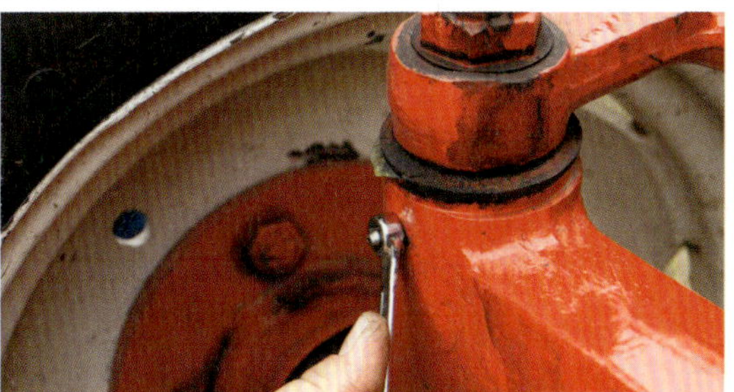

9. Das Hereindrehen des Schmiernippels muss bis zum Anschlag per Hand erfolgen können. Das Anziehen erfolgt gefühlvoll mit einem Ringschlüssel (hier Größe 9)

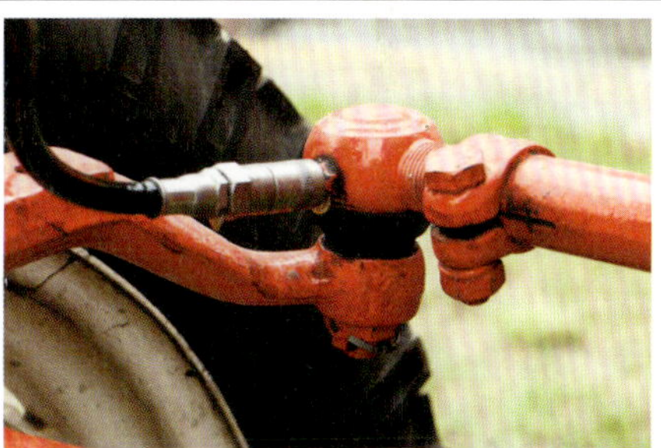

11. Aha! Hier muss demnächst die Gummimanschette getauscht werden. Sie zeigt bereits deutlich Risse im Gummi

Etwas für gute Augen – oder Brille
ıfsetzen! Die Dichtfläche des
hmiernippels muss plan sein

10. Der Nippel arbeitet wieder: deutlicher Fettaustritt ist zu sehen! Bei der Gelegenheit am besten auch die Gummimanschette überprüfen:

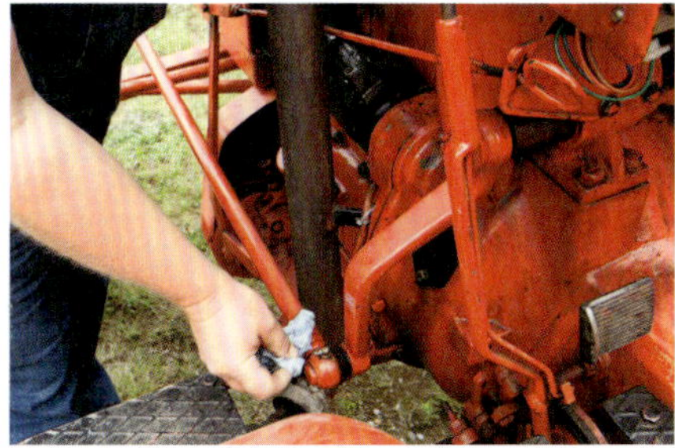

12. Die Schmiernippel des hinteren Lenkgestänges werden gerne vergessen. Mike schmiert auch sie gewissenhaft ab

Bei Traktoren mit Blattfedern (hier: Hanomag R 28 B von 1952) gehören die Aufhängungen des Federpakets zum Schmierdienst

mit viel Gefühl erfolgen. Gerne reißen nämlich Schmiernippel, die seit Jahrzehnten eingeschraubt und entsprechend fest korrodiert sind, am Gewinde ab. Wer hier sichergehen möchte, sollte daher immer zuerst Rostlöser aufsprühen und entsprechend lange einwirken lassen".

Test per Draht

Mike hat Glück. Problemlos lässt sich der Schmiernippel herausschrauben. Anschließend nimmt er ein Stück dünnen Stahldraht und drückt damit von außen auf das Kugelventil. Nach wenigen Versuchen löst es sich, und die Kugel kann nach innen gedrückt werden. Dabei beobachtet Mike, ob das Ventil auch wieder richtig schließt. Da das Ventil jetzt scheinbar wieder in Ordnung ist, schraubt Mike es ein. Zuvor hat er sich aber die Dichtfläche und das Gewinde noch näher angesehen. Beides muss einwandfrei sein. Die Dichtfläche darf keinerlei Schrammen oder Kratzer haben. Gute Gewinde erkennt man daran, dass sich der Schmiernippel bis zum Anschlag per Hand in das Gewinde des Lagersitzgehäuses hereindrehen lässt. Beides ist hier in Ordnung. Auch beim Anziehen des Schmiernippels ist Mike sehr gefühlvoll. „Immer wieder höre ich von Kunden, dass sie bei der Montage Schmiernippel abgerissen haben. Der Ärger ist dann natürlich entsprechend groß." Lieber also die Schmiernippel etwas lockerer anziehen. Wenn Fett aus dem Gewinde des Schmiernippels quillt, kann man immer noch nachziehen. Jetzt – im zweiten Anlauf kann Mike das Fett, so wie es sein muss, in das Lager drücken – Alles funktioniert einwandfrei.

Bis es quillt!

Trotzdem ist Mike beim Pumpen des Fettes sehr vorsichtig und gefühlvoll, denn die Schmiernippel an der Achsfaust des Schlüter versorgen sogenannte Gleitlager. Generell gilt für Gleitlager, dass man solange pumpen muss, bis das Fett aus den Gleitlagerrändern deutlich herausquillt. Das stellt sicher, dass altes Fett aus dem Lager geschoben und das gesamte Lager wieder mit neuem Fett gefüllt wird. Quillt nichts heraus, kann entweder der Schmiernippel verstopft sein (wie soeben) oder das Fett im Lager ist bereits verhärtet oder verharzt. Dann könnte bei zu heftigem Pumpen die Fettpresse beschädigt werden. In einem solchen Fall bleibt einem dann nichts anderes übrig, als das Lager komplett zu zerlegen und alle Teile zu reinigen beziehungsweise durch neue zu ersetzen.

Als Nächstes nimmt sich Mike die Kugelkopflager des Lenkgestänges vor. „Hier darf höchstens ein Fettstoß pro Schmiernippel erfolgen."

» Wenn sich der Schmiernippel bis zum Anschlag per Hand eindrehen lässt, ist das Gewinde in Ordnung

Am Kugelkopf: nicht zu viel!

„Zu viel Fett könnte nämlich die Lagerkugel durch den hohen Druck der Fettpresse aus ihrer Lagerschale drücken", warnt Mike. Bei Kugelkopflagern muss auch auf die Gummimanschette geachtet werden. Sie darf auf keinen Fall beschädigt sein (Risse, Brüche, Fehlstellen oder Verhärtung), da hier im Gegensatz zum Gleitlager nicht das Fett selbst das Lager abdichtet, sondern die Gummimanschette.

Gerne werden beim Abschmierdienst die Lager der Pedale vergessen. Hier ist der Schlüter mit reichlich Schmiernippeln ausgerüstet. Eine sehr versteckte Schmierstelle findet Mike auch an der Hebelachse der Differenzialsperre. Der total verschmutzte Schmiernippel beweist Mike, dass hier seit Jahrzehnten keine Fettpresse angesetzt wurde. Ein ähnliches Bild zeigt auch der Schmiernippel für die Flanschkupplung. Die Schmierung der Flanschkupplungsachse stellt sicher, dass sich das Kupplungsmaul notfalls drehen kann, wenn der Hänger umkippt.

Nicht nur an die Nippel

Mike: „Schmierdienst heißt nicht nur Abschmieren sämtlicher Schmiernippel. Auch andere mechanisch bewegte Kom-

TRAKTOR ABSCHMIEREN

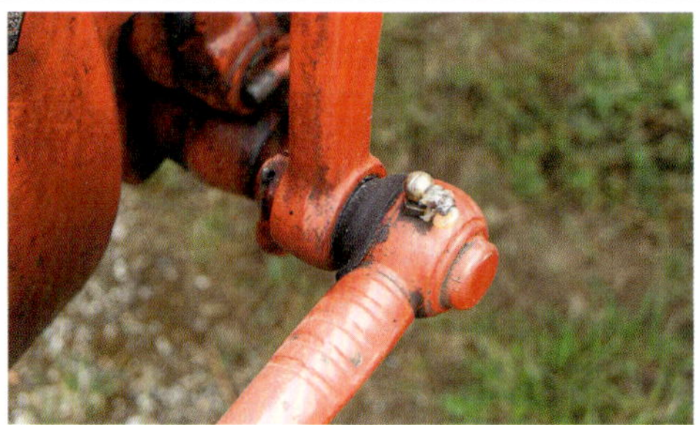

13. Ansichtssache. Mike schmiert die Nippel von außen immer etwas mit Fett ein, damit Schmutz oder Feuchtigkeit nicht eindringen können

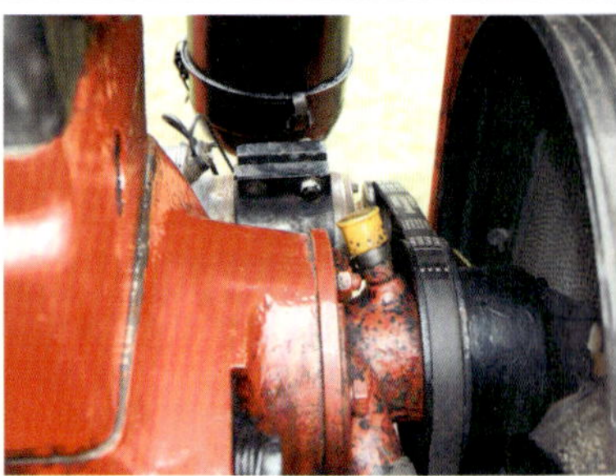

15. Unter der Haube geht's weiter: Das Abschmieren der Wasserpumpenwelle gehört auch zum Schmierdienst

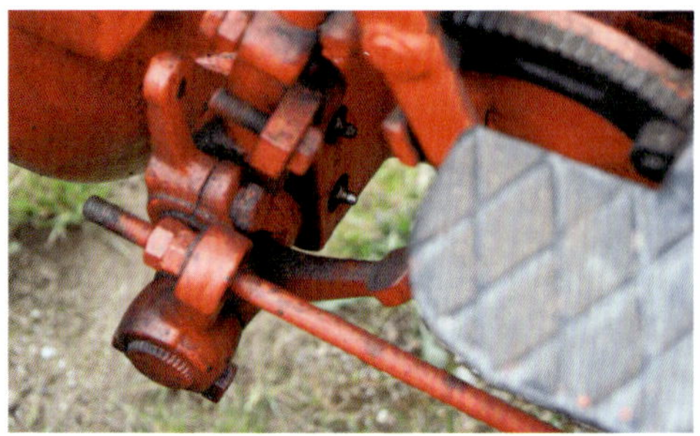

14. Gut versteckt und daher selten geschmiert: die Schmiernippel der Pedalerieachse

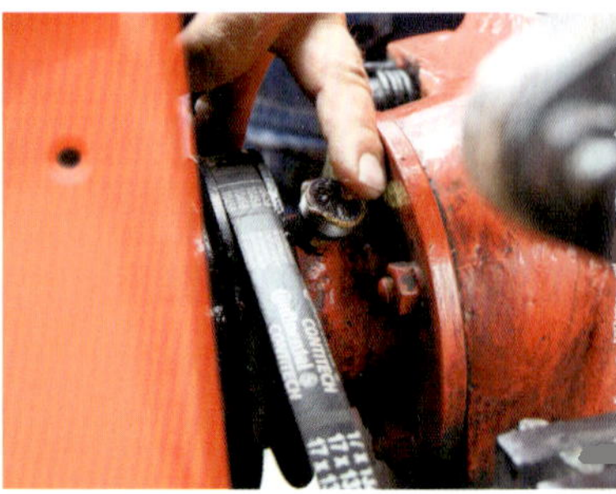

16. Mike stopft Fett mit dem Finger in di Wasserpumpenwelle. Leichtes Nachpressen mit dem Finger hilft dabei

ponenten am Traktor brauchen regelmäßig Fett, damit sie einwandfrei funktionieren". Hierzu gehört der Kupplungskopf der Kugelkopfkupplung am Heck des Schlüter. Ihn schmiert Mike reichlich mit Fett ein – das gewährt Rostschutz und Beweglichkeit. Wichtig sind aber auch sämtliche Gestänge, wie die für das Gas oder die Kupplung. Die einzelnen Teile sind oft mit Kugelpfannenlagern (bzw. Kugelgelenklagern) verbunden. Um sie zu schmieren, müssen sie zerlegt werden. Hierzu wird der Sicherungsstift, der die Kugel in der Kugelpfanne hält, herausgezogen. Danach müssen beide Teile gründlich gesäubert und anschließend mit etwas Fett geschmiert werden.

Nachdem Mike alle Kugelpfannenlager abgeschmiert hat, bleibt noch der Ratschzahnkranz der Handbremse (er ermöglicht das Ein- und Ausklinken der Sperrvorrichtung). Mike säubert ihn mit Bremsenreiniger und wischt anschließend das gelöste alte Fett samt Schmutz mit Werkstattpapier weg. Das neue Fett trägt er mit dem Finger auf und testet anschließend die Handbremsenfunktion.

Gut gefüllte Wasserpumpe

Zum Schmierdienst gehört auch die Kontrolle der Fettfüllung in der Wasserpum-

SCHMIERDIENST

Kleines Schmiernippel-ABC

Schmiernippel finden sich vor allem an Oldtimer-Fahrzeugen. Bei Youngtimern wurden sie zunehmend durch Zentralschmiereinrichtungen verdrängt, bei modernen Fahrzeugen gibt es sie heute überhaupt nicht mehr – sie wurden von wartungsarmen Gelenkköpfen und Lagern mit lebenslanger Fettfüllung völlig verdrängt.

Kegelschmiernippel
Kegelschmiernippel nach DIN 71412 haben als Stutzen einen kegelförmigen abgeflachten Kopf. Es gibt sie in drei Ausführungen. Ist der Stutzen gerade, wird der Schmiernippel als Form A bezeichnet, die abgewinkelte Bauweise wird Form B oder C genannt, je nachdem ob der Stutzen 45° oder 90° geneigt ist. Die gängigsten haben ein 8-Millimeter-Einsetzgewinde mit Steigung 1. Aber auch Einpressvarianten waren üblich. In alten Werkstatthandbüchern findet man für Kegelschmiernippel bis etwa 1962 auch die Bezeichnung Kegelwulstschmierköpfe. Zum Abschmieren wird ein sogenanntes Hydraulikmundstück für die Fettpresse benötigt.

Flachschmiernippel
Flachschmiernippel (DIN 3404; früher: Flachschmierköpfe) werden nur an Schmierstellen verwendet, die hohen Schmierstoffbedarf haben. Ihr Kopf ist tellerförmig abgeflacht. Youngtimer haben meist Flachschmiernippel der Form A. Bis ungefähr 1962 wurden auch Nippel der Form B verbaut. Flachschmiernippel gibt es mit verschiedenen Gewinden oder Einschlagzapfen. Zum Abschmieren benötigt man für sie an der Fettpresse Flach-, Steck- oder Schiebekupplungen.

Trichterschmiernippel
Trichterschmiernippel nach DIN 3405 gibt es in den Ausführungen D1, D2 und D3 (180°, 45° und 90°). Ihr flach gehaltener Nippelkopf (D1) ermöglicht einen bündigen und versenkten Einbau. Wegen ihres trichterförmigen Anschlusses benötigt man für sie eine Fettpresse mit konkavem, kegelförmigem Mundstück (Spitzmundstück), die einen kraftschlüssigen Anschluss an die Form D ermöglicht. Auch sie sind mit unterschiedlichen Gewinden erhältlich. Seltener sind Einpressvarianten.

Kugelschmiernippel
Kugelschmiernippel nach DIN 3402 wurden bis Ende der 1960er-Jahre verbaut. Ihre Norm wurde im November 1986 zurückgezogen. Sie haben einen halbkugelförmigen Schmierkopf. Es gibt sie in den Ausführungen 180°, 45° oder 90° (K1, K2 und K3). Zum Abschmieren benötigt man für sie eine Fettpresse mit Hohlmundstück. Wie Trichterschmiernippel bieten Kugelschmiernippel den Vorteil, dass man aus verschiedenen Winkellagen ohne Verwendung eines elastischen Gliedes abschmieren kann.

>>> SEITE 182

. Auch die oberen und unteren Kugelannenlager des Gasgestänges müssen gelmäßig geschmiert werden!

19. Der Bremsenreiniger hat gewirkt: Jetzt erst erkennt man den Schmiernippel für die Hebelwelle der Differenzialsperre

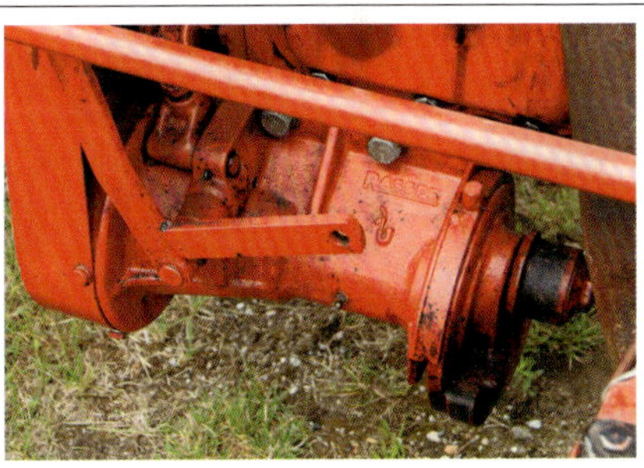

21. Steht meist nicht im Schmierplan: Auch der Mähantrieb muss abgeschmiert werden

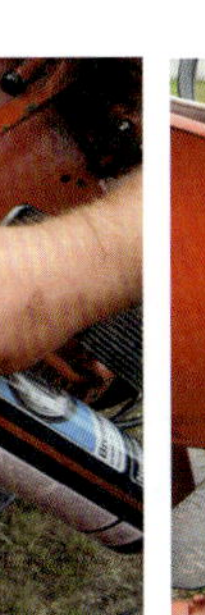

. Mike reinigt den Hebel der Differenzialerre inklusive seines Schmiernippels mit wöhnlichem Bremsenreiniger

20. Mike bedient hier die Fettpresse mit viel Gefühl, da sich noch viel altes, verharztes Fett in der Welle befindet

22. Der Kugelkopf der Anhängerkupplung kann selbstverständlich auch etwas Fett vertragen

TRAKTOR ABSCHMIEREN

Die drei goldenen Regeln:

1. Sauber machen!

Bevor die Fettpresse angesetzt wird, sind die Schmiernippel penibel zu reinigen

2. Kein teures Spezialfett!

Als Schmierfett genügt ein oxidationsbeständiges, walkstabiles und mit guten Korrosionsschutzeigenschaften ausgestattetes Wälzlagerfett

3. Welcher Anschluss?

Der Anschluss der Fettpresse muss passen. Vor dem Schmierdienst nachsehen, ob Kegel-, Flach-, Trichter- oder Kugelschmiernippel verbaut sind

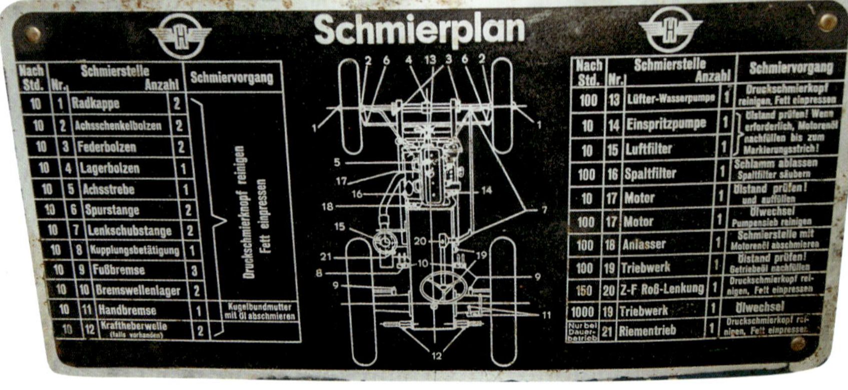

Schmierplan

Nach Std.	Nr.	Schmierstelle	Anzahl	Schmiervorgang
10	1	Radkappe	2	Druckschmierknopf reinigen Fett einpressen
10	2	Achsschenkelbolzen	2	
10	3	Federbolzen	2	
10	4	Lagerbolzen	1	
10	5	Achsstrebe	1	
10	6	Spurstange	2	
10	7	Lenkschubstange	2	
10	8	Kupplungsbetätigung	1	
10	9	Fußbremse	3	
10	10	Bremswellenlager	2	
10	11	Handbremse	1	Kugelbundmutter mit Öl abschmieren
10	12	Kraftheberwelle (falls vorhanden)	2	

Nach Std.	Nr.	Schmierstelle	Anzahl	Schmiervorgang
100	13	Lüfter-Wasserpumpe	1	Druckschmierkopf reinigen, Fett einpressen
10	14	Einspritzpumpe	1	Ölstand prüfen! Wenn erforderlich, Motorenöl nachfüllen bis zum Markierungsstrich!
10	15	Luftfilter	1	
100	16	Spaltfilter	1	Schlamm ablassen Spaltfilter säubern
10	17	Motor	1	Ölstand prüfen! und auffüllen
100	17	Motor	1	Ölwechsel Pumpensieb reinigen
100	18	Anlasser	1	Schmierstelle mit Motorenöl abschmieren
100	19	Triebwerk	1	Ölstand prüfen! Getriebeöl nachfüllen
150	20	Z-F Roß-Lenkung	1	Druckschmierkopf reinigen, Fett einpressen
1000	19	Triebwerk	1	Ölwechsel
Nur bei Dauerbetrieb	21	Riementrieb	1	Druckschmierkopf reinigen, Fett einpressen

Glücklich ist, wer einen Schmierplan wie diesen am Traktor hat! Am Schlüter fehlt er jedoch

pe. Neben der Schmierung hat das Fett hier die Aufgabe, die Wasserpumpe abzudichten. „Da man die Fettpresse auf den Schmierstutzen der Wasserpumpe nicht aufsetzen kann, presse ich mit dem Finger etwas Fett in die Schmieröffnung, bis es seitlich herausquillt“, erklärt Mike. Bei einigen Traktoren würden jetzt noch die Blattfederaufnahmen auf dem Schmierplan stehen. Da der Schlüter AS 15 D keine hat, kann Mike den Schmierdienst hier beenden.

Art und Häufigkeit

„Ich werde oft gefragt, wie oft abgeschmiert werden muss“, erzählt Mike noch während er sein Werkzeug aufräumt. „Das hängt schlicht von der Häufigkeit des Gebrauchs und dem Einsatzzweck des Traktors ab. In alten Handbüchern findet man oft die Angabe, dass man täglich abschmieren soll. Das ist für Oldtimer-Traktoren natürlich völlig übertrieben. Werden sie ab und zu eingesetzt und zu Demonstrationszwecken über den Acker gescheucht, sollte einmal wöchentlich mehr als genügen.“

Auch nach der Art des Fettes wird Mike gelegentlich gefragt. „Ich verwende gewöhnliches Wälzlagerfett. Es sollte oxidationsbeständig und walkstabil sein und gute Korrosionsschutzeigenschaften haben. Im Gegensatz zu früheren Fetten erfüllt diese Anforderungen heute nahezu jedes bessere Fett aus dem Baumarkt“.

Der neue Besitzer des Schlüter kann sich freuen. Der abgeschmierte Schlüter ist nun fahrbereit und muss erst wieder zum Wintercheck in die Werkstatt.

Marcel Schoch

TRAKTOR ABSCHMIEREN

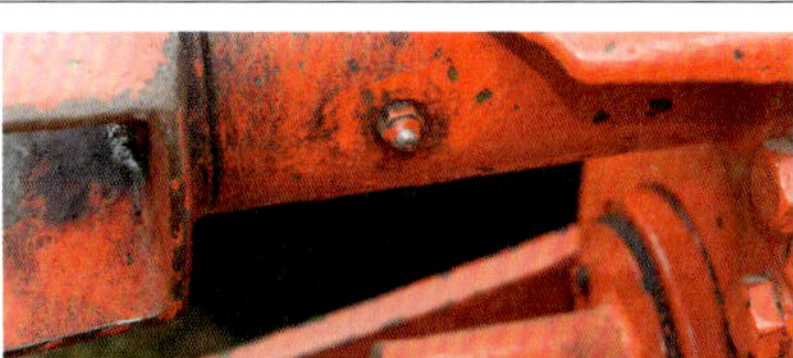

23. Flanschkupplung des Heuwagens: für Notfälle drehbar gelagert. Gut schmieren!

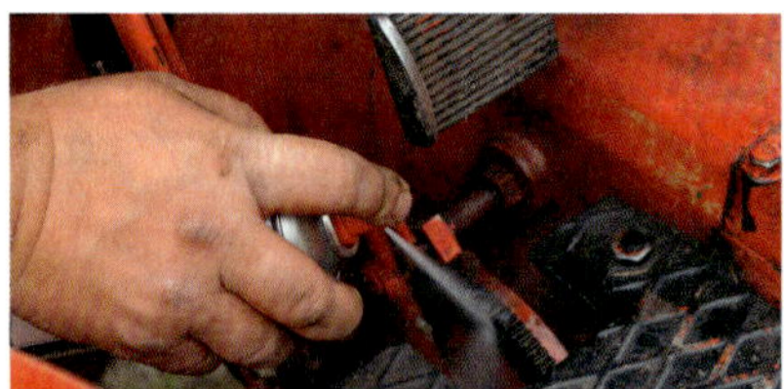

24. Bremsenreiniger wirkt Wunder am Ratschzahnkranz des Handbremshebels

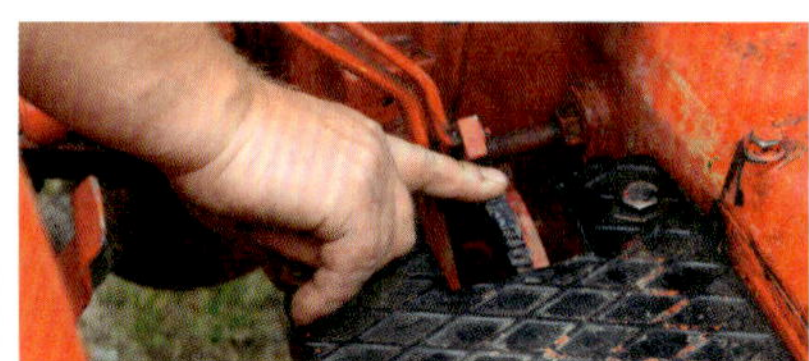

25. Das Schmieren des Ratschzahnkranzes ist eine Fingerübung

26. Ohne Fettpresse geht nichts. Mike bereitet seine für den nächsten Einsatz vor und wischt überschüssiges Fett vom Gehäuse, damit sie nicht aus der Hand rutscht

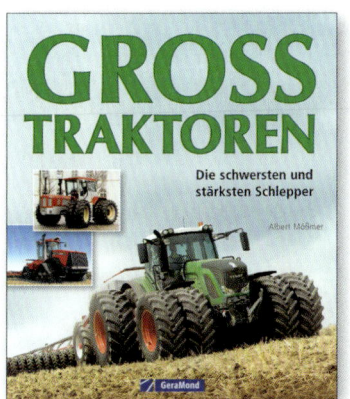

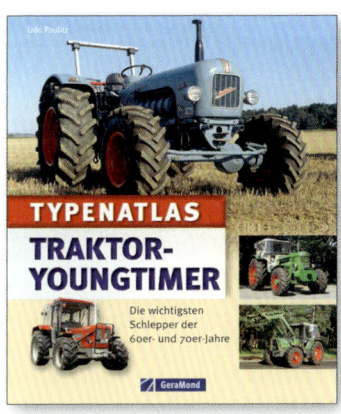

Ebenfalls erhältlich ...

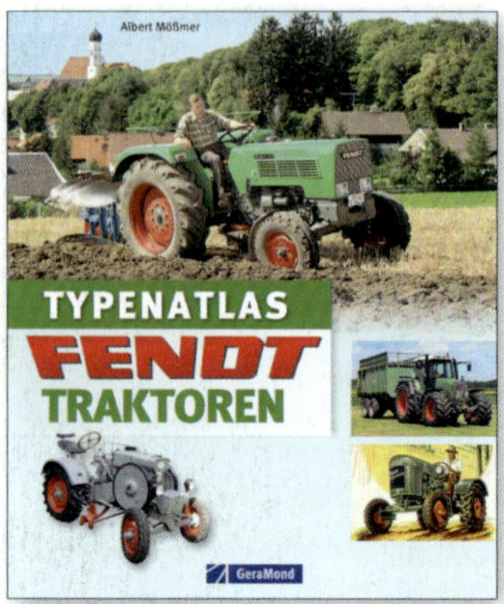

ISBN 978-3-86245-627-7

Dieselross und Hightech-Schlepper, Mähdrescher und Systemmobile – alles über Modelle und Geschichte der beliebten Marke Fendt weiß dieser Typenatlas.

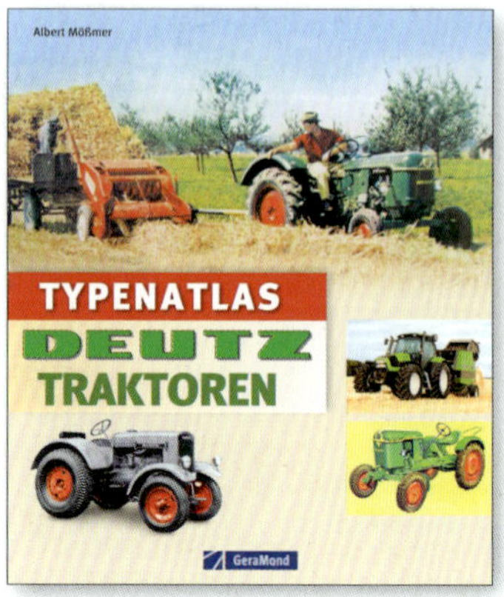

ISBN 978-3-86245-628-4

Die komplette Modellhistorie aller Traktoren und Mähdrescher des innovativen Kölner Herstellers kennt dieser reich bebilderte Typenatlas.

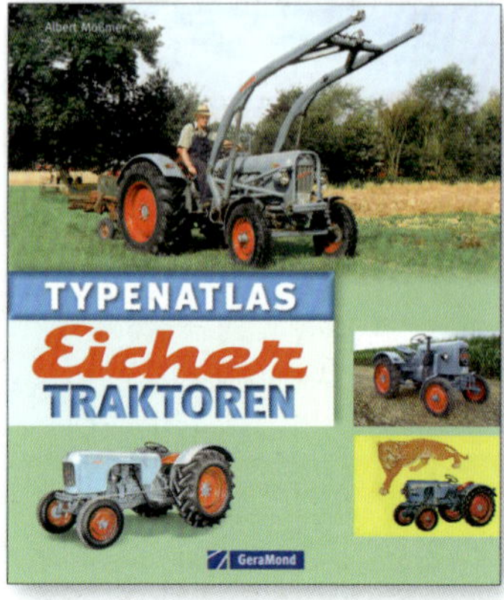

ISBN 978-3-86245-645-1

Von Oberbayern in die Welt: Der Typenatlas präsentiert alle Modelle der legendären Traktorenmarke Eicher. Detailliert, fundiert und reich bebildert.

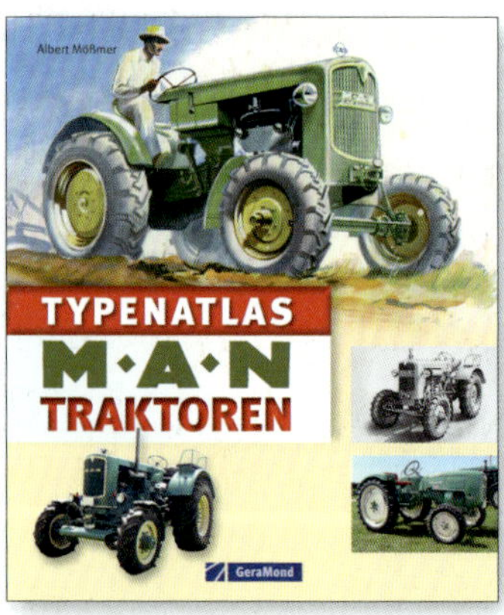

ISBN 978-3-86245-705-2

Die Traktoren aus dem Hause MAN: Eine reich bebilderter und umfassender Überblick über Technik und Modelle der von 1921–1962 gefertigten Ackerdiesel.

ISBN 978-3-86245-669-7

Alle Modelle, die bis 1993 die Schlüter-Werke verließen – versammelt in diesem detaillierten, umfangreichen und reich bebilderten Typenbuch

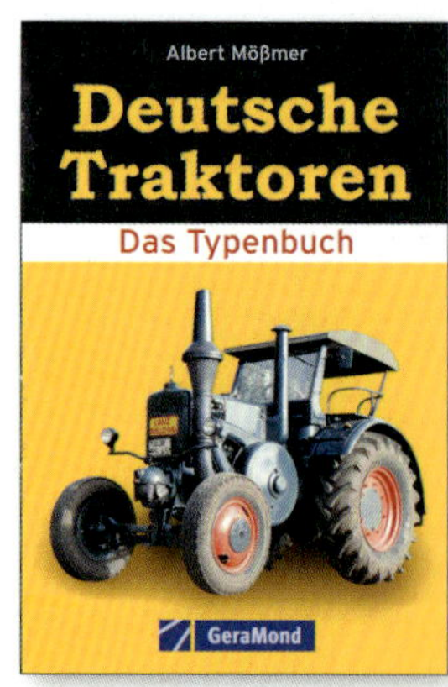

ISBN 978-3-86245-675-8

Ein kompetenter und bildreicher Überblick über die Vielfalt der Traktoren Made in Germany.

www.geramond.de